建筑信息模型 BIM 丛书

BIM 应用实例解析系列

市政 BIM 理论与实践

主编　徐敏生

内 容 提 要

本书共分6章，主要内容包括市政行业BIM应用的意义和现状分析、企业级BIM实施和应用介绍、市政行业各专业BIM技术应用探索、国内外BIM标准介绍以及实际工程BIM应用案例分享，并对BIM的未来进行了展望。

本书的主要读者对象是市政工程建设行业希望了解和开展BIM技术的企业和个人，对于正在实施BIM技术的专业人员也有一定的参考价值。

图书在版编目(CIP)数据

市政BIM理论与实践 / 徐敏生主编. --上海：同济大学出版社，2016.9

ISBN 978-7-5608-6527-0

Ⅰ.①市… Ⅱ.①徐… Ⅲ.①市政工程—计算机辅助设计—应用软件 Ⅳ.①TU99-39

中国版本图书馆CIP数据核字(2016)第221899号

市政BIM理论与实践

主　编　徐敏生

策划编辑　赵泽毓　**责任编辑**　马继兰　**责任校对**　徐春莲　**封面设计**　陈益平

出版发行　同济大学出版社　www.tongjipress.com.cn

(地址：上海市四平路1239号　邮编：200092　电话：021-65985622)

经　　销　全国各地新华书店

印　　刷　同济大学印刷厂

开　　本　787 mm×1 092 mm　1/16

印　　张　17

字　　数　424 000

版　　次　2016年9月第1版　2016年9月第1次印刷

书　　号　ISBN 978-7-5608-6527-0

定　　价　78.00元

市政 BIM 理论与实践
编委会

序

21世纪以来，中国的改革开放进入了新的快速发展阶段，随着中国工业化和城镇化建设的进一步大力推进，以及房地产业的蓬勃兴起，中国建筑业的发展取得了显著成就，已成为国民经济的支柱产业，为经济持续稳定增长作出了突出贡献。近三年来，我国建筑业产值已经突破了10万亿元，逐步迈向了20万亿元的大关。其中，政府投资的基础设施类投入已经占据了近60%的额度，成为国民经济发展的重心，成为全球最大的建设市场，并且这种快速发展与建设的趋势将持续较长的时间。这些成绩的取得一方面得益于改革开放的政策红利，另一方面也得益于我们与国际建筑业先进理念与技术的学习和接轨。

但是，我们也要清醒地认识到，新世纪以来的全球经济化和全球信息化给我国建筑业带来了巨大的挑战，“一带一路”的宏伟蓝图也需要我们更好地融入世界，我国建筑业和世界先进国家相比还是有差距的。在建筑行业飞速发展的过程中，面对愈加复杂的建筑设计、愈加庞大的建造体量和愈加增多的参与单位，现有的管理机制与技术手段已经逐渐不能满足需要，建筑行业急需升级转型，引入全新的方式方法，要充分利用信息技术，在建筑业全行业实施信息化，以应对新形势下的挑战。

建筑信息模型(Building Information Modeling，BIM)技术是信息技术应用于建筑业实践最为重要的技术之一，它的出现和应用将为建筑业的发展带来革命性的变化，给解决上述问题带来了曙光。BIM是继全面推广应用CAD技术的“甩图板”工程之后，使建筑行业迎来的第二次信息化技术革命。BIM技术的全面应用将大大提高建筑业的生产效率，提升建筑工程的集成化程度，使决策、设计、施工到运维等全生命周期的质量和效率显著提高，成本降低，给建筑业的发展带来巨大的效益。

在国内，近阶段BIM技术推广正如火如荼地进行，BIM正处于一个快速发展的阶段，国家及地方都在大力支持推广，国家与地方的BIM标准也在编制，引导BIM应用更加标准化、规范化，上海市试点项目的推行为BIM的推广普及奠定了基础。

我很高兴地看到，我们隧道股份在BIM应用与实践大军中积极探索着，上海市城市建设设计研究总院结合自身及行业特点，凭借踏实稳健，特色鲜明的风格走出了一条自己的市政BIM推广应用之路。

上海市城市建设设计研究总院(以下简称“总院”)从2011年开始尝试市政BIM的研究与应用。回顾五年多的发展与探索，在人才培养、项目应用、标准制定及科研成果等方面取得了一定的成就，总院的 BIM 推广模式（结合项目稳步推进）也得到了业界的肯定。在此，愿与同行共同分享总院 BIM 发展的一些思路和经验。抛砖引玉，作为市政 BIM 应用的探索。

随着建筑行业近几年来对 BIM 应用的不断深入，其价值已经得到了包括业主、设计、施工，以及其他咨询顾问单位在内的广泛认同。但我们也需要清醒地认识到，国内的 BIM 应用也只是刚刚起步，还面临着许多困难与问题。我们除了需要在技术上学习发达国家的先进理念与成功经验，也要结合我国国情，制定符合中国具体情况的技术与应用标准，只有全行业形成合力，才能将 BIM 这项先进的技术应用好，普及好。

我相信 BIM 应用的普及将会对我国的建筑行业产生极其深远的影响，是中国建筑行业实现跨越式发展，赶上国际先进水平所迈出的坚实一步。我们应紧扣当今经济全球化带来的产业链竞争这一新的挑战为切入点，利用信息技术整合建筑业产业链资源，实现产业链的全生命周期的结合、共享和发展，推进我国建筑业更加长远的发展。

隧道股份总裁

前 言

上海“十三五”规划既要为国家全面建成小康社会作出重大贡献，又要为上海未来的长远发展奠定更加坚实的基础。以“创新发展、协调发展、绿色发展、开放发展、共享发展”的理念引领发展方式转变，使规划更加适应时代要求，更加符合城市发展规律，更加反映市民期待，这也是我们不懈地追求。

在国内，BIM 技术推广正如火如荼的进行，BIM 正处于一个快速发展的阶段，国家及地方都在大力支持推广，国家与地方的 BIM 标准也在编制，引导 BIM 应用标准化规范化。经过所有参编人员的共同努力和艰辛工作，《市政 BIM 理论与实践》终于付梓成书。该书从市政行业 BIM 发展历程出发，探讨了我国市政 BIM 的发展情况，剖析了上海市城市建设设计研究总院 BIM 发展之路和经典工程案例。

本书共分 6 章，主要内容包括市政行业 BIM 应用的意义和现状分析、企业级 BIM 实施和应用介绍、市政行业各专业 BIM 技术应用探索、国内外 BIM 标准介绍、以及实际工程 BIM 应用案例分享，并对 BIM 的未来进行了展望。随着国家、地方政策的推行，试点项目的开展以及对本土软件的鼓励与支持，BIM 技术的推广普及之路必将走上正轨。可以预见在未来几年内，BIM 发展将迎来一波新的发展态势。上海市城市建设设计研究总院的“市政 BIM 之路”也将越走越宽广。相信本书的出版必将影响市政行业 BIM 的发展以及新一代的 Bimmers。

在本书的编写过程中，得到了多方面的支持和帮助，感谢编委会所有成员以及其他相关单位及个人的支持。

由于 BIM 技术及行业方向更新太快，书中若有不当之处，衷心希望各位 Bimmers 给予批评指正。

本书编委会

2016 年 8 月

目　　录

序
前言

第1章　市政行业BIM简介 …… 1
1.1　市政工程特点 …… 1
1.1.1　市政工程的定义 …… 1
1.1.2　市政工程的特点 …… 2
1.2　市政BIM应用意义 …… 3
1.2.1　市政BIM的特点及其发展 …… 3
1.2.2　市政BIM软件 …… 4
1.3　市政行业BIM应用现状调研 …… 6
1.3.1　问卷设计说明及问卷内容 …… 6
1.3.2　调研结果 …… 6
1.3.3　市政工程BIM发展的问题 …… 7
1.4　上海市城市建设设计研究总院市政BIM之路 …… 8

第2章　企业级BIM应用 …… 9
2.1　企业级BIM实施背景 …… 9
2.2　企业BIM实施准备 …… 9
2.2.1　企业卖什么? …… 10
2.2.2　BIM的服务产品 …… 10
2.2.3　企业的BIM思维 …… 11
2.2.4　软件、硬件、云服务——资产或成本 …… 12
2.2.5　企业准备好了么? …… 13
2.3　企业级BIM实施目标 …… 14
2.4　企业团队建设 …… 15
2.4.1　成本预算 …… 15
2.4.2　团队动员 …… 15
2.4.3　人员架构 …… 16
2.4.4　IT资源之规定 …… 17
2.4.5　培训与项目实施 …… 18
2.5　流程制度及标准 …… 18
2.5.1　企业BIM标准 …… 18
2.5.2　项目标准 …… 18

2.5.3 项目招标与投标技术要求要点 …… 19
2.5.4 项目实施方案要点 …… 19
2.6 企业 BIM 资源与资源维护 …… 20
2.6.1 属于企业的 BIM 资源 …… 20
2.6.2 企业 BIM 模型资源的共享机制 …… 21

第 3 章 专业级 BIM 应用 …… 22
3.1 BIM 与道路桥梁 …… 22
3.1.1 BIM 国内发展现状 …… 22
3.1.2 BIM 在道路桥梁隧道工程中的应用探索 …… 22
3.1.3 道路桥梁工程软件平台简介 …… 23
3.1.4 BIM 在道路桥梁隧道中的应用 …… 27
3.2 市政给排水工程中 BIM 应用实例 …… 54
3.2.1 市政管道项目中的 BIM 应用 …… 55
3.2.2 泵站项目中的 BIM 应用 …… 61
3.2.3 水处理厂项目中的 BIM 应用 …… 66
3.3 轨道交通工程中的 BIM 应用 …… 70
3.3.1 BIM 技术的理念 …… 70
3.3.2 城市轨道交通项目建设管理中的 BIM 技术价值 …… 71
3.3.3 轨道交通项目 BIM 应用目标 …… 71
3.3.4 轨道交通 BIM 技术应用策划 …… 72
3.3.5 轨道交通项目 BIM 应用策划的重点任务 …… 84
3.4 BIM 与隧道工程 …… 98
3.4.1 专业 BIM 应用特点 …… 98
3.4.2 专业 BIM 应用与实施 …… 101

第 4 章 BIM 标准 …… 119
4.1 BIM 标准的必要性 …… 119
4.1.1 BIM 统一标准的必要性 …… 119
4.1.2 我国 BIM 标准的必要性 …… 120
4.2 BIM 标准研究现状 …… 120
4.2.1 国际 BIM 标准 …… 120
4.2.2 国外 BIM 标准 …… 123
4.2.3 国内 BIM 标准研究现状 …… 126
4.3 我国 BIM 标准的应用和基本体系 …… 128
4.3.1 BIM 标准的应用基础分析 …… 128
4.3.2 BIM 标准的基本体系 …… 128
4.4 BIM 标准制定面临的困难和建议 …… 128
4.4.1 BIM 标准制定面临的困难 …… 128

4.4.2　BIM标准制定的建议 …… 129

第5章　工程案例 …… 131
5.1　迪士尼水处理厂 …… 131
5.1.1　项目背景 …… 131
5.1.2　性能化分析必要性 …… 131
5.1.3　能耗分析及优化设计 …… 132
5.1.4　光照分析及优化设计 …… 137
5.1.5　噪声分析及优化设计 …… 148
5.1.6　自然通风模拟及优化分析 …… 153
5.2　南昌朝阳大桥 …… 160
5.2.1　项目概述 …… 161
5.2.2　南昌朝阳大桥BIM应用点介绍 …… 164
5.2.3　BIM桥梁结构建模方法研究 …… 181
5.2.4　BIM技术积累小结 …… 188
5.3　同济路高架大修工程 …… 189
5.3.1　项目简介 …… 189
5.3.2　BIM核心协作团队、协作流程、BIM应用(阶段)目标 …… 190
5.3.3　BIM技术应用特色及难点分析 …… 192
5.3.4　设计阶段BIM建模及分析 …… 201
5.3.5　施工阶段BIM施工模拟及拓展应用 …… 223
5.3.6　运维阶段BIM运维平台研发及数据移植应用 …… 242
5.3.7　BIM技术应用价值及总结 …… 250

第6章　展望 …… 251
6.1　基于大数据的BIM发展概要浅析 …… 251
6.2　从3D到nD的变化 …… 254
6.3　“互联网+”BIM实现智能化管理 …… 254
6.4　BIM与设计、运维的有效对接 …… 255
6.5　大数据下的BIM云平台技术 …… 256
6.6　BIM数据安全备受关注 …… 257
6.7　BIM发展前景广阔 …… 257
6.8　市政BIM大事记 …… 257

第1章　市政行业BIM简介

引言

近些年,随着我国"十二五"规划提出对建筑工程建设行业信息化的要求,BIM(建筑信息模型)技术在我国快速发展,如今在房地产建设领域已经有了广泛的应用。市政工程建设行业的BIM应用虽然起步较晚,但也逐渐得到高度的重视。

1.1　市政工程特点

1.1.1　市政工程的定义

市政工程(municipal engineering)是指市政设施建设工程。在我国,市政设施是指在城市区、镇(乡)规划建设范围内设置基于政府责任和义务为居民提供有偿或无偿公共产品和服务的各种建筑物、构筑物、设备等。城市生活配套的各种公共基础设施建设都属于市政工程范畴,比如常见的城市道路、桥梁、地铁,比如与生活紧密相关的各种管线:雨水、污水、上水、中水、电力、电信、热力、燃气等,还有广场,城市绿化等的建设,都属于市政工程范畴。市政工程一般是属于国家的基础建设,是指城市建设中的各种公共交通设施、给水、排水、燃气、城市防洪、环境卫生及照明等基础设施建设,是城市生存和发展必不可少的物质基础,是提高人民生活水平和对外开放的基本条件。

现代化城市的基础设施可以分为下列几个方面的内容。

(1) 道路交通设施。城市交通对城市国民经济的发展起着极为重要的作用,特别对城市可持续高速发展的前景起着明显的制约作用。因此编制合理的城市综合交通规划,形成功能明确、等级结构协调、布局合理的城市交通网络,是需解决的重大问题。对大城市来说,应逐步形成以快速轨道交通为骨干,因地制宜发展多元化公共交通系统(如地铁、轻轨、高架、轮渡、索道、缆车等),并加强停车设施和交通枢纽的建设,进一步开发研究城市道路桥梁的监测、检测和现代化的加固技术,加强施工技术研究,大力发展有利于生态保护和交通安全的路面材料和施工工艺,从规划、设计、施工、监测、监理、管理、保养维修等全方位进行研究。

(2) 城市供水及排水系统设施。合理利用水资源,提高用水效率和水环境质量,加强研究开发推广节水型新技术、新工艺、新设备,开发研究多种高效、节能、节水的水处理工艺,开发咸水淡化,提高水资源的利用水平,以保障城市可持续发展。同时,充分利用水资源具有自然循环和人工再生的特点,采用多种人工净化和生态净化相结合的方法处理污水,使城市缺水现象得到缓解。

(3) 城市能源供应设施。坚持多种气源,多种途径,因地制宜,合理利用;遵循安全、稳定、可靠的原则,积极利用天然气、液化石油气,保障城市供应;施工中加强旧管道的利用和修复技术;管理中推广和发展现代化信息水平、控制技术和检漏技术,提高运行效率和供气水平等。

(4) 城市邮电通信设施。城市邮电通信设施在当今信息时代显得分外重要,是整个城市基础设施建设的一个重要组成部分。

（5）城市园林绿化设施。城市园林绿化，提高城市品位，明确历史文物保护开发，增进旅游事业发展是新历史时期提出的新要求。改善生态、美化环境，营造休憩园地，提高城市市民生活质量。

（6）城市环境保护设施。纳污截流建设污水处理厂、垃圾填埋场，研发一些填埋专用机具和人工防渗材料、垃圾填埋场渗沥水处理和填埋气体回收利用等填埋技术和成套焚烧技术设备，进行烟气处理，余热回收。研发人工制造沼气技术，垃圾废物分选技术设备、衍生燃料技术设备等，以最大限度控制毒气、噪音、污水、废物的危害，保持蓝天、碧水、绿地、宁静的良好生活环境，保障人民生活的健康，保持社会的和谐发展。

（7）城市防灾安全设施。台风、沙尘暴、暴雨洪水、火灾、雪灾以及诸如滑坡、泥石流、地震等灾难性的地质灾害，往往大范围地严重危害城市的安全。因此增设城市防灾安全设施，如修建防洪大堤、增加城市排污能力、疏通城市河道、增强建筑物的抗震能力，确保城市人民生产和生活的正常秩序，显得尤为重要。以上可知，每一种城市基础设施都是城市赖以生存和发展的重要组成部分，特别是水、气、路、电、环境保护、防灾安全等都是城市生存和发展的必要条件。只有正确理解市政工程的含义，全面了解市政工程内容，才能体会到市政工程的重要性和紧迫性。

1.1.2 市政工程的特点

综合来看，市政工程具备以下特点。

（1）市政工程是各种城市基础设施建设的工程，因此它与城市生存、发展紧密相连，与城市市民的生活质量紧密相关。市政工程不仅是城市形象的标志，而且关系到城市的生存与发展，与人民群众的生活质量有着紧密联系。衣、食、住、行是人类生活的基本内容，这些都离不开路、电、水、气，离不开污水、垃圾的处理。一个城市要生存，要发展，经济要繁荣，生活质量要提高，基础建设必须先行，并且处于前提和先决的地位。目前许多城市为了适应高速发展的经济，都在拓展改造原有的城市道路路网，采用城市快速干线、高架、隧道、轻轨、地铁，解决城市行路难、停车难的问题。又如各级政府的环境保护意识大大增加，纷纷建立污水处理厂、垃圾填埋场，对城市河道进行整治，增加绿化面积等，这些都说明了市政工程与其他工程相比，更显示出它与城市生存发展，与人民生活质量紧密相连的特点。

（2）与一般的工业与民用建筑相比，它具有战线长，地质情况复杂、丰富多变的特点，也反映出地基基础处理手段多样性、复杂性的特点。在市政工程建设中，特别是各种管道网络与道路建设，通常是以千米作为计量单位，是线状的。而一般工业与民用建筑通常以米作为计量单位，呈扩大的点状，因而所遇到的各种工程地质情况要复杂得多，一条数千米长的线路内，会遇到很多种不良工程地质问题，解决的方法也是各不相同。

（3）与交通公路工程相比，也有其显著特点。城市道路不仅是组织交通运输的基础，也是敷设各种地下城市管线网络通道的空间场所。随着城市发展，城市地下网络管道的品种及其兼容量也是与日俱增，一般城市新建道路下面有污水管道、雨水管道、自来水管道、煤气管道（还分高压、中压、低压）、热力管道、电力管道、通讯管道、光缆管线等十余种之多。各种管线均有其独特的专业要求，各自有不同的设计规范和施工规程，彼此之间要求立体交叉、统筹安排、协调施工。同时，由于各种专业管线的主管部门不一，投资架道也不尽相同，施工时经常会受到多种因素的制约，常常发生建了拆，拆了修，造成马路装拉链的怪像。此外，城市道路、桥梁、河道驳坎等市政工程还有一个与城市景观相统一的要求，要求协调，富有特色。这些要求与难度显然要比一般分布于田野农村的交通工程、市政工程更为高难。

（4）如何保护周边环境，组织文明施工，是市政工程施工技术内容中不可缺少的一个组成部分。市政工程建设于市区，建筑密度高、拆迁难度与费用大，因此对文明施工的要求高。其次由于在市区内施工，需埋设新的地下管网，在新管网未建成运行之前，旧的市政管线不能废除，否则将会影响沿线市民的生产与生活，同时还得考虑新、老管线之间的衔接，以及在挖槽敷管时，如何确保周围建筑物和旧市政管线的安全，特别对一些具有文物价值的古建筑、古树名花等，必须制订严密的施工组织专项设计，否则将会造成不可挽回的损失。

（5）交通组织困难。由于道路扩建或立交桥、高架桥建设，是为了解决或缓解当前交通拥挤的现状，由于国情所限，总是在那些交通流量大的瓶颈口段才决定扩建或新建。故在施工中，势必对已经是拥挤不堪的交通地段，产生雪上加霜的窘况，往往要求在施工中，尽量减少对原有交通流量的影响，这时的施工组织就需要半幅路面交叉施工，这对基槽开挖敷设市政管线带来更大困难，愈是这样严峻的场合下，工期又愈是要求缩短，尽量减缩对市民带来的不便与麻烦，处于屋漏偏遭连日雨的窘境。

（6）工期要求紧迫。市政工程一般多位于市区，管路、线路埋地沟槽开挖，道路铺设作业，桥梁、隧道、涵洞施工等均会给城市（镇）交通及市民生活带来一定程度的影响，这要求项目施工必须以最短的工期完成，从而使其对城市生产、市民生活的影响降低到最小程度。

1.2　市政BIM应用意义

1.2.1　市政BIM的特点及其发展

随着时代的发展，建设工程体量越来越大，功能越来越多，造型越来越奇特，包含的信息量呈现几何倍的增长。但是建设技术与管理手段，却没有跟上时代发展的脚步。如今，建筑业成为最不经济、最不节能、最不环保的行业之一，错漏、浪费、返工、延误是最常见的现象。如何降低建筑业的浪费，成为摆在国家与从业人员面前的难题。

BIM的出现，为改善建设工程行业的现状带来了一缕曙光。BIM能够利用好与管理好项目的信息，提高设计质量，节省工程开支，缩短工期，提升运营维护能力，改进工程的设计、建造、运维[①]各个阶段，使各阶段之间的信息传递与集成更顺畅。BIM的成功应用，将直接促进建设工程行业各领域的变革与发展。

与民建相比较，市政工程属于建设工程中较为特殊的一种，具有以下特点：工程体量大，投资高，专业多，周期长，对周边环境影响大，施工组织复杂，工程目标要求高，事关国计民生。BIM的特性契合市政工程项目的特点，能在市政工程中全面发挥积极作用。市政工程的BIM实施围绕以下四个目标：提升项目的设计质量，提升项目的执行计划控制管理（工程量、材料与造价等的投资控制管理），提升项目的建造效率与安全，提升项目运维管理的经济性与安全性。

市政设计从二维走向三维将是必然的发展趋势。BIM技术在发达国家已经进入了普及的阶段，而在国内，尤其是市政行业还处于起步阶段，但是其巨大的发展潜力和价值已经被一些先行进入这一领域的市政工程单位所认识，并且对BIM的普及推广起到了广泛的推动作用。

2014年4月3日，中国勘察设计协会市政工程设计分会信息管理工作年会在天津召开，全国各理事单位近120名代表参加了本次会议。

① 下文中出现的“运维”意思相同，指的是工程全生命周期中运营维护阶段。

此次会议的主题是"关注和促进 BIM 技术发展"。与会嘉宾对中国勘察设计市政工程信息化工作的现状与发展前景提出了很多有用、有创新性的建议，围绕 BIM 主题，进行了广泛而深入的研讨、主题演讲，并将共同研究推进 BIM 技术的应用，促进成果共享及 BIM 中国标准建设方面，作为今后的努力方向和目标。

在上海，上海市城乡建设和管理委员会多次邀请 BIM 专家讨论上海的 BIM 推广策略，开展 BIM 应用的试点工作，并启动了上海市道桥、给排水专业 BIM 标准的研究制定工作，大力推动 BIM 技术的发展。

在市政工程的 BIM 应用方面，上海市起步较早，早在 2010 年上海市城市建设设计研究总院就以陈翔路地道项目为试点，开展了 BIM 技术在市政工程行业的尝试应用，并于 2012 年成立了 BIM 设计研究中心，研究 BIM 技术，规划公司的技术升级，提升企业的竞争力。

1.2.2 市政 BIM 软件

BIM 技术的应用与 BIM 软件密不可分，有了 BIM 软件的支撑，才能够实现 BIM 的应用，简单地说，就是 BIM 软件提供给技术人员一定的功能，技术人员才能够借助 BIM 软件实现 BIM 的价值。但是目前软件的发展并不尽人意，还有许多需要改进和完善的地方，尽管如此，一些市政单位、设计院等正在积极地与软件公司合作，提出需求，从而不断完善软件的功能。

目前国外的 BIM 软件仍占据主导地位，虽三大 BIM 软件厂家(Autodesk，Bentley，Dassault)分别占据一定的市场份额。但一些本地的软件公司也在积极探索，开发出了一些更加适合技术人员上手应用的产品。下面根据向各家软件公司收集的资料，对这些软件进行归纳总结。

1) 欧特克(Autodesk)公司

欧特克公司的 BIM 产品在民用建筑 BIM 应用中占据了很大的市场，近些年他们面向市政行业也相继推出了一些相关产品(Infrastructure Design 套件)，主要包括 Infraworks，Civil 3D 等，同时 Revit 和 Navisworks 也同样包括其中。

在欧特克公司提出的面向基础设施的 BIM 解决方案中，他们提出了整合的概念，试图提供适用于各个阶段、各个方面的产品，并通过数据的传递实现信息的流动。借助于基础设施套件，欧特克产品的目标是：

(1) 将多种类型的数据整合进单一视图，以此加深对项目影响的理解。

(2) 在现有环境中更加精确地可视化概念设计创意。

(3) 利用集成的分析功能，更加深入地理解规划、设计和施工流程，更好地预测项目成果。

(4) 利用可定制的工程设计标准和设计验证规则，提高设计效率和一致性。

(5) 通过同步的设计和绘图流程，更加轻松地融入设计变更。

(6) 创建令人震撼的可视化演示。

(7) 提高可施工性、成本及进度的可视性。

(8) 利用智能的行业模型遵循数据质量标准，从而更加可靠地管理基础设施信息。

InfraWorks 软件是欧特克公司推出的一款进行路、桥概念设计的产品，以快速的建模能力和较好的展示效果赢得了一批试用客户。这款产品也在不断地进行改进中。

2) Bentley 公司产品

Bentley 公司的产品面向建筑、道路、制造设施、公共设施和通信网路等行业。针对建设行业在建设项目周期中的业务特点，Bentley 公司提出了内嵌模块化的一站式智能解决方案。

Bentley 产品以 MicroStation 为统一的工程内容创建平台，在此平台上具有完备的各专业应用软件。各个团队以 ProjectWise 为协同平台，使用高效率协同工作模式，对工程成果分权限、分阶段进行控制。生成的专业模型可以与其他专业相互应用，协调工作，并可以灵活输出各种图样和数据报表。然后以 Navigator 为统一的可视化图形环境，通过 Navigator 的功能模块，进行碰撞检测、施工进度模拟以及渲染动画等操作。

在市政设计方面，针对道路桥梁，Bentley 提供了基于 MicroStation 平台的 PowerCivil 软件，该软件可以做道路桥梁的设计、场地平整、挖方填方等。对于地下管网，Bentley 提供了 Subsurface Utility Engineering(SUE)软件，可以做地下管网的设计。

3) 达索(Dassault)公司

法国达索系统公司是 PLM 解决方案的提供者，与法国达索公司同属于达索集团。在过去 30 年间，达索系统一直是与全球各个行业中的领袖企业合作，行业跨度从飞机、汽车、船舶直到消费品和工业装备。现在在向建筑市政行业推广相关产品。

达索公司的产品在造型方面有一定的优势，他们提出的 3D Experience 解决方案由两个层次组成：3D Experience 平台及这个平台上的一系列行业流程包。达索的流程包分为几个大类：

① 设计建模类：以 CATIA 系列模块为主，是参数化的 3D 建模设计工具；

② 施工模拟类：以 DELMIA 系列模块为主，是 4D 虚拟施工模拟工具；

③ 计算分析类：以 SIMULIA(即 Abaqus)系列模块为主，是通用有限元计算工具；

④ 协同管理类：以 ENOVIA 系列模块为主，是项目管理和协同工具。

目前，一些比较成功的案例有吉水赣江二桥工程等。

4) 鸿业软件公司

鸿业科技从 2008 年开始启动 BIM 产品线建设，在建筑领域，在 Revit 平台上推出了涵盖建筑、给排水、暖通、电气等专业的设计软件；在市政领域，推出了道路设计软件路立得，以及给排水、燃气、热力、电力电信管线设计系统管立得。这些全新产品开发过程中 BIM 理念得以充分贯彻，并融合了鸿业科技二十多年工程设计软件开发经验，面向中国客户、完全适应中国本地化设计习惯。

鸿业路立得软件旨在为市政道路设计人员和公路设计人员提供一套完整的智能化、自动化、三维化解决方案。本软件比较完整地覆盖了市政道路设计和公路设计的各个层面，能够有效地辅助设计人员进行地形处理、平面设计、纵断设计、横断设计、边坡设计、交叉口设计、立交设计、三维漫游和效果图制作等工作。

鸿业三维智能管线设计系统是在鸿业市政管线软件基础上开发的管线设计系列软件，包括给排水管线设计软件、燃气管线设计软件、热力管网设计软件、电力管线设计软件、电信管线设计软件、管线综合设计软件，各专业管线设计可以单独安装，也可以任意组合安装。管线支持直埋、架空和管沟等埋设方式，电力电信等管道支持直埋、管沟、管块、排管等埋设方式。软件可进行地形图识别、管线平面智能设计、竖向可视化设计、自动标注、自动表格绘制和自动出图。平面、纵断、标注、表格联动更新。可自动识别和利用鸿业三维总图软件、鸿业三维道路软件路立得以及鸿业市政道路软件的成果，管线三维成果也可以与这些软件进行三维合成和碰撞检查，实现三维漫游和三维成果自执行文件格式汇报，满足规划设计、方案设计、施工图设计等不同设计阶段的需要。

鸿业软件基于在路桥、管线设计方面已经取得的市场，努力推广其 BIM 产品，目前也取得了一定的成绩。

1.3 市政行业 BIM 应用现状调研

1.3.1 问卷设计说明及问卷内容

自 2010 年起我国就开始有此种类型的相关调研发展报告，2010 年，由中国房地产业协会商业地产专业委员会组织发起《中国商业地产 BIM 应用研究报告 2010》，重点在商业地产领域的 BIM 应用情况，2011 年，由中国房地产业协会商业地产专业委员会、中国建筑业协会工程建设质量管理分会、中国建筑学会工程管理研究分会、中国土木工程学会计算机应用分会主持发布《中国工程建设 BIM 应用研究报告》，主要针对的是民用建设的 BIM 应用，2012 年，由中国建筑业协会工程建设质量管理分会牵头编写《施工企业 BIM 应用研究(一)》，主要针对的是民用建设的施工企业。这几年的发展报告全部是基于调查问卷的形式展开。

本次的市政工程领域 BIM 应用的调研工作采用与前几次相同的形式，调查问卷的编写是基于前几次调查问卷的基础上完成。调查的目的是了解市政行业对 BIM 的了解程度、使用现状、应用计划、需求与建议。本次调查采用网络调查的方式进行，调查问卷一共包括三个部分，26 个问题，包括单选题、多选题和开放题等几种类型，力图对受访单位的 BIM 了解程度和应用情况做个比较全面的统计。

问卷的第一部分为填表单位基本情况，包括单位名称、性质、规模、对 BIM 的认识程度等问题，本部分共设置 3 个问题；第二部分针对没有 BIM 应用经验的单位填写，主要是了解他们对 BIM 概念的了解程度，本部分共设置 7 个问题；第三部分是有 BIM 应用经验的单位填写，具体了解他们在 BIM 上的投入产出、应用模式、项目案例等情况，本部分共设置 16 个问题。

1.3.2 调研结果

通过本调查问卷，对现阶段市政工程领域的 BIM 应用现状有了初步的了解。

目前，市政工程领域的 BIM 应用正处于起步阶段，各个地区的应用情况也有很大区别，在北京、上海等大城市 BIM 应用相对广泛，而在有些地区的单位还完全不了解 BIM。

在对 BIM 有所了解的单位中，普遍认为 BIM 是一个提升工程质量、节省成本的技术手段，现阶段的 BIM 应用，基于对有 BIM 应用经验的单位了解，大部分应用点集中于设计和施工阶段，而运维阶段的应用很少。对于 BIM 应用的成果和经验，大部分单位认为 BIM 技术在经济效益、时间效益、质量效益上可以得到提升，但是现阶段的投资回报率并不高，甚至还有一部分单位认为 BIM 技术起到了副作用。

在组织管理上，各个单位的组织模式各不相同，有些单位通过内部专业技术人员培训掌握 BIM 技术，有些单位建立专门的 BIM 部门，还有一些单位直接将项目外包给专业的 BIM 团队。BIM 应用的管理也独立于现有的项目管理体系之外，融入现有体系还有一定的困难。

通过调查问卷，我们也看到目前 BIM 发展存在的一些问题和 BIM 真正落地需要解决的一些问题，下面就这些问题谈一些编者的看法。

1.3.3　市政工程 BIM 发展的问题

BIM 能够给建设行业带来这么大的好处，而且这种好处已经得到实践证实。但是 BIM 的发展却严重滞后，不仅落后于国际先进水平，也远远落后于国内工业与民用建筑设计行业。是什么阻碍了 BIM 在国内市政设计行业的发展呢？根据本次调查的结果以及参照国内专家的意见，编者认为主要有以下几点。

（1）现有的二维设计所带来的不足，被当前产业和市场所容忍。比如，施工人力成本和场地成本较低；由于设计缺陷所造成的工程问题解决成本也相对较低；国内现在大搞基础设施建设，市政设计任务繁重，这让设计者觉得没有时间也没有必要参加 BIM 软件的培训；同时 3D 设计的收益和成本未被良好地评估或未被市场认可。

（2）主流的 BIM 软件掌握较为复杂，设计师和工程师要付出很高的学习成本才能够掌握这种新的设计手段，要求设计师不但要熟悉软件本身的功能，还要将设计观念进行全新的转变。设计企业里有经验的设计师不愿意去学习新的软件，因为现有的业务与技术已经能够保证“吃饱喝足”，这也阻碍了国内 BIM 的发展。

（3）BIM 设计对构件元素具有依赖性，国内软件公司虽然正在开发基于 BIM 概念的设计软件，但是距国外软件还有差距；而国外软件产品在构件元素的本土化上做得不够，这就使得国内设计院如果要使用 BIM 设计软件，就必须自己开发构件库，这对于设计院来说，是很难承受的。

（4）BIM 意味着一个行业全新的操作模式，涉及工作流程的变化、数据流转的变化、工作效果的变化。如果没有政府的介入，进行大力推行，大家都不愿意去打破目前的操作方式。

（5）现有具有 BIM 功能的设计软件，对电脑硬件要求较高，尚未在运行速度和功能上达到良好平衡。

（6）国内缺乏系统化的、行之有效的 BIM 标准，这些标准包括数据交换标准，BIM 应用能力评估准则，规范 BIM 项目实施流程，BIM 从业人员的职称考核评定等。而在美国及欧洲一些发达国家，这些标准早已推出，如美国的 NBIMS。

（7）BIM 协同仅仅依靠企业或者部门内部的协同已渐渐难以满足实际需求，跨企业乃至跨地区的协同需求需要开发相应的协同平台才能实现。

（8）BIM 技术应尽量融入实际项目设计过程，即从规划阶段开始实施 BIM 设计，不建议落实在孤立的应用点上。

（9）BIM 还是处于发展中的事物，本身还存在很多不足，在发展与推广中更应当正视，这样才能健康有序的发展。

BIM 最主要的优势主要与三个基本理念相关：数据库替代绘图，分布式模型和工具加流程的整合，BIM 是一个理念，不单单是软件本身。总的来说，BIM 在市政行业的推广面临最主要的问题还是投入与产出这两方面：首先，BIM 是一个设计平台，可以在此基础上协同设计，而要完整地构建这个平台，涉及软硬件、培训等多方面因素，但这些都需要做一定的投入；其次，还面临市场认知问题，很多人误以为采用 BIM 以后很快就能收回成本，但实际上这是一个漫长的过程。综上所述，市政设计企业推广 BIM 是需要不少的投入的，而且产出也并不会很快就体现出来。

1.4 上海市城市建设设计研究总院市政 BIM 之路

上海市城市建设设计研究总院于 1963 年创立，是以从事城市基础设施勘察设计为主的综合性设计咨询研究单位，中国工程设计企业六十强之一。我院不满足于传统设计，积极引进新理念、新技术，从 2011 年 3 月起，开始实施以设计施工总承包项目为依托的 BIM 技术应用探索，并开展 BIM 培训及应用尝试；2012 年 10 月，成立了 BIM 设计研究中心，由总院领导直接主管。

上海市城市建设设计研究总院的 BIM 实践起点高，目标更高。据总院副院长徐敏生介绍，随着 BIM 逐步在项目中的应用，总院制定了三年 BIM 发展目标：首先是实现项目级 BIM 应用，针对特定项目与特定协议，关注技术的实现与突破。要求不影响生产任务，以重点项目为试点，实现技术突破、建立项目标准。而后，要实现企业级 BIM 应用，建立企业级 BIM 应用标准，实施基于 BIM 的工作流程，提升企业综合竞争力。要求达到资源整合、流程再造、价值提升的目的。

为推进 BIM 的应用，总院建立了项目管理制度，建立 BIM 信息管理平台网站，各院所有的信息动态都发布到管理平台网站并及时更新。同时，总院 BIM 中心初步构建起基于 BIM 项目的协同平台，开展协同设计，并通过对文件组织结构、命名方式提出了具体的规则。总院要求所有设计施工总承包项目全部应用 BIM 技术，并注重深度和广度，借力 BIM 技术将传统设计做精、做实、做新。在深度上，让 BIM 在设计方案优化、性能分析、协同设计、标志标牌设计、参与招投标中都有用武之地；在广度上，结合设计施工总承包项目关注全生命周期的应用。

如今，通过培训，总院 20%的人员已经掌握 BIM 技术；各专业院已基本能够独立完成 BIM 设计，利用 BIM 技术，增强竞争力。

目前，总院在上海北横通道新建工程、迪士尼综合水处理厂及核心区配套管网、后世博地下空间项目、上海地铁徐家汇交通枢纽等重大项目中都应用了 BIM。通过 BIM 进行现状分析：根据物探数据，创建管线与土层的现状 BIM 模型，分析地铁维护与现状管线、土层的关系，为维护设计、分析管线搬迁及车站埋深的提供设计依据；通过 BIM 进行可视化设计、多专业协调：比如车站机电施工图深度的 BIM 模型用于确保各种管道的建筑、结构预留孔是否得到满足；比如检验管线、设备周边的安装空间是否满足，检修空间是否有保证等。

在积极应用的同时，总院更注重 BIM 技术的拓展。通过软硬件结合，率先将机器人全站仪应用于市政工程，使基于 BIM 的三维放样效率及精度提高 2～3 倍；三维激光扫描技术与 BIM 技术结合应用，为设计、施工提供可靠依据；而基于 BIM 模型进行三维打印，更能让模型快速成型。在院内开展了一些课题研究，如 BIM 技术在地道工程中的应用，总院 BIM 信息交流平台建设，Revit 工程量信息在造价统计中的应用，BIM 信息建模在道路桥梁工程设计中的应用，排水泵站 BIM 设计流程及标准等。近两年，总院出版了书籍“建筑信息模型 BIM 丛书”之《陈翔路地道工程 BIM 应用解析》，参与编写“十二五”职业教育国家规划教材《BIM 理论与应用》，并在《中国市政工程》《土木建筑工程信息技术》等刊物发表论文 8 篇，申请了 6 项 BIM 相关专利。

此外，总院还积极与软件公司开展合作交流，如 Autodesk 公司、广联达、鸿业、众智软件等，进一步拓展了 BIM 的应用。

第 2 章　企业级 BIM 应用

引言

BIM 技术带来的变革不仅仅是如何建立一个项目模型，而是影响到企业的技术改革与创新。BIM 技术的推广应用是一个系统工程，需要在团队建设、人员培训、标准制定、组织管理、软硬件设备投入等多方面开展工作。

2.1　企业级 BIM 实施背景

目前，我国工程建设行业设计单位的 BIM 实施，主要是集中在项目型实际应用范围内，有相当部分的企业开展了 BIM 应用实践，并具备了一定的技术条件和实践基础。从现有企业推动 BIM 实施的实际情况看，多数应用 BIM 技术的建筑设计单位成立了 BIM 项目小组或 BIM 研究部门，开展了针对 BIM 的应用实验和实践工作，其中部分设计单位的 BIM 小组或部门具备独立对外经营能力，对此我们统称为项目型 BIM 应用模式。从总体来看，这种模式在初期是企业实施 BIM 的一种重要形式，对提升企业的 BIM 实践能力有较大的推动作用，也取得了明显效果。但是这种项目型应用的局部成功，只能在有限的范围内为企业级 BIM 实施发展提供一定支持，尚无法从根本上解决企业级 BIM 实施过程中所面临的许多关键性问题，如相关资源的欠缺、业务流程不配套、交付形式不适应、考核机制滞后、信息资源无法共享等，更无法从根本上真正实现企业级 BIM 实施的整体目标。

因此，在以项目型 BIM 应用为主的现阶段，相当一部分建筑设计单位已表达了向企业级 BIM 实施过渡的强烈需求和愿望，由项目型 BIM 应用向企业级 BIM 实施的发展趋势已成为各方专业人士的基本共识。

2.2　企业 BIM 实施准备

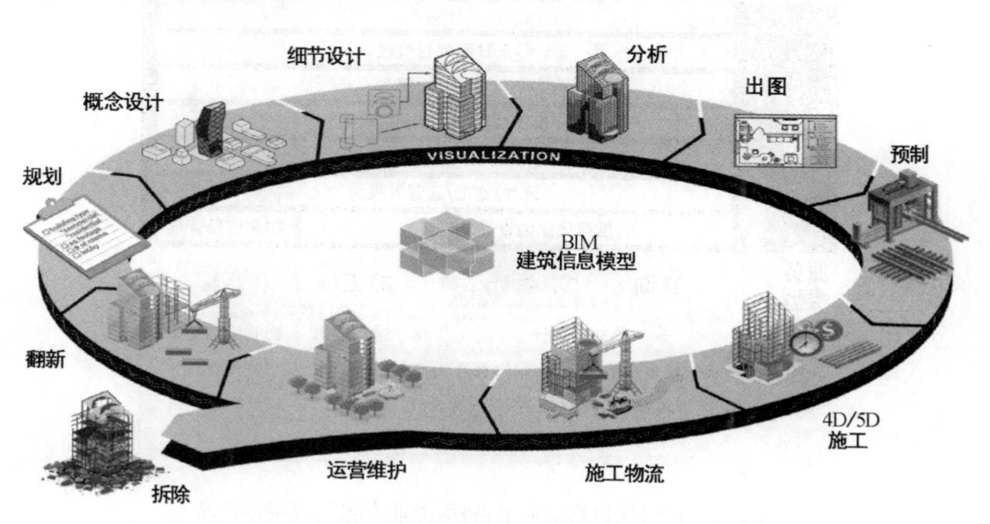

图 2-1　BIM 实施的各方

BIM 实施的本质是管理，核心是互通和共享信息，成败的关键是利益共同，如图 2-1 所示，BIM 作为一套生产组织形式，总体上是一种群体行为。BIM 项目运行的好与坏不仅取决于实施工具、人员技术水平，更多地要考虑到参与各方的利益诉求。对实施企业而言，抛开政策性的因素，(政策性的要求不在本节的讨论范围)建立 BIM 工作业务之前就应该摸清市场对 BIM 的真实需求。对于参与的企业而言，首要的问题：钱从哪里来(图 2-2)？

图 2-2　企业过渡到 BIM 的首要问题

2.2.1　企业卖什么？

毫无疑问，企业销售的是技术服务。从市场的角度来看，目前 BIM 的相关服务并非是必需品，如何说服甲方或业主采购 BIM 服务，需要将真实的价值展现给对方。简单地说，要么能为甲方节省时间，要么能为甲方节省支出或创造增值。这取决于项目真实的需求。

2.2.2　BIM 的服务产品

BIM 成与败根本在于将企业的各种能力组合成满足甲方项目要求的解决方案，解决项目中真实的问题，实现 BIM 真实的价值，这种解决方案被称作可销售的服务包或服务产品。

很多企业员工能力强，能建模，会分析，懂汇报，每当进行项目方案展示时，总将十八般武器悉数搬出，洋洋洒洒几十页。甲方看得云里雾里，让甲方觉得这不错，那也不错，干脆都想尝试一下。最后由于项目本身的特点或各种主、客观因素，艰难推进，最后无法实现 BIM 的真正价值，这就是典型的“过度销售”(Oversaling)，效果事倍功半。另外，可能甲方根本就没看明白 BIM 是怎么回事，索性不做了。

“有所为，有所不为”！BIM 的项目实施，归根结底是奔向价值而去。首先需系统性地针对甲方项目的特点进行分析，经过沟通摸清甲方最关注和最能带来效果的应用点，然后组织成熟的 BIM 能力完成解决方案，这种解决方案是满足甲方要求的服务产品，是可以被销售出去的，如图 2-3 所示。

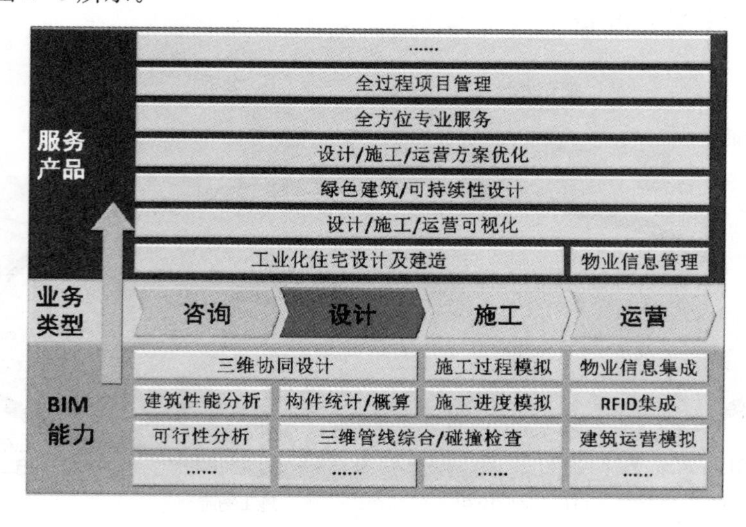

图 2-3　针对项目真实需求，将服务能力包装成服务产品

这种服务产品最终通过和甲方的招标投标或技术服务合同予以约定，如项目的技术标要求和相应的投标技术响应等，如图 2-4 所示，左边为甲方的招标技术要求，右边是针对甲方的技术要求的技术响应，这种技术响应方案就是服务产品。

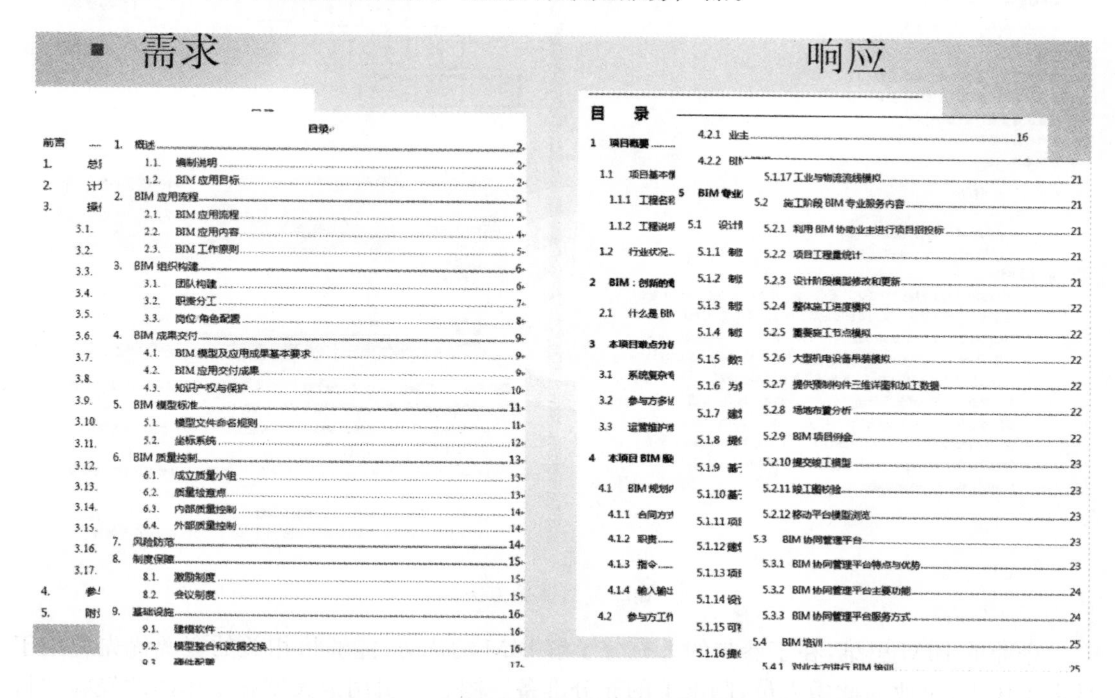
需求

目录

1. 概述 2
1.1. 编制说明 2
1.2. BIM 应用目标 2
2. BIM 应用流程 2
2.1. BIM 应用流程 2
2.2. BIM 应用内容 4
2.3. BIM 工作原则 5
3. BIM 组织构建 6
3.1. 团队构建 6
3.2. 职责分工 7
3.3. 岗位角色配置 8
4. BIM 成果交付 9
4.1. BIM 模型及应用成果基本要求 9
4.2. BIM 应用交付成果 9
4.3. 知识产权与保护 10
5. BIM 模型标准 11
5.1. 模型文件命名规则 11
5.2. 坐标系统 12
6. BIM 质量控制 13
6.1. 成立质量小组 13
6.2. 质量检查点 13
6.3. 内部质量控制 14
6.4. 外部质量控制 14
7. 风险防范 14
8. 制度保障 15
8.1. 激励制度 15
8.2. 会议制度 15
9. 基础设施 16
9.1. 建模软件 16
9.2. 模型整合和数据交换 16

响应

目　录

4.2.1 业主 16
5.1.17 工业与物流流线模拟 21
5.2 施工阶段 BIM 专业服务内容 21
5.2.1 利用 BIM 协助业主进行项目招投标 21
5.2.2 项目工程量统计 21
5.2.3 设计阶段模型修改和更新 21
5.2.4 整体施工进度模拟 22
5.2.5 重要施工节点模拟 22
5.2.6 大型机电设备吊装模拟 22
5.2.7 提供预制构件三维详图和加工数据 22
5.2.8 场地布置分析 22
5.2.9 BIM 项目例会 22
5.2.10 提交竣工模型 23
5.2.11 竣工图校验 23
5.2.12 移动平台模型浏览 23
5.3 BIM 协同管理平台 23
5.3.1 BIM 协同管理平台特点与优势 23
5.3.2 BIM 协同管理平台主要功能 24
5.3.3 BIM 协同管理平台服务方式 24
5.4 BIM 培训 25

图 2-4　项目的招标要求与投标技术响应（BIM 服务产品）

在项目实施过程中，相关服务内容宜通过《实施方案》落实相关的目标、流程、标准、时间节点及验收条件等科目，如图 2-5 所示。项目验收阶段，甲乙双方应针对《实施方案》的服务项，评估 BIM 的价值。

另一方面，企业的 BIM 能力培养应着眼于对行业进行深入的调研，明确市场需求所在；再着眼于相关的需求，组织合适的人，培养相关的能力，方可直达目的。

2.2.3　企业的 BIM 思维

在 BIM 推广的初期，很多企业内部阻力很大，这种阻力往往来自于有经验的或关键岗位的工程师、决策层等，传统成熟的业务习惯往往限制他们对 BIM 的理解。如很多人还希望 BIM 工具提供图层，辅助绘图操作等。而另外一些人则希望 BIM 成为一种无所不能的“终极武器”，如桥从河上经过，桩长能根据河道及地质条件自动优化，除建模外，能自动出计算书，等等不一而足。过度的轻视或期望均对 BIM 的推广不利，当这些要求无法满足，便会出现阻力。

在 BIM 项目实施的过程中，企业并没有很好地利用 BIM 数据资源，如明明可以通过 3D 模型直观地进行现场交底，很多企业由于传统的作业习惯或行业制度所限，一定要求将模型转为 2D 图纸并晒成蓝图到现场交底；安装企业明明可以从施工深化模型中提取精确的采购清单，但还是采用传统的方式去备料；还有一些企业把 BIM 看作一种审查手段，视为洪水猛兽。最终，BIM 的应用局限在小范围的人员，局限在办公室，甚至现场人员都不知道项目采用 BIM 管理。

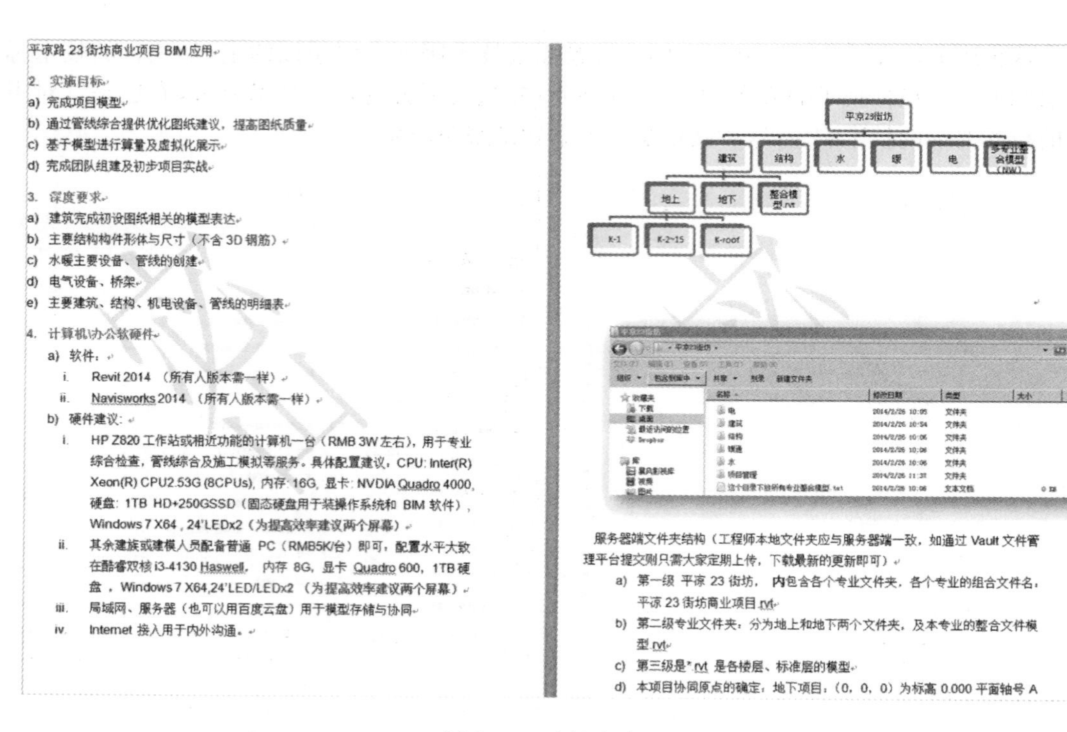

平凉路 23 街坊商业项目 BIM 应用

2. 实施目标
a) 完成项目模型
b) 通过管线综合提供优化图纸建议，提高图纸质量
c) 基于模型进行算量及虚拟化展示
d) 完成团队组建及初步项目实战

3. 深度要求
a) 建筑完成初设图纸相关的模型表达
b) 主要结构构件形体与尺寸（不含 3D 钢筋）
c) 水暖主要设备、管线的创建
d) 电气设备、桥架
e) 主要建筑、结构、机电设备、管线的明细表

4. 计算机\办公软硬件
a) 软件：
i. Revit 2014 （所有人版本需一样）
ii. Navisworks 2014 （所有人版本需一样）
b) 硬件建议：
i. HP Z820 工作站或相近功能的计算机一台（RMB 3W 左右），用于专业综合检查，管线综合及施工模拟等服务。具体配置建议，CPU: Inter(R) Xeon(R) CPU2.53G (8CPUs), 内存: 16G, 显卡: NVDIA Quadro 4000, 硬盘: 1TB HD+250GSSD（固态硬盘用于装操作系统和 BIM 软件），Windows 7 X64，24'LEDx2（为提高效率建议两个屏幕）
ii. 其余建族或建模人员配备普通 PC（RMB5K/台）即可，配置水平大致在酷睿双核 i3-4130 Haswell，内存 8G，显卡 Quadro 600，1TB 硬盘，Windows 7 X64,24'LED/LEDx2 （为提高效率建议两个屏幕）
iii. 局域网、服务器（也可以用百度云盘）用于模型存储与协同
iv. Internet 接入用于内外沟通。

服务器端文件夹结构（工程师本地文件夹应与服务器端一致，如通过 Vault 文件管理平台提交则只需大家定期上传，下载最新的更新即可）
a) 第一级 平凉 23 街坊，内包含各个专业文件夹，各个专业的组合文件名，平凉 23 街坊商业项目.rvt
b) 第二级专业文件夹：分为地上和地下两个文件夹，及本专业的整合文件模型.rvt
c) 第三级是*.rvt 是各楼层、标准层的模型
d) 本项目协同原点的确定：地下项目：(0，0，0) 为标高 0.000 平面轴号 A

图 2-5 《实施方案》

企业的 BIM 思维，在于参与的人充分了解 BIM 的优势、能够将相关的资源优先应用于日常工作中，企业为此做人员、制度上的充分准备。图 2-6 引用某大型施工集团的经验："目前公司 BIM 技术应用已经进入常态化，自项目至公司管理层各级岗位工作人员均开始以 BIM 思维思考 BIM 技术在施工管理和施工技术中的实施。"

常态化

BIM思维

目前公司BIM技术应用已经进入常态化，自项目至公司管理层各级岗位工作人员均开始以BIM思维来思考BIM技术在项目施工管理和施工技术中的实施。

BIM

图 2-6 企业的 BIM 思维

2.2.4 软件、硬件、云服务——资产或成本

传统观念认为，计算机、绘图软件，常年不用更换也能胜任"甩图版"，因此很多企业将相关的工具作为企业资产的一部分，进行维护或升级。随着项目的 BIM 应用需求日趋复杂，

软硬件的功能日趋强大和专业化，随着云计算的强大能力的出现，部分分析及协同管理功能逐渐转移到云端。软件及硬件资源常常作为一种租赁服务，如桌面虚拟化、云端协同管理、软件租赁等。其实，云服务或相关的产品已经深入到日常生活的方方面面，如图 2-7 所示。

图 2-7　生活中的云服务

显然，当软、硬件作为企业资产进行配置，其采购及审批则是传统的资产管理方式，随着软、硬件的快速折旧，这种方式日渐落后于 BIM 项目运营的实际需要。当软、硬件产品作为一种服务出现，就可以视作企业运营成本或项目成本的一部分，作为成本支出进行管理。对企业而言，这也是经营理念的一种调整。

2.2.5　企业准备好了么？

BIM 的本质是一种生产组织形式，需要对企业现行的组织架构、绩效制度及项目运作体系进行适度的调整。为保障项目及企业健康的实施，还需要建立专门的协同制度、资源维护制度。此外，企业应准备和部署合适的软硬件环境及网络环境。总的来说，需要花钱。

将 BIM 引入生产本身会对现行的业务冲击，毕竟企业当前还是要做传统项目盈利，是在现行的业务团队之外创建新的 BIM 团队，还是从各个职能部门抽取工程师创建业务团队，抑或索性所有的业务部门一刀切引入 BIM 作为日常的经营行为？经营者需要进行系统的调研和评估。采购第三方咨询服务不在本节讨论之范畴，因为根本不需要准备。

当企业引入 BIM 业务，很快就会发现，除了能完成传统的业务之外，企业似乎也具备了拓展业务的能力。如通过 BIM 的实施，企业能快速获取项目精确的工程量，可以辅助采购；如将相关的运维信息封装到 BIM 系统中可以为业主开发运维管理系统等。企业是否要经营向传统业务的上下游拓展？如图 2-8 所示。如果进行业务转型，当前的人员、制度是否需要重构？

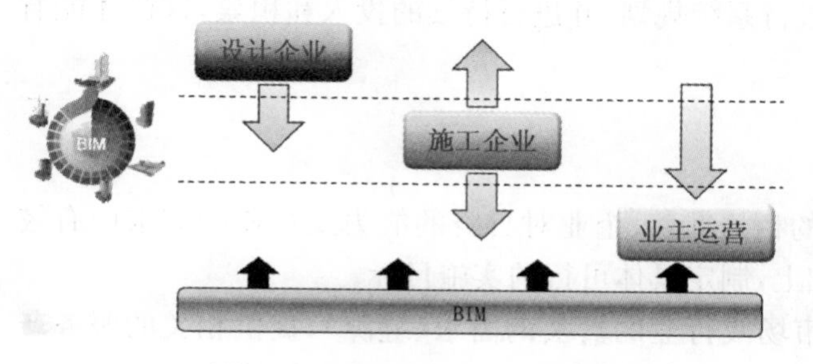

图 2-8　BIM 引导企业业务拓展

企业 BIM 实施能力的建设是一个长期的过程，企业是否向 BIM 转型是战略性选择：

（1）过渡到 BIM 是一种业务决策，对企业的管理者而言，要通过调研沟通确定 BIM 在何处融入组织战略。

（2）过渡到 BIM 是一种管理决策，企业需要提供合适的经济及制度资源。

（3）过渡到 BIM 是一种流程更改，需要建立和企业行业或业务相适应规章制度、流程、企业及项目的实施标准等。

（4）过渡到 BIM，也往往会影响到其他非经营性的方面，企业应该为多个领域的调整作准备。

因此，BIM 的实施是"一把手工程"，需要企业的决策者了解、参与并予以支持。

很多企业抱着试一试的态度，没做系统性的规划和投入，随便建几个 3D 模型就视作 BIM 实践，浅尝辄止；亦或者将相关的 BIM 业务外包给咨询公司；最后效果差强人意，实施不了了之，结论是不过尔尔。基于第三方独立调查机构 DODGE（Smart Market）2015 年对中国 BIM 从业单位的调查表明，企业项目的应用率越高，从 BIM 获取的盈利比例越高，反之则越低，如图 2-9 所示。

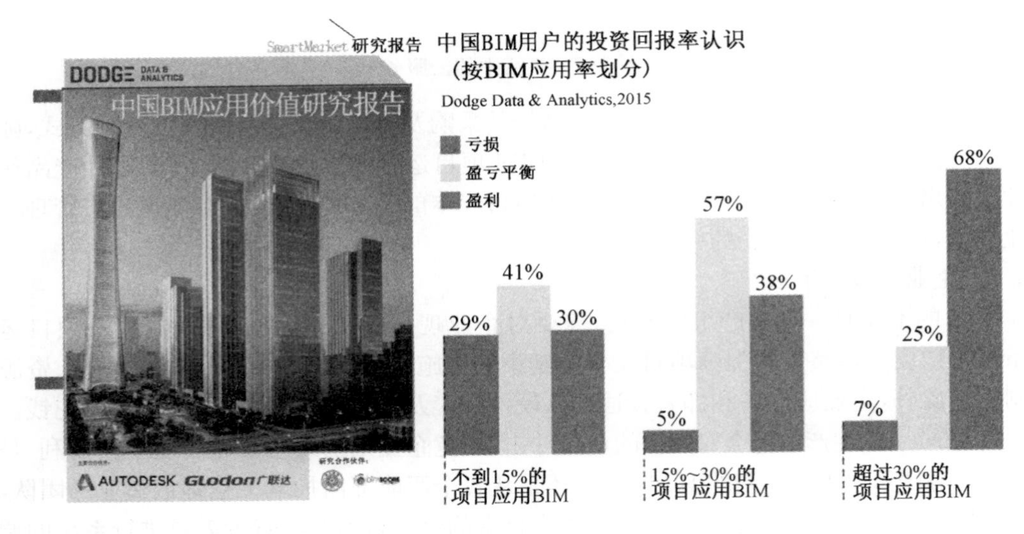

图 2-9　企业 BIM 项目的应用率和 BIM 投资回报率的关系（DODGE Data & Analytics，2015）

这说明，对 BIM 系统性投入并广泛应用于项目实践中的企业（超过 30%的项目应用 BIM），其盈利的可能性要远远超过浅尝辄止（低于 15%的项目用到 BIM）的企业。因此，企业如决定转型，则需要对 BIM 的实施进行系统规划，并进行持续的投入和积累，这样才能有效地获得相关的盈利。

2.3　企业级 BIM 实施目标

"知己知彼，百战不殆"，基于前述的相关准备，企业对自身的能力及行业的需求应有较为翔实的调查、客观的评估。在此基础上，制定具体可行的实施目标。

所谓企业 BIM 实施目标，是基于市场或行业的真实的需求（缝隙），提供相关的服务产品（钉子），培养相关的专业能力。在能力支撑下，将钉子打入缝隙中，一击而中。

目标制定的原则:以盈利为目标。

短期目标(6 个月～2 年):企业 BIM 实施初期肯定需要系统性的投资,此时对于 BIM 团队而言,尽快地实现收支平衡则为团队生存提供有信服性的证据。因此企业 BIM 团队面向行业外部需求或企业内部需求,建立 BIM 实施团队,提供相应的服务,短期内快速证明团队的价值,实现收支平衡。

中期目标(2～3 年):企业通过初期的培训,完成了一定数量的项目积累,初步理解 BIM 的运作机制,对自身在行业内的位置有了清晰的认识。关键的是,实现了盈亏平衡。这时候对于企业的决策者而言,中期的目标是靠考虑 BIM 团队在产业链的上下游是否要快速地获取商业机会。

长期目标(3 年以上):行业发展太快,制定具体的长期目标是不现实的,长期能做的就是树立企业的服务品牌,不断完善和扩充企业实施能力,为经营规模的扩张完善团队和制度建设。

2.4 企业团队建设

2.4.1 成本预算

企业的团队建设是以满足各个阶段目标推进为目的的团队规划,团队的建设是有成本的。因此企业在综合核算后,出台相应的预算方案。年度核算成本主要包含的各项如表 2-1 所示。

表 2-1　年度核算成本项目

成本条目	说明	费用/万元	备注
人员	人员绩效考核支出	—	初创阶段对 BIM 团队绩效应优先考虑
培训交流	团队建设的培训及跨企业交流的费用	—	—
实施环境	软件、硬件、网络、云服务等综合实施环境的费用	—	—
日常运营	会议、差旅等日常支出	—	—

2.4.2 团队动员

BIM 业务体系的搭建是企业战略行为,企业内部统一思想,达成一致认识,提高 BIM 团队的士气需要动员会。动员会需要企业的领导者亲自参与并进行宣传。动员会可安排到团队组建之前或第一个项目有初步成果后进行宣传。图 2-10 为某水利院第一个项目完成后的全院 BIM 动员大会。

图 2-10　某水利院 BIM 动员大会现场

动员会宣传的内容可包含国家政策与行业趋势、成功的案例、企业转型的意愿、BIM 团队绩效鼓励政策等。

2.4.3 人员架构

1) 选择合适的人

组建 BIM 团队之初，企业面临着日常经营性生产和 BIM 业务建设的矛盾，企业管理者应从日常经营需求、学习能力、对 BIM 的热情等多个维度评估 BIM 团队待选者，并从中选择合适的人承担 BIM 业务。BIM 团队初创阶段三种常见的建立模式如表 2-2 所示。

表 2-2　BIM 团队初创阶段的三种常见的建立模型

创建独立的 BIM 团队	各个专业院所抽调技术资源组成临时 BIM 团队	立即全员普及	外包
好处是对日常经营性的活动无影响、风险可控、成本核算清晰	这些种子力量对企业的快速普及乃至全员普及效果更好	实施成本太高遇到的壁垒多、难度太大，不推荐	与本书无关，无益于行业的长期发展
坏处是和日常经营脱钩 BIM 成果和 2D 图纸独立服务各自的对象	管理要求高 会影响到日常生产 生产任务紧时可能只会业余时间进行 BIM 作业，有可能最终不了了之		
风险低	风险中		

2) BIM 经理/主管

负责企业 BIM 规划的实施，确定企业的 BIM 技术路线，筛选基于 BIM 技术的软硬件资源，组织和管理 BIM 工程师团队，协调各业务部门的 BIM 项目等，建立企业 BIM 资源的维护制度等。

BIM 经理既要熟悉日常项目的作业模式，也要通晓 BIM 模式下的各种流程、规章、招标投标、软硬件运作等内容，具备一定的团队及项目的协调、管理能力。

BIM 经理这个角色是企业 BIM 资源的一个组成部分，需要被充分地授权协调企业内或项目内跨部门的资源。很多企业由信息中心、科技质量处或类似的部分委任相关的角色。

BIM 经理直接汇报给企业的领导层。

3) 项目组的结构

(1) BIM 项目经理：以 BIM 项目为核心对 BIM 项目进行综合评估，协调项目的 BIM 资源投入，协调内外部的 BIM 实施资源、管理、监督项目的实施过程及成果，落实项目实施方案的实施细则，负责项目层级的内外部沟通。每个 BIM 项目组应委派项目经理 1 名，可由龙头专业的负责人担任，也可指定专人。

(2) 专业工程师：具备一定的专业背景、有一定的工程经验能创建/指导创建满足专业需求的项目成果。负责专业内的 BIM 实施、专业间的沟通与协调工作。

(3) 建模人员：在专业工程师的指导或审核下完成项目族库准备、模型创建及项目成果的创建。

(4) 项目组成员的人员比例应按照项目的实际工作量的大小予以搭配，图 2-11 为一典型的民用城市综合体项目的项目小组成员的方案(数字是人员比例权重，仅供参考，按实际情况调整。)

4) 项目组成员

该公司正在进行的有 3 个城市综合体项目，因此拟组建 3 个 BIM 项目组，每个小组的

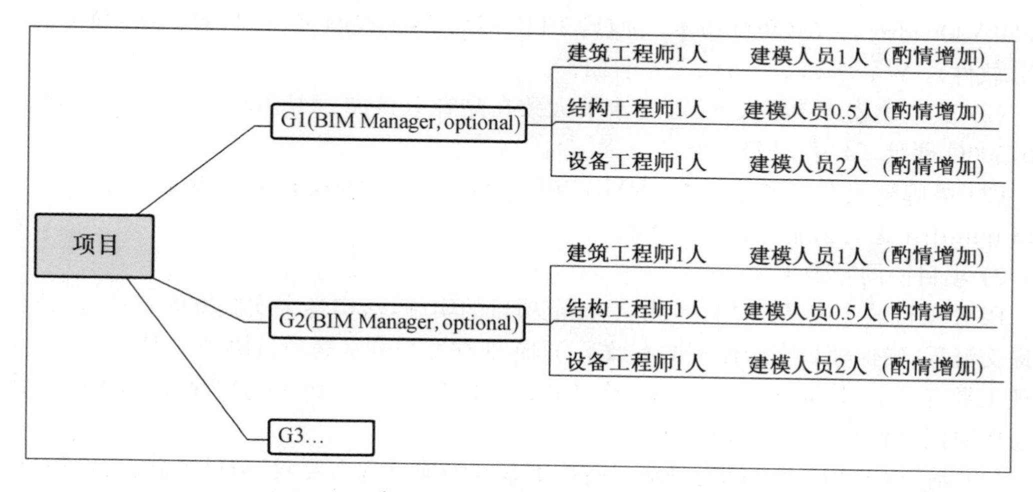

图 2-11　某企业 BIM 实施项目小组方案，这里 BIM Manager 指 BIM 项目经理

人员构成如下：

（1）建筑设计师 1 名，配建筑专业建模人员 1 名（此处的数值为相对比例，随业务的拓展酌情增加）。

（2）结构设计师 1 名，配结构专业建模人员 0.5 名（随业务的拓展酌情增加）。

（3）设备工程师 1 名（不同专业可在 BIM 组间调配，也就是假如公司成立 3 个 BIM 实施小组，那么就有 HVAV，Plumbing 和 Electrical 工程师各 1 名在小组间调配）加配 MEP 建模人员 2 名（建模人员随业务的拓展酌情增加）。

（4）建模人员是在公司尚未形成自己的实施标准或者族库的条件下，在实施项目时预先安排相关人员进行模型搜集、创建或归档等工作。

因此，一个 BIM 实施小组共占 6.5 人名额，3 个实施小组共计 6.5×3＝20 人。

2.4.4　IT 资源之规定

1）IT 基础架构及配置

IT 基础架构包括计算资源、网络资源及存储资源等，它在企业级 BIM 实施初期的资金投入相对集中。软硬件的采购应考虑到团队成员最多同时应用的数量，如项目 BIM 团队成员有 30 人，最多有 20 人同时用某款软件，则企业初期可采购 20 套相关的软件，并以网络版的形式进行权限管理。有些软件是长期实施都需要用到的，可酌情采购永久权限或长期的租赁，有些软件或服务是某一个具体时间段使用，可酌情按照时间段租赁，降低项目成本。

鉴于 IT 技术的快速发展，硬件资源的生命周期越来越短。软件、硬件及相关的虚拟化、云服务等宜按照企业运营成本或项目成本进行核算，本着节约的原则，作为企业资产进行管理和维护。

硬件：不是每个工程师都需要购置顶级的电脑运行模型整合、协同检查、效果展示等对硬件较高的科目。一般作业工程师处理的是项目的局部或某个单体，普通的计算机基本就能胜任相关的业务需求。如下是某铁路设计院的硬件方案（2015 年年初）：

（1）每个 BIM 项目组应配备高性能的计算机 1 台，用于专业综合检查，管线综合及施工模拟等服务。配置水平大致如下：英特尔（Intel）酷睿 i7－4790，内存：16G，显卡：

NVDIA Quadro 4000或更强版本，硬盘：1TB HD＋250GSSD(固态硬盘用于装操作系统和BIM 软件)，Windows 7 ×64．24 寸 LED。

(2) 其余建族或建模人员：配置水平大致在酷睿双核 i3-4150，内存 8G，显卡 Quadro 600，500G 硬盘，24 寸 LED 2 个。

(3) 品牌笔记本工作站 2 台(RMB 10K/台) 用作内部演示或外部展示之目的，2 台 iPad mini用于运行云服务。

2) 项目协同管理平台

BIM 项目的实施是群体性行为，为规范项目的实施，落实各个实施方的责任，监督相关的提交流程，确保项目实施流程的有效运作，企业往往采购部署项目协同管理工具。常见的管理工具有 Autodesk 公司的 Vault 及 Bentley 公司的 Projectwise 等产品。有效的工作协同需要协同平台具备如下基本功能：

(1) 基于 BIM 项目协同管理应具备如下基本的项目管理要素：项目团队、交付物、交付时间安排及实施流程。

(2) 项目宜搭建项目协同管理平台。所有项目资料宜上传至项目协同管理平台，并设定合理的文件夹体系。

(3) 协同平台支持项目成果异地提交。

(4) 项目的协同制度与工具平台应满足于交付标准管理的基本管理要求，流程中的节点/阶段应尽可能简单、明了。

(5) 项目数据应方便按需加入或退出管理平台。

(6) 项目协同管理平台应确保数据满足合同中安全性约定条款。

2.4.5 培训与项目实施

企业 BIM 团队组建后，需要进行软件操作、相关的工作流程、制度及协同方法的培训。培训完成后，企业应立即安排项目予以实施，以加深学员对相关培训内容的了解，避免学完就忘的尴尬。

2.5 流程制度及标准

2.5.1 企业 BIM 标准

企业相关的标准规范了企业 BIM 在实施过程中对实施团队、实施环境、实施项目的综合规定。鉴于之前《设计企业标准实施指南》(清华大学)已对人、环境、资源进行了详细的说明，本书仅从项目标准及招投标相互约定的环节进行阐述。

2.5.2 项目标准

广义的项目标准主要是针对项目的交付物，如模型或基于模型生成的图纸、报表、仿真、分析成果的规定。狭义的项目标准则指 BIM 模型相关的规定。BIM 模型标准一般包含(但不限于)如下要点：

(1) 项目划分与模型结构体系。

(2) 模型的属性：项目名称、责任人等图框要素。

(3) 模型的单位制。

(4) 模型的材质。

(5) 模型的颜色方案。

（6）模型的视图与图纸方案。

（7）模型的符号方案。

（8）模型的深度。

（9）模型构件命名规则。

（10）模型附加信息的规定。

从上文可以看出，模型标准大多数的内容可通过对基础的项目样板文件的定义（如 Autodesk Revit软件平台）或通过对项目实施环境（如 Bentley 的 workspace）的定义来实现。属于可以固化的内容。因此对有经验的实施企业，创建并维护本单位的项目样板文件或项目实施环境会大大减少项目实践过程中"标准统一"的工作。

何时需要制定项目标准？很多企业希望最好行业内有成型的实施标准可以照猫画虎，所以总希望行业有了成熟的标准再跟进引入 BIM。事实上，项目标准往往和企业实施的项目类型、甲方要求及实施责任人的技术途径有关，没有一成不变的。企业与企业之间，项目标准也不尽完全一样。"实践出真知"，即便有现成的标准做参考，企业应至少也应实施 2～3 个项目，总结出符合本企业相关的标准。简而言之，先实践，再总结！

2.5.3　项目招标与投标技术要求要点

项目招标文件反映了甲方针对项目真实的需求并对乙方提出的基本要求，乙方在投标文件中，为落实 BIM 价值，满足项目招标文件的技术要求，做出相关的技术响应及保障承诺。一般来说，项目的招标与投标环节针对 BIM 相关的工作内容应包含（但不限于）如下要点：

（1）项目名称及 BIM 业务范围。

（2）项目实施的目标。

（3）项目 BIM 实施的内容。

（4）交付要求：模型深度、格式、质量。

（5）实施团队规定。

（6）实施简要流程（可选项）。

（7）主要工作时间节点规定。

（8）制度：沟通制度、仲裁制度等。

（9）知识产权规定。

2.5.4　项目实施方案要点

项目的实施方案是在规定的时间内组织实施资源完成项目目标的手册。实施方案用于指导项目实施过程，辅助项目验收、落实项目招投标合同的约定。项目的实施方案一般应包含（不限于）如下内容：

（1）项目名称与实施范围。

（2）项目实施的主体（实施方）及实施方的责任。

（3）项目的实施目标是主要解决什么问题，落实哪些 BIM 价值。

（4）项目实施环境。

（5）项目各阶段的工作内容。

（6）项目实施各个阶段的交付物及交付物数据格式。

（7）项目各阶段的实施流程及关键节点责任人。

（8）项目中各个专业的样板文件。

(9) 项目的划分如文件目录结构、相关的责任人。

(10) 项目模型的命名规则。

(11) 项目的坐标系规定如总图的坐标原点、分项单体的坐标原点。

(12) 项目各实施阶段模型深度。

(13) 项目模型或系统的颜色方案。

(14) 项目质量保障制度。

(15) 项目交付的时间节点。

(16) 项目验收流程。

(17) 项目对内、对外会议或沟通制度。

企业可根据指导方案相关的要求创建通用的《项目指导手册》,用于日常企业员工教育与项目实施参考。

2.6 企业 BIM 资源与资源维护

2.6.1 属于企业的 BIM 资源

1) BIM 业务相关的责任人(角色)

人才是项目的核心。维护 BIM 相关的系统运行,保障制度的建设和贯彻,需要专门的角色负责相关科目的实施和运作,保障相关的其他资源的维护。这个职位是常备的并不断地从行业中获取信息资源,不断提升企业的 BIM 实施能力。

2) 企业的实施标准与制度

伴随业务的实施和拓展,相关的企业规章制度及项目实施标准、流程需要不断地优化以适应外部需求的改变。因此,相关的标准与制度需要不断完善与更新。

3) 软硬件平台

软硬件平台决定了项目实施的顺利程度,随着项目需求的多样化和复杂化,软硬件更新较传统的 2D 业务模型大为频繁,作为管理者应建立维护制度,合理安排更新,确保不同作业点项目实施环境的统一。

4) 二次开发的工具

二次开发的工具通常是为了增强软件的功能,或便利 BIM 相关的作业。由于 API 常常依赖于固定的软件版本,当软件升级后,相关的插件需要在新的环境下重新编译一次才能使用。对于购买的第三方二次开发的插件,则需要双方在合同内约定多少个新版本的升级服务等。

5) 项目、族的样板文件

项目的标准、族的标准很多时候通过样板文件的设置予以反映,随着国家规范的更新或不同业务类型的需要,相关的样板文件定制、样板文件随着软件版本的升级应制度化维护。

6) 企业的模型资源

企业的模型资源包含项目文件、计算配置文件(如 Xml)、企业积累的构件库,及与构件库关联的数据库、表单等。

企业 BIM 资源维护的重点在于族库的建立和维护。如按照软件版本的更新批量定期升级,按照项目实施的便利性需求进行结构化的管理和分享;有条件的企业应对构件库进行年度或半年度的自动化回归测试(跑回归测试脚本场景,以确保族库能在新的软件环境下有效的工作）等。

2.6.2　企业 BIM 模型资源的共享机制

如《设计企业 BIM 实施标准指南》所述：企业要实现对 BIM 模型资源的有效利用，必须对这些 BIM 模型资源建立集中的 BIM 模型资源库，并进行统一的、规范化的管理及维护。建立好 BIM 模型资源库，一方面可以提高设计效率，避免不同设计者的重复劳动，缩短设计周期；另一方面也可以提高设计的标准化程度，提高构件的管理和采购效率，提高设计质量，减少错误发生率。

纳入企业 BIM 模型资源库管理的对象，一般应相对成熟、固定；应由专门的部门或人员负责创建和维护，设计人员能检索、查阅后直接调用。

企业的 BIM 模型资源应在企业内部各个分公司或企业所属的集团公司进行推广和统一，尽量在广域网平台上分享和维护以满足远程提交、检索、下载之要求。如某大型施工集团将常规的临时建筑设施、施工安全防护设施做成标准化的族库包，支持集团内的分享，为集团 BIM 实施的标准化、系统化创造了条件，如图 2-12 所示。

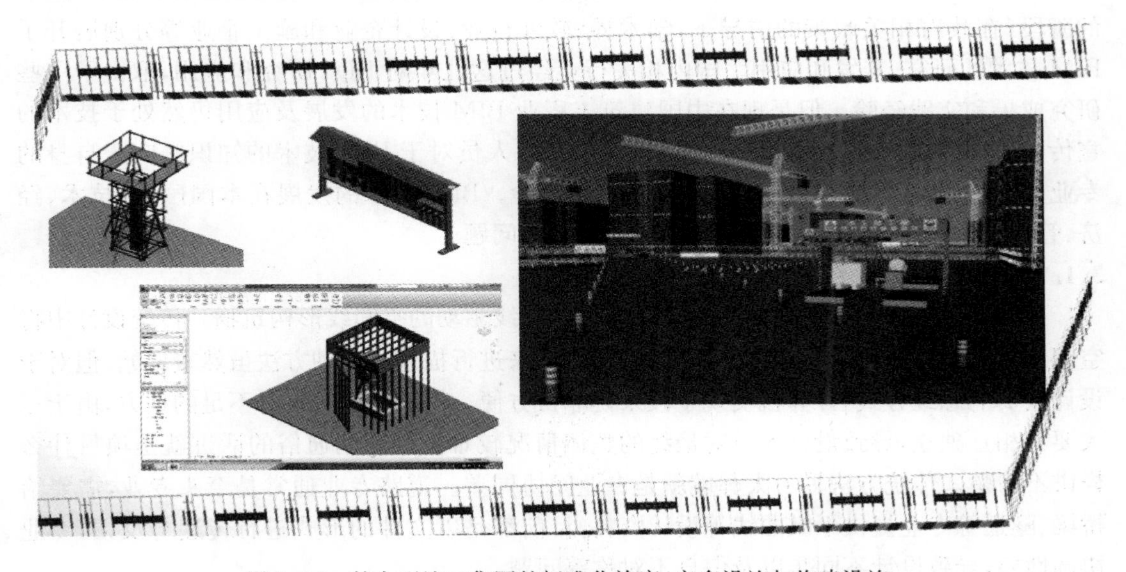

图 2-12　某大型施工集团的标准化族库：安全设施与临建设施

第3章　专业级BIM应用

引言

市政工程建设的BIM应用现阶段仍处于起步阶段，需要在项目中积累经验，不断完善。在实施过程中，市政工程的BIM应用既应参考房屋建设BIM的应用，还应结合自身特点，在道路桥梁、市政给排水工程、轨道交通、隧道地道方面开展有针对性的应用。

3.1　BIM与道路桥梁

3.1.1　BIM国内发展现状

当今BIM是中国建筑业中最热门的话题之一。在国内BIM的应用正处于热议、起步的阶段，在政府相关政策的引导下，学术界、软件行业、设计企业和施工企业等分别展开了BIM技术的研究、开发和应用。国内相关行业经过这几年对BIM研究和应用，取得了一些研究成果和实践经验。但是现在中国建筑工程业BIM技术的发展及应用仍然处于技术的宣传、认知阶段，远未达到开展应用的阶段。业内人员对于BIM技术的知识倾向于自身的专业，或者局限于理论方面的知识，缺乏实践经验。BIM技术的发展在本国国情、技术、经济、管理、法律等方面都面临着众多有待于解决的问题。

3.1.2　BIM在道路桥梁隧道工程中的应用探索

道路桥梁隧道工程从形体角度来说是由中心线驱动的空间线形构筑物。传统设计中将空间线形构筑物分解为平曲线、纵断面及横断面来进行描述。这种方法虽然较原始，但对于设计人员的思维方式、计算机实现手段来说非常方便。但这种方法也有不足的地方，由于三大要素相互独立，导致设计人员对最终的整体情况较难把握。用通俗的话讲就是项目什么样讲不清楚。传统方法另一大弊端就是专业间协同差。道路专业通常是牵头专业，需要给桥梁、隧道等专业提供平纵曲线等设计资料，目前都是以文件的形式进行传递与反馈，专业协调性差，导致设计不同步以及信息不对称等问题。

另外桥梁隧道虽然作为一种特殊的结构，其特殊性体现在设计阶段为结构形式复杂、受力分析要求高、异型构件等，体现在施工阶段为施工风险大、施工工艺特殊、施工装备多等、施工质量要求高，体现在运营阶段为需要定期检测、定期养护频繁、病害多等，但基本属性还是归为市政工程领域，因此也继承了市政工程的特点，包括体量大、投资高、多专业、对周边现状环境影响大、施工组织复杂等。

引入BIM技术是解决现有设计矛盾最好的解决方法。可以看出，BIM技术对于市政工程尤其是道路桥梁隧道工程这类复杂的工程可以提供辅助、协调、优化的手段，使得工程设计、建筑施工等环节更加经济、高效。

但就目前国内外市政行业应用情况来看，BIM应用的案例主要集中在给排水工艺工程、地铁车站、地下空间工程，而在道路桥梁隧道工程中则鲜有较完整的案例。其主要原因有以下两方面因素：软件因素和制度与标准因素。

1）软件的局限性，大型数据支持度不佳

目前的 BIM 软件大多数都是针对建筑行业开发而成，对市政行业，尤其是道路、桥梁、隧道专业，现成的软件很少且功能较初级。大多数软件对中心线及参数化整体驱动支持度不高，导致在建模过程中手段有限，且建模思路和专业特点结合不紧密。软件对于道路桥梁隧道结构大型数据的支持度和管理能力不足。在大型道路桥梁隧道模型建设中，系统运行效率逐渐下降，整合模型与拆分模型困难，这是大型道路桥梁隧道难以全面使用 BIM 的主要原因。

2）构件库不健全

道路桥梁隧道结构非标准构件多，由于没有丰富的构件库，在建模初期绝大部分构件需要人为定制，建模过程枯燥而漫长，对于工程师的吸引力大打折扣。如果真正能够发挥 BIM 的特点，需要参数化构件与模块化组件的积累，这样才能真正提高建模效率。

3）结构分析互通性不佳

BIM 软件本身可以和多款计算分析软件进行互通，在工业与民用建筑中不少 BIM 结构模型可以导入分析软件中计算，生成的结果还能导回 BIM 模型中更新构件。在道路桥梁隧道结构中，由于采用了大量非标准构件，使 BIM 模型和计算软件的互通性大大降低。在进行整体分析时，模型需要一定的简化，这在建模的推进过程中是额外的工作内容。在进行局部分析时，整体模型往往在细度和精度上又难以达到分析要求，使模型的局部构件需要在分析软件中加工，效率自然也没有提高。

除了软件因素，制度与标准不完善也是阻碍道路桥梁隧道 BIM 发展的因素，这也是国内 BIM 应用遇到的瓶颈。

3.1.3 道路桥梁工程软件平台简介

1）欧特克公司

欧特克公司的道路桥梁工程软件平台介绍如表 3-1 和图 3-1 所示。

表 3-1 欧特克公司的道路桥梁工程软件平台介绍

特点	优点	不足
覆盖建筑、工程、机械、文娱等	Revit，Civil3D，AIW 系列软件是基础设施领域常用软件平台	参数化驱动较弱
软件市场占有率高	三维模型、二维图纸、展示较出色	软件对超大数据支持度不够
	数据通用性较好	专业性相对不够强
	软件操作相对简单	
	软件成本相对较低	

2）天宝公司

天宝公司的道路桥梁工程软件平台的介绍如表 3-2 和图 3-2 所示。

表 3-2 天宝公司道路桥梁工程软件平台的介绍

特点	优点	不足
在钢结构、混凝土结构深化设计有着几乎垄断的地位	钢结构深化功能强大	建模工作量大，不适合设计阶段使用
生产各类定位、测量方面硬件	混凝土钢筋功能强大	展示效果一般
	数据精度较高、通常输出到数控机床	成本较高
	有一定的模块化功能	
	更适合深化、加工、施工一体	

图 3-1　欧特克公司产品

图 3-2　天宝公司产品

3) 达索公司

达索公司的道路桥梁工程软件平台的介绍如表 3-3 和图 3-3 所示。

表 3-3　　达索公司道路和桥梁工程软件平台介绍

特点	优点	不足
参数化设计方面的先驱	参数化驱动强大	从制造业转到工程行业需要大量开发
在军工、航天方面普及率高	对超大数据支持很好	建立模型速率相对较慢
	对复杂形体支持度较好	软件不易上手，对操作人员要求高
	结构分析能力强大	出图较困难
	可以达到零件级管理	软件成本较高

图 3-3　达索公司产品

4）奔特力公司

奔特力公司的道路和桥梁工程软件平台的介绍如表 3-4 和图 3-4 所示。

表 3-4　　奔特力公司的道路和桥梁工程软件平台的介绍

特点	优点	不足
致力于基础设施、石油化工领域应用	专业性强，理想的设计平台	软件更适合国外的设计方式，与我国传统结合有困难
在欧洲普及率很高	Microstation，RM Bridge，PW 功能齐备	企业级平台改造，推广难度较大
	PW 平台数据管理能力出色	应用成本较高
	三维、二维与展示兼顾	

图 3-4　奔特力公司产品

3.1.4　BIM 在道路桥梁隧道中的应用

3.1.4.1　北横通道中的阶段应用

上海市北横通道是中心城区北部东西向小客车专用通道，服务北部重点地区的中长距离到发交通，是三横北线的扩容和补充。如图 3-5 所示，北横通道西起北虹路，东至内江路，贯穿上海中心城区北部区域，全线经长宁路—光复西路—苏州河—余姚路—新会路—天目西路—天目中路—海宁路—周家嘴路，向西衔接北翟快速路，向东接周家嘴路越江隧道，全长约 19.1 km，建设规模为双向 4 车道加紧急停车带。设计车速为 60 km/h，净空高度 3.2 m，车道宽度 3.0～3.25 m，侧向净宽 0.75 m。

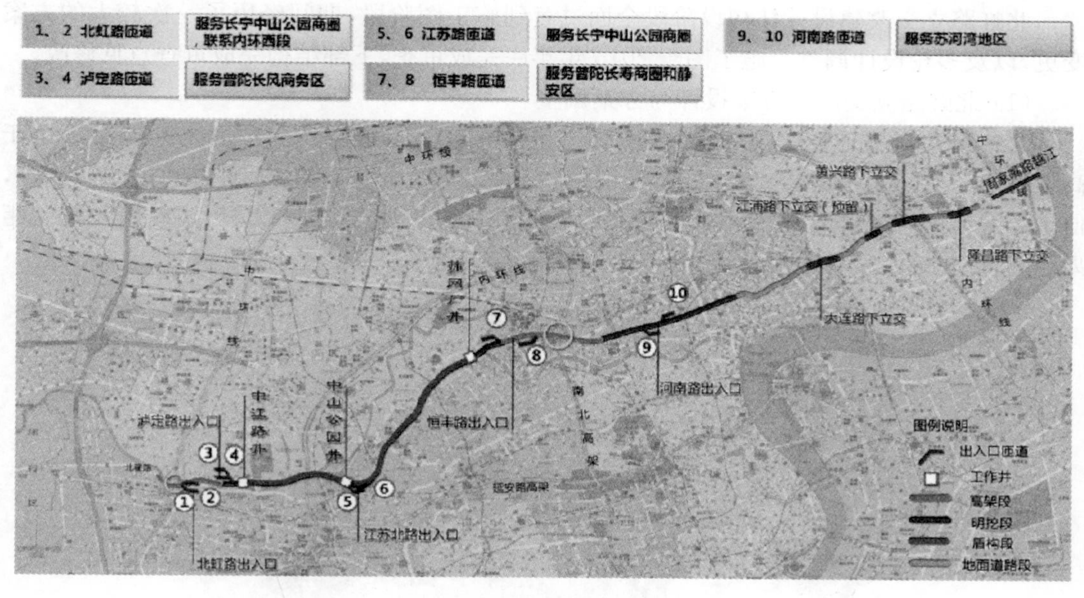

图 3-5　北横通道概况

北横通道总体布置分为两段，中环至吴淞路，北横采用连续流通道形式扩容，长12.92 km，设置 5 对匝道，与中环北虹路和天目路立交均采用直接连接；吴淞路至内江路，采用地面道路扩容＋关键节点下立交方案，长 6.177 km，在大连路、黄兴路和隆昌路设置三座下立交。

工程具体分段情况如图 3-6 所示，其中连续流段以地下道路为主，其中大渡河路—筛网厂采用盾构形式穿越，盾构单管双层布置，西段长 2.741 km，东段长 3.665 km，总长约 6.406 km。西藏路—虹口港采用明挖地道形式，长约 2.37 km。

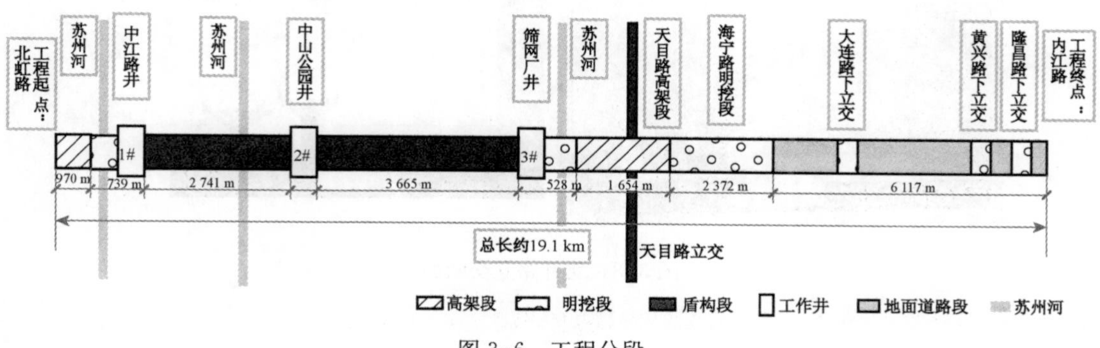

图 3-6　工程分段

北横通道 BIM 工作从 2014 年启动，应用重点偏重工程方案展示、管线搬迁方案演示等应用。在 2015 年随着北横通道施工图设计全面开展，BIM 工作逐渐过渡到施工图模型深化、管线碰撞检查、复杂节点论证等环节。另外，在施工团队加入后，开始模型传递与交付方面的尝试。接下来将分三部分介绍 BIM 工作应用情况：

(1) 北虹路立交改建中的应用；

(2) 隧道及下立交新建中的应用；

(3) 研究与尝试。

1) 北虹路立交改建中的应用

北虹路立交改建设计从初设阶段全面过渡到施工图阶段，期间经历了一次较大的方案变更，以及多轮设计调整。施工图于 2015 年年底完成审查，下部结构完成审查意见修改。

(1) 北虹路立交改造方案设计与方案调整

北虹路立交在前期将 Civil3D 与 Revit 结合，快速且准确地将立交方案模型建立。由于高架线形与空间关系复杂，BIM 模型能够提供清晰、直观的方案描述，匝道通过颜色区分，便于方案讨论与汇报。另外，在模型中可以快速获得任意断面，便于设计快速获得净高、距离、标高等关键因素，使方案论证更充分。如图 3-7 和图 3-8 所示。

图 3-7　北虹路立交方案

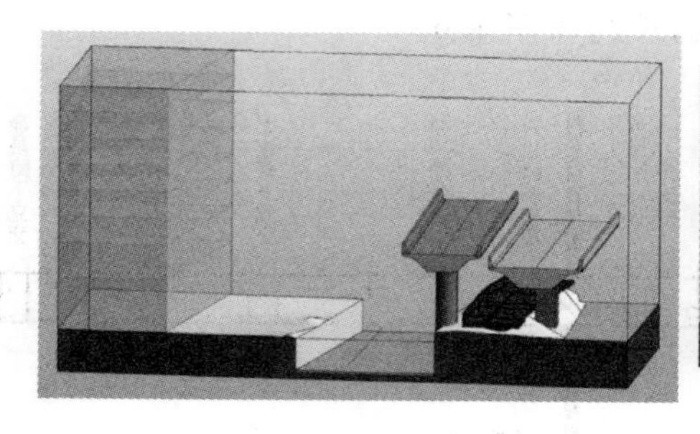

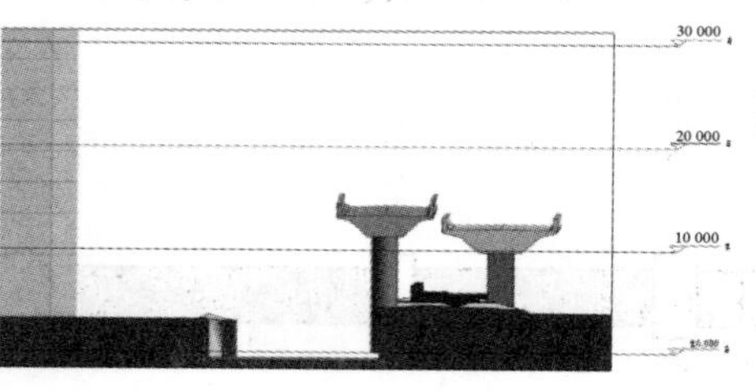

图 3-8　北虹路立交断面

由于原设计方案离周边新建地块距离太近，经过多方协调，最终决定调整西南象限几根匝道的线形，新方案需将原 WS 匝道拆除后再新建，以满足与地块间的间距。该方案较远设计改动较大，且 WS 匝道需拆除，对施工期间临时交通组织提出了新的要求。2015 年，团队随指挥部及交委领导就北横几处重要的交通改造节点向交警大队进行沟通与协调。通过 BIM 的演示，使各方人员清晰地了解到方案调整的来龙去脉，对交通绕线线路也有很直观的展示。方案演示一直是 BIM 的重要应用点，但能否对方案修改做出快速响应并清晰表达，是提高应用效果的关键(图 3-9)。

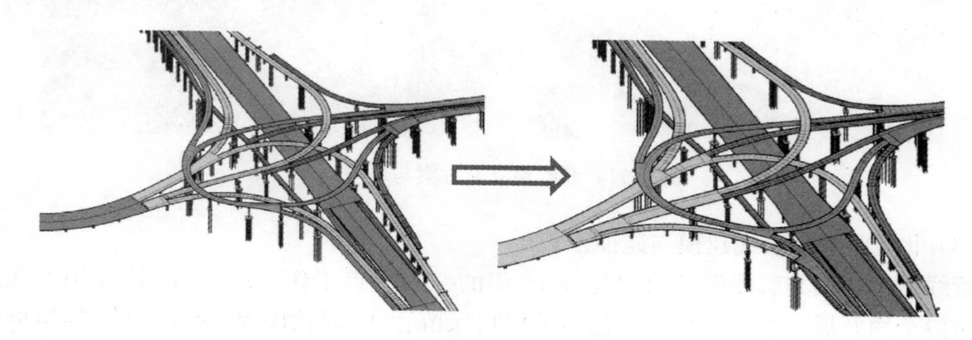

图 3-9　北虹路立交方案修改

(2) 全线现状环境模型梳理整合

2015 年年初，在多方调研后了解到上海测绘院拥有相对较完整的地形、影像及周边建筑模型资料，随即由业主出面与上海市测绘院沟通与协调，收集了北横沿线所有地形、影像及周边建筑模型。利用 AIW 软件，将环境数据与工程模型成功进行整合，BIM 与 GIS 数据的结合应用较 2014 年有较大的突破。通过整合真实环境资料建立的模型更逼真，主体与环境的关系更清晰，同时在一定程度上减轻了周边环境模型建立的工作量。随着应用深入及需求提高，周边环境数据模型也存在局部精度不够、环境数据不够新、模型文件太大等不足之处。因此，工程环境还是离不开数据修整实测、实地踏勘、模型局部细化等工作。目前，针对工程几处难点，环境模型依旧需要继续深化。如图 3-10 和图 3-11 所示。

图 3-10　北虹路立交方案与环境结合

图 3-11　北虹路立交方案与环境结合

(3) 北虹路立交管线建模与碰撞检查

管线方案建模与管线搬迁模拟是 2014 年的一项重点工作。2015 年，该应用点在几大重要路段全面开展。管线模型主要包括了现状保留管线、现状废除、临搬管线、临搬拆除及规划就位等几大部分(图 3-12 和图 3-13)。碰撞检查在北虹路立交主要体现在管线与下部结构的关系。检查出来的问题以碰撞检查报告的形式汇总并提交事业部。该应用是 BIM 代表性应用之一，市政管线数据准确性与成果的参考价值密切相关。现阶段除了项目设计的雨污水系统数据较准外，其余公用管线由于数据不全，只能以管位表达为主，高程信息较少，因此在实施中仍然需要结合实地情况来判断。

图 3-12　长宁路管线方案(1)

(4) 北虹路立交主体与声屏障模型深化

北虹路立交模型从 2015 年开始逐渐进行深化，期间经历多轮设计修改与变更，桥梁下部结构模型较为常规，而上部结构建模相对较为困难，除了工程本身较为复杂外，建模手段较落后也是一大原因。目前，软件对路桥类工程所功能较少，参数化驱动尚未成型，因此在钢箱梁建模中花了较多的时间，遇到了不少问题，但在工作中也积极寻求一些解决方法，比如用

北虹路立交管线碰撞报告

1 总平面图加剖面标志

区域 1

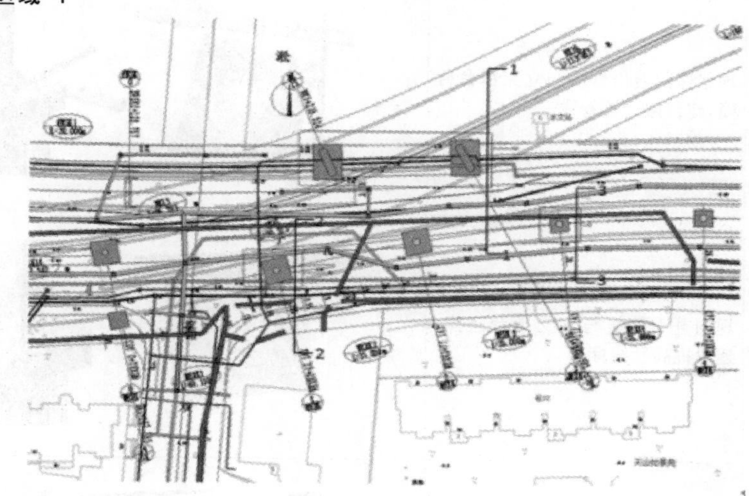

区域 2

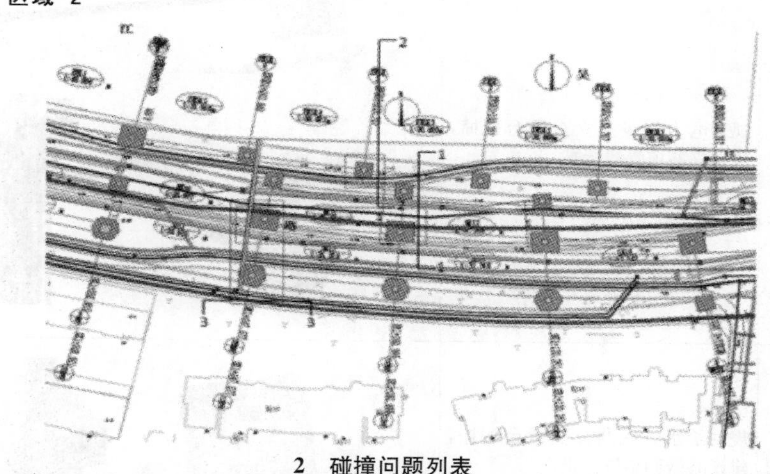

2 碰撞问题列表

编号	区域号	问题描述	图片
1	区域 1 剖面 1—1	1. 现状保留电力管线与立交立柱碰撞，建议调整承台位置，或搬迁原有电力管线。 2. 规划给水管线和规划通信管线与立交承台碰撞，建议提高管线标高，或将管位移向南侧	

（续表）

编号	区域号	问题描述	图片
2	区域 1 剖面 2—2	现状保留通信管线与立交承台碰撞，建议搬迁该管线	
3	区域 1 剖面 3—3	规划电力管线与立交承台碰撞，建议提高管线标高	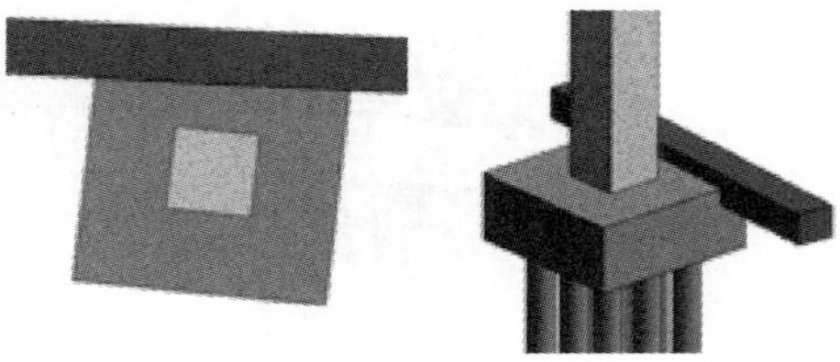
4	区域 2 剖面 1—1	规划电力管线与立交承台碰撞，建议提高该管线标高	
5	区域 2 剖面 2—2	规划给水管线与立交承台碰撞，建议略微调整管位走向	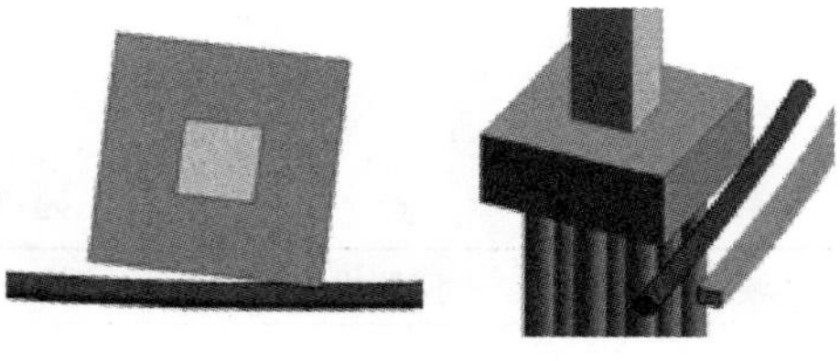

图 3-13　长宁路管线方案

参数化驱动较好的软件做尝试，二次开发了小工具用于加快建模速度。在 WS，ES 匝道中尝试参数化驱动建模取得了一定的成效，并在其余匝道中推广使用。EN 匝道作为今后与钢结构加工对接的试验段，模型基本达到了加工的深度，为今后研究打下基础。如图 3-14 所示。

本项目由于临近居民小区，为了减少噪音对居民的影响，采用了全影型声屏障。声屏障由专业单位负责设计，其余交通标识标线由设计院设计，因此存在专业间提资和协调的事宜。将声屏障和标识标线模型建立，可以对声屏障的形式、立柱设置、高度及效果进行判断。同时对标识标线的布置效果更合理，如图 3-15 所示。

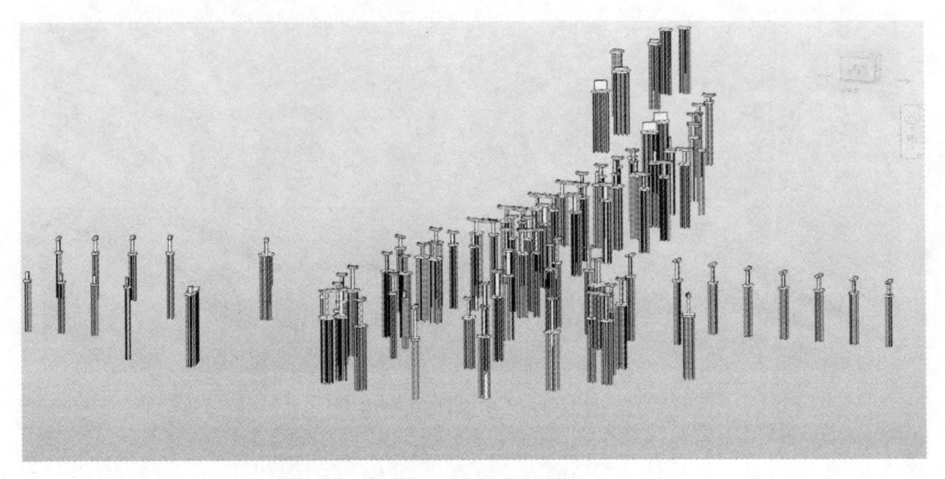

图3-14　下部结构模型

图3-15　声屏障与交通标识

（5）尝试协同设计

协同性作为BIM技术一大特点在设计环节中能够为设计带来更全面的信息共享与沟通。在设计过程中，许多环节能够通过BIM技术提高专业间的协同性，对设计过程产生促进与优化的作用。在本项目中，以北虹立交为示范段，开展协同设计主要原因是：

① 该节点复杂程度较高，传统设计方式方法存在优化的空间；

② 项目牵涉专业较多，容易产生信息不对称、错碰等协调问题；

③ 项目节点具有代表性，可作为实施样板进行推广。

北虹立交设计专业主要包括地面、高架及立交道路、桥梁结构、市政管线、驳岸、交通设施、景观绿化、声屏障等。其中，道路、桥梁、管线三大专业在利用BIM进行设计，集中在方案讨论、总体设计、资料提供、设计校核、设计出图等环节。其余专业以设计成果为依据，建立模型，与主专业进行整合并统一协调，如图3-16所示。

方案讨论环节中设计的平、纵、横设计不再相互独立，设计三维模型可根据设计方案变化同步呈现，并与环境模型配合，进行后期整合与加工，生成可用于方案讨论的成果。成果中的问题暴露更清晰，设计及时调整。

图 3-16 多专业模型整合

道路作为牵头专业，在总体方案确定后可在三维模型中提供平面、高程等设计信息。桥梁专业根据道路提供的信息进行结构设计与布置，将桥梁构件初步设计成果反映在模型中，与道路模型进行整合，位置与空间关系进行统一协调与优化。同时，道路的资料作为管线的设计基础进行提供，管线在三维的环境中进行布置，能够较快速地生成管线三维模型及管线断面。可使用模型来发现管线与桥梁冲突的地方进行快速定位与修改，如图 3-17 所示。

图 3-17 桥梁与管线的协同

在设计过程中，由设计人员参与模型搭建和资料提供，并且由设计与 BIM 人员共同对设计与模型进行核对。不同的设计人员按不同的匝道进行分工，依据总体表进行模型建立，过程中对总体表进行核对；由设计人员进行互校，对模型中的桩、承台、立柱、盖梁、箱梁的类型、尺寸、定位进行复查。BIM 工程师负责构件库制作。所有构件命名按照项目行为标准进行。在设计人员建立模型的同时，对模型命名与工作集划分归类进行检查。各专业的模型由 BIM 人员负责整合，每个专业由设计与建模人员、校核人员组成。这种协同方式在应对方案反复修改时的质量把控上是非常有效的。在模型的基础上尝试部分出图工作。其中可实现直接出图的有桥梁构件模板图，部分出图的有道路平面图、桥梁平面图，如图 3-18、图 3-19 和图 3-20 所示。

孔号	墩号	桩号	跨径	结构形式	盖梁形式	立柱高		承台顶标高	立柱顶标高	立柱类型 L/M/R		备注
	EN 0	ENKO+71.478		钢梁	ENO、EE4、N5 墩	10.400		2.608	13.008	归入 N5(Y1.5)		缺少三立柱盖梁族
EN K1	EN 1	ENKO+98.275	26.797		实体墩	8.300		−0.500	7.800	Y2.0		总体设计有矛盾，协调中
EN K2	EN 2	ENKO+179.500	81.225	钢梁	实体墩	11.400		−0.500	10.900	Y2.0		总体设计有矛盾，协调中
EN K3	EN 3	ENKO+236.053	56.553		DGL−8JB/G	11.900	12.800	2.760	14.660	Fl.5*2.0—A		8 m 交接墩外形暂无
EN K4	EN 4	ENKO+257.855	21.802		DGL-PK	11.300		2.397	13.697	Fl.5*1.5—A		拼宽盖梁宽度待调整
EN K5	EN 5	ENKO+279.657	21.802	板梁	DGL-PK	10.100		2.434	12.534	Fl.5*1.5—A		拼宽盖梁宽度待调整
EN K6	EN 6	ENKO+301.459	21.802		DGL-PK	9.000		2.366	11.366	Fl.5*1.5—A		拼宽盖梁宽度待调整

图 3-18　设计对模型进行校核

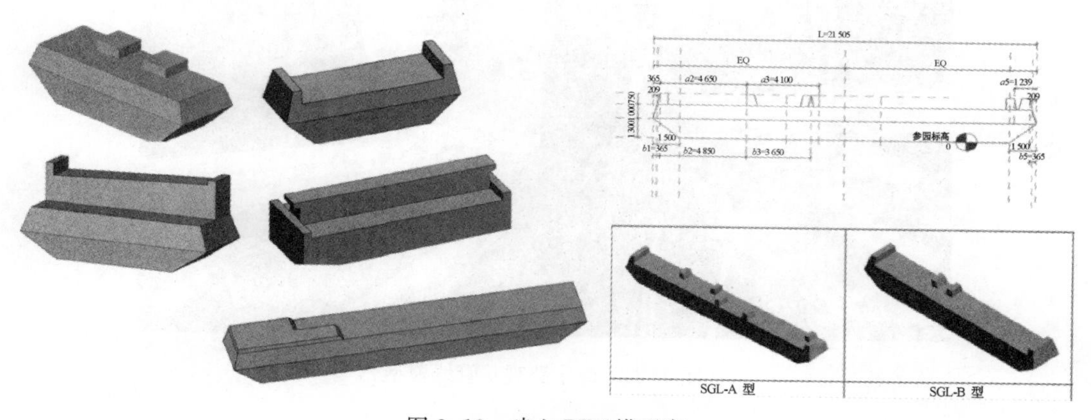

图 3-19　建立 BIM 模型库

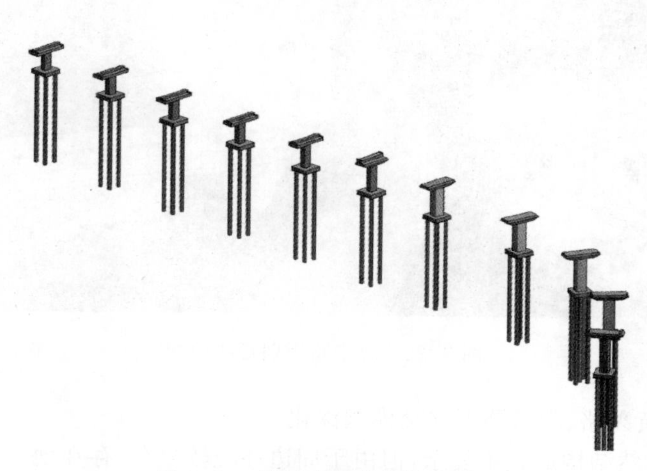

图 3-20　设计人员参与搭建模型

(6) 编制北横桥梁专业行为标准与模型传递

项目团队中有多方参与，因此制定统一的项目级作为标准是必须的。由于是项目级标准，项目选用的软件、实施主体较为清晰，即以 Autodesk 的 Revit 为主，设计院作为实施主体。在标准编制中除了考虑整体一致性，还结合了“上海市市政桥梁信息模型应用标准”中有关构件拆分，命名的相关要求。标准的制定某种程度上规范了各家的操作，标准还需要实践检验和完善，标准中部分规定与实际有一些脱节，只能通过后续应用中不断完善。

由于北虹路立交施工方使用了达索软件，设计院模型是否能够顺利传递至关重要。设计和施工围绕模型传递开展对接工作。在协调建模深度、模型格式、拆分原则后，基本打通了模型传递的障碍。我院的设计模型基本能够被施工方所使用并继续深化。

2) 隧道及下立交新建中的应用

(1) 海宁路明挖段管线建模与碰撞检查

河南路以东路段为明挖施工方式，管线搬迁复杂程度较高。在模型中主要反映了管线与地道的关系。检查出来的问题以碰撞检查报告的形式汇总并提交事业部。河南路以东距离很长，管线建模体量庞大，现状资料收集与模型建立工作开展了较长时间，如图 3-21 和图 3-22 所示。

图 3-21 海宁路现状管线模型

图 3-22 海宁路规划管线模型

(2) 大连路、黄兴路、隆昌路下立交模型深化

东段下立交虽然结构形式不复杂，但由于周边环境较复杂，存在地铁、两港截留管、内环

线高架及周边建筑等限制因素，几处下立交节点实施均遇到了一些阻力。BIM 的可视化手段在辅助方案推进中起到了一定的作用。如图 3-23、图 3-24 和图 3-25 所示。

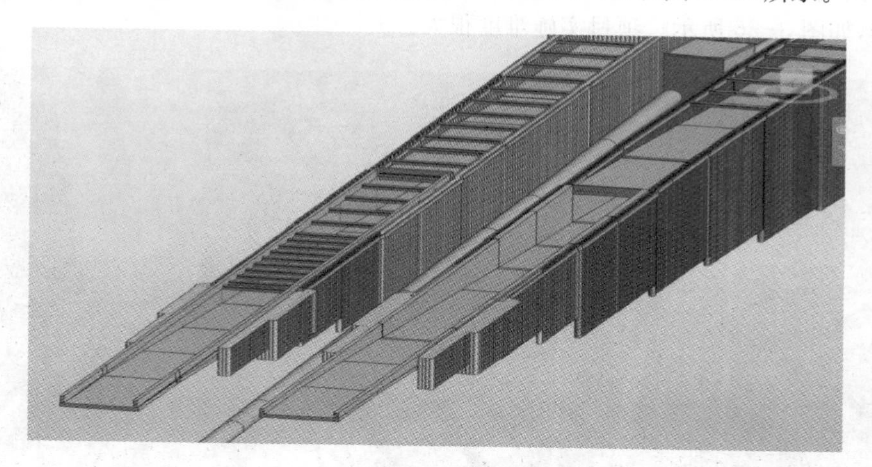

图 3-23　大连路地道与维护结构模型

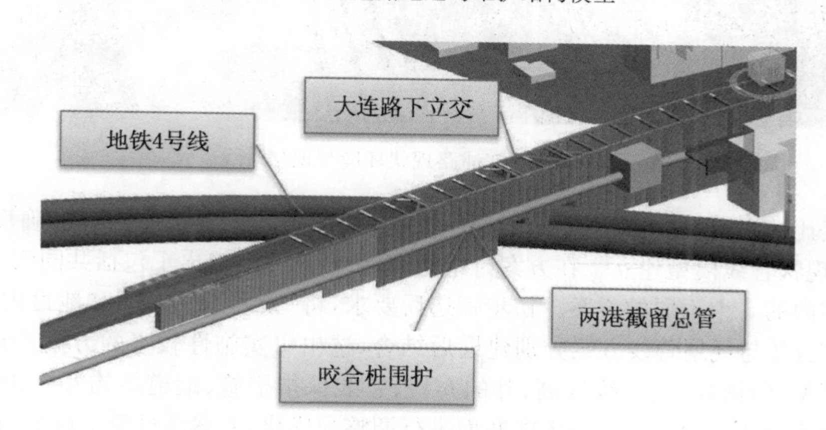

图 3-24　维护结构避让地铁

图 3-25　下立交环境与交通

(3) 江浦路下立交管线方案比选

江浦路局部实施范围只有 47 m,又牵涉到包括两港截留、昆明系统在内的 18 根公用管线的改排,如图 3-26 所示。项目实施难度很大。

图 3-26　江浦路现状环境与现状管线

在方案比选之前,先将周边建筑、红线、实施线、河道蓝线等控制因素准确反映在 BIM 中,随后将现状管线模型建立。在方案讨论初期,设计者先后给出了包括共同沟、双层地道、地道错位在内的 5 个不同的方案。初步筛选后要求,将"紧凑型"方案和"地道内布管"方案用 BIM 建立,并与规划管线方案分别建模后结合,选出可实施性较强的方案。在备选的方案中深化模型,包括管位、管线标高、井的布置、管线保护措施、地道结构及维护的布置等。通过模型查找管线与地道冲突较大的断面进行调整和优化,方案经过反复讨论与修改,大方向逐渐清晰,后又针对"紧凑型"方案做进一步调整,一步一步为方案汇报、方案审批提供支撑。通过该处应用,对 BIM 如何跟进设计需求,如何支撑方案讨论与必选,积累了一定的经验。如图 3-27、图 3-28 和图 3-29 所示。

3) 研究与尝试

(1) 钢筋与预制构造研究

北横是目前为止最大且最复杂的市政 BIM 项目,BIM 在实施过程中会遇到不少技术困难,在与设计配合过程中也存在许多问题。针对技术困难,我院在实施过程中投入了一定的研发力量,在预制拼装构件族库、钢筋模型、预制拼装节点构造等方面做了应用尝试,积累了一定的构件模型,为提高后期建模效率打下了基础。尝试钢筋建模为开展二次开发、自动化加工提供了实际基础,如图 3-30 所示。

(2) 快速建模方法研究

在桥梁、地道建模中,总结出一些规律,尤其在地道结构快速建模、桥梁形体建模中已作了二次开发的尝试,并取得了一定的成果。在设计完成平、纵、横设计后,提取关键断面的数据,

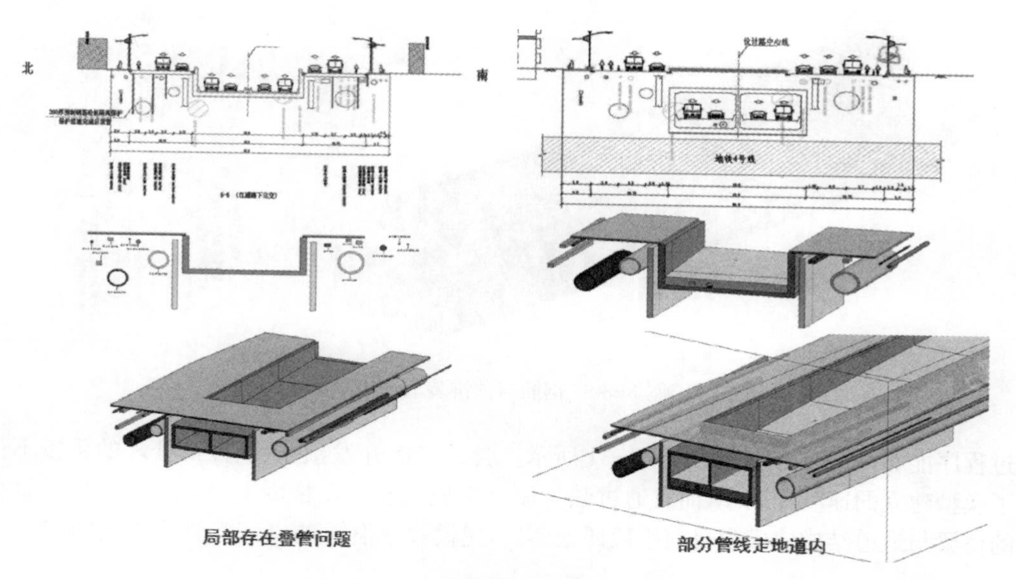

图 3-27　江浦路下立交多方案比选

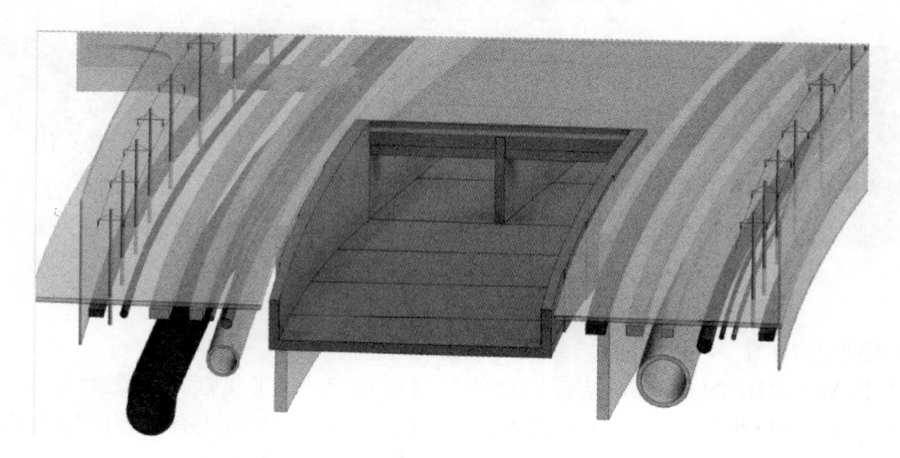

图 3-28　江浦路下立交方案模型

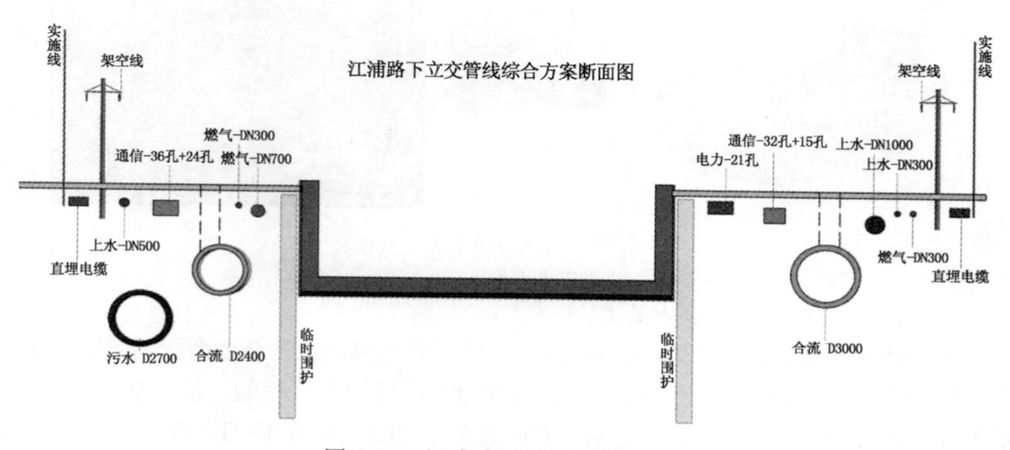

图 3-29　江浦路下立交方案断面图

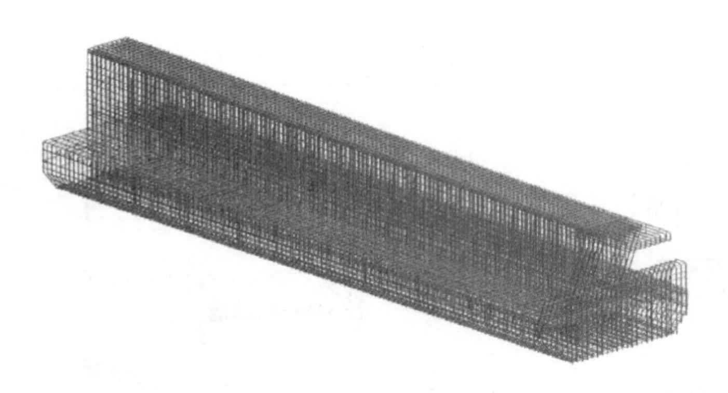
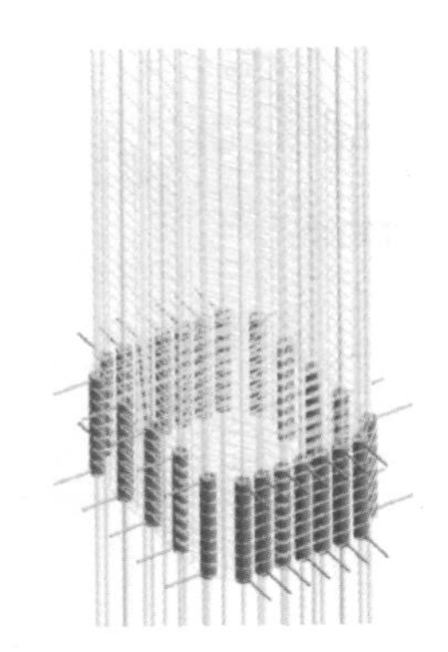

图 3-30　钢筋与预拼装节点模型

通过程序能够快速进行组装，如图 3-31 所示。尝试二次开发，通过软件批处理的手段不仅加快了模型建立的速度和效率，而且通过数据驱动生成的模型在精度上也有保证。但在复杂形体的桥梁与地道结构建模中目前手段还很落后，建模效率很低，是下一阶段研究的重点。

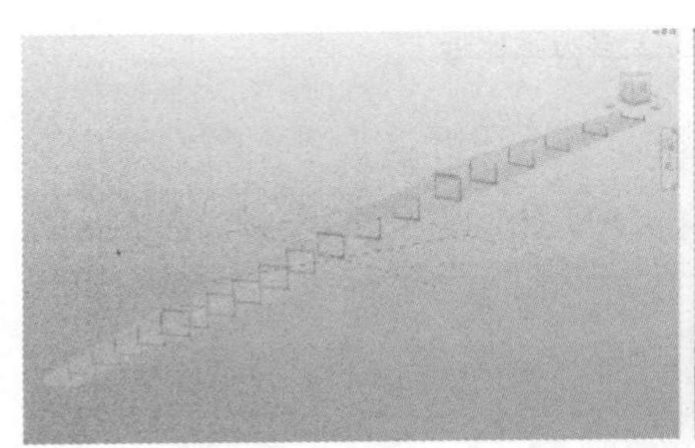
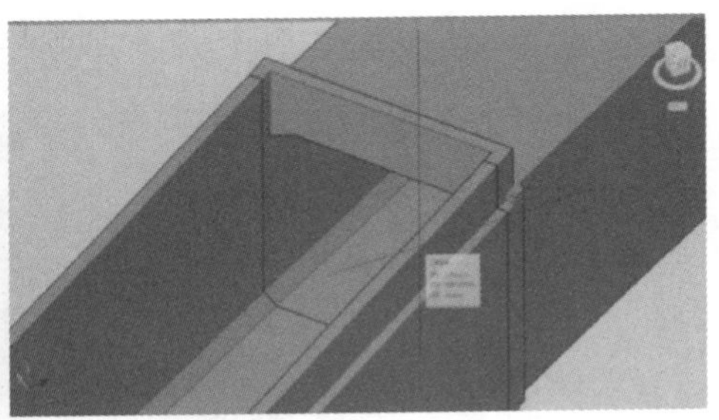

图 3-31　钢筋与预拼装节点模型

(3) 模型与出图

基于 BIM 模型出图是 BIM 结合设计的最终目的之一，在北虹路立交与东段地道中尝试了模型导成 CAD 提给设计再加工的方法，直接在 BIM 中出图还有很多问题有待解决，一方面需要二次开发，另一方面出图形式和表达方式也需要有所更新，如图 3-32 所示。

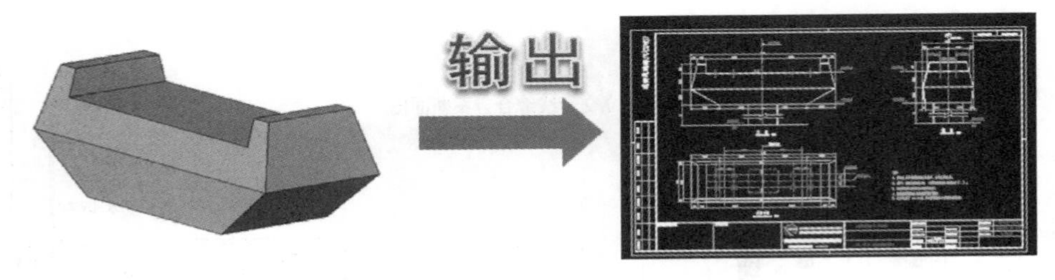

图 3-32　钢筋与预拼装节点模型

3.1.4.2　奉浦大道金汇港桥中的应用

一项新技术的诞生固然伴随着各种不足，BIM 所建立涵盖工程全生命周期的信息库，实现各个阶段、不同专业之间的信息集成和共享的理念是值得深入研究的。结合奉浦大道金汇港大桥工程，尝试将 BIM 技术较完整地用于工程的设计、施工中所取得的一些成果与经验。

1) 项目概况

金汇港桥(图 3-33)是奉浦大道道路工程中的重要组成部分,全长 432 m;主桥为 16 m+100 m+16 m=132 m 外倾拱肋下承式系杆拱,全钢结构;引桥为东西两侧各 5×30 m=150 m 共 10 孔组合小箱梁。桥梁本身为空间外倾式无风撑系杆拱桥,结构在平面上处于圆曲线段内。结构体系复杂,包括空间线型的拱肋、吊杆。同时施工方法采用先梁后拱水中设置支架的模式。

图 3-33　金汇港桥鸟瞰

2) 设计阶段应用

本次研究从设计阶段入手,研究 BIM 给桥梁设计带来帮助与变化。传统设计是将工程信息通过二维图纸的形式来表达与传递。引入 BIM 之后各专业间的构件、单元等可以用直观的立体三维效果图表示,可以优化设计,提高各专业之间的配合和协调,在方案展示、地形与现状分析、设计出图、工程量统计、设计交付等方面均 BIM 均能够参与并体现出其价值,如图 3-34 所示。

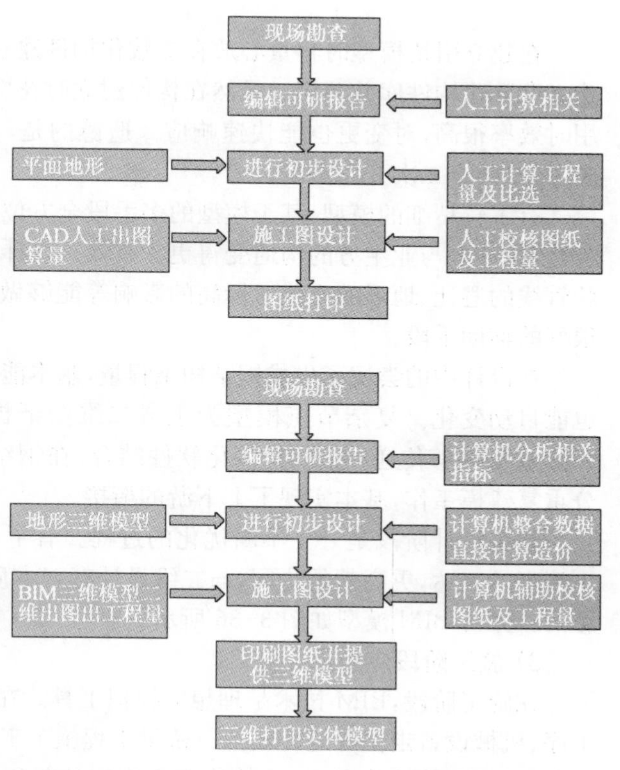

图 3-34　BIM 对设计过程与成果产生的影响

在软件平台选择方面,采用 Autodesk公司系列软件,包括 Civil3D, Infraworks, Revit, Navisworks。该公司的系列软件操作较简单,数据通用性较强,三维模型到二维图纸衔接较好,展示效果较出色。其不足主要有参数化驱动能力一般,超大数据支持度较弱,专业性功能较少。作为初步尝试, Autodesk公司的软件平台还是能够符合应用定位与需求的。

设计阶段应用的核心是模型建立。金汇港大桥主桥为全钢结构,构件繁多且需要定制,通用性不强,是模型建立困难所在。大桥的引桥部分为混凝土结构,其结构相对简单,且有一定规律性。

建立主桥模型时采用:“整体→局部”的定位方式以及“零件→构件→部件→装配”的拼装方法。这套方法在模型建立过程中能准确地进行划分与定位,且构件精度与构件逻辑关系得以保证。应用中也暴露出建模效率低下的弊端,桥梁腹板、肋板等小构件各不相同,很难通过参数化驱动且构件检索与修改也较为不便(图 3-35)。

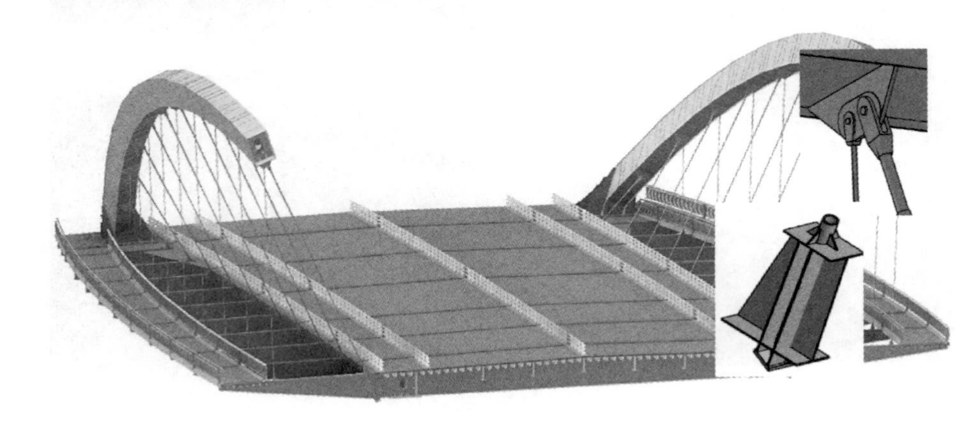

图 3-35　大桥 BIM 模型与细部

在建立引桥模型时将重心放在参数化构件建立上,将桥梁墩柱、盖梁、板梁、箱梁等构件建立参数化构件库并调用。虽然在构件建立时花费了较长的时间,且需要反复测试,但在调用时效率很高,对变更也能快速响应。遗憾的是,大体积混凝土自动配筋问题暂时没能解决,需要结合二次开发实现。

有了较精细的模型,基于模型的多手段全方位展示给汇报提供了很大的便利,通过直观表达,设计方与业主方的沟通变得更为有效。设计与周边环境的关系也更为清晰,桥墩与现状管线的避让、地形的变化对标高的影响等能够做到较清晰的判断。这就给决策层提供了很好的辅助手段。

在设计中的尝试了生成钢结构工程量,基本能够满足概算阶段要求,设计变更时工程量也能自动变化。复杂节点模型为生成二维图纸提供了直观、准确、快捷的方法。设计的 BIM 模型能够传递进钢结构深化软件结合,在钢结构深化设计提供了基础数据,省去了部分重复建模工作,基本实现了上下游的衔接。

整个设计阶段是一个不断优化的过程。有了 BIM 模型,带给设计人员更准确的判断;更清晰的表达,更高效的协同,与二维设计有着本质的区别,带给工程品质的提升是立竿见影的。大桥 BIM 模型如图 3-36 所示。

3) 施工阶段应用

在施工阶段,BIM 技术是理想的模拟工具。在实际施工之前,可以对施工的场地、施工工序、机械设备走位等进行模拟。桥梁工程施工工序以吊装、架设为主,工序动态穿插较多,这种情况下,传统静态、二维的施工方案表达显得“力不从心”。不仅在空间上容易产生碰

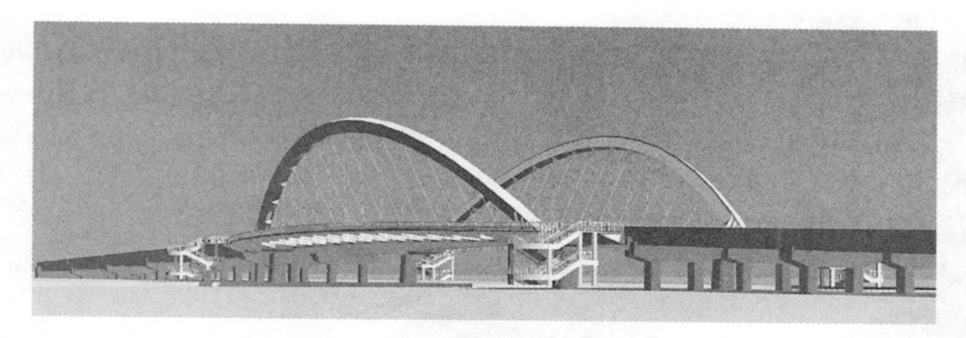

图 3-36　大桥 BIM 模型

撞，工序交叉时的施工组织也不够清晰。在 BIM 模拟时通过“静态”或“动态”模拟可以将施工过程直观地表示出来，不少“碰撞”“冲突”问题能够尽早暴露并解决，实现施工方案可行性预判。此外，在专家评审、交警汇报等环节中有 BIM 模型或动画的辅助可以得到“事半功倍”的效果。

BIM 同时能够作为业主与施工单位管理工具，在施工过程中提供可视化管理。比如模型结合进度，即所谓的 4D，能够动态呈献工程计划进度与实际进度推进的情况，及时进行调控。在进度模型中加入构件、工序对应的费用，成为成本进度模型，即所谓的 5D，能够动态呈献项目成本随着工程推进的情况，给管理者控制工程资金流提供依据。

在金汇港桥施工过程中，主要的应用点集中在整体施工工序与进度模拟上。施工模型不仅仅是设计阶段模型的深化，还包括了临时墩、临时支架等施工设施。结合施工吊装方案，将施工吊装顺序动态呈现。再将施工整体进度与工序关联，工序又和模型构建关联，就成为 4D 模型。整个是施工过程虚拟呈现，与实际工程推进相互印证，给工程进度管理带来了新的思路与手段。

总体来说，BIM 给施工带来以下几点促进作用。

(1) 加强沟通协调

在设计院、工地现场、指挥部等多地使用同一个 BIM 模型，实时查看、浏览。工程信息传递更及时、更准确，避免了信息不对称的问题。模型虽然不能替代图纸，但相较于图纸，模型携带便捷，现场交底效果好，沟通交流更直观，更通畅，理解更清晰(图 3-37)。

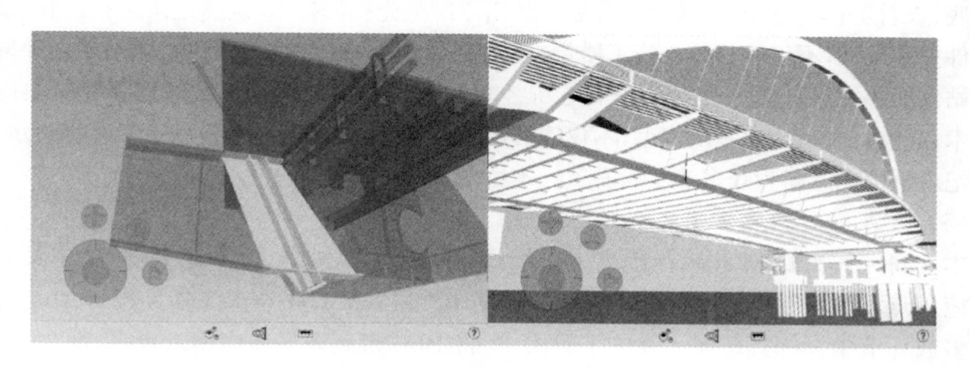

图 3-37　移动终端实时查看模型

（2）施工管理更细致

模型与管理本无直接联系，但管理者能将模型用于管理的许多环节。在虚拟环境中进行现场排布、方案推敲、施工模拟，比传统方法更具体，思考更周全，也能事先排除一些问题隐患。进度管理与模型结合，对进度编制提出了更高的要求，进度表必须更细才能与模型构件匹配，并且减少工序的遗漏。计划进度与实际进度分别与模型关联，也能清晰反映“超前”和“滞后”，利用新的管控手段，无形间管理水平有了提升。大桥施工模型如图 3-38 所示。

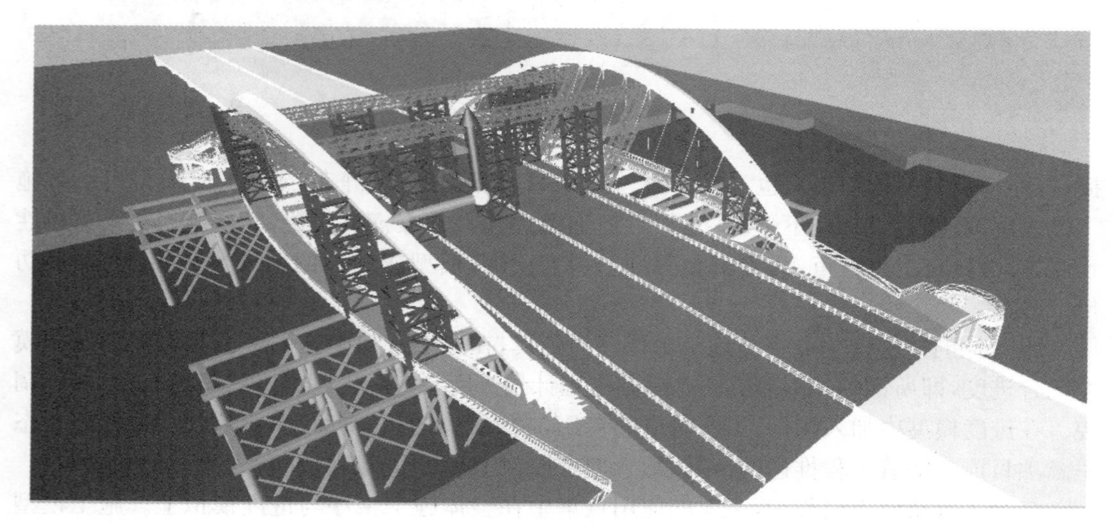

图 3-38　大桥施工模拟

（3）质量与效率提升

桥梁钢结构工厂预拼装时对场地、机械占用很高。利用“逆向工程”手段将外形采集，在虚拟环境中逆向成“真实”模型后虚拟拼装（图 3-39），为后工序提供质量保证也节省了对机械、场地的占用。另外，在质量验收较困难的地方，通过三维扫描快速采集手段，与 BIM 模型进行比对，很快能得到偏差，工程人员处理与纠正周期大幅缩短。

（4）相关数字技术应用

与 BIM 技术相关的数字技术也是施工的好帮手。结合移动终端，将 BIM 带到现场，使现场交底、查看工程信息变得更轻松、有效。利用三维激光扫描技术，快速记录工程现状，快速采集构件空间尺寸，不仅能够校核施工质量，还能成为实际施工成品信息快速记录反馈手段。自动全站仪能够实现自动点位放样，提高复杂空间放样效率与精度。三维打印作为最热门的数字技术，能够将模型快速一次成型，不仅能够用于方案投标，还能作为工程缩影成列展示，衍生出的纪念价值也逐渐为众多业主所看重。本桥的三维打印成品如图 3-40 所示。

（5）总结

本次研究作为 BIM 技术在桥梁工程中应用的初步探索尝试，采用了 BIM 技术中较成熟的应用点，取得了一定的成果与经验。在设计阶段，BIM 技术作为辅助设计的工具能够在大多数环节中发挥其优势。在施工阶段中，将 BIM 带到现场后应用点更多，面更广，手段更丰富。当然，从中也总结了 BIM 对于桥梁工程的不足之处，比如设计阶段软件平台针对性不够强，计算分析衔接不顺，模型建立与二维图纸生成效率较低等问题，这些要逐步完善

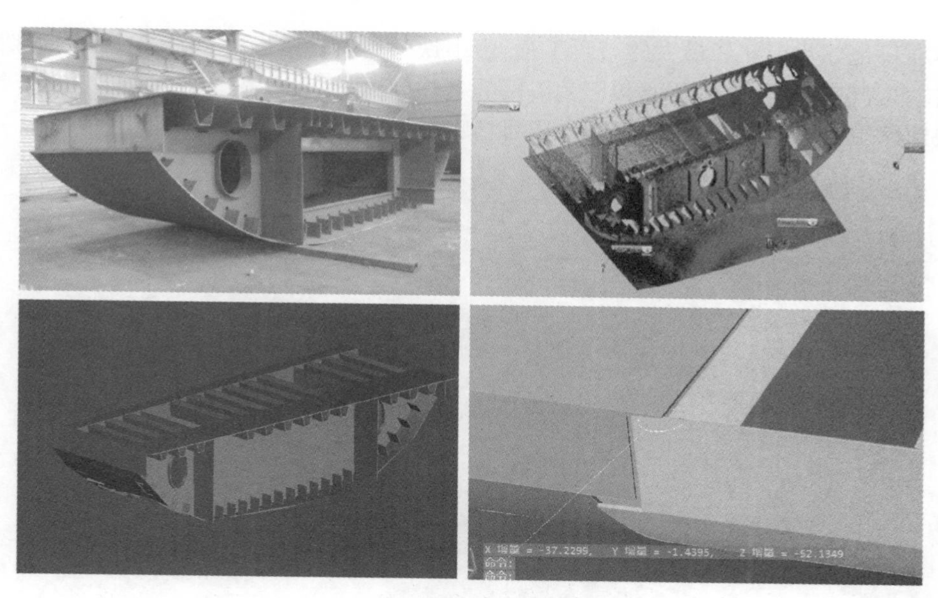

图 3-39　桥箱虚拟拼装

图 3-40　三维打印成品

软件，多多积累才能解决。施工阶段应用存在人员不足、模拟的深度与现实还存在距离、模型如何优化施工过程、实际管理如何灵活应用 BIM 等问题。这需要企业提高认识，敢于将 BIM 技术管理手段在更多的工程中应用，同时还要加大人才培养。另外，桥梁的监测与养护作为桥梁工程生命周期中重要的环节，BIM 的作用更值得研究与挖掘。

3.1.4.3　苏州中环快速路工程高新区二标段 BIM 应用

1) 项目概况

苏州市中环快速路高新区段(312 国道—玉山路南)二标段北起铜墩街南，南至金珠路南，主要工程内容包括主线高架桥、互通立交匝道、排水管道工程、地面道路及相交道路交叉口渠化改造等；是连接拟建金枫路高架桥与太湖大道高架桥(北环西延快速路)的枢纽型互通立交。

本项目是苏州市在建最大的市政工程，由中铁一局负责该标段建设。项目因工期紧、难度大、技术含量高而备受市政府和广大市民的关注，特别是跨太湖大道的多层立交，是整个中环快速路工程中，最为复杂的标段。项目鸟瞰图如图 3-41 所示。

图 3-41　项目鸟瞰图

工程的规模主要为 5 层互通式立体交通施工模拟，主要包括：第 1 层为面道路（施工期间保持通车）；第 2 层为北环西延快速路（施工期间保持通车）；第 3 层为两联新建立交匝道，全长均为 155 m；第 4 层为两联新建立交匝道，全长均为 166 m；第 5 层为新建主线高架，中跨跨径达到 50 m。匝道吊装于 2014 年 6 月开始施工，2014 年年底主线竣工。

2) 项目使用软件及 BIM 应用内容

本项目采用的是 Autodesk 公司的软件平台，施工周边环境及场地布置采用 Infraworks 完成，建模主要采用 Revit 2014 完成，施工模拟采用 Navisworks 2014 完成，施工工序利用 Microsoft Excel 表格编写（图 3-42）。

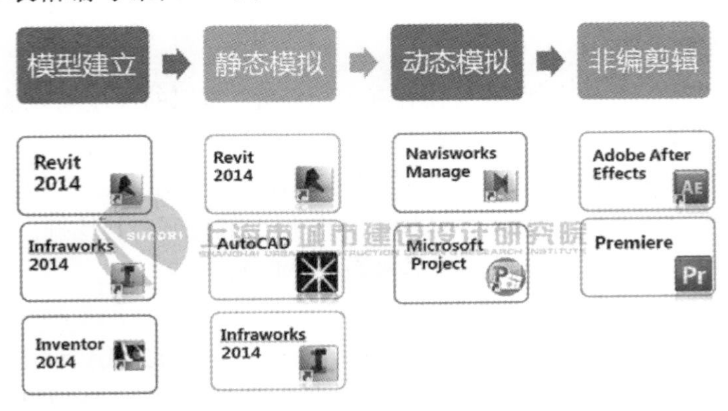

图 3-42　软件选择与应用

3) BIM 应用情况

本项目规模大、难度大、风险高、工期紧，为了科学严密的施工，项目部成立了攻关小组，经多次研讨和专家反复论证，最终制订出切实可行的架设方案。在吊装方案制定过程中，由上海市城市建设设计研究总院 BIM 中心负责，利用 BIM 技术为钢箱梁顺利架设添加了一重的技术保障。

与大多数项目的 BIM 应用不同，本项目 BIM 应用流程并没有根据常规的应用点逐渐开展，而是针对工程吊装这一环节，从方案模拟、验证、优化、实施几个方面集中应用。可以说是 BIM 在施工阶段有针对性的深入应用。

4) 项目难点

(1) 工程中最大跨度达到 50 m，最大起吊重量近 300 t。

(2) 起吊过程中需要调用 700 t 履带吊，350 t 履带吊，多台 150 t 履带吊等大型机械，在主线施工中还需要调用架桥机。

(3) 为了减少施工对企业的影响，保证周围企业在施工期间需正常运作，采用了先施工周边匝道，再进行中间匝道施工的顺序。由此也带来了施工场地狭小、吊装空间紧张等问题。

(4) 为了减少交通影响，在施工期间，大部分时间需要保持太湖大道与鹿山路地面道路通行，对施工时间提出了很高的要求。

(5) 整个工程需要在年底完成并年底通车，工程进度要求相当高。项目现场情况如图 3-43所示。

图 3-43　现场情况复杂

5) BIM 技术应用点

(1) 真实还原现状，精确创建新建立交模型。

(2) 模拟施工现场环境、机械走位及构件堆场情况。

(3) 模拟吊装过程，检查碰撞点。

(4) 寻找优化施工方案的可能性。

(5) 协助吊装方案汇报与评审。

(6) 施工现场指导与配合。

6) 本工程 BIM 应用主要成果

(1) 周边环境及场地布置

场地布置是施工开始时重要的一环。常规方法手段较为单一，且不够直观，对于现场大型车辆进出、临时车道设置等问题存在描述不清等问题。在定方案的环节中经常需调整，如何快速调整布置也是需要考虑的。

用 BIM 模型结合 GIS 数据，将现场与周边情况快速、准确地呈现。在 Autodesk Infraworks 中快速建立现场设施、道路模型且能够灵活调整，同时还能根据大型车辆出入的转弯半径设置临时道路，这些应用在工程指挥部应用效果出色，向交警部门汇报时效明显(图 3-44)。

图 3-44　施工现场布置与临时道路设置

(2) 施工机械模型的建立

吊机是整个吊装过程中的主角。吊装过程中吊机是动态、变化的，因此建立准确、可变的吊机模型是必不可少的。在 Revit 中，依据吊车参数表，将吊装机械采用参数化建模，对吊臂的角度以及基座的旋转角度实现精确控制，实现“全参数化”驱动，如图 3-45 所示。

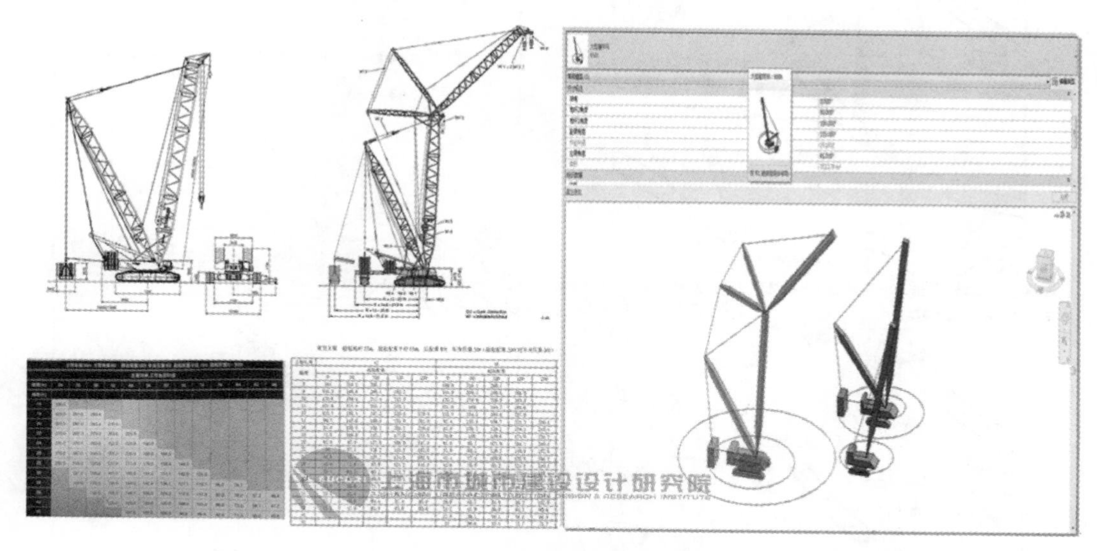

图 3-45　参数化吊车模型

(3) 立交模型建立

在 Revit 环境中，依据设计图纸及吊装方案，将立交节点施工阶段的模型准确建立。通过建模，将高架匝道、施工临时设施准确建立，施工现场逼真呈现(图 3-46)。

图 3-46　现场逼真呈现

(4) 吊装方案预演

吊装方案是本次工程的灵魂。项目团队在正式吊装前进行了多轮方案编制、讨论、评审。期间除了工程本身技术难度之外，如何清晰描述，如何提高沟通效率也是一大难题。传统方法在方案描述时费时费力，许多关键步骤描述不清，专家评审的效率始终不高(图 3-47)。而且传统方案是否存在问题，吊装是否可行，在不进行验证之前都存在不确定性。

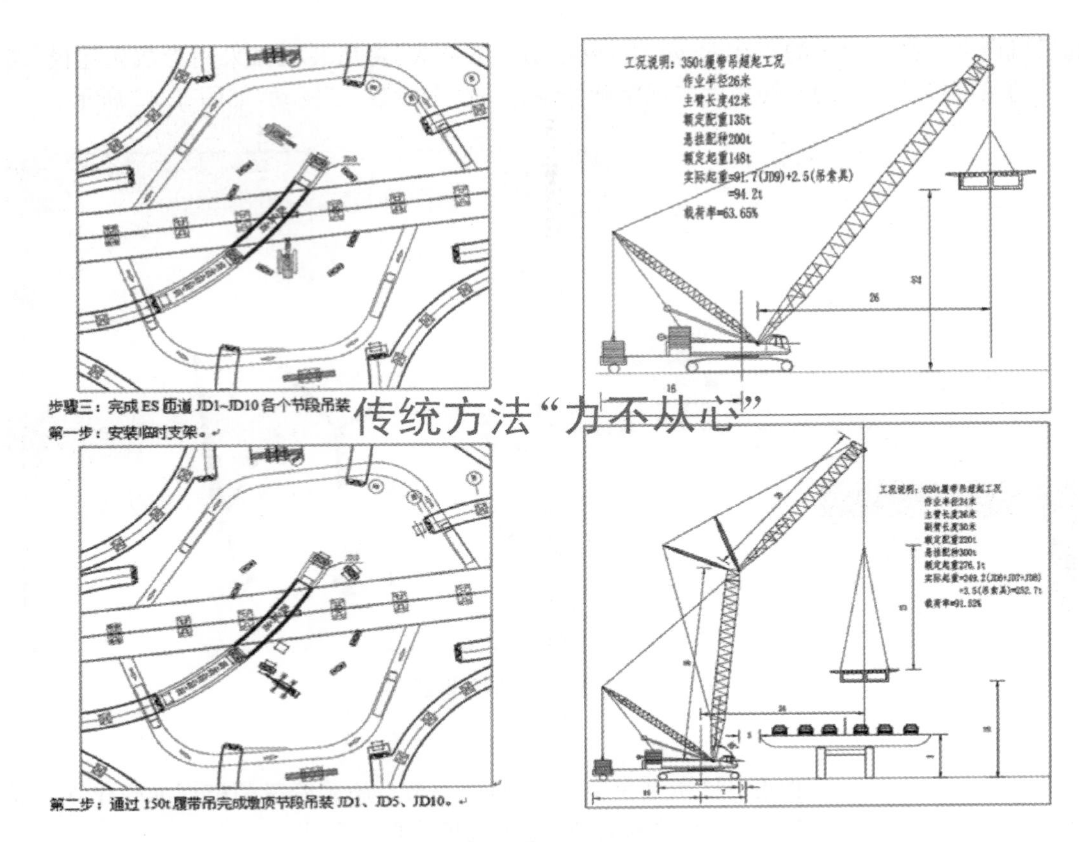

图 3-47　传统二维方法的缺陷

通过 BIM 多手段模拟，将吊装过程中的问题提前暴露出来，提高了吊装的准确性与可行性。同时，直观地将吊装过程展现，大大提高了沟通、评审的效率(图 3-48)。

图 3-48　现场逼真呈现

① 全过程静态模拟

在模型中依据吊装方案，逐步检查吊车机位与吊装过程，通过静态调整，找出最合理吊装机位与构件堆放位置。初步排除吊装过程中起吊高度或工作半径不合理之处。

可见，虽然多次专家评审，仍然会有一些碰撞点遗漏。在以往静态对象碰撞检测中，BIM 的价值已被认可，而对于吊装这个动态过程，BIM 同样能够发挥巨大的价值。碰撞报告如图 3-49 所示。

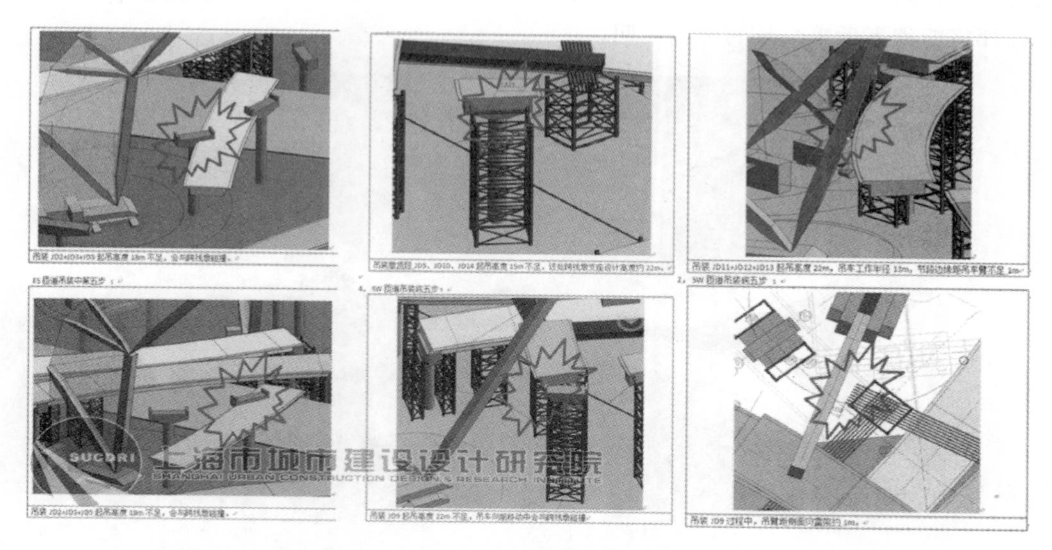

图 3-49　碰撞报告

② 全过程动态模拟

模拟贯穿整个吊装过程，每一步吊装动作做到连贯合理，将吊车移位路线动态呈现，钢结构堆场位置清晰，并且进一步排除可能的线路交叉与碰撞点。将每一步吊装吊机的位置、堆场位置、起吊高度、工作半径等信息动态呈献，整个动态模拟结果在专家评审过程中提高了沟通效率，意见及建议及措施也更明确(图 3-50)。

图 3-50　动态模拟

(5) 吊装方案优化

项目进度压力很大，能否在原有方案中进行优化是工程负责人最希望实现的。在原方案中，考虑到场地与吊装空间，五层主线的四个桥墩须后于吊装工程施工，为了优化整个施工进度，项目团队大胆地提出了在吊装完成前“抢”出两个外侧桥墩的想法(图 3-51)。如果可行，那将能省下近 1 个月的施工工期。

图 3-51　外侧主线墩柱先于吊装施工

由于加上两个桥墩后，现场将变得极为狭小与复杂，只能拖过 BIM 对这一优化方案加以验证。通过模型中清晰直观的推敲与验证，将每台吊车每次吊装的路径、位置一一验证，最终验证了该优化方案存在可行性。

在原方案的基础上，部分吊装步骤须对吊车的机位、起吊状态、进出路线、构件堆场有着更高的要求(图 3-52)。这一建议给施工方提供了借鉴，考虑提前对桥梁基础进行施工以节省宝贵的施工工期。

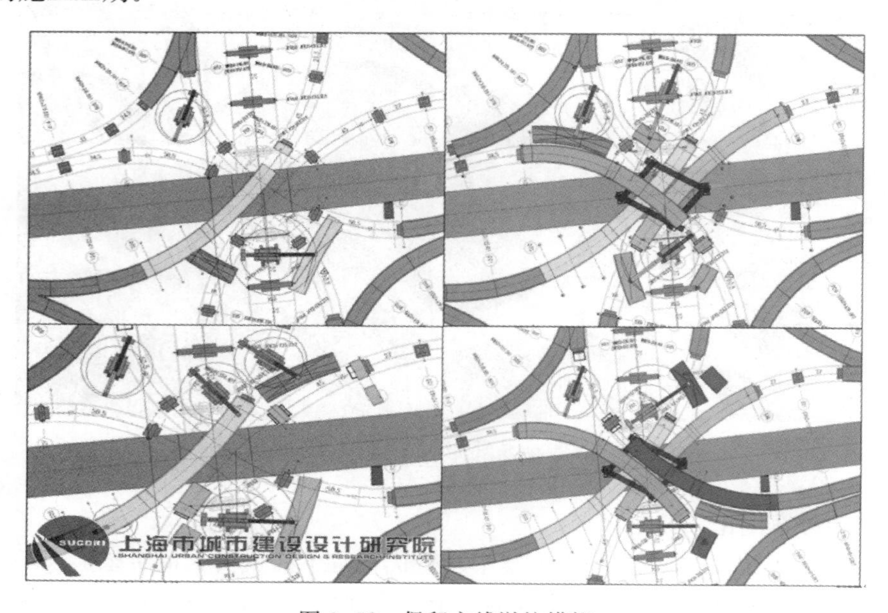

图 3-52　保留主线墩柱模拟

(6) 架桥机施工

高架主线跨度达到 50 m，相邻跨度小，为了清晰反映架桥机送梁、起吊、横向移动等过程。利用 BIM 模型，结合技术资料，生成了架桥机施工工序的模拟，既省下了制作效果动画的费用与时间，也能够起到协助方案评审的作用(图 3-53)。

图 3-53　架桥机施工模拟

(7) 现场配合

BIM 不仅仅是在电脑中的虚拟模拟，利用基于云技术的 BIM 360 与移动数字终端，能够将 BIM 带到施工现场(图 3-54)。模型与真实的对比，基于模型的现场交流与沟通，提高了管理效率。

图 3-54　BIM 带到现场

目前整个匝道钢箱梁已顺利吊装完毕，主线预制小箱梁也安装到位，主线主跨钢箱梁吊装正在准备中。整个立交按时通车指日可待。

(8) 本工程跟传统方式(非 BIM 方式)综合效益比较

本工程 BIM 应用对传统方案的模拟，进行了大胆突破与尝试，在方案验证、方案汇报、方案论证、方案优化等环境收到了很好的效果。相比传统方式，BIM 在以下几方面有了较大的提升：

① 基础设施核心平台(AIW＋Revit＋Naviswork)在互通式城市立交项目在施工阶段深度应用；

② 最大程度排除了施工过程中的不确定性；

③ 方案、进度优化手段独特，起到了实际效果；

④ BIM 应用到施工现场，方便且高效；

⑤ 加快汇报与评审，效果出色。

本工程中的应用，将 BIM 技术深入到施工的“核心地带”。不仅仅是 BIM 应用的探索与尝试，更是实现新技术落地的一步。通过应用，积累了相当多的经验，对于后续工程带来了很大的启发性与指导性。

(9) 本工程 BIM 应用主要经验教训

① 施工模拟手段不够丰富，复杂吊装过程模拟困难，效率有待提高。

本项目以 Autodesk 公司软件为主。目前主流 BIM 软件对于机械运动模拟有一定的难度，运动约束、判断不够智能。虽然可以用一些机械制造软件来代替，但无形中加重了 BIM 实施的难度与负担。

从本次应用来看，在现有软件基础上进行适当的功能开发，就能达到较好的效果，满足常规吊装工程的需求。

② 机械设备现场定位有难度，BIM 模型在现场管理中指导意义有待挖掘。

在方案模拟中所有设备与堆场的位置是可以清晰标注的，但到了施工现场由于种种原因，很难对各类机械、各种构件堆场做到精确定位。这从一个方面反映了 BIM 与现场无缝结合还有较长的路要走。

借鉴国外最先进的施工手段，是能够实现对机械、构件进行精确定位与监控。当然，除了硬件支持，还需要现场管理的同步提升。这样才是真正 BIM 指导施工、BIM 与施工无缝对接，实现整个施工水准质的飞跃。

③ 加快施工单位 BIM 应用团队建设。

目前，BIM 在设计阶段已初具规模，但如何将 BIM 应用延续下去，如何将 BIM 应用价值持续显现，施工阶段是重要的一环，而施工单位显然是这一环中的主角。现阶段依靠设计单位、咨询单位的模式所能达到的效果是有限的，只有施工技术人员自身掌握了 BIM 技术；将其在工程各个环节加以应用才能将 BIM 真正与工程施工结合。

本项目施工方全程参与，积累了相当多的宝贵经验，在今后项目中能够挖掘更多的应用点，并将 BIM 应用做到更深入、更接地气。

3.2 市政给排水工程中 BIM 应用实例

市政给排水主要由市政管网、泵站和水处理厂等建(构)筑物构成。近年来，随着 BIM

技术的发展，BIM 给工程项目的设计、施工和运维带来的革命性影响，市政给排水项目中 BIM 应用也愈发普遍，国内较先进的设计机构及实力雄厚的房地产公司纷纷成立 BIM 技术小组，其中上海城建设计研究总院、上海市政设计研究总院、中国建筑科学研究院、中建国际、上海现代建筑设计集团等开始在 BIM 应用领域逐渐崭露头角，并取得一定成果。近几年，BIM 在各种市政管道设计、泵站设计和水处理厂设计项目中均得到了广泛的应用。

3.2.1　市政管道项目中的 BIM 应用

1）工程背景

宁波市中山路享有“浙东第一街”的美誉，不仅是甬城最重要的交通干道，更是承载宁波城市变迁和经济社会发展的标志性道路，在市民心中具有重要地位。

由于轨道交通的规划建设，中山路（机场路至世纪大道）已多年未实施更新改造，道路基础设施老化较严重，且轨道交通施工引起的沿街建筑拆迁和道路设施损伤，社会各界和广大市民要求中山路整体改造整治来提升道路和沿线区域品质的呼声日益强烈。中山路局部鸟瞰图如图 3-55 所示。

图 3-55　局部 BIM 鸟瞰图

2）工程范围

中山路综合整治工程西起机场路，东至世纪大道，道路全长约 9.2 km，道路红线一般宽度为 42 m。

全线分为三段，其中，中段西起望京路，东至甬港北路；西段为望京路以西段；东段为甬港北路以东路段。

南北向整治范围：中段以第一条后街为界，东段和西段以沿线建筑或拆迁地块为界（图 3-56）。

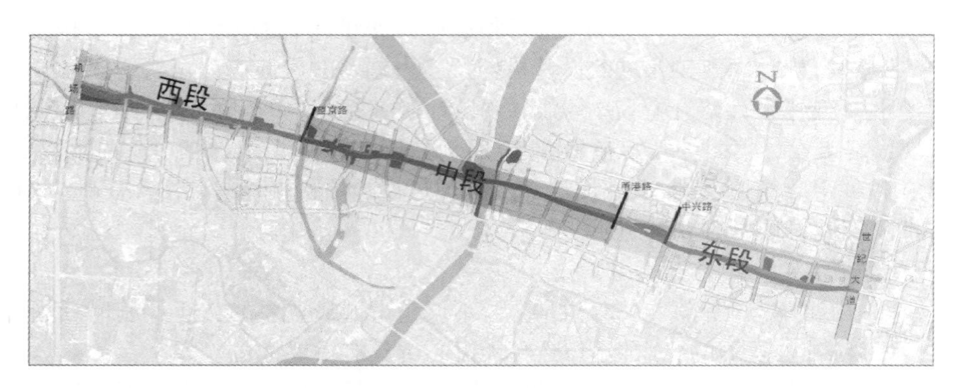

图 3-56　工程范围图

3）工程难点

中山路为宁波市中心主干道，沿线有交叉路口 58 处。工程实施期间交通压力大。

工程将对原有管线，雨水、污水、给水、通信、电力、燃气和热力等市政管线进行改造。管线实施难度大。

中山路与地铁 1 号线走向基本重合，沿线有 10 个已建成的地铁站。管线与即有地铁之间空间紧张。中山路沿线景观要求较高，即有树木尽可能保留。

4）本项目实施目标

① 全面立体反映环境现状，以直观形象的手段表达设计方案。

② 提高专业间的协同与配合，减少设计中的错落碰缺。

③ 为施工阶段提供技术支撑，为施工方案提供验证。

④ 与宁波市管线管理平台对接，实现 BIM 数据入库。

5）BIM 与 GIS 对市政工程的价值

（1）BIM 对市政工程的价值

中山路虽然是道路改造工程，但涉及的专业非常多。工程近 10 km 范围内有地面道路，桥梁改造，新建地道，最重要的是沿路的市政管线改造，同时沿线已建成的地铁车站对本工程来说也是重要的边界条件。上述新建、改建或既有构筑物之间有着密不可分的关系，因此在工程开始之初就作为 BIM 模型建立的对象。BIM 技术对复杂空间关系有丰富的表现手段，在方案必选、市政管线综合、施工方案模拟等环节中对传统方法提供很好的补充。

模型数据相对图纸数据更为丰富，此次改造中将工程数据在 BIM 模型中准确录入，为今后管线的维护以及在此改造提供了详细的数据基础。

（2）3D GIS 对市政工程的价值

市政工程受周边环境影响很大，传统设计方法，周边环境情况多为二维文件甚至有些是文字描述，项目对周边环境的关系也仅体现在效果图层面，周边环境也只是概念性的表达，且表达的范围也相当有限。经过调查研究，目前我国大部分城市都已建立起三维城市模型，而管线数据也开始统一建库进行管理。宁波市作为国内数字城市走在较为前列的城市，3D GIS 数据、三维城市模型以及管线管理平台已较为完善。考虑到更全面地将数字技术为本工程所用，并将现有资源利用率更大化，将 3D GIS 技术应用到市政项目建设阶段，可以很好地解决传统方法在表达过程中的信息缺陷，同时又能增强工程数据接近现实的空间操作和空间分析体验，给予决策者更清晰、直观的判断依据，决定采用 3D GIS 技术作为工程的另一大数字技术支撑。

(3) BIM 与 GIS 结合对市政工程的价值

为了将 BIM 模型与 GIS 数据结合应用，以及未来建立管件构件库思想，需将 BIM 与 GIS 数据进行整合，并做到一定程度的转换。这其中有两部分问题，包括数据整合和数据转换。

① 数据整合

整合就离不开软件平台，在选择平台时优先考虑以下几个问题：

a. 平台数据兼容性：既能够支持 GIS 数据(DEM，DOM)，又能够整合模型(BIM，3D model)。

b. 平台承载能力：能否达到区域级或城市级，整个工程数据能否流畅运行，数据运行效率是否较高。

c. 平台通用性：能否在普通 PC、笔记本甚至移动设备上使用，平台功能今后能否推广与复制。

综合以上三点，传统的 BIM 平台较难同时满足，最后选择了一款 GIS 平台作为整合的环境，并在其基础上做进一步功能开发。

② 数据转换

BIM 和 GIS 数据在数据格式上有很大的不同，依靠通用数据格式实现转换是非常困难的，目前也没有软件能够做到数据直接互通。因此，按照一定规则进行数据处理是必不可少的。由于现阶段经验有限，工程数据种类繁多，从最终接收者的角度，本工程选择先实现市政管线数据的转换。将 BIM 数据转换成 GIS 平台利用的数据需进行规制的制定，GIS 需要的数据必须在 BIM 模型中有所表示，才能被提取并重新归纳整理出来。另外，为了将每个对象进行自动管理，必须有一套较为完整的编码体系。通过研究与总结，初步制订了适合宁波中山路改造的管线数据转换的标准手册，同时在代码上与 GIS 入库需求一致，至此 BIM 和 GIS 之间的障碍基本得以消除(图 3-57)。

图 3-57　BIM 管线图

6) BIM 与 GIS 结合应用成果

(1) 设计阶段应用

在设计阶段实行“三步走”策略，即先建模，再上平台应用，最后局部深化。通过这“三步”实现阶梯式应用分级，提高 BIM 应用效率，充分发挥平台功能。

① 方案比选

在洞桥改造中，老桥需进行加宽处理，而两侧现状建筑距离较近，拼宽后人行道与周边建筑存在一些冲突点。通过建模，将两个方案结合周边环境进行全方位对比。通过对比发现方案二在人行坡道处于周边建筑二楼外挑处距离过近，方案一则没有此类问题，如图 3-58所示。

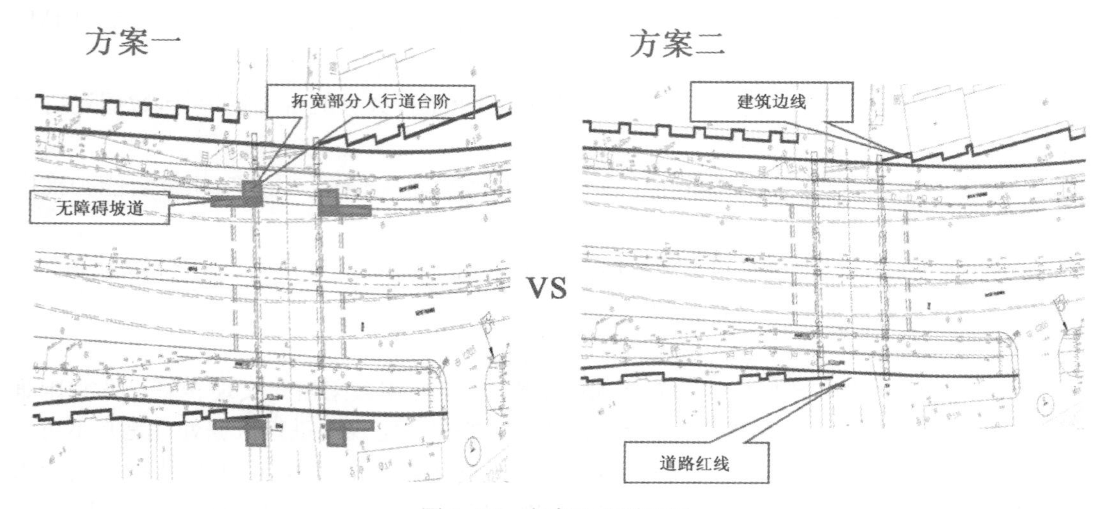

图 3-58　方案比选平面图

针对人行坡道处在 BIM 中进行进一步细化建模，对方案进一步诠释清晰(图 3-59)。

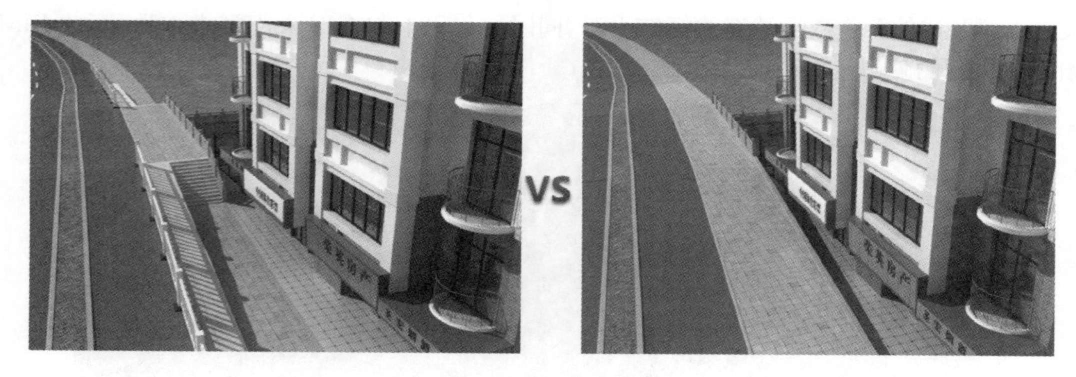

图 3-59　方案比选三维图一

② 方案可行性论证

在最繁华的路段建立连接中山路和后街的人行地道。由于碶闸街空间极为狭窄，两侧有东方商厦、新华联商厦。且施工期间管线与交通方案都存在很大的困难。将 BIM 用于设计方案可行性论证，将整个地道施工过程完整体现，用于方案论证效果出色(图 3-60)。

图 3-60　方案比选三维图二

通过对管线施工的模拟，进一步验证了方案实施的可行性，把难点与问题在设计前期就充分暴露，在专家评审中得到了很好的指导，为后续设计深化打下良好的基础(图 3-61 和图 3-62)。

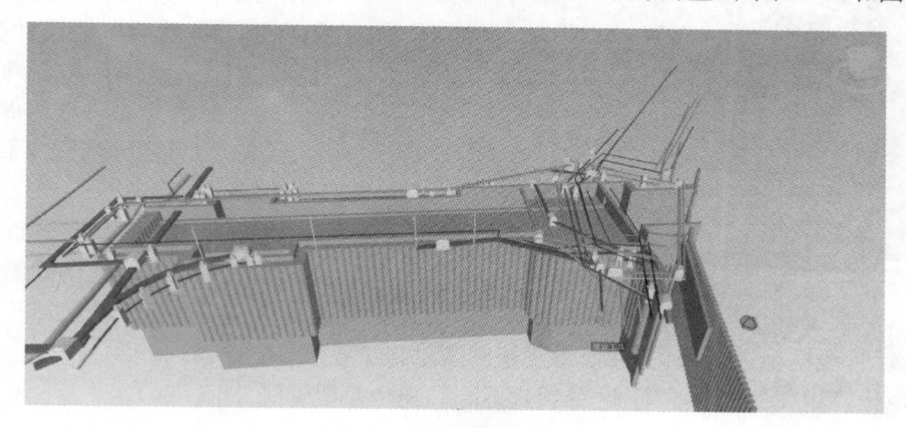

图 3-61　方案模拟图(1)

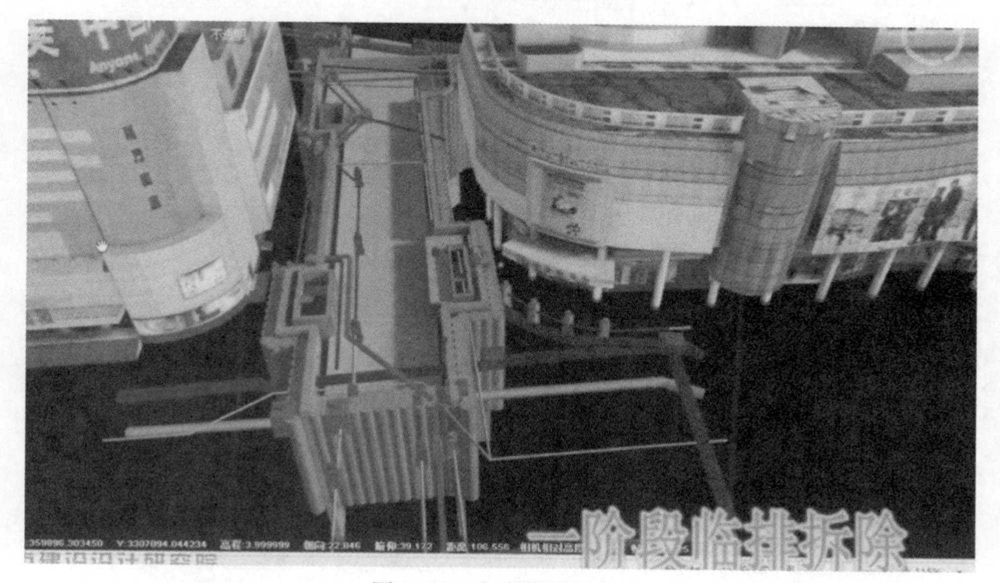

图 3-62　方案模拟图(2)

（2）施工阶段应用延续

① 传统管线施工流程

设计图→施工单位审图→对于管线密集区域和管线位置不明确区域开挖样洞→现场找出不满足施工条件管线→申请设计变更→设计出图→按图施工。

② 传统管线施工难点

管线分为雨污水管线和电力、电信、上水、煤气四大管线，其中后面四大管线单位有自己的设计部门、施工队伍，因此设计管线时不便于沟通，导致反复修改、浪费人力、耽误工期。

管线施工单位技术力量支持不够，长时间大量施工，很多管线施工单位已经具备丰富的管线施工经验，能满足格子是施工规范要求，但各管线缺乏整体筹划和协调性。

图 3-63　现场施工图

施工时间紧迫，管线设计出图较晚，而且部分区域前期无法满足开样洞条件，只能等道路翻交后场内开挖样洞，然后申请设计变更，此过程花费工期较大，甚至勘察资料出入较大时涉及周边建筑拆迁等工作，对施工工期影响很大，不确定因素较多。

地下管线 BIM 模型首先应需要采集准确数据，包括勘察资料和现场样洞开挖，资料反馈于管线模型，对设计管线模型进行深化，保证管线精度满足施工要求（图 3-63）。

将现状管线模型划分类别：区分现状拆除和现状保留管线（图 3-64）。

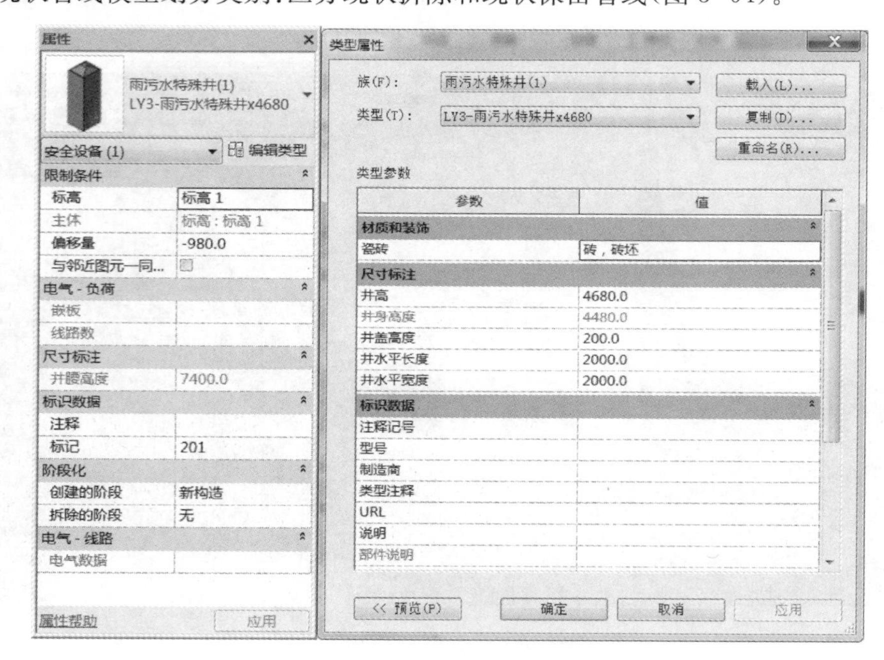

图 3-64　雨污水井属性设置图

③ 模型梳理

模型中除去常规管线模型，还引入了里程桩用于管线碰撞后的定位，里程桩的存在方便识图时直观感受碰撞集中点的空间位置；另外引入“土”的概念，一方面配合拉森钢板桩和垫层等展示工艺流程，另一方面更能准确进行碰撞分析，我们引入的“土”就是现场根据规范的开挖范围即施工影响范围，解决了延伸碰撞：规划管线上方存在与之平行的重要管线，导致无法施工，而普通的管线碰撞又无法体现，引入“土”的概念做碰撞更能反映施工现场实际情况。

④ 碰撞检查

指导选择样洞开挖位置：根据管线设计图建立管线模型后，进行总体碰撞，然后根据碰撞结果，分路口寻找碰撞集中区域，并在此区域开挖样洞，在 BIM 的帮助下更能高效地摸清地下管线情况。

施工方案拟定：根据样洞资料反馈管线模型，迅速调整管线模型后进行碰撞分析，与施工技术负责人进行碰撞点筛选，对于有效碰撞点根据管线模型进行施工方案讨论，根据 BIM 三维模型更容易考虑施工方案的可行性。

施工技术交底：地下管线施工比较特殊，施工现场对周边管线位置很模糊，因此一些重要管线(电力、煤气等)需要对现场一线管理人员进行 BIM 三维影像交底，地下管线走势一目了然，重要管线周边近距离施工更能引起注意，做好防范措施(图 3-65)。

图 3-65　施工和会议现场图

⑤ 协助沟通

管线搬迁过程中沟通工作比较重要，一方面是雨污水、四大公用管线施工队伍之间的沟通，运用 BIM 更能直观地分析各自施工难点和需要共同解决的难点区域；另一方面由于管线施工占用车道，需要及时与交警部门协商，管线模型配合道路翻交等汇报更能直观展示我们的施工流程，也更能清晰表明我们周密的施工筹划。

7) 应用总结

BIM 与 GIS 相结合，将工程与周边因素融合，两者优势互补，BIM 应用如鱼得水；BIM 与 GIS 平台对接取得突破，模型与 GIS 数据转换逐渐标准化；从方案比选、论证，到设计优化、校核、协调，再到施工配合、维护，最后模型入库，基本实现全过程应用；加快了汇报与评审，效果出色。

3.2.2　泵站项目中的 BIM 应用

在一般的泵站工程管理中，设计、施工、运维各阶段的管理中，数据都是独立的，在数据的实时连通性上非常有限。传统的泵站项目运维信息主要来源于纸质的竣工资料，在设备属性查询、维修方案和检测计划的确定以及对紧急事件的应急处理时，往往需要从海量纸质的图纸和文档中寻找所需的信息，这一过程费时费力。建筑信息模型通过数字信息仿真模拟为运维管理提供虚拟模型，直观形象地展示各个机电设备系统的空间布局和逻辑关系，并将其从项目立项开始一直到拆除的信息集成于管系统中，通过对项目信息进行系统的科学管理，使该项目的每一条信息都有据可查，对泵站项目的运维管理起到非常重要的作用。

沈杜泵站项目是为解决浦江镇供水条件严重不足，在浦星公路以西、沈杜公路以南位置建设供水泵站一座。项目总占地面积 17 495 m^2，预计规模供水量每天 12.7 万m^3。沈杜泵站项目在设计阶段直接运用 BIM 进行建筑和结构的设计与出图。BIM 建模覆盖建筑、结构、暖通、设备、消防、排水、给水、电气、道路、绿化、装饰等全部设计内容，建模精度 LOD400，部分达到 LOD500，可直接用于运营维护管理。基于沈杜泵站项目的 BIM 模型和泵站周边 GIS 信息相结合，开发了适用于一般泵站类项目从项目立项开始一直到拆除的建运一体化管理系统。

1) BIM+GIS 的基础设计

将沈杜泵站项目全内容的 BIM 模型无缝无损地导入基于 BIM 的泵站建运一体化平台系统中，与 GIS 空间地理位置相结合后，可以通过三维浏览的方式对泵站周边的道路管线及周边相关环境进行查看(图 3-66)。

图 3-66　沈杜泵站项目 BIM 模型与 GIS 信息结合

2) 项目全寿命期信息记录

(1) 项目信息记录

基于 BIM 的泵站建设运营一体化平台系统，项目管理人员可以随时记录项目建设时候的施工质量信息。在该平台中所有的信息都将形成一个闭合的循环，项目管理人员通过空间定位、模糊查询、关键字选择等方式可以快速查询与其相关联的所有信息和文件，这些文件包括图纸、附件、维护维修日志、操作规程等(图 3-67)。

图 3-67　设备关联信息查询

当项目建成、进入运营维护阶段时，该平台所收集的项目前期阶段的资料管理(立项、规划审批、评审等)、EPC 阶段(设计、采购、施工)的管理、运维阶段的管理信息可以为运维人员掌握和管理所有的设备和海量的项目信息提供了高效的手段。

(2) 统计分析

基于 BIM 的泵站建设运营一体化平台系统中存储和管理着海量的运维信息，而统计分析功能则可以让运维人员快速地获取有用的和关键的信息以及根据直观的图表，直观地了解到各个系统或各个构件当前的运行状况。用户在需要的时候可以随时查询这些信息并生成统计报表。为了让用户更好地进行数据对比，系统提供了直方图、饼图、bar 图、线图、球图等统计图表的方式供用户选择。

3) 泵站运行监测系统关联

在智能化的泵站运营维护管理中对泵站的水位监测、电量监测、设备故障预警、信息采集与交换等都有十分迫切的处理需求。通过 BIM 模型整合泵站自动化运行监控系统的反馈监控数据，将各种设备的工作状态信息及时反馈到 BIM 模型中，实现对泵站项目中各种配套设施和设备的智能化监控。不仅将各种设备的动态数据反映到 BIM 模型中，在 BIM 模型中可随时查看设备的设计参数、工作状态、维护预案、维护记录、维护路径等信息，而且当配套设备发生故障时，可以快速、准确地通过 BIM 模型对故障设备进行三维定位，帮助维护人员快速分析故障原因、调用并显示相应的解决方案分类提示(图 3-68 和图 3-69)。

4) 项目建设期 OA 系统应用

基于 BIM 的泵站建设运营一体化平台系统中汇集从立项开始到所有正式文件、图纸、纪要、批复、意见、验收报告、照片、视频、运营报表等资料，并保留 BIM 三维切图成果，完整保存泵站全生命周期的历史档案，可追溯、可分析，是泵站的数据库(图 3-70 和图 3-71)。

该项功能移植当前总承包管理网站、业主管理网站的项目管理功能，针对项目个体，建成涵盖项目建设期、运行期的办公系统，能够在网上进行建设中的安全、质量、进度、报表等管理，可网上执行管理程序，交流信息，召开网络会议，每日状况尽在线上。

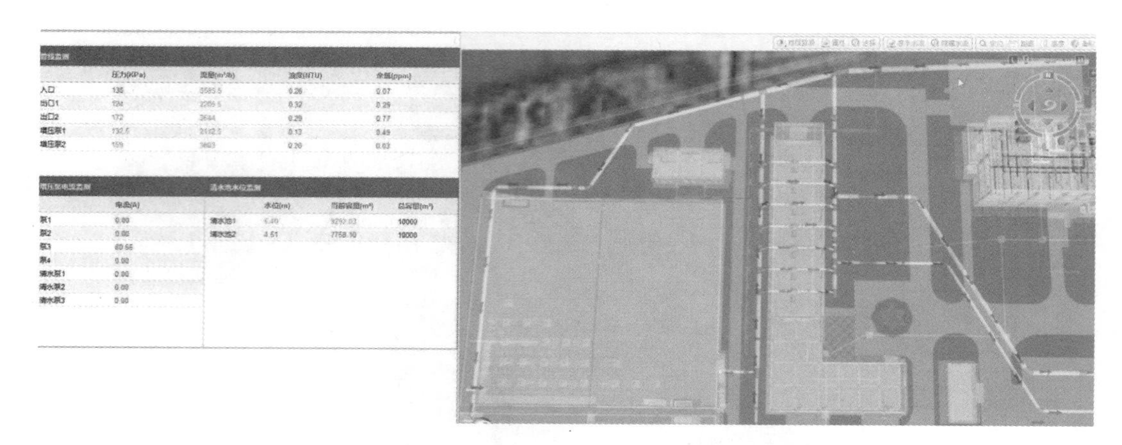

图 3-68　泵站运行数据动态监测

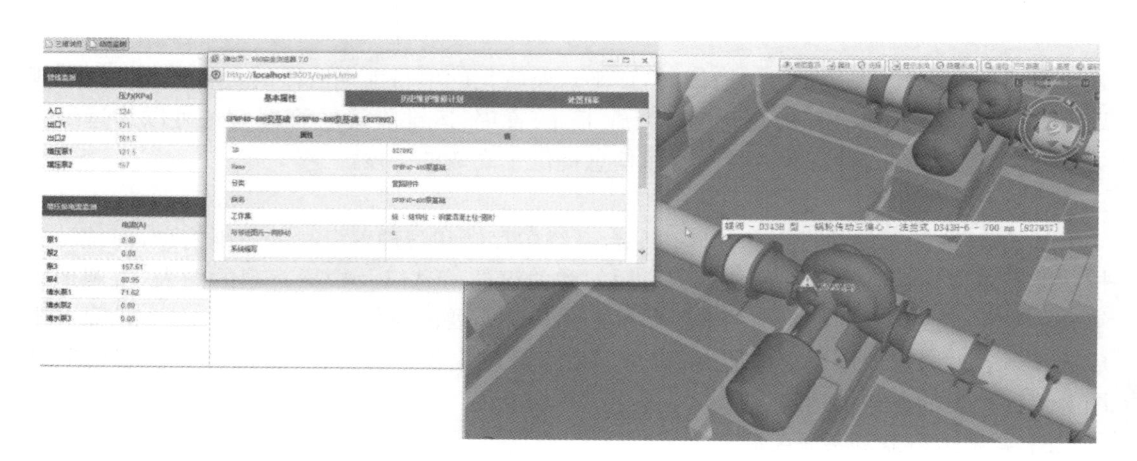

图 3-69　泵站监测数据故障报警

档案编号	档案名称	上传时间	文件大小	上传人	所属单位	描述	操作
[A0306_F0001]	[illegible].RVT	2014/7/31 9:13:17	10 MB	[illegible]	[illegible]	批量上传	[illegible]
[A0306_F0002]	工艺.RVT	2014/7/31 9:13:18	13 MB	[illegible]	[illegible]	批量上传	[illegible]
[A0306_F0003]	工艺-加药间.RVT	2014/7/31 9:13:19	17 MB	[illegible]	[illegible]	批量上传	[illegible]
[A0306_F0004]	门卫.RVT	2014/7/31 9:13:20	14 MB	[illegible]	[illegible]	批量上传	[illegible]
[A0306_F0005]	平面布置.RVT	2014/7/31 9:13:21	5 MB	[illegible]	[illegible]	批量上传	[illegible]
[A0306_F0006]	[illegible].RVT	2014/7/31 9:13:23	[illegible]	[illegible]	[illegible]	批量上传	[illegible]
[A0306_F0007]	[illegible].RVT	2014/7/31 9:13:24	[illegible]	[illegible]	[illegible]	批量上传	[illegible]
[A0306_F0008]	[illegible].RVT	2014/7/31 9:13:26	[illegible]	[illegible]	[illegible]	批量上传	[illegible]
[A0306_F0009]	[illegible].RVT	2014/7/31 9:13:28	[illegible]	[illegible]	[illegible]	批量上传	[illegible]
[A0306_F0010]	[illegible].dwg	2014/7/31 9:13:50	1 MB	[illegible]	[illegible]	[illegible]	[illegible]

图 3-70　泵站项目文档管理

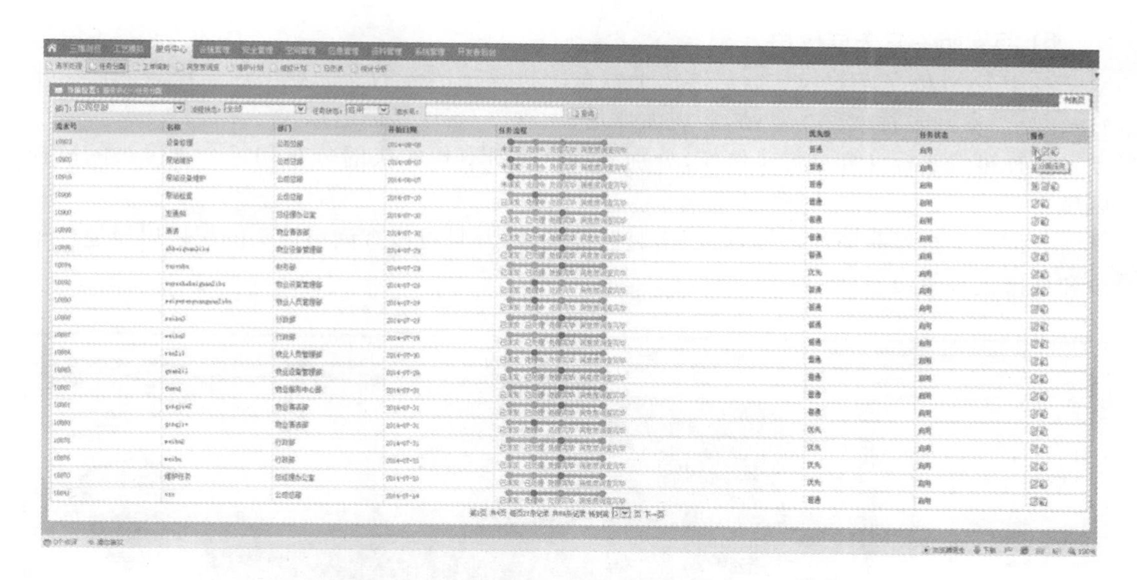

图 3-71　泵站项目管理系统的项目流程管理

5) 平台的基本工艺模拟与分析

对历史数据进行工艺汇总,分析泵站的水质、水流、用电、环境、设备的运行历史,优化运行管理,预测未来走势,提前做好预案。

(1) 整体模拟

利用 BIM 模型制作整个泵站项目的工艺流程,项目人员可以通过基于 BIM 的泵站建运一体化平台系统直观模拟泵站项目的整体工艺流程。在项目运行前期,通过对原工艺流程的仿真分析筹划优化的工艺流程方案。

(2) 局部模拟

利用 BIM 模型模拟泵站整体流程中某个设备设施的工艺流程,例如加药间加药、增压泵站增压、清水池蓄水等,加深对泵站工作流程的映像(图 3-72)。

图 3-72　泵站项目水流路线模拟

6) 与安防监管关联应用

基于 BIM 的泵站建设运营一体化平台系统将泵站所有的安保和中控室整合到一个平台,在总控室同时管理整个泵站,实现无死角、无遮拦,实现目标追踪。

选择摄像头标注和摄像头区域,分别显示泵站所有摄像头的分布和每个摄像头的监控区域。

查询每个摄像头监控区域,调用实时监控画面,并且可以查询摄像头的属性以及巡检记录和维修记录等信息(图 3-73)。

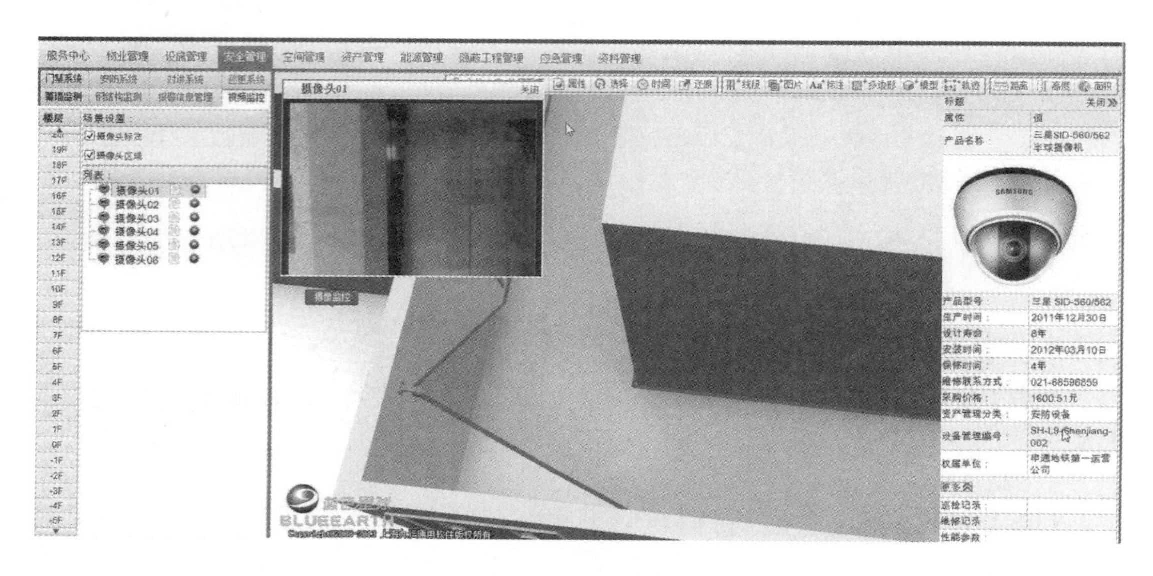

图 3-73 安全监控

7) 总结

基于 BIM 的泵站类项目建设运营一体化管理系统综合应用 BIM 技术、计算机辅助工程技术、虚拟现实技术、移动网络技术等,通过建立项目全内容的 BIM 模型,实现项目设计、施工和运维阶段的信息共享,并支持在安装完成后将设备实体和该套运维管理系统一起集成交付给业主。同时,基于 BIM 的泵站类项目建设运营一体化管理系统作为泵站项目的运维管理平台,可复制、可推广使用,为运维人员提供高效的运维手段,以保障所有机电设备及其各子系统的安全运行。

3.2.3 水处理厂项目中的 BIM 应用

1) 项目概况

某污水处理厂一期 1.5 万 m^3/d,二期 4.5 万 m^3/d,三期 6 万 m^3/d,本次拟扩建 6 万吨/d 污水处理设施,同时对现状 12 万吨/d 污水处理设施进行升级改造,建成后总规模升至 18 万吨/d,污水处理工艺主要采用沉沙池、改良型多段式 A2/O+混凝沉淀过滤+二氧化氯消毒等工艺。BIM 设计包括:预处理、二级处理、深度处理、污泥处理,一共包括 11 个构筑物及近 20 种管线的管线综合。污水处理厂 BIM 鸟瞰图见图 3-74。

2) BIM 模型的创建

在本工程中,构筑物种类多,内部结构复杂,单体量大。在设计初期以水厂各构筑物

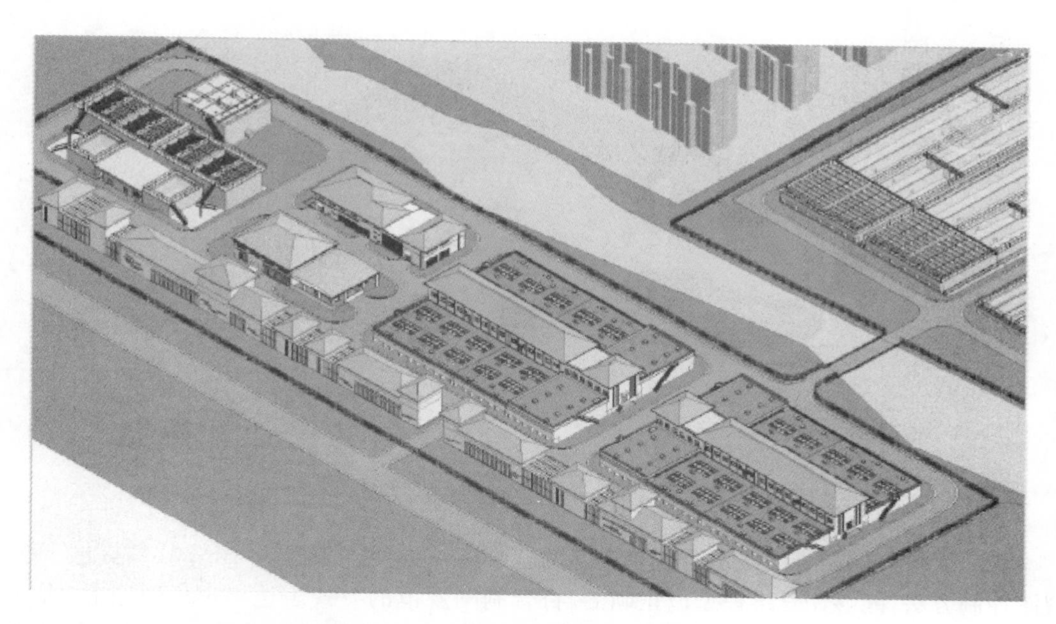

图 3-74　污水处理厂 BIM 鸟瞰图

为单位划分设计区域，每个构筑物的各专业设计者在同一区域设计，为了减少数据量，每个设计者可以根据自己的设计范围选择更新数据内容。由于各专业在同一模型上操作，同时模型与图纸完全联动，出图可以与建模同步作业，可以大幅度减少各专业间的碰撞和错漏问题，而且任何一处模型上的修改都将直接反应在任何与之相关的图纸上，减少了改图的工作。多人员、多专业的协同设计解决了以前图纸传递过程中信息不对称和信息丢失的问题，提高设计效率和设计质量。部分构筑物的 BIM 设计图见图 3-75 和图 3-76所示。

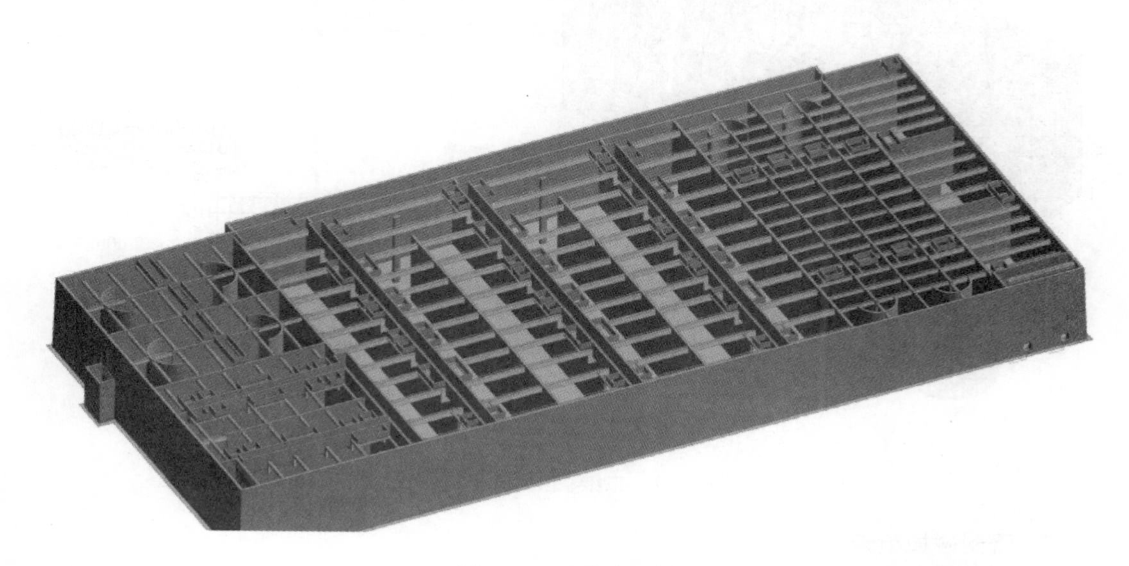

图 3-75　生物反应池

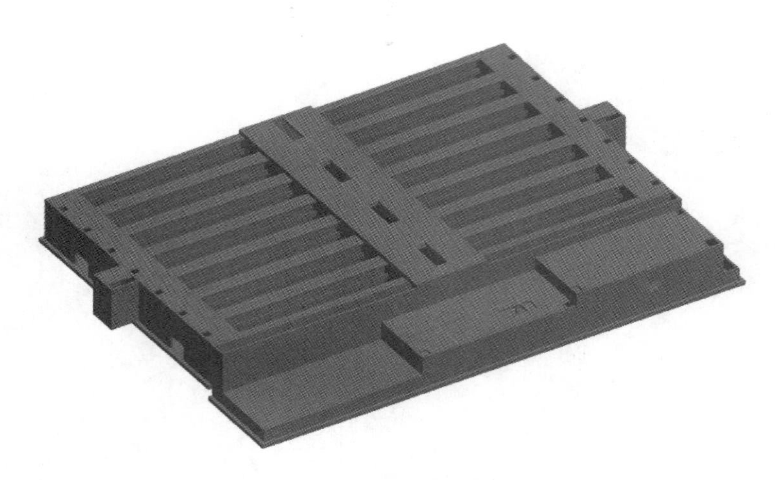

图 3-76　深床滤池

传统上平面的二维图纸本身就是实际的三维构件的抽象和概括，BIM 软件提供了多种视图控制方法，能够让三维模型以正确的、符合制图规范的方式表达出来。理论上，所有的二维图纸都应该是三维模型的某一个剖面或者展开面。我们可以灵活地在模型中添加剖面，定义视图深度、显隐关系等，形成二维平面，然后在平面上就仅仅需要添加一些标注尺寸等注释图元，就能形成完整的施工图纸。这是一个非常自然而便捷的过程，如图 3-77 所示。

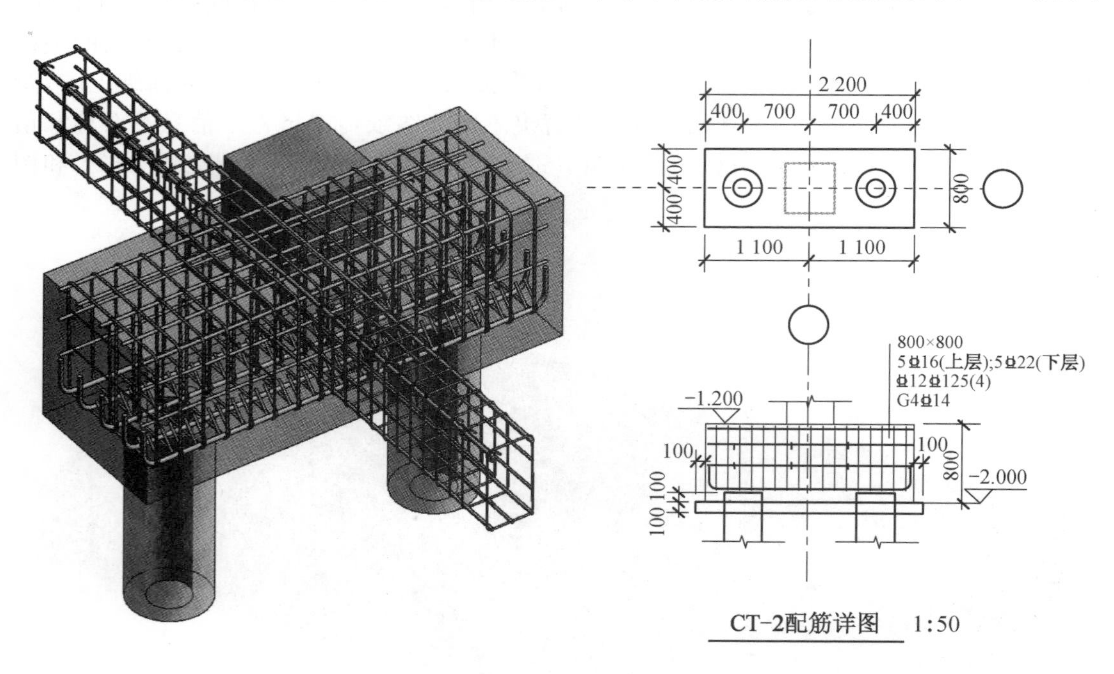

图 3-77　二维、三维设计对比图

3）管网碰撞检查

污水处理厂设计中总图管道设计一直是设计中的难点，其特点在于管线密度高，管线交叉多。总图管道为地下工程，施工中常出现路口管道碰撞导致管道无法连接的问题。BIM

软件可将管线从二维空间转化为三维空间，在三维模型里，三维管线系统能够清晰地反映管道的空间状态，设计师在绘图过程中可以直观观察碰撞冲突，也可以用软件的碰撞检测功能做后期检查(图3-78、图3-79)。发现并检测出设计冲突，软件会反馈给设计者，及时进行调整和修改。

相对于传统的二维设计，MEP系统的可视化设计及碰撞检测是设计手段的一次飞越，其最直接的效果就是减少了施工期间的管道施工返工率，提高了效率，节约了成本。但由于系统本身的限制，BIM软件在MEP专业上暂时还无法直接生成施工图纸。

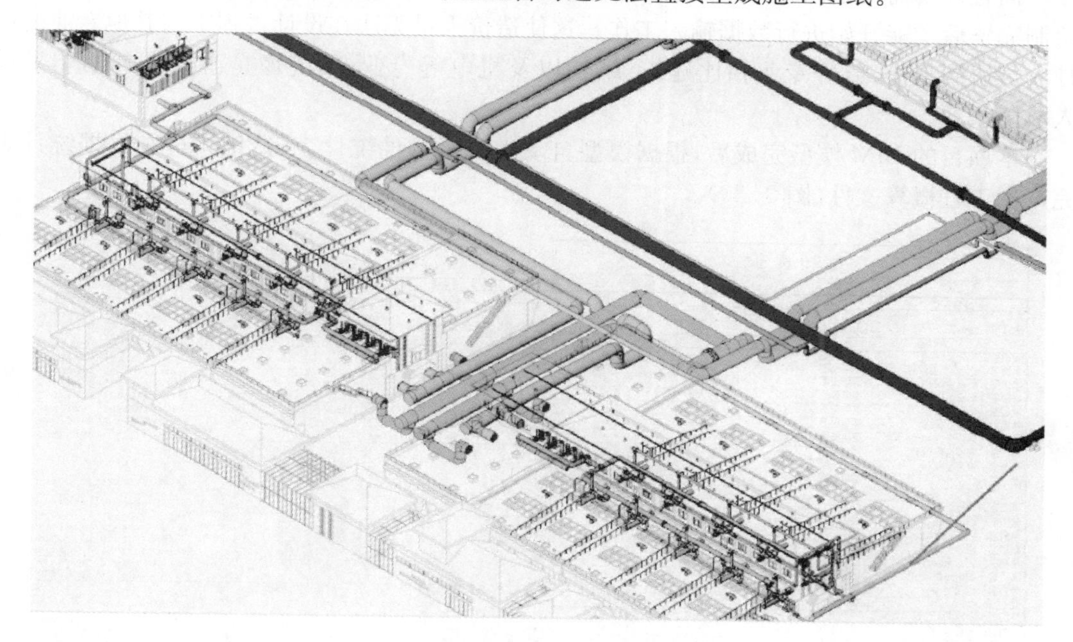

图3-78　污水处理厂管线图

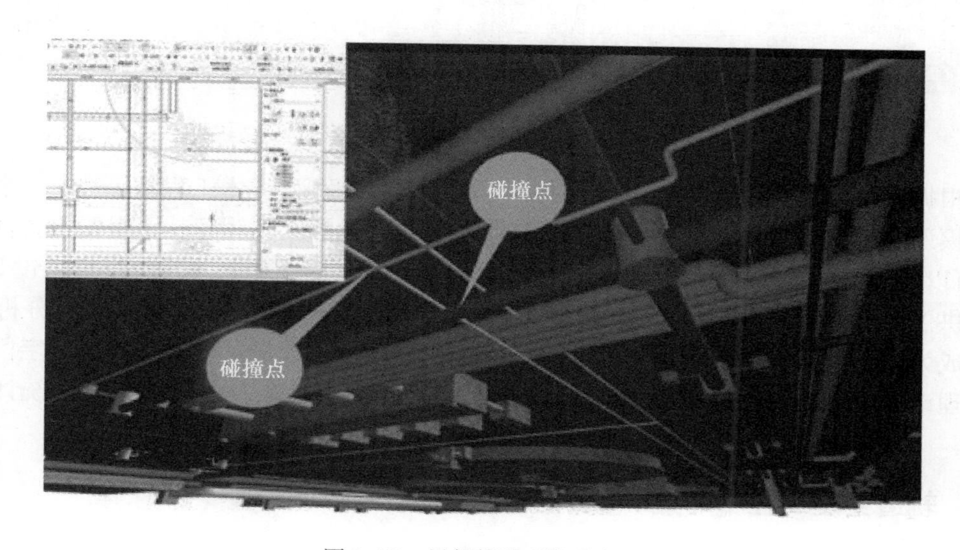

图3-79　局部管道碰撞示意图

4) 工程量统计

在建筑工程造价管理中,工程量的计算是工程造价中最繁琐、最复杂的部分。计算机辅助工程量计算软件的出现,减轻了不少预算人员的工作强度。目前,市场上主流的工程量计算软件有基于自主开发图形平台的工程量计算软件和基于 AutoCAD 平台的工程量计算软件。然而不论是哪一个平台,他们都存在两个明显的缺点:图形不够逼真和需要重新输入工程图纸。另外,他们仍然是依托于传统工作流程,计算机仅仅是辅助手段。

而且由于需要根据施工蓝图输入工程图纸数据,造价人员不得不等设计工作完成,图纸绘制完毕后才能开始进行数据输入工作。这使造价人员无法在设计过程中与其他专业的设计人员协同工作,造价专业相比建筑、结构以及机电等专业,始终像是游离在外的非设计人员。

本项目的 BIM 模型完成后,根据模型自动生成了构件统计表,造价人员则根据统计表完成了工程概算文件(图 3-80)。

<统计表-窗>

A	B	C	D	E
族与类型	标高	宽度	高度	洞口面积
固定窗: C0614	场地标高	600	1400	0.8 m²
单扇窗: 铝合金0619	一层平面图	600	1950	1.2 m²
单扇窗: 铝合金0619	一层平面图	600	1950	1.2 m²
单扇窗: 铝合金0619	一层平面图	600	1950	1.2 m²
单扇窗: 铝合金0619	一层平面图	600	1950	1.2 m²
单扇窗: 铝合金0619	一层平面图	600	1950	1.2 m²
单扇窗: 铝合金0619	一层平面图	600	1950	1.2 m²
单扇窗: 铝合金0619	一层平面图	600	1950	1.2 m²
百页窗: 塑钢百页1202	一层平面图	1200	250	0.3 m²
单扇窗: 铝合金0619	一层平面图	600	1950	1.2 m²
固定窗: C0631	一层平面图	600	3088	1.9 m²
单扇窗: 铝合金0619	二层平面图	600	1950	1.2 m²
单扇窗: 铝合金0619	二层平面图	600	1950	1.2 m²
单扇窗: 铝合金0619	二层平面图	600	1950	1.2 m²
单扇窗: 铝合金0619	二层平面图	600	1950	1.2 m²
单扇窗: 铝合金0619	二层平面图	600	1950	1.2 m²
百页窗: 塑钢百页1202	二层平面图	1200	250	0.3 m²
单扇窗: 铝合金0619	二层平面图	600	1950	1.2 m²
固定窗: C0630	二层平面图	600	3050	1.8 m²
单扇窗: 铝合金0619	三层平面图	600	1950	1.2 m²
单扇窗: 铝合金0619	三层平面图	600	1950	1.2 m²
单扇窗: 铝合金0619	三层平面图	600	1950	1.2 m²
单扇窗: 铝合金0619	三层平面图	600	1950	1.2 m²
单扇窗: 铝合金0619	三层平面图	600	1950	1.2 m²
单扇窗: 铝合金0619	三层平面图	600	1950	1.2 m²
百页窗: 塑钢百页1202	三层平面图	1200	250	0.3 m²
固定窗: C0640	三层平面图	600	4000	2.4 m²
单扇窗: 铝合金0614	四层平面图	600	1450	0.9 m²
总计: 28				32.1 m²

<结构基础明细表>

A	B	C	D	E	F	G	H	I	J
结构材质:类别	偏移量	底部高程	顶部标	类型	面积	长度	每米单价（元	单根总价（元）	标记
混凝土	-1300	-19300	4000	400mm 直径	14 m²	22m	212	4664	PHC B 400 95 填充微膨胀混凝土:直桩:强度等级:C80
混凝土	-1300	-19300	4000	400mm 直径	14 m²	22m	212	4664	PHC B 400 95 填充微膨胀混凝土:直桩:强度等级:C80
混凝土	-1300	-19300	4000	400mm 直径	14 m²	22m	212	4664	PHC B 400 95 填充微膨胀混凝土:直桩:强度等级:C80
混凝土	-1300	-19300	4000	400mm 直径	14 m²	22m	212	4664	PHC B 400 95 填充微膨胀混凝土:直桩:强度等级:C80
混凝土	-1300	-19300	4000	400mm 直径	14 m²	22m	212	4664	PHC B 400 95 填充微膨胀混凝土:直桩:强度等级:C80
混凝土	-1300	-19300	4000	400mm 直径	14 m²	22m	212	4664	PHC B 400 95 填充微膨胀混凝土:直桩:强度等级:C80
混凝土	-1300	-19300	4000	400mm 直径	14 m²	22m	212	4664	PHC B 400 95 填充微膨胀混凝土:直桩:强度等级:C80
混凝土	-1300	-19300	4000	400mm 直径	14 m²	22m	212	4664	PHC B 400 95 填充微膨胀混凝土:直桩:强度等级:C80
混凝土	-1300	-19300	4000	400mm 直径	14 m²	22m	212	4664	PHC B 400 95 填充微膨胀混凝土:直桩:强度等级:C80
混凝土	-1300	-19300	4000	400mm 直径	14 m²	22m	212	4664	PHC B 400 95 填充微膨胀混凝土:直桩:强度等级:C80
混凝土	-1300	-19300	4000	400mm 直径	14 m²	22m	212	4664	PHC B 400 95 填充微膨胀混凝土:直桩:强度等级:C80
混凝土	-1300	-19300	4000	400mm 直径	14 m²	22m	212	4664	PHC B 400 95 填充微膨胀混凝土:直桩:强度等级:C80
4664: 12 -19300									
混凝土	-700	-18700	4000	400mm 直径	14 m²	22m	212	4664	PHC B 400 95 填充微膨胀混凝土:直桩:强度等级:C80
混凝土	-700	-18700	4000	400mm 直径	14 m²	22m	212	4664	PHC B 400 95 填充微膨胀混凝土:直桩:强度等级:C80
混凝土	-700	-18700	4000	400mm 直径	14 m²	22m	212	4664	PHC B 400 95 填充微膨胀混凝土:直桩:强度等级:C80
混凝土	-700	-18700	4000	400mm 直径	14 m²	22m	212	4664	PHC B 400 95 填充微膨胀混凝土:直桩:强度等级:C80
混凝土	-700	-18700	4000	400mm 直径	14 m²	22m	212	4664	PHC B 400 95 填充微膨胀混凝土:直桩:强度等级:C80
混凝土	-700	-18700	4000	400mm 直径	14 m²	22m	212	4664	PHC B 400 95 填充微膨胀混凝土:直桩:强度等级:C80
混凝土	-700	-18700	4000	400mm 直径	14 m²	22m	212	4664	PHC B 400 95 填充微膨胀混凝土:直桩:强度等级:C80
混凝土	-700	-18700	4000	400mm 直径	14 m²	22m	212	4664	PHC B 400 95 填充微膨胀混凝土:直桩:强度等级:C80
混凝土	-700	-18700	4000	400mm 直径	14 m²	22m	212	4664	PHC B 400 95 填充微膨胀混凝土:直桩:强度等级:C80
4664: 84 -18700									
混凝土	-200	-18200	4000	400mm 直径	14 m²	22m	212	4664	PHC B 400 95 填充微膨胀混凝土:直桩:强度等级:C80
混凝土	-200	-18200	4000	400mm 直径	14 m²	22m	212	4664	PHC B 400 95 填充微膨胀混凝土:直桩:强度等级:C80
混凝土	-200	-18200	4000	400mm 直径	14 m²	22m	212	4664	PHC B 400 95 填充微膨胀混凝土:直桩:强度等级:C80
混凝土	-200	-18200	4000	400mm 直径	14 m²	22m	212	4664	PHC B 400 95 填充微膨胀混凝土:直桩:强度等级:C80
混凝土	-200	-18200	4000	400mm 直径	14 m²	22m	212	4664	PHC B 400 95 填充微膨胀混凝土:直桩:强度等级:C80
混凝土	-200	-18200	4000	400mm 直径	14 m²	22m	212	4664	PHC B 400 95 填充微膨胀混凝土:直桩:强度等级:C80
混凝土	-200	-18200	4000	400mm 直径	14 m²	22m	212	4664	PHC B 400 95 填充微膨胀混凝土:直桩:强度等级:C80
混凝土	-200	-18200	4000	400mm 直径	14 m²	22m	212	4664	PHC B 400 95 填充微膨胀混凝土:直桩:强度等级:C80
混凝土	-200	-18200	4000	400mm 直径	14 m²	22m	212	4664	PHC B 400 95 填充微膨胀混凝土:直桩:强度等级:C80
4664: 984 -18200 总计: 1080									

图 3-80 部分材料统计示意图

根据 BIM 的思想,建筑工程师、结构工程师、控制工程师、土木工程师等都在一个建筑信息模型上工作。如果预算师也能共享该建筑信息模型,那么预算师就不需要重新输入图纸,可以将主要精力放到套取定额或选择清单等更有意义的工作上。其次,一般 BIM 软件都提供了导出 ODBC 数据库功能,而且详细地给出了表格之间的关联,这使我们分析 BIM 数据成为可能。最后,在导出的 ODBC 数据库中的类型表中,其自身就有"成本"字段。无论从理论上还是从实现上,以上 3 点都充分肯定了基于 BIM 软件平台的工程量统计的正确性。

3.3 轨道交通工程中的 BIM 应用

3.3.1 BIM 技术的理念

从对自然环境的影响来看,建筑行业在全球范围内普遍存在传统的、粗放的、不可持续的工作方式，这已经为世界环境及行业发展敲响警钟。据美国的统计数字：38%的碳排放来自建筑行业，这一比例甚至高于汽车产业；30%的项目缺乏计划和预算评估；92%的业主对设计师的图纸精准程度表示怀疑；37%的材料浪费是来自于建筑行业；项目中 10%的成本耗费在建设期间因沟通不畅而造成的返工上面。我国正处在城市化和大规模基础建设的历史阶段，在建筑行业不可避免地存在着同样的问题。

建筑信息模型(BIM)作为一种数字信息的应用，一定程度上为此类问题提供了解决方案。BIM 可以用于设计、施工、运营管理等建设项目的全周期，这种方法支持建筑工程的集成管理环境，可以使建筑工程在其整个进程中显著提高效率、大量减少风险，从而为业主在提高工程质量的前期下节省成本和时间。根据以往的项目案例，在 BIM 辅助设计的支持下，项目成本可以缩减 6%～8%，而工期也可以缩减 3%～5%。此外 BIM 还有利于提升房屋价值，在社会观感上对业主的经营地位与房屋价值都有助益。应用了 BIM 的建筑能更好地帮助业主达成“资金投入率合理化、报酬回收率最大化”的目标。

BIM 的技术核心是一个由计算机三维模型所形成的数据库，通俗地讲，该平台就是一个数字化的虚拟模型加上各种建筑信息，不同参与方能够用最直观的方式找到和获取需要的数据资料，支持对项目的专业操作。同时 BIM 能够在综合数字环境中保持信息不断更新并可提供访问，使项目的各个参与方可以清楚全面地了解项目进展。通过查询建筑信息模型能提供各类适切的资讯，可以协助决策者做出准确的判断；通过与其他辅助设计软件的接口，可以对建筑的各种信息进行整理，对建筑的性能进行优化设计。它具有可视化、协调性、模拟性、优化性等特点。

3.3.2 城市轨道交通项目建设管理中的 BIM 技术价值

BIM 的核心是工程信息编码和存储手段，是数据。

BIM 技术通过在建立项目的三维建筑模型，继而录入建设过程中项目的土建、机电设备等相关信息，打造一个融设计、建设、运营等项目全生命周期的数字化、可视化、一体化系统信息管理平台，通过提供各方信息获取、信息操作的接口，真正实现项目在开始建造前即“竣工”，在故障发生前即被排除，在损失形成前即被避免。

3.3.3 轨道交通项目 BIM 应用目标

城市轨道交通项目的建设指导思想是：基于工程项目全寿命周期的视角，运用建设运营一体集成化管理模式，将传统管理模式下相对分离的项目策划决策阶段、设计阶段、建设实施阶段和运营维护阶段在管理目标、管理组织和管理手段等方面进行有机集成，建立工程建设运营一体化的管理平台，实现项目整体功能优化和价值提升及全寿命周期的目标。

城市轨道交通工程的目标系统包括建设目标、运营目标、资源利用目标、全寿命周期总体目标。建设目标着重指向工程质量目标、工期目标、投资控制目标。运营目标着重指向服务质量目标、运营成本目标、经济收益目标。资源利用目标强调整合延伸资源，创造延伸收益。全寿命周期总体目标是指对上述目标的整合，着重体现功能目标、费用目标、时间目标、社会目标的统一。

全寿命周期功能目标着眼于工程质量、服务质量目标的统一性，涉及设计质量、施工质量、运营质量、使用功能等，追求系统的整体功能、技术标准、安全保证的优化。全寿命周期费用目标整合了建设投资、运营成本、运营收益、延伸收益目标，追求全寿命周期费用和收益的统一及优化。全寿命周期时间目标包括设计寿命期、建设工期、服务寿命期目标，涉及工程物理寿命与经济寿命的相互关系，追求合理延长物理寿命和正确把握经济寿命。全寿命周期社会目标主要强调项目的社会效应，追求各方满意、环境协调、资源集约、可持续发展的实现。

基于上述目标体系，轨道交通项目的 BIM 应用总体目标概括为：依据国家、行业公司 BIM 相关应用标准及管理规范，建立统一 BIM 应用管理平台及技术标准规范，由业主统筹考虑项目规划、建设及运营的“一体化”全生命周期管理应用 BIM（建设信息模型）技术，建设单位基于 BIM 技术掌握工程信息（含进度及造价等），提高项目管理效率、满足精细化的需求，实现轨道交通工程智慧化目标。

主要的项目应用目标主要包括：

（1）利用 BIM 结合 GIS 技术实现轨道交通工程三维可视化及定位。

（2）利用国家超级计算机天津中心的平台实现轨道数据存储共享。

（3）利用 BIM 技术结合项目信息管理平台实现轨道建设运营一体化的目标。

（4）形成融合 BIM 技术、云技术、物联网技术的轨道交通信息化应用体系，为轨道交通运营服务。

（5）实现轨道交通工程绿色化、智慧化、经营化的总体目标。

3.3.4 轨道交通 BIM 技术应用策划

1）国内地铁项目 BIM 技术应用现状

随着城市化进程的加快以及城市交通问题的日益凸现，我国已经进入了城市轨道交通的快速发展期。目前有北京、上海、天津、广州、长春、大连、重庆、武汉、深圳、南京等 10 座城市开通了轨道交通线路，全国 48 个百万人口以上的特大城市已有超过 30 个城市开展了城市轨道交通前期工作，近期规划建设线路 55 条，总长约 1 700 km，总投资超过 6 000 亿元。

城市轨道交通工程是巨大的、综合性的复杂系统，其投资额巨大、建设周期长、参与方多、项目执行中的不确定性高，往往是一号线运营、二号线施工、三号线设计、四号线规划同时进行的这样一个大型的多阶项目群，由此带来的管理难度可想而知。在整个轨道交通的生命周期中产生的信息类型复杂，形式多样，数量庞大，信息流失、信息沟通不畅或者不及时和普遍存在的“信息孤岛”现象，在很大程度上制约了管理水平和管理效率的提高，在信息化大力推动工业发展的今天，建筑业日渐显现出其相对于制造业的低效率，如果不能采用先进的信息管理手段，将严重阻碍建设领域生产效率的提高。目前，各城市在轨道交通项目的建设和运营过程中都积极地运用了信息化的手段进行管理，例如广州地铁目前上线的系统主要包括用于工程数据、图档里的PDM系统，用于人事管理、财务管理以及合同管理等的OracleERP系统，设备维护管理的MAXIMO系统以及实现无纸化办公的 OA 系统；南京地铁已建立起局域网并与 Internet 相连，软件应用方面主要有 Microsoft 的 Word，博科财务软件，还有用于工程管理的 EXP 系统等；在信息化方面做得比较好的我国香港地铁已经形成了一个由人力资源管理系统、财务管理系统、预算管理系统、供应管理系统、设备维护管理系统等各个子业务系统支撑的信息管理的网络。

尽管如此，信息化只是起到了辅助管理的作用，并没有使整个管理水平发生根本性的转变，究其原因，主要有以下几点：

割裂的行业结构。一个轨道交通项目所涉及的专业种类多，因而参与到项目中的各个专业队伍多，然而这种细化的分工使专业接口多而界面管理复杂化，信息很难在整个项目中实现集成和形成闭环，从而信息的流失现象严重，造成重复和浪费。

行业标准尚不完善。要实现信息的集成化首先要建立一套行业标准，这套标准应当包含在轨道交通项目中对各种信息的处理和加工的程序、方法等，并逐渐形成一个体系，作为项目参与各方在管理信息时的依据，同时为各个软件和信息系统之间的数据共享提供条件。这是信息管理的基础工作，也是实现信息化的必由之路。然而我国整个建设工程管理领域的标准化问题十分严峻，已经成为遏制信息化的主要因素。

上层系统对信息管理的认识不够。信息化虽然不是项目管理的核心内容，但却是将项目推向高效率的手段。很多地铁公司都积极地运用各种项目管理软件以期有效地管理信息，然而在另一方面又担心收效不大而不敢过多投入，他们关心软件和系统的使用成果而忽略了各个子系统之间统一的计划、安排和管理，使其各自为政，最终没有达到应有的效果。

工程项目信息化无疑是解决上述难题的有效途径，它遵循精细化管理的有关原理，以项目的基础数据为中心，重新调整工作流程和资源配置，根据数据之间的逻辑关系和制衡条件对项目实施全过程的有效管理，可以随时向管理者提供项目的进展情况，并对项目的异常情况提出预警，从而实现项目监督、管理和控制的及时性和科学性，同时为建筑企业职能部门提供真实的项目决策信息。

基于以上问题，借鉴制造业的成功经验，将工程项目生命周期各阶段的信息以面向对象的方式集成起来，提出了“建筑信息模型”的概念和解决方案。BIM 是近年来一项引领建筑数字技术走向更高层次的新技术，它的全面应用将大大提高建筑业的生产效率，同时它将对建筑业的科技进步产生不可估量的影响，大大提高建筑工程的集成化程度，将设计乃至整个工程的质量和效率显著提高，成本降低，给建筑业的发展带来巨大的效益。

2) 工程全面管理中的 BIM 技术应用

(1) 工程建设全面管理的理念

城市轨道交通工程建设是在一定的目标和约束条件下进行建设管理和控制，管理和控制的基础是信息。通过全面有效的工程建设信息管理能够提高城市轨道交通建设项目的安全、质量、投资、进度控制水平和合同、协调管理水平，有利于城市轨道交通建设项目目标控制。因此，需要进行信息管理。

信息具有真实性、系统性、时效性、不完全性和层次性等特点。信息管理的目的是通过有组织的信息流通，使决策者能够及时、准确地获得需要的信息。因此，应按照信息本身的规律和特点，进行信息管理。

BIM 技术的可视化、模拟性、可出图性、协调性和信息化五大特点，从多个方面和各个阶段给工程项目信息管理带来了不同的价值。

(2) 城轨项目建设全面管理中的 BIM 技术框架

① BIM 信息组织

BIM 的信息组织应该基于云计算和物联网技术(图 3-81)。在城轨项目建设过程中，由于项目本身并未面向大众使用，从安全和成本考虑，可以选择基于项目的私有云系统。

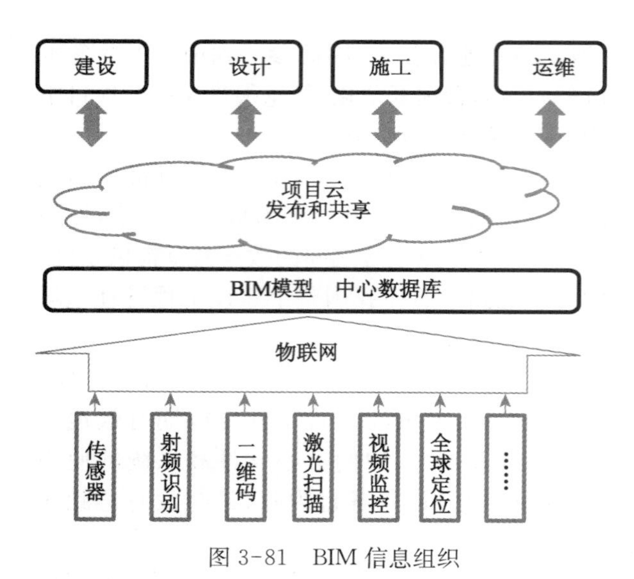

图 3-81　BIM 信息组织

项目云，是基于云计算技术的项目信息门户，是各参与方信息获取、信息操作和信息沟通的入口。在项目云端，主要是信息发布和处理，包括工程造价、质量、进度、安全等要素信息，这些信息来自 BIM 模型和物联网。

BIM 模型作为云端的中心数据库，其信息内容通过云端发布和共享，通过云端平台接收各参与方的信息指令。

物联网主要是物理信息的采集和控制手段，其布点组网需要根据工程的 BIM 模型进行。例如，物联网的传感器遍布建筑工地和建筑物的各个部分，形成传感器集群，还需要将物联网信息和 BIM 模型中相应的建筑构件连接，那么物联网所采集的信息将变得容易理解。

② BIM 数据管理平台

目前已经有很多支持云技术的 BIM 数据管理平台软件，比较著名的有 Autodesk 公司的 Vault 平台、Bentley 公司的 ProjectWise 平台以及 Dassault 公司的 Enovia 平台，都是工程界的知名企业，有各自的特点。

Autodesk Vault 是 Autodesk 公司推出的新型数据管理解决方案，不仅可以被用来管理设计数据和管理各种文档，而且可以被用来管理设计流程和变更流程。可以说 Vault 的管理对象包括所有的文件格式。由于其同 Autodesk 设计软件紧密集成，而且易学易用，经济实惠，因而在全球范围已经形成普及热销态势，目前 Vault 全球已经拥有 35 万用户，2 万多家客户(图 3-82)。

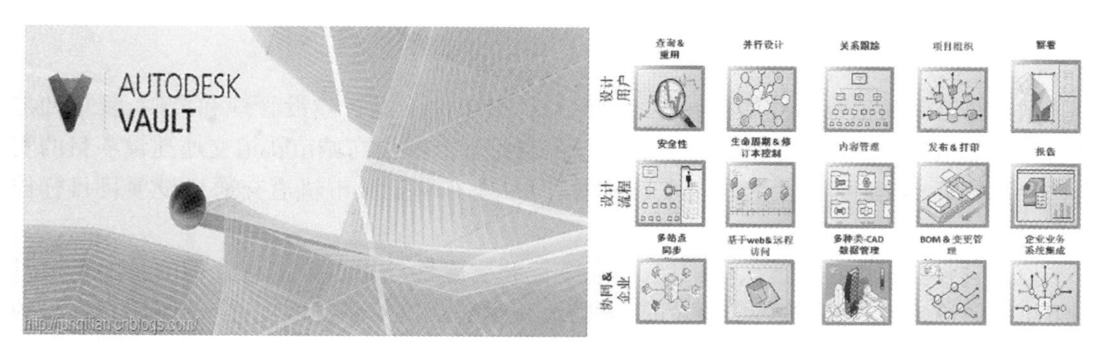

图 3-82　Vault 界面

ProjectWise 这一软件可用于将分布式团队中的人员和信息联系在一起，并且建筑师和工程师可使用此软件管理、查找和共享 CAD 与地理信息内容、项目数据及 Office 文档(图 3-83)。ProjectWise 取得了全球性的成功 ——《工程新闻记录》500 强的 50 家领先组织中有 42 家通过 ProjectWise 建立联系，实现了工作共享、质量提高和成本降低。现在，小型组织可以使用 ProjectWise StartPoint 并借助 MicroStation 和 AutoCAD 实现协作。

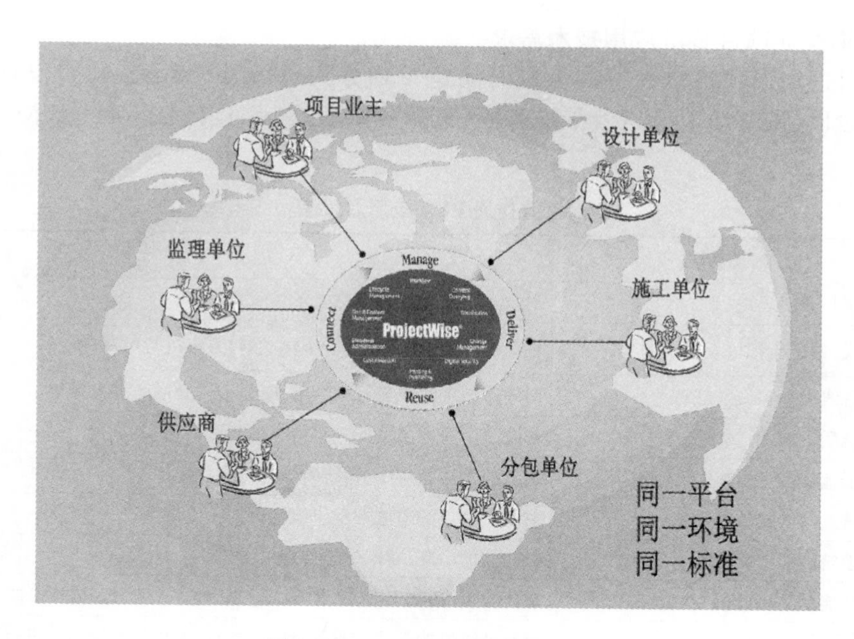

图 3-83　ProjectWise 软件平台

ENOVIA vpm 用于满足产品开发管理的需求。它提供的功能不仅用来创建电子样机环境，还可以用来创建产品协同环境，以进行产品创新和产品优化。它由一套能用于建立数字化企业的软件产品组成。实施并行工程方法诸如联合设计团队、早期制造干预、全生命周期产品设计等的公司会发现，ENOVIA vpm 将增强扩展型企业的信息交流能力，为进行中的产品定义和相关流程定义提供更好的清晰度，通过捕捉并共享设计决策可以保证公司从开发投资中得到最大回报(图 3-84)。

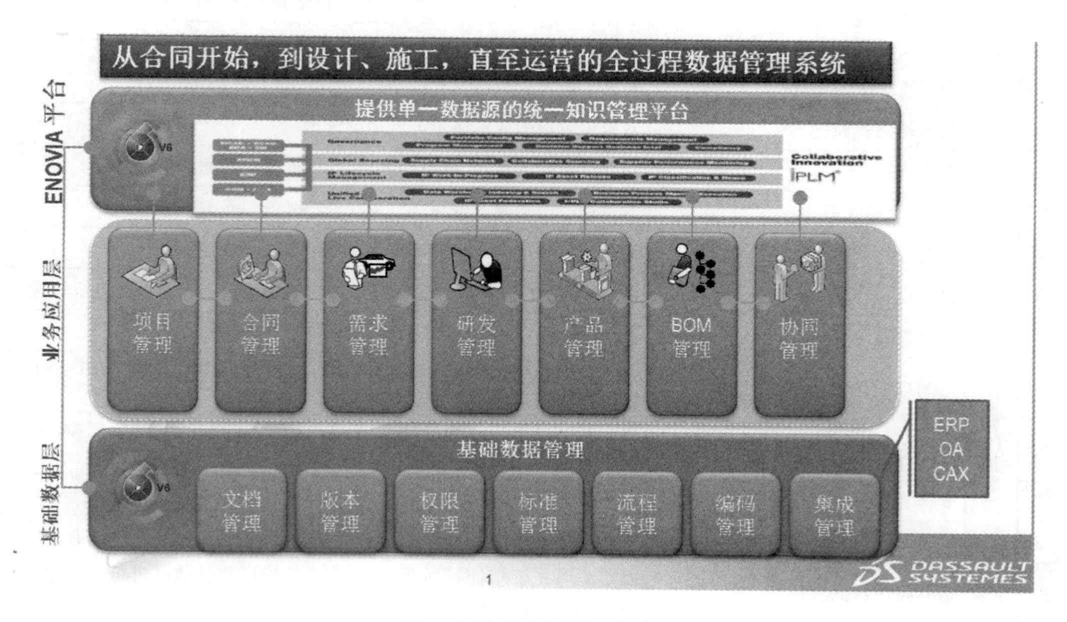

图 3-84　ENOVIA 介绍

3）轨道交通项目 BIM 应用技术需求

城市轨道交通项目建设过程可依时间逻辑划分为总体设计阶段、初步设计阶段、施工图设计阶段、施工阶段及运营维护阶段，根据各阶段实际需求确定项目 BIM 应用需求（表 3-5）。

表 3-5　轨道交通 BIM 应用总览表

序号	阶段	应用点	内容介绍
1	总体设计阶段	规划方案表现	对规划方案进行可视化展示
2		线、站位模拟	创建线站位模型，整合周边环境，对方案进行可视化展示
3	初步设计阶段	管线搬迁和交通疏解	对周边地下管线进行三维可视化，辅助交通疏解方案展示
4		地质可视化	对线路沿线地层勘探分布情况进行可视化模拟
5		场地环境可视化	对线路周边建筑物、构筑物进行可视化模拟
6		重点站客流疏导模拟	对重点站点的疏散方案进行模拟
7		建筑内部空间检查	对建筑的净高、净距进行检查
8		节能和环境分析	绿色分析，通过 BIM 技术，对重点车站进行风、光、热等模拟
9	施工图设计阶段	管线综合与碰撞检查	对设计阶段的管线排布进行综合检查，并根据碰撞结果进行调整
10		工程量辅助统计	通过 BIM 模型直接所需工程量，辅助设计阶段工程量的统计
11		装修效果仿真	对装修方案效果进行可视化展示
12		大型设备安拆路径检查	对大型设备的安装和拆除路径进行模拟，防止后续问题的发生
13		功能模拟	对相关建筑、空间、设施设备的后续使用功能进行模拟，确定最终方案
14	施工建造阶段	施工进度模拟	将施工进度计划与 BIM 模型挂接，进行进度可视化展示
15		复杂工序模拟	对复杂工序、复杂节点进行三维可视化模拟，协助工序的实施
16		重点施工方案、施工组织辅助模拟	对重要方案、施工组织设计进行可视化展示，协助方案的推敲与确定
17		辅助安全管理	辅助进行相关安全方面的管理，如人员安全、设施设备安全监控
18		质量管理	对施工质量进行监督管理，对质量情况进行三维可视跟踪
19		造价辅助管控	对施工阶段的成本造价进行辅助管理
20		物资管理	对建造阶段的物资、设备的供应、出入库等进行跟踪管理
21		信息、资料收集	对建造阶段的施工资料、信息进行收集，统一汇总
22	运营维护阶段	运营应急预案模拟	根据应急预案，结合 BIM 模型，将预案可视化直观展示
23		设施设备管理	通过 BIM 模型，结合相关信息数据对运营阶段的设施设备进行管理
24		资产管理	基于 GIS 系统结合 BIM 模型，对资产进行管理
25		空间规划管理	基于 GIS 系统结合 BIM 模型，对运营期间的空间规划及周边空间使用情况进行管理
26		应急管理	基于 GIS 系统结合 BIM 模型，对各种应急预案进行可视化模拟，为后续的教育培训、模拟疏散提供技术
27		安全管理	基于 GIS 系统结合 BIM 模型，对运营阶段的安全风险源进行检测
28		运营阶段数据管理	基于 GIS 系统结合 BIM 模型，对运营阶段的相关数据进行收集、管理
29		运营阶段数据分析	基于 GIS 系统结合 BIM 模型，对运营阶段的重要数据进行归类分析，并得出相关报告
30		智能综合监控系统技术研究	通过 BIM 模型，结合综合监控系统，研究相互之间的配合模式

4）场地现状仿真

检查车站主体、出入口、地面建筑部分与红线、绿线、河道蓝线、高压黄线及周边建筑物的距离关系(图 3-85)。

图 3-85　车站出入口场地仿真示例

5）地下管线动拆迁管理

在采集、获取地下管线信息后，支持地下管线搬迁组织和查询管理(图 3-86)。

图 3-86　管网搬迁和信息查询

6）道路翻交模拟

模拟车站施工期间交通疏解过程，检查交通疏解方案的可行性。发挥 BIM 技术的可视化交互价值，提升沟通质量，提升决策效率(图 3-87)。

(a) 道路迁改状态　　(b) 道路现状

图 3-87　道路翻交模拟

7) 三维协同设计

通过三维协同设计平台，将标准与参数化族块集成于模型中，便于设计师随时提取使用，从而提高设计质量；各专业设计师基于同一模型进行协同设计，能有效地提高不同专业间信息的传递效率和质量；不同工作地点、不同专业的设计人员利用基于广域网的协同设计云平台可有效降低传统设计沟通成本，实现实时提资；各专业设计师基于一个 BIM 模型在不同工作集下进行设计，设计职责划分更加明确，避免互相扯皮现象发生(图 3-88)。

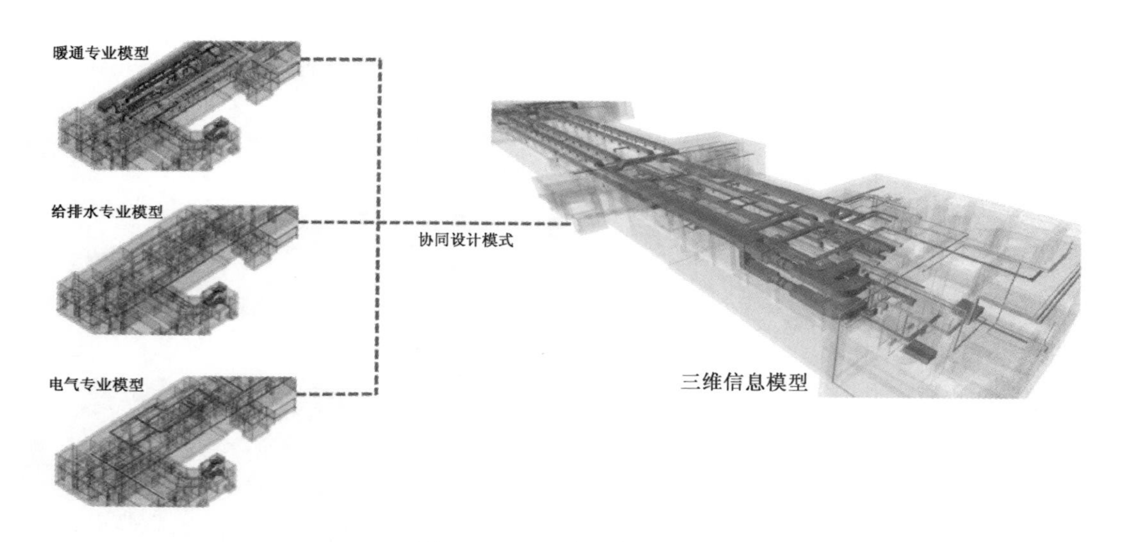

图 3-88　BIM 技术协同设计

8) 管线综合与碰撞检查

在 BIM 模型中，进行各专业之间及专业内部的碰撞检查，提前发现设计可能存在碰撞问题，减少施工阶段因设计疏忽造成的损失和返工工作，提高施工效率和施工质量(图 3-89)。

9) 装修效果可视化

对 BIM 模型赋予材质信息、颜色信息以及光源信息，模拟场景效果，生成效果图。发挥 BIM 技术可视化决策的价值(图 3-90)。

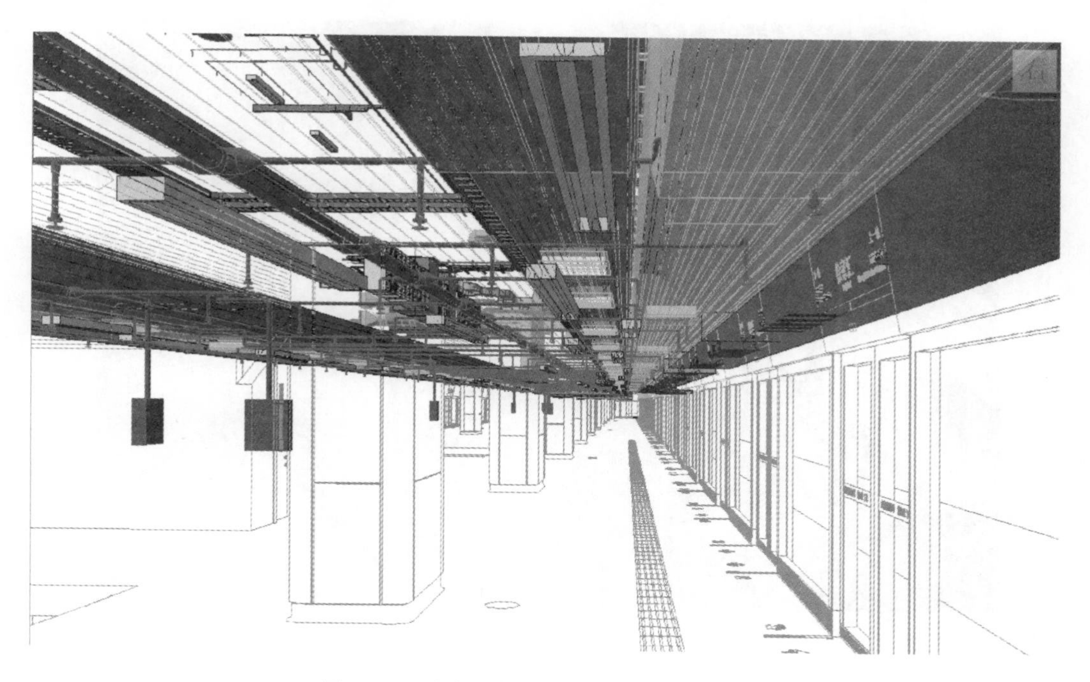

图 3-89　站台层管线综合 BIM 模型透视图

图 3-90　高架车站 BIM 模型渲染效果图

10）净高分析

根据设计净高要求，提供净高检查三维视图。通过剖切面显示低于要求净高的管线段（图 3-91）。

11）结构预留孔检查

建筑安装工程预埋阶段普遍存在质量通病就是没预留孔洞或预留预埋不准确问题，造成机电管线安装时再进行凿墙钻洞，这不但浪费时间、浪费人力、增加成本，严重的还

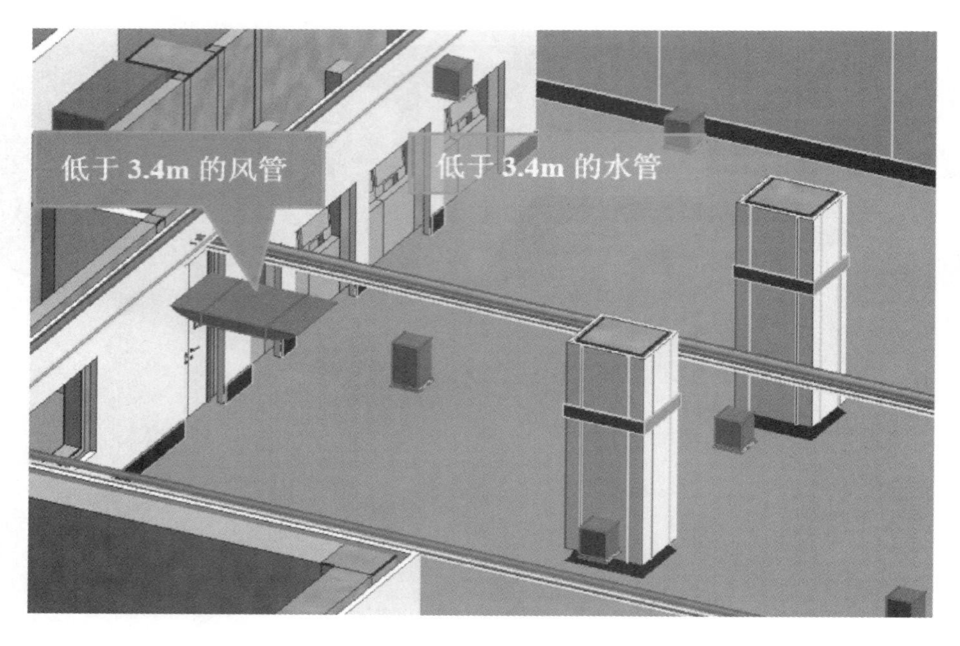

图 3-91　低于 3.4 m 净高的机电管线图

会破坏工程结构，留下不少质量安全隐患，利用 BIM 空间预留孔洞技术，提前对结构楼板上管线预留孔洞进行精确定位，而且还能与土建单位更好的协同作业，减少上述麻烦和隐患（图 3-92）。

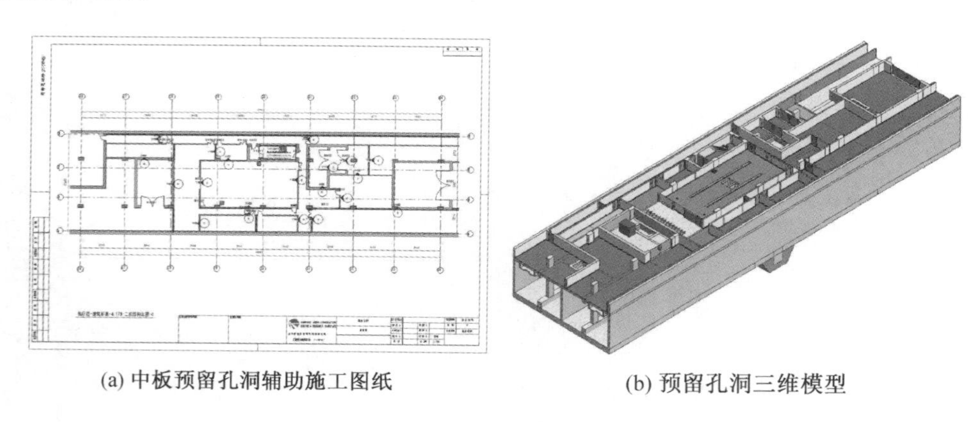

(a) 中板预留孔洞辅助施工图纸　　(b) 预留孔洞三维模型

图 3-92　中板预留孔洞示意图

12）机电房间空间布置优化

通过三维视图显示设备房的管线设备空间布局，通过可视化特点检查设备房空间利用效果（图 3-93）。

13）综合吊支架深化优化

通过 BIM 技术融合暖通、给排水、电气、建筑、结构等多专业技术要求，实现了机电各专业综合支吊架设计与校核可视化、数字化设计，使设计施工技术人员能够简便快捷、准确地完成复杂的支吊架设计（图 3-94）。

(a) 车控室布置优化

(b) 变电所开关柜室布置优化

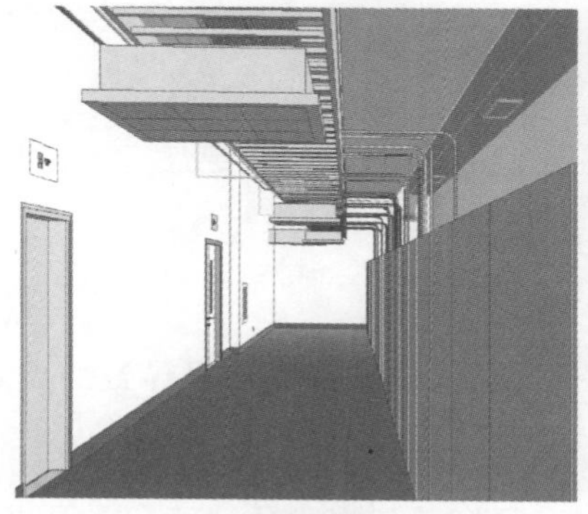

(c) 环控机房布置优化

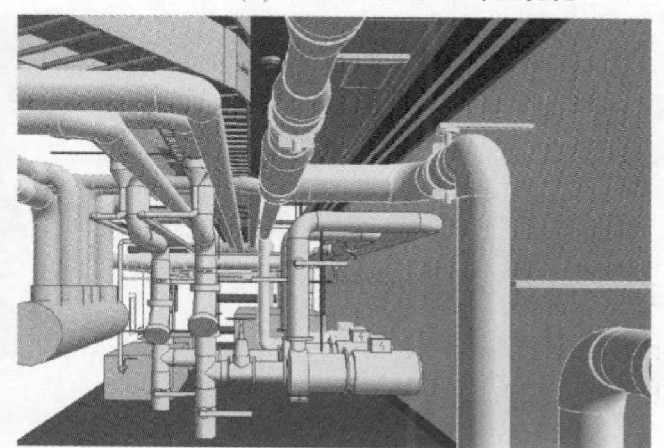

(d) 冷冻机房布置优化

图 3-93　各类房间优化布置图

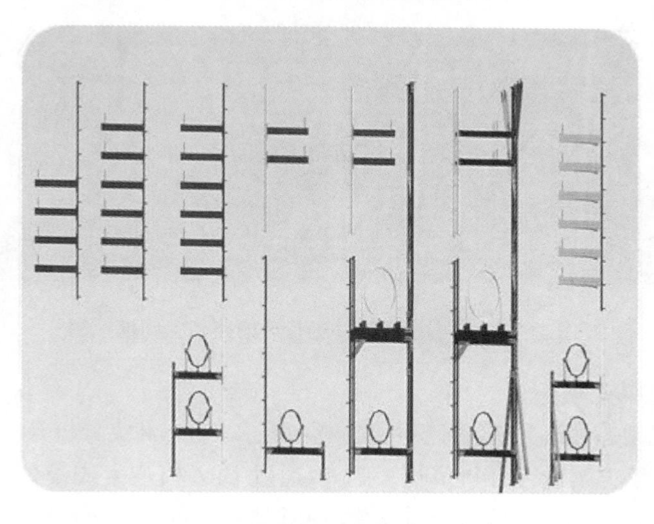

图 3-94　综合吊支架深化建模

14) 工程量复核

根据投资监理招标分项表，提供满足招标要求的土建、机电、装修工程量辅助统计，包括标准构件及典型结构的钢筋用量及含钢量分析，比较造价人员与 BIM 模型统计结果，提高预算的准确度(图 3-95)。

<房间装修表>

A	B	C	D	E	F	G	H	I
编号	楼板面层	名称	天花板面层	面积（平方米）	墙面面层	墙面积	踢脚线材质	周长
1	600X600玻化砖	站长室	NAFC板吊顶（顶2）	30.00	面砖墙面	55.50	玻化砖踢脚线（150mm	22.2
2	600X600玻化砖	收款室	NAFC板吊顶（顶2）	20.76	面砖墙面	47.06	玻化砖踢脚线（150mm	18.8
4	600X600玻化砖	警务	NAFC板吊顶（顶2）	11.39	面砖墙面	38.04	玻化砖踢脚线（150mm	15.2
7	600X600玻化砖	配电间	板底喷涂顶棚（顶1	14.13	面砖墙面	42.35	玻化砖踢脚线（150mm	16.9
16	600X600玻化砖	维保供电	板底喷涂顶棚（顶1	12.99	面砖墙面	46.70	玻化砖踢脚线（150mm	18.7
17	600X600玻化砖	维保供电	板底喷涂顶棚（顶1	5.32	面砖墙面	25.34	玻化砖踢脚线（150mm	10.1
19	600X600玻化砖	维保供电值班室	板底喷涂顶棚（顶1	9.95	面砖墙面	33.48	玻化砖踢脚线（150mm	13.4
22	600X600玻化砖	配电间	板底喷涂顶棚（顶1	11.51	面砖墙面	36.77	玻化砖踢脚线（150mm	14.7
24	600X600玻化砖	走道	NAFC板吊顶（顶2）	85.74	面砖墙面	249.48	玻化砖踢脚线（150mm	99.8
26	600X600玻化砖	警务	NAFC板吊顶（顶2）	9.32	面砖墙面	30.54	玻化砖踢脚线（150mm	12.2
28	600X600玻化砖	运营仓库	NAFC板吊顶（顶2）	16.48	面砖墙面	41.75	玻化砖踢脚线（150mm	16.7
29	600X600玻化砖	信号系统机房	板底喷涂顶棚（顶1	51.86	面砖墙面	79.15	玻化砖踢脚线（150mm	31.7
30	600X600玻化砖	信号值班室	NAFC板吊顶（顶2）	12.09	面砖墙面	36.55	玻化砖踢脚线（150mm	14.6
31	600X600玻化砖	民用通信及电源室	板底喷涂顶棚（顶1	81.14	面砖墙面	109.80	玻化砖踢脚线（150mm	43.9
32	600X600玻化砖	通信仪表室	板底喷涂顶棚（顶1	11.29	面砖墙面	34.35	玻化砖踢脚线（150mm	13.7
33	600X600玻化砖	通信仪表室	板底喷涂顶棚（顶1	12.12	面砖墙面	35.35	玻化砖踢脚线（150mm	14.1
35	600X600玻化砖	维保工务用房	板底喷涂顶棚（顶1	13.58	面砖墙面	39.25	玻化砖踢脚线（150mm	15.7
36	600X600玻化砖	男更衣室	NAFC板吊顶（顶2）	12.21	面砖墙面	36.46	玻化砖踢脚线（160mm	14.2
37	600X600玻化砖	女更衣室	NAFC板吊顶（顶2）	8.79	面砖墙面	34.24	玻化砖踢脚线（150mm	13.7
38	600X600玻化砖	交接班室	NAFC板吊顶（顶2）	33.73	面砖墙面	67.36	玻化砖踢脚线（150mm	26.9
39	600X600玻化砖	茶水间	NAFC板吊顶（顶2）	6.58	面砖墙面	25.96	玻化砖踢脚线（150mm	10.4
41	600X600玻化砖	走道	NAFC板吊顶（顶2）	102.14	面砖墙面	239.05	玻化砖踢脚线（150mm	95.6
编号	楼板面层	名称	天花板面层	面积（平方米）	墙面面层	墙面积	踢脚线材质	周长
3	600X600防静电地板	车控室	NAFC板吊顶（顶2）	35.65	涂料墙面	41.29	防静电瓷砖踢脚线（150	27.5
8	600X600防静电地板	通信机房	NAFC板吊顶（顶2）	104.24	涂料墙面	72.42	防静电瓷砖踢脚线（150	48.3
9	600X600防静电地板	UPS综合电源室	NAFC板吊顶（顶2）	46.15	涂料墙面	43.26	防静电瓷砖踢脚线（150	28.8
10	600X600防静电地板	AFC设备	NAFC板吊顶（顶2）	22.52	涂料墙面	28.80	防静电瓷砖踢脚线（150	19.2
13	600X600防静电地板	AFC配电	NAFC板吊顶（顶2）	25.39	涂料墙面	35.42	防静电瓷砖踢脚线（150	23.6
43	600X600防静电地板	车载值班室	NAFC板吊顶（顶2）	13.24	涂料墙面	22.53	防静电瓷砖踢脚线（150	15.0

图 3-95　BIM 模型部分装修明细表

15）大型设备运输路径检查

研究并优化安装及维护路径方案，避免影响主体结构及管线净高不足导致的重复施工，发挥 BIM 技术的可视化决策价值(图 3-95)。

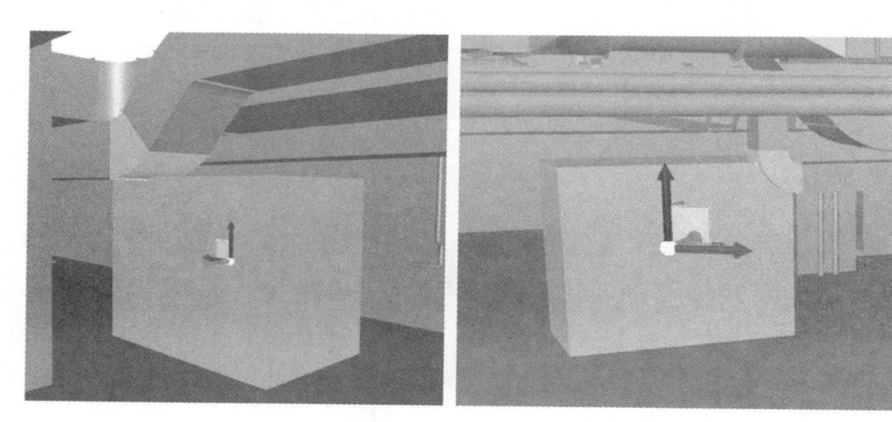

图 3-96　大型设备组件进行运输路径空间模拟图

16）施工空间冲突分析

主要包括实现动态冲突分析、静态冲突分析、静态与动态冲突分析等。辅助业主或施工单位对施工图纸与施工方案进行分析审核。例如，通过 BIM 模型生成设备房的辅助施工图，通过三维，平面示意图表现施工信息。充分发挥 BIM 技术的可视化交互价值，提升沟通效率。

17）施工进度模拟及控制

主要包括：基于 BIM 模型对建筑进行四维虚拟营建，辅助施工管理有效把控重要施工节点，实时修正施工计划，提供可建性方案。

施工数据监测：将项目实时施工进度、结构变形数据、地面沉降数据、建筑物沉降倾斜数据等实时变形监测信息以及项目的实时监控信息与 BIM 模型及周边 GIS 数据进行整合，在

Web 平台上以三维可视化的形式展示，并将重要信息实时推送至管理人员邮箱。

18）工程智能化管养

在施工阶段持续 BIM 应用及模型维护并形成竣工模型后，工程数据以模型的形式存档。后期工程运营维护可随时调用。在 BIM 模型上可以进行设施管理、数据监测、可视化预警、信息化养护等。结合“云”以及“物联网”等信息技术能够实现“市政工程智能化管养”（图 3-97 和图 3-98）。

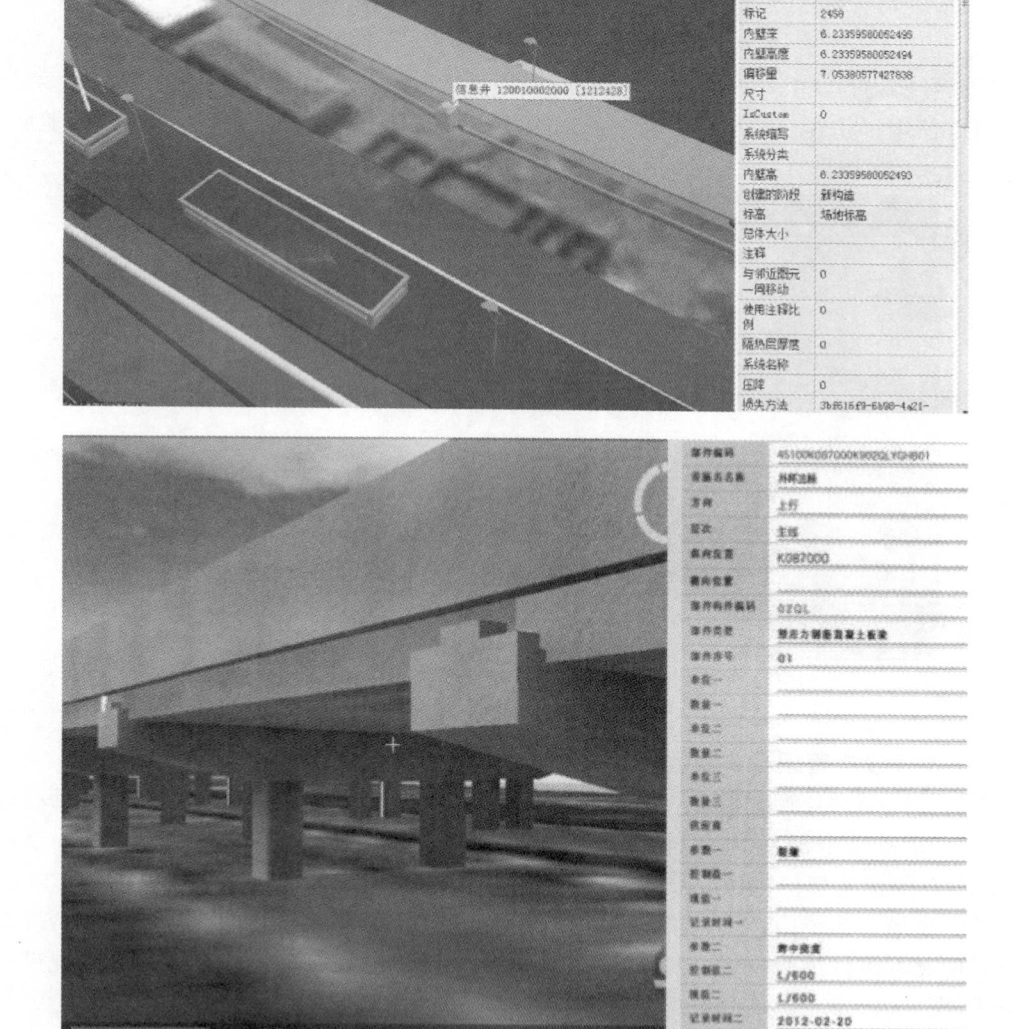

图 3-97　建立工程数据，信息检索与构件定位

图 3-98　现场管线查询与定位

19）可视化验收

可以使用移动客户端从服务器下载虚拟任务模型和进度，在现场进行实时对照验收，并且提交成果（图 3-99）。

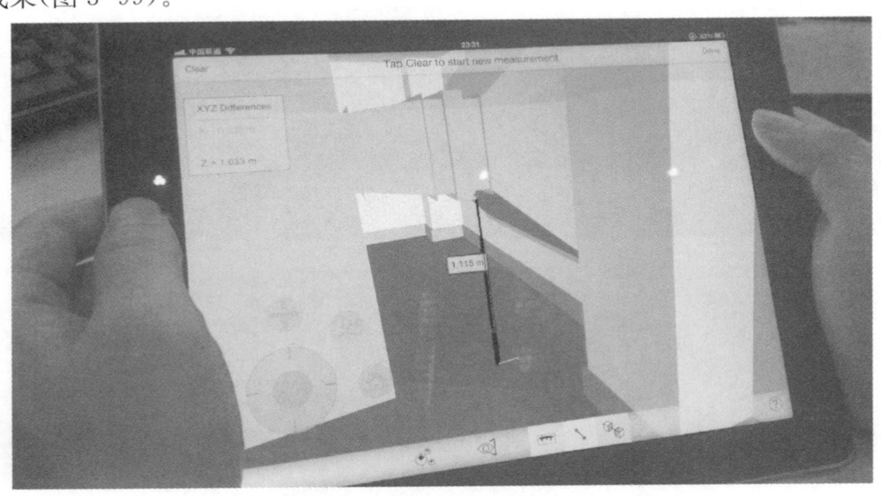

图 3-99　虚拟验收

20）资产设施管理

通过三维模型与管理系统的结合，对主要设施（售检票设施、照明、广播、消防、风机、空调、水泵、阀门、变电设备、通信、信号设备、广告等）进行登记管理。

21）客流运营模拟，火灾及疏散等应急预案配置

在三维模型系统内，对客流情况等进行运行模拟，对工作人员岗位进行优化配置；对火灾及其他突发事件进行模拟，拟定应急预案，并对各种与之对应应急预案的实施情况进行模拟分析（图 3-100）。

3.3.5　轨道交通项目 BIM 应用策划的重点任务

1）制定 BIM 技术应用总体实施方案

BIM 技术应用总体实施方案的任务主要包括以下三方面：

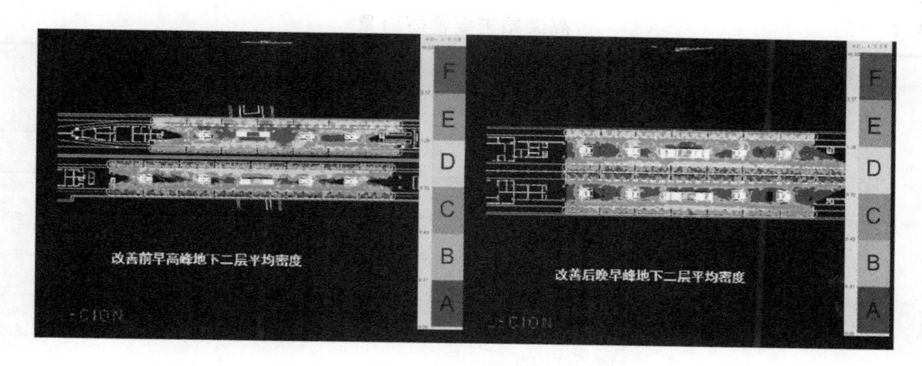

图 3-100　人流动线分析模型及优化

(1) 确定轨道交通工程目标体系。

(2) 制定项目 BIM 技术应用环境。

(3) 研究项目实施保障措施及沟通管理机制。

2) 制定 BIM 技术应用实施标准

确定轨道交通工程 BIM 技术系列标准,包括应用技术标准,BIM 建模标准,族库创建标准,交付标准、设备分类及编码标准,系统间接口方案等指导性标准(表 3-6)。

表 3-6　城市轨道交通 BIM 技术应用标准建设工作

序号	标准化工作	序号	标准化工作
1	BIM 应用技术标准	6	BIM 信息录入标准
2	设施设备编码标准	7	BIM 资产清单导则
3	城市轨道交通建筑信息模型交付标准	8	BIM 预制构件信息管理导则
4	BIM 族创建标准	9	BIM 设计协同标准
5	BIM 项目协同导则	10	BIM 数据接口标准

3) 制定文件标准

制定文件标准需要关注的重点工作有:明确建模范围、建模对象、建模要求、数据规则、交付标准。

(1) 建模范围

轨道交通项目 BIM 工作范围包括:

① 车站:含车站主体、地下车站出入口及风井、车站附属建筑、地面建筑物/构筑物、站前广场、绿化及站址周边必要的环境、河道、架空电缆线、地下管线。

② 车站区间:含高架区间、地下区间的结构主体及其内部管线,以及区间重点穿越区的地下环境,包括建(构)筑物桩基、地下管线等。

③ 车辆场、控制中心、变电所:含站场内的工艺设备、设施。

(2) 轨道交通项目主要模型对象

在开展工作前期,我们需要在建模范围明确后,初步梳理主要建模对象,如表 3-7—表 3-12 所示。

表 3-7 高架站主要模型对象

专业名称	工作构成
建筑	主体建筑
	建筑节点构造
	车站屋盖
结构	车站基础结构
	上部结构
	区间轨道梁
	屋顶结构部分
	地下支护结构
通风空调	空调及通风系统
	冷媒管及水管
给排水与消防	给排水系统
	喷淋及消火栓系统
动力照明	动力设施及配电箱
	照明设施及配电箱
	电缆明细表
供电系统(系统专业)	牵引降压混合变电所(一次接线)
	牵引降压混合变电所(二次接线)
	基础预埋件
	设备安装
	综合接地装置
	防迷流装置
轨道(系统专业)	本站部分
接触网(系统专业)	本站部分
信号系统(系统专业)	本站部分
自动售检票(系统专业)	机房及公共区设备布置
	预埋管线槽
	电缆明细表
通信系统(系统专业)	电缆吊架、爬架、线槽布置
	通信系统终端
	通信线路敷设
	车控室平面布置
	弱电机房布置
	便民服务区布置

（续表）

专业名称	工作构成
FAS/EMCS/ACS（系统专业）	FAS设备布置及接线
	EMCS设备监控设备布置及接线
	ACS门禁设备布置及接线
电扶梯（系统专业）	自动扶梯及垂直电梯
安全门/安全门（系统专业）	安全门设备布置及接线
	安全门控制室布置
	安全门管线路径
管线综合	管线碰撞报告
防排水专项	专题报告
装修	门窗详图
	铺地及顶面
	顶面设备综合布置
	建筑立面
	房间详细布置
	多型栏杆大样
	盖板、绝缘带、盲道等地面构造
	防火观察窗、消防箱、踢脚、铝板墙面等墙面构造
	广告灯箱、窗帘箱、信息带、立柱灯等构造详图
导向	车站导向设施

表3-8 地下站主要模型对象

专业名称	工作构成
建筑	主体建筑
	建筑节点构造
结构	基础结构
	主体结构
	出入口及附属结构
	车站地下围护结构
通风空调	空调及通风系统
	冷媒管及水管
给排水与消防	给排水系统
	喷淋及消火栓系统
	天桥给排水系统
动力照明	动力
	照明
	附属建筑动力及照明

（续表）

专业名称	工 作 构 成
供电系统（系统专业）	牵引降压混合变电所（一次接线）
	牵引降压混合变电所（二次接线）
	基础预埋件
	设备安装
	综合接地装置
	防迷流装置
轨道（系统专业）	本站部分
接触网（系统专业）	本站部分
信号系统（系统专业）	本站部分
自动售检票（系统专业）	机房及公共区设备布置
	预埋管线槽
	电缆明细表
通信系统（系统专业）	电缆吊架、爬架、线槽布置
	通信系统终端
	通信线路
	车控室平面布置
	弱电机房布置
	便民服务区布置
FAS/EMCS/ACS（系统专业）	FAS 设备布置及接线
	EMCS 设备监控设备布置及接线
	ACS 门禁设备布置及接线
电扶梯（系统专业）	自动扶梯及垂直电梯
安全门/安全门（系统专业）	安全门设备布置及接线
	安全门控制室布置
	安全门管线路径
管线综合	管线碰撞报告
防排水专项	专题报告
装修	门窗详图
	铺地及顶面
	顶面设备综合布置
	建筑立面
	房间详细布置
	多型栏杆大样
	盖板、绝缘带、盲道等地面构造
	防火观察窗、消防箱、踢脚、铝板墙面等墙面构造
	广告灯箱、窗帘箱、信息带、立柱灯等构造详图
导向	车站导向设施

表 3-9　高架区间模型对象

专业名称	工作构成
桥梁结构	桥梁总体布置
	区间轨道梁总体布置
	桥梁标准下部结构
桥梁结构	现浇梁附属结构
	跨路桥的连续梁桥
	标准预制区间轨道梁
	区间轨道梁附属结构
	区间排水
	区间检修便道
	过街人行地道
	站前道岔桥
	跨路桥的大型梁桥
供电系统(系统专业)	区间电缆布置
	防迷流装置
区间动力照明(系统专业)	检修电源配电箱及接线
	工作照明配电箱及接线
轨道(系统专业)	扣件
	轨枕
	道岔
	道床
	附属设备
接触网(系统专业)	接触网平面布置
	单支柱安装构造
	门型支架安装构造
	吊柱安装构造
	刚性悬挂网安装构造
	刚性悬挂设备
	柔性悬挂接触网中间柱及道岔柱构造
	柔性悬挂接触网锚段关节构造
	柔性悬挂接触网下锚构造
	柔性悬挂接触网门型架节点构造
	柔性悬挂接触网架空地线及馈线
	柔性悬挂设备
通信系统(系统专业)	电缆吊架、爬架、线槽布置
	通信系统终端
	通信线路

（续表）

专业名称	工 作 构 成
信号系统（系统专业）	轨旁信号设备
	轨旁信号电缆及均、回流电缆布置
	轨旁设备接地线
	紧急停车按钮布置
	计轴、发车指示器、轨旁接入点、轨旁电话布置
	转辙机箱盒布置及配线
	信号机箱盒布置及配线
	道岔区轨端接续及道岔跳线布置
	信标箱盒布置及配线
	轨旁光缆布置
	室外电缆配线
声屏障（系统专业）	声屏障布置
	尖劈吸隔声屏
	透光吸隔声屏
	金属吸隔声屏
	梁内吸隔声屏
	安装基础设施及特殊节点

表 3-10　　房屋建筑模型对象

专业名称	工 作 构 成
建筑	主体建筑
	建筑节点构造
结构	基础结构
	房屋结构
	附属结构
	地下围护结构
通风空调	空调及通风系统
	冷媒管及水管
给排水与消防	给排水系统
	喷淋及消火栓系统
	附属建筑给排水系统
动力照明	动力
	照明
	附属建筑动力及照明
供电系统（系统专业）	牵引降压混合变电所（一次接线）
	牵引降压混合变电所（二次接线）
	基础预埋件
	设备安装
	综合接地装置
	防迷流装置

（续表）

专业名称	工 作 构 成
信号系统（系统专业）	机房设备布置
	预埋管线槽
	电缆明细表
自动售检票（系统专业）	机房设备布置
	预埋管线槽
	电缆明细表
通信系统（系统专业）	电缆吊架、爬架、线槽布置
	通信系统终端
	通信线路
	控制室平面布置
	弱电机房布置
FAS/EMCS/ACS（系统专业）	FAS 设备布置及接线
	EMCS 设备监控设备布置及接线
	ACS 门禁设备布置及接线
电扶梯（系统专业）	自动扶梯及垂直电梯
管线综合	管线碰撞报告
防排水专项	专题报告
装修	门窗详图
	铺地及顶面
	顶面设备综合布置
	建筑立面
	房间详细布置
	多型栏杆大样
	盖板、绝缘带、盲道等地面构造
	观察窗、消防箱、踢脚、铝板墙面等墙面构造
	广告灯箱、窗帘箱、信息带、立柱灯等构造详图
导向	服务导向设施

表 3-11　　敞开区间段模型对象

专业名称	工 作 构 成
轨道（系统专业）	扣件
	轨枕
	道岔
	道床
	附属设备

（续表）

专业名称	工 作 构 成
供电系统（系统专业）	区间电缆布置
	防迷流装置
接触网（系统专业）	接触网平面布置
	单支柱安装构造
	门型支架安装构造
	吊柱安装构造
	刚性悬挂网安装构造
	刚性悬挂设备
	柔性悬挂接触网中间柱及道岔柱构造
	柔性悬挂接触网锚段关节构造
	柔性悬挂接触网下锚构造
	柔性悬挂接触网门型架节点构造
	柔性悬挂接触网架空地线及馈线
	柔性悬挂设备
区间动力照明（系统专业）	检修电源配电箱及接线
	工作照明配电箱及接线
声屏障（系统专业）	声屏障布置
	尖劈吸隔声屏
	透光吸隔声屏
	金属吸隔声屏
	梁内吸隔声屏
	安装基础设施及特殊节点
安全防护网及绿化	安全防护网及绿化

表 3-12　地下区间段模型对象

专业名称	工 作 构 成
地下结构	地下区间结构
	地下盾构井及泵房
	盾构结构
	区间排水
防排水专项	专题报告
供电系统（系统专业）	区间电缆布置
	防迷流装置

（续表）

专业名称	工 作 构 成
轨道（系统专业）	扣件
	轨枕
	道岔
	道床
	附属设备
	隧道内道床排水
接触网（系统专业）	接触网平面布置
	单支柱安装构造
	门型支架安装构造
	吊柱安装构造
	刚性悬挂网安装构造
	刚性悬挂设备
区间动力照明（系统专业）	检修电源配电箱及接线
	工作照明配电箱及接线
区间给排水及消防（系统专业）	区间排水泵房
	区间消火栓系统布置

（3）模型建模要求、命名规则

通常的BIM模型深度等级共分五级，分别为L1—L5，深度要求如表3-13所示。

表3-13　BIM模型深度等级

深度级数			描　　述
L1	概念级	规划设计阶段	具备基本形状，粗略的尺寸和形状，包括非几何数据，仅线、面积、位置
L2	方案级	初步设计阶段	近似几何尺寸，形状和方向，能够反应物体本身大致的几何特性。主要外观尺寸不得变更，细部尺寸可调整，构件宜包含几何尺寸、材质、产品信息（例如电压、功率）等
L3	设计级	施工图设计阶段	物体主要组成部分必须在几何上表述准确，能够反映物体的实际外形，保证不会在施工模拟和碰撞检查中产生错误判断，构件应包含几何尺寸、材质、产品信息（例如电压、功率）等。模型包含信息量与施工图设计完成时的CAD图纸上的信息量应该保持一致
L4	施工级	施工阶段	详细的模型实体，最终确定模型尺寸，能够根据该模型进行构件的加工制造，构件除包括几何尺寸、材质、产品信息外，还应附加模型的施工信息，包括生产、运输、安装等方面
L5	竣工级	竣工提交阶段	除最终确定的模型尺寸外，还应包括其他竣工资料提交时所需的信息

各专业的不同等级深度要求如表3-14—表3-18所示。

表 3-14　建筑专业模型等级深度

建模深度	L1	L2	L3	L4	L5
场地	不表示	简单的场地布置。部分构件用体量表示	按图纸精确建模。景观、人物、植物、道路贴近真实		
墙	包含墙体物理属性（长度，厚度，高度及表面颜色）	增加材质信息，含粗略面层划分	包含详细面层信息，材质要求，防火等级、附节点详图	墙材生产信息，运输进场信息、安装操作单位等	产品运营信息（技术参数，供应商，维护信息等）
建筑柱	物理属性：尺寸，高度	带装饰面，材质	规格尺寸、砂浆等级、填充图案等	生产信息，运输进场信息、安装操作单位等	产品运营信息（技术参数，供应商，维护信息等）
门、窗	同类型的基本族	按实际需求插入门、窗	门窗大样图，门窗详图	进场日期、安装日期、安装单位	门窗五金件，门窗的厂商信息，物业管理信息
屋顶	悬挑、厚度、坡度	加材质、檐口、封檐带、排水沟	规格尺寸、砂浆等级、填充图案等	材料进场日期、安装日期、安装单位	材质供应商信息、产品技术参数
楼板	物理特征（坡度、厚度、材质）	楼板分层，降板，洞口，楼板边缘	楼板分层细部作法，洞口更全	材料进场日期、安装日期、安装单位	产品材料技术参数、供应商信息
天花板	用一块整板代替，只体现边界	厚度，局部降板，准确分割，并有材质信息	龙骨，预留洞口，风口等，带节点详图	材料进场日期、安装日期、安装单位	全部参数信息
楼梯（含坡道、台阶）	几何形体	详细建模，有栏杆	楼梯详图	运输进场日期、安装单位、安装日期	运营信息，技术参数、供应商
电梯（直梯）	电梯门，带简单二维符号表示	详细的二维符号表示	节点详图	进场日期、安装日期和单位	运营信息，技术参数、供应商
家具	无	简单布置	详细布置＋二维表示	进场日期、安装日期和单位	运营信息，物技术参数、供应商

表 3-15　结构专业模型等级深度

混凝土结构					
建模深度	L1	L2	L3	L4	L5
板	物理属性，板厚、板长、宽、表面材质颜色	类型属性，材质，二维填充表示	材料信息，分层做法，楼板详图，附带节点详图（钢筋布置图）	板材生产信息，运输进场信息、安装操作单位等	产品运营信息（技术参数，供应商，维护信息等）
梁	物理属性，梁长宽高，表面材质颜色	类型属性，具有异形梁表示详细轮廓，材质，二维填充表示	材料信息，梁标识，附带节点详图（钢筋布置图）	生产信息，运输进场信息、安装操作单位等	产品运营信息（技术参数，供应商，维护信息等）
柱	物理属性，柱长宽高，表面材质颜色	类型属性，具有异形柱表示详细轮廓，材质，二维填充表示	材料信息，柱标识，附带节点详图（钢筋布置图）	生产信息，运输进场信息、安装操作单位等	产品运营信息（技术参数，供应商，维护信息等）
梁柱节点	不表示，自然搭接	表示锚固长度，材质	钢筋型号，连接方式，节点详图	生产信息，运输进场信息、安装操作单位等	产品运营信息（技术参数，供应商，维护信息等）
墙	物理属性，墙厚、长、宽、表面材质颜色	类型属性，材质，二维填充表示	材料信息，分层做法，墙身大样详图，空口加固等节点详图（钢筋布置图）	生产信息，运输进场信息、安装操作单位等	产品运营信息（技术参数，供应商，维护信息等）

（续表）

混凝土结构					
建模深度	L1	L2	L3	L4	L5
预埋及吊环	不表示	物理属性，长、宽、高物理轮廓。表面材质颜色 类型属性，材质，二维填充表示	材料信息，大样详图，节点详图（钢筋布置图）	生产信息，运输进场信息、安装操作单位等	产品运营信息（技术参数，供应商，维护信息等）

地基基础					
建模深度	L1	L2	L3	L4	L5
基础	不表示	物理属性，基础长、宽、高基础轮廓。表面材质颜色 类型属性，材质，二维填充表示	材料信息，基础大样详图，节点详图（钢筋布置图）	材料进场日期、操作单位与安装日期	技术参数、材料供应商
基坑工程	不表示	物理属性，基坑长、宽、高表面	基坑维护结构构件长、宽、高及具体轮廓，节点详图（钢筋布置图）	操作日期 操作单位	
柱	物理属性，钢柱长宽高，表面材质颜色	类型属性，根据钢材型号表示详细轮廓，材质，二维填充表示	材料要求，钢柱标识，附带节点详图	操作安装日期 操作安装单位	材料技术参数、材料供应商、产品合格证等
桁架	物理属性，桁架长宽高，无杆件表示，用体量代替，表面材质颜色	类型属性，根据桁架类型搭建杆件位置，材质，二维填充表示	材料信息，桁架标识，桁架杆件连接构造。附带节点详图	操作安装日期 操作安装单位	
梁	物理属性，梁长宽高，表面材质颜色	类型属性，根据钢材型号表示详细轮廓，材质，二维填充表示	材料信息，钢梁标识，附带节点详图	操作安装日期 操作安装单位	
柱脚	不表示	柱脚长、宽、高用体量表示，二维填充表示	柱脚详细轮廓信息，材料信息，柱脚标识，附带节点详图	操作安装日期 操作安装单位	

表 3-16　　给排水专业模型等级深度

建模深度	L1	L2	L3	L4	L5
管道	只有管道类型、管径、主管标高	有支管标高	加保温层、管道进设备机房 1M	产品批次、生产日期信息；运输进场日期；施工安装日期、操作单位	按实际管道类型及材质参数绘制管道（出产厂家、型号、规格等）
阀门	不表示	绘制统一的阀门	按阀门的分类绘制		按实际阀门的参数绘制（出产厂家、型号、规格等）
附件	不表示	统一形状	按类别绘制		按实际项目中要求的参数绘制（出产厂家、型号、规格等）
仪表	不表示	统一规格的仪表	按类别绘制		按实际项目中要求的参数绘制（出产厂家、型号、规格等）
卫生器具	不表示	简单的体量	具体的类别形状及尺寸		将产品的参数添加到元素当中（出产厂家、型号、规格等）
设备	不表示	有长宽高的简单体量	具体的形状及尺寸		将产品的参数添加到元素当中（出产厂家、型号、规格等）

表 3-17　　暖通专业模型等级深度

暖通风道系统					
建模深度	L1	L2	L3	L4	L5
风管道	不表示	按着系统只绘主管线，标高可自行定义，按着系统添加不同的颜色	按着系统绘制支管线，管线有准确的标高，管径尺寸。添加保温	产品批次、生产日期信息；运输进场日期；施工安装日期、操作单位	将产品的参数添加到元素当中（出产厂家、型号、规格等）
管件	不表示	绘制主管线上的管件	绘制支管线上的管件		
附件	不表示	绘制主管线上的附件	绘制支管线上的附件，添加连接件		
末端	不表示	只是示意，无尺寸与标高要求	有具体的外形尺寸，添加连接件		
阀门	不表示	不表示	有具体的外形尺寸，添加连接件		
机械设备	不表示	不表示	具体几何参数信息，添加连接件		
暖通水管道系统					
建模深度	L1	L2	L3	L4	L5
暖通水管道	不表示	按着系统只绘主管线，标高可自行定义，按着系统添加不同的颜色	按着系统绘制支管线，管线有准确的标高，管径尺寸。添加保温，坡度	产品批次、生产日期信息；运输进场日期；施工安装日期、操作单位	添加技术参数，说明及厂家信息，材质
管件	不表示	绘制主管线上的管件	绘制支管线上的管件		
附件	不表示	绘制主管线上的附件	绘制支管线上的附件，添加连接件		
阀门	不表示	不表示	有具体的外形尺寸，添加连接件		
设备	不表示	不表示	具体几何参数信息，添加连接件		
仪表	不表示	不表示	有具体的外形尺寸，添加连接件		

表 3-18　　电气专业模型等级深度

电气工程					
建模深度	L1	L2	L3	L4	L5
设备	不建模	基本族	基本族、名称、符合标准的二维符号，相应的标高	添加生产信息、运输进场信息和安装单位、安装日期等信息	添加技术参数，说明及厂家信息，材质
母线桥架线槽	不建模	基本路由	基本路由、尺寸标高		
管路	不建模	基本路由、根数	基本路由、根数、所属系统		

（4）BIM 模型交付标准、要求

① 交付阶段及时间

在工程实施过程中，根据参见单位各方的进展情况，需向业主方分别进行若干次的模型提交（在各次提交间隙，根据工程开展实际情况，业主方可对建模方工作进展情况和 BIM 应用情况进行若干次考察），模型提交时间节点、内容要求、格式要求如表 3-19 所示。

表 3-19　　模型提交时间节点及内容要求

<table>
<tr><th>提交时间</th><th>深度</th><th>提交内容格式</th></tr>
<tr><td>规划设计</td><td>L1</td><td rowspan="4">以 DVD 光盘形式提交电子版，其中：
① 文件夹 1：模型资料至少包含两项文件：模型文件和说明文档。模型文件夹及文件命名格式符合 4.2 中规定的命名构架；
② 文件夹 2：CAD 图纸文件和设计说明书，内部可有子文件夹；
③ 文件夹 3：针对过程中的 BIM 应用所形成的成果性文件及其相关说明，如有多项应用，内部再设子文件夹</td></tr>
<tr><td>初步设计</td><td>L2</td></tr>
<tr><td>施工图设计</td><td>L3</td></tr>
<tr><td>竣工完成</td><td>L5</td></tr>
</table>

② 交付要求

设计阶段提交的 BIM 模型通过审查后将完成首次交付，为保证 BIM 工作质量，对模型质量要求如下：

a. 所提交的模型，必须都已经经过碰撞检查，各专业内部及专业之间无构件碰撞问题存在。

b. 严格按照本规划的建模要求完成模型建造到 L3。

c. 严格保证 BIM 模型与二维 CAD 图纸包含信息一致。

d. 机电管线系统建模采用 Revit-MEP。提交模型时必须同时提供 NWC 格式模型，用于 Navisworks 下的模型整合。

e. 为限制文件大小，所有模型在提交时必须清除未使用项，删除所有导入文件和外部参照链接，同时模型中的所有视图必须经过整理，只保留默认的视图和视点，其他都删除。

f. 与模型文件一同提交的说明文档中必须包括：模型的原点坐标描述，模型建立所参照的 CAD 图纸情况。

g. 针对设计阶段的 BIM 应用点，每个应用点分别建立一个文件夹。对于 3D 漫游和设计方案比选等应用，提供 AVI 格式的视频文件和相关说明；对于工程量统计、日照和采光分析、能耗分析、声环境分析、通风情况分析等应用，提供成果文件和相关说明。

施工阶段提交的 BIM 模型即为竣工模型，通过运营接收单位审查后将交付到运营方，作为试运营方在运营阶段 BIM 实施的模型资料，为保证 BIM 工作质量，对竣工模型质量要求如下：

a. 所提交的模型，必须都已经经过碰撞检查，各专业内部及专业之间无构建碰撞问题存在。

b. 严格按照本规划的建模要求，在施工图模型 L3 深度的基础上添加施工信息和产品信息，将模型深化到 L5。

c. 严格保证 BIM 模型与二维 CAD 竣工图纸包含信息一致。

d. 施工进度模拟，严格按照施工计划和施工实际进度分别建立 AVI 格式的视频，并建立相关文件提交。

e. 施工方案演示，遵循施工工序安排，真实反映实际施工方案，建立 AVI 格式的视频，并有相关文档说明。

f. 竣工模型在施工图模型 L3 深度的基础上添加以下信息生产信息（生产厂家、生产日期等）、运输信息（进场信息、存储信息）、安装信息（浇筑、安装日期，操作单位）和产品信息（技术参数、供应商、产品合格证等）。

(5) 成果文件要求

① 交付模型要求

需要拟定成果文件交付标准,便于业主对于 BIM 模型开展交付考察。

② 交付服务报告要求

根据国内轨道交通行业的 BIM 应用经验,一般需要完成的报告有:施工图阶段提交"场地/市政接口检查报告""管线碰撞报告""室内装修模拟报告""车站阀门、设备检修空间模拟报告""机房布置模拟报告";施工招标阶段提交"土建工程量清单""设备、管道、桥架及电缆清单""装修工程量(综合单价法)清单";竣工阶段提交"向运营移交设备设施清单"。

其他所要求的其他服务报告,需要在合同中详细列出。

③ 视频录像要求

a. 提交需要的"某工点工程筹划进度"模拟视频;

b. 提交按车站实施的"乘客全程漫游"模拟视频;

c. 提交按全线服务区段划分的"站务员全站漫游"模拟视频;

d. 其他需要的视频录像需要在合同中详细列出。

④ 族库、数据模板定制开发

a. 创建适用于轨道交通工程的城市轨道交通建筑信息模型交付标准中所罗列的设施设备对象族。

b. 编制族创建所需求的信息及参数列表,研究族创建流程,制定相应的命名规则(图3-101)。

c. 定制相关数据模板,包括族文件模板、模型文件模板以及出图模板。

3.4 BIM 与隧道工程

随着国家对城市基础设施建设的日益重视,大型城市隧道工程正值发展良机。BIM 是以三维数字技术为基础,集成工程项目各相关信息的工程数据模型,对于市政隧道项目这类复杂工程可以提供辅助、协调、优化的手段,使工程设计、建造等环节更加经济、高效。

上海市城市建设设计研究总院 BIM 设计团队基于城市隧道工程,如北翟路地道工程、陈翔路地道工程、虹梅南路越江隧道工程,提出并阐述适合一般市政隧道项目建设的关键 BIM 技术,为隧道工程建设提供了虚拟设计、构筑物功能分析、施工模拟、造价统计、施工招标、施工配合等环节的技术支持,验证了所提出的关键 BIM 技术的可行性、有效性、经济与社会效益,也为类似建设项目的 BIM 应用积累了经验。

3.4.1 专业 BIM 应用特点

1) 隧道工程难点与特点

隧道结构作为一种特殊的结构,其继承了市政工程的特点,包括体量大、投资高、多专业、对周边现状环境影响大、施工组织复杂等。最主要特点如下:

(1) 复杂程度高。大型隧道工程项目造价高,参与人数多,利益相关者多,对环境的依赖和影响比较大,隧道工程周期相对时间长。

(2) 不确定性因素多。项目复杂,受外部环境影响大,如天气、原材料价格、周边社会关系等较容易影响项目进程;在人口密集的城市里进行大规模的明挖施工,工程本身受地下市政管网、周边构筑物等不确定性因素影响较大,工程投资也随之增加;特别是城市

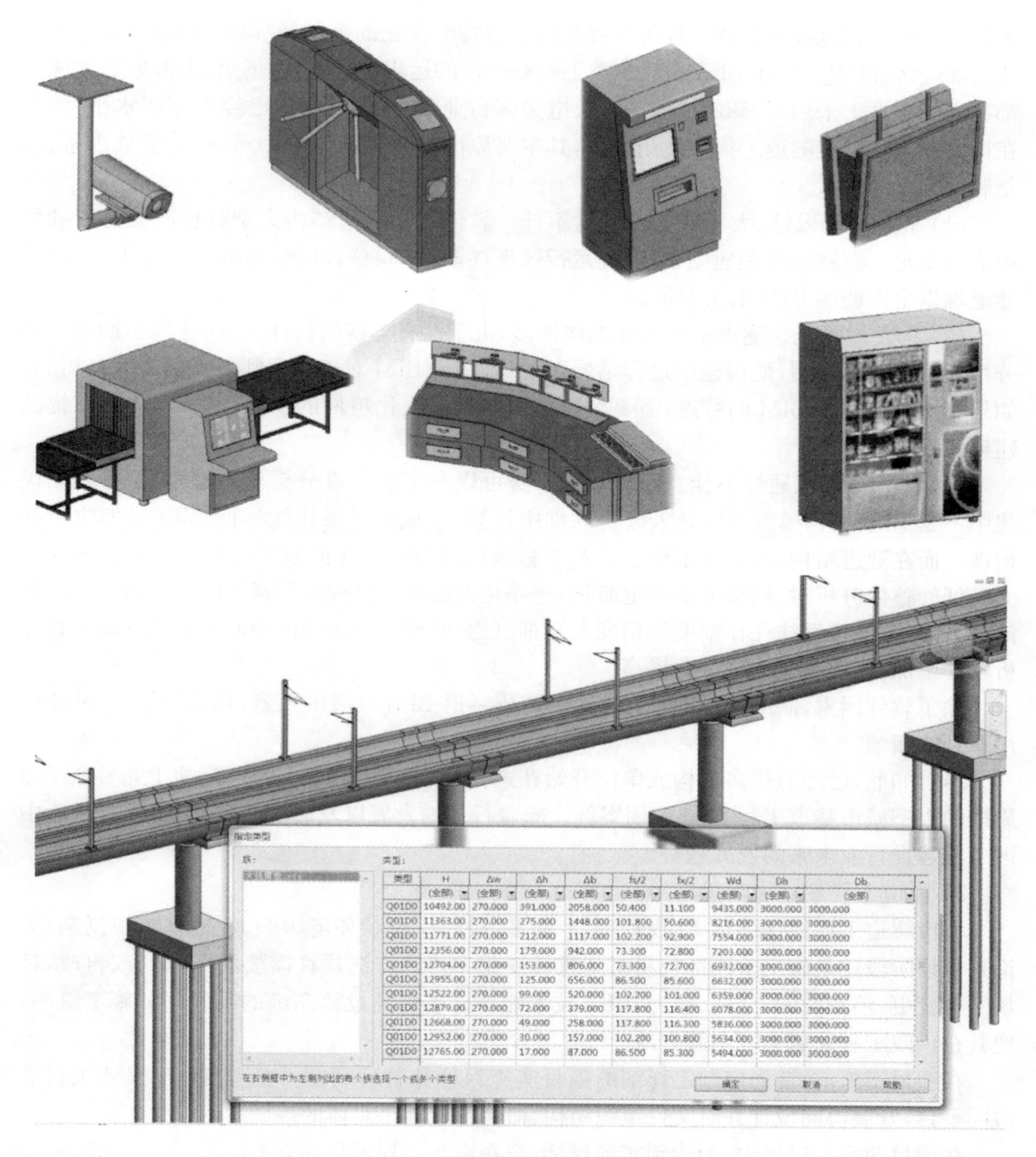

类型	H	Δw	Δh	Δb	fs/2	fx/2	Wd	Dh	Db
	(全部)	(全部)	(全部)	(全部)	(全部)	(全部)	(全部)	(全部)	(全部)
Q01D0	10492.00	270.000	391.000	2058.000	50.400	11.100	9435.000	3000.000	3000.000
Q01D0	11363.00	270.000	275.000	1448.000	101.800	50.600	8216.000	3000.000	3000.000
Q01D0	11771.00	270.000	212.000	1117.000	102.200	92.900	7554.000	3000.000	3000.000
Q01D0	12356.00	270.000	179.000	942.000	73.300	72.800	7203.000	3000.000	3000.000
Q01D0	12704.00	270.000	153.000	806.000	73.300	72.700	6932.000	3000.000	3000.000
Q01D0	12955.00	270.000	125.000	656.000	86.500	85.600	6632.000	3000.000	3000.000
Q01D0	12522.00	270.000	99.000	520.000	102.200	101.000	6359.000	3000.000	3000.000
Q01D0	12879.00	270.000	72.000	379.000	117.800	116.400	6078.000	3000.000	3000.000
Q01D0	12668.00	270.000	49.000	258.000	117.800	116.300	5836.000	3000.000	3000.000
Q01D0	12952.00	270.000	30.000	157.000	102.200	100.800	5634.000	3000.000	3000.000
Q01D0	12765.00	270.000	17.000	87.000	86.500	85.300	5494.000	3000.000	3000.000

图 3-101　轨道交通工程部分族库示例

骨干路网亦承载着城市管线走廊功能，其下方修筑地下通道时产生的多次管线搬迁费高达总投资的 20%～30%。对于盾构法隧道，其地质状况的不确定性同样影响着工程建设难度和投资。

（3）项目目标高、要求严。城市隧道工程事关群众生活和城市形象，质量标准高，多数工程要求“争市优、创国优”。

2）隧道工程 BIM 现状

在我国，BIM 理念正逐步为建筑行业所知并推广应用。BIM 技术的特点对于市政工程尤其是隧道工程这类复杂的工程可以提供辅助、协调、优化的手段，使得工程设计、建造等环节更加经济、高效。目前 BIM 在建筑类工程有一定的运用，包括世博场馆、上海中心大厦等都在不同程度上采用了 BIM 技术，化工、电力等行业的 BIM 应用也已经有相当水平，然而在市政领域特别是隧道工程中运用很少，其主要原因有以下两方面因素：一是软件因素；二是制度与标准因素。

（1）软件的局限性，大型数据支持度不佳。软件对于隧道结构大型数据的支持度和管理能力不足。在隧道模型建立中，系统运行效率逐渐下降，整合模型与拆分模型困难，这使隧道难以全面使用 BIM 的主要原因。

（2）构件库不全。隧道结构非标准构件多，由于没有丰富的构件库，在建模初期绝大部分构件需要人为定制，使得建模过程枯燥而漫长，使得 BIM 对于工程师的吸引力大打折扣。如果真正能够发挥 BIM 的特点，需要参数化构件与模块化组件的积累，这样才能真正提高建模效率。

（3）结构分析互通性不佳。BIM 软件本身可以和多款计算分析软件进行互通，在工民建中不少 BIM 结构模型可以导入分析软件中计算，生成的结果还能导回 BIM 模型中更新构件。而在隧道结构中，由于采用了大量非标准构件，使 BIM 模型和计算软件的互通性大大降低。整体分析时，模型需要一定简化，这在建模的推进过程中是额外的工作内容。而局部分析时，整体模型往往在细度和精度上又难以达到分析要求，使模型的局部构件需要在分析软件中加工，效率自然也没有提高。

除了软件因素，制度与标准不完善也是阻碍隧道 BIM 发展的因素，这也是国内 BIM 应用遇到的瓶颈。

尽管如此，已经有很多机构或单位开始在这一领域开始尝试和研究，尚缺少完整全生命周期的大型城市隧道工程 BIM 应用案例。随着行业的发展以及需求的突显，BIM 将成为中国工程建设行业未来的发展趋势。

3）隧道工程 BIM 应用思路

城市隧道工程往往体量大、投资高、专业多，对周边现状环境影响大，施工组织复杂，无论是设计阶段还是施工阶段都极易碰到意外变化。传统方法往往需要将图纸一改再改，现场一再变更，浪费时间、金钱、精力，BIM 技术能够显著提高设计图纸的准确率和施工效率，使其在市政工程领域大有用武之地。

在项目实施前，首先应制定详细的项目实施目标和管理制度，构建起基于 BIM 项目的协同平台，开展协同设计并对文件组织结构、命名方式提出具体的规则。

在项目的实施过程中，为达到实施目标，应在市政工程项目的方案阶段、设计阶段、施工阶段、运维阶段全过程应用 BIM 技术，通过碰撞检测、模拟分析、虚拟建造等应用提升项目质量。在 BIM 技术积极应用的同时，还需注重 BIM 技术的拓展，通过软硬件结合，将 BIM 技术带入施工现场，以数字化、信息化和可视化的方式提升项目建设水平，做到精细化管理，达到项目设定的安全、质量、工期、投资等各项管理目标。

4）研究内容与策划

市政隧道工程项目规模庞大，项目环境复杂。在研究之初，从项目实际需求出发，充分考虑到研究周期与项目实际周期的同步性；人力、财力及技术可行性，对项目设计阶段进行整体策划。

(1) 总体阶段(表3-20)

表3-20　　总体阶段的应用内容

应用分类	应用点	应用具体内容
平台搭建	协同平台建立	搭建企业内部项目级协同平台并提供维护
	模型构件库	建立项目构件库与工作共享
实施标准	模型交付	制定模型交付格式、深度等标准
	技术标准	规范操作权限、参数、协同方法
	招标投标	制定招标投标中BIM相关的条款与实施要求
流程与制度	管理制度	制度建设,保障BIM技术真正落地
	流程优化	与传统项目运作流程搭接,优化项目进程
技术支撑	应用培训	对项目团队提供BIM相关的专业培训
	技术指导	实施过程中的技术困难,提供技术指导与解决方法

(2) 设计阶段(表3-21)

表3-21　　设计阶段的应用内容

应用分类	应用点	应用具体内容
多专业协同设计	现状模型建立	基于勘察物探资料建立现状BIM模型
	设计模型建立	设计各阶段(初设、施工图)BIM模型建立
	设计模型冲突检查	将模型整合,检查错碰并处理完成
分析、模拟与仿真	性能分析	结构分析,采光模拟,通风排烟,疏散分析等
	施工方案模拟	对设计提供的施工方案及相应的交通组织进行模拟
	模型漫游	利用各设计阶段的BIM模型,提供3D漫游展示
工程造价	辅助造价控制	基于模型统计工程量,可作为参考及校核手段

3.4.2　专业BIM应用与实施

1) 项目准备

在城市隧道工程BIM完整模型建立前,需对整个地道工程所涉及的各个专业有深入的了解,对建模的各个要素、模块有熟练地掌握,做好以下几个方面的准备工作。

(1) 模型定位

① 确定标高

在建模之前,设计人员在Revit软件中根据需求建立不同的标高层,以备各节段围护、主体结构以及附属设施的准确定位。在建模的过程中,通常还会通过立面视图和剖面视图辅助竖向的定位(图3-102)。

② 导入平面地形

在"场地"标高层上,可导入已经处理好的平面地形图,主要包括道路、周边构筑物、高架、河道等要素,从而可在平面图上设计地道模型。

(2) 搭建BIM协同平台。为了有效管理设计数据,可以搭建多专业的协同平台,平台采用Revit 2014,涉及勘察、道路、建筑、结构、通风、给排水、弱电、强电等8个专业,各专业可同时在同一平台工作(图3-103)。

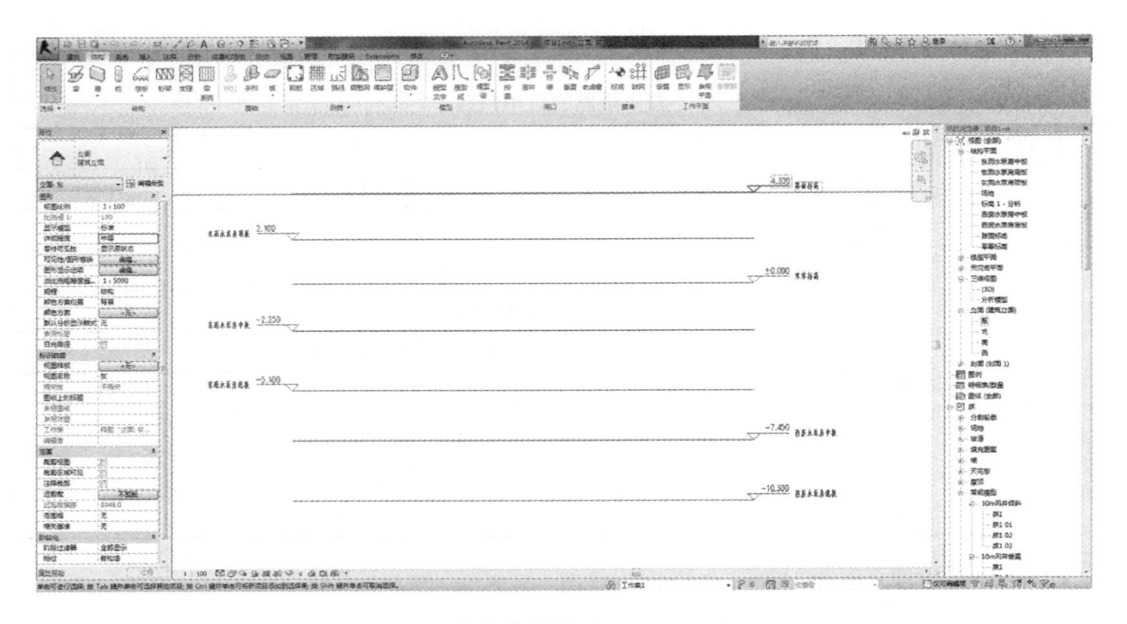

图 3-102　地道标高设置立面图

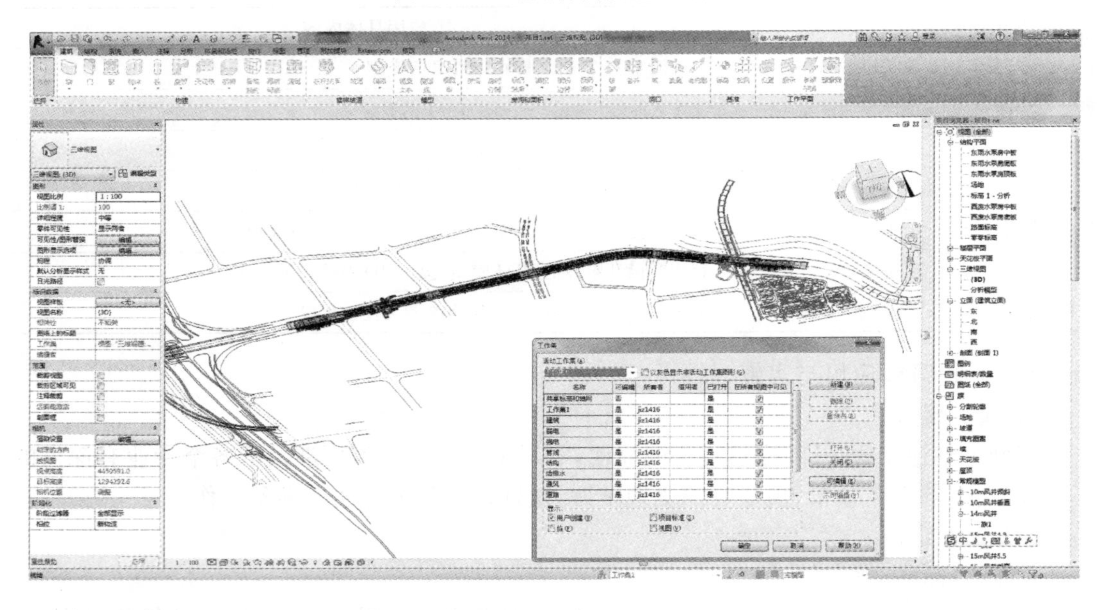

图 3-103　多专业协同设计平台界面

为保障各专业设计数据的独立性，平台管理人员专门针对各专业设置了数据权限，各专业只能更改本专业的模型和数据。当用户更改其他专业模型时，系统会自动检查数据并弹出警告窗口。通过这一类数据有效性检查，可以保证各专业可独立进行设计。

(3) 族文件定制。Revit 软件自带梁、楼板、墙、柱、支撑等系统族，可满足大多数建模的要求。若遇到一些异形结构或系统族缺少的模块，便可通过“新建-族”定制符合要求的参数化族文件再导入到“项目”中去。如地下连续墙、钻孔桩、钢支撑等围护结构以及异形通风井、抗拔桩等主体结构。

2) 建模过程

(1) 围护结构

明挖地道工程根据基坑开挖深度的不同,采用型钢水泥土搅拌墙、地下连续墙等作为挡土结构。根据不同的围护形式,分段在Revit中建立结构模型(图3-104)。

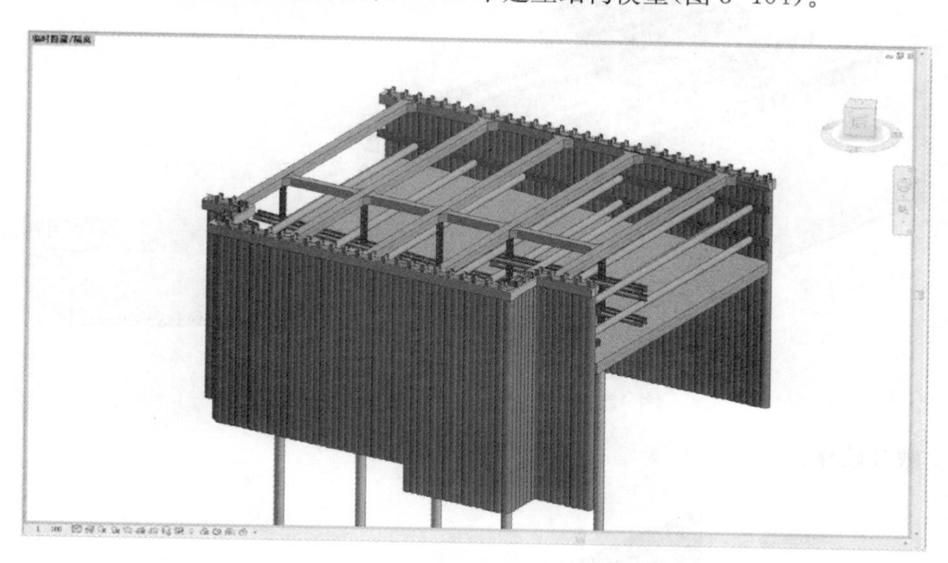

图3-104　围护结构整体模型

(2) 主体结构

隧道工程矩形段主体结构包含暗埋段、敞开段、附属用房、抗拔桩和钢筋等,通过楼板和墙以及族文件分段建立BIM模型;隧道工程盾构段结构则主要为预制管片,通过族文件建立相应BIM模型。

① 暗埋段建模(图3-105)

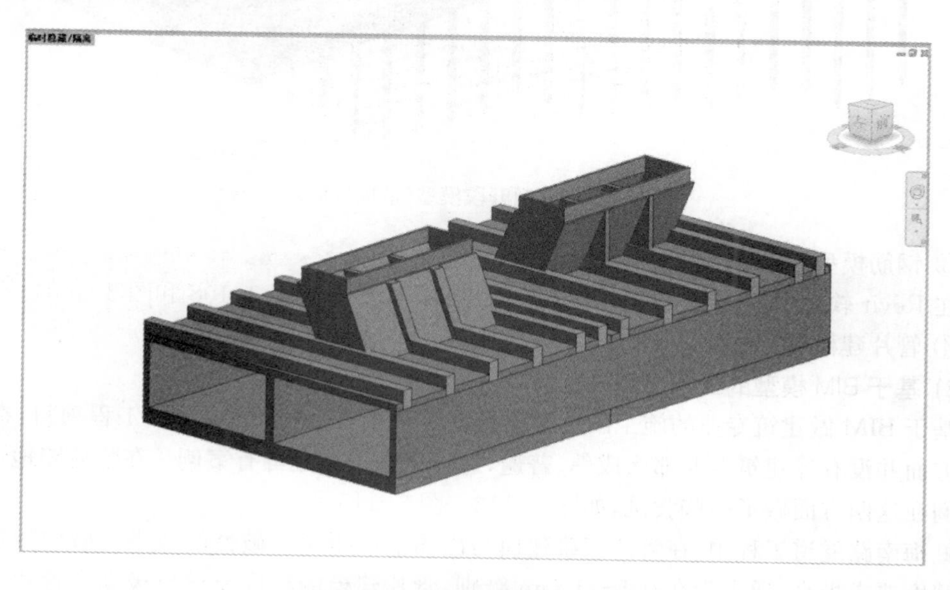

图3-105　暗埋段模型(带风井)

对于复杂的附属设备用房节段(图 3-106),建议切换对应的标高层进行建模。根据设计方案进行开孔,敷设横截沟和排水管。

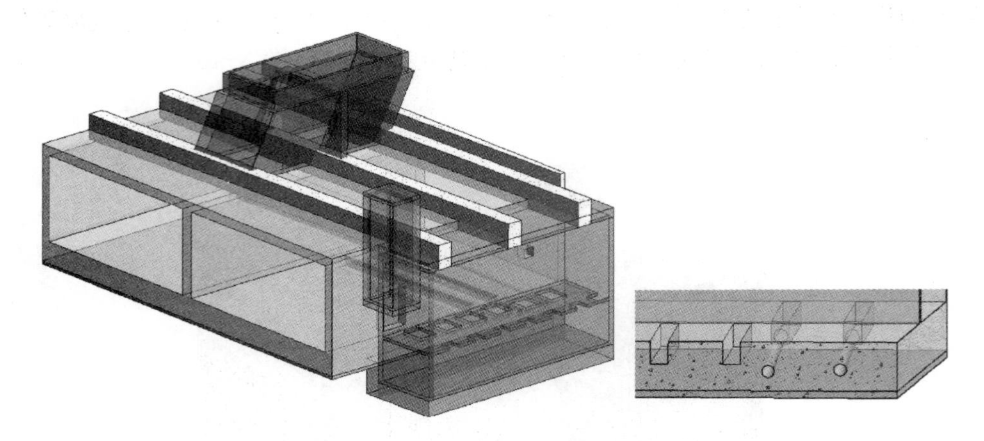

图 3-106 暗埋段模型(带附属用房)

② 敞开段建模(图 3-107)

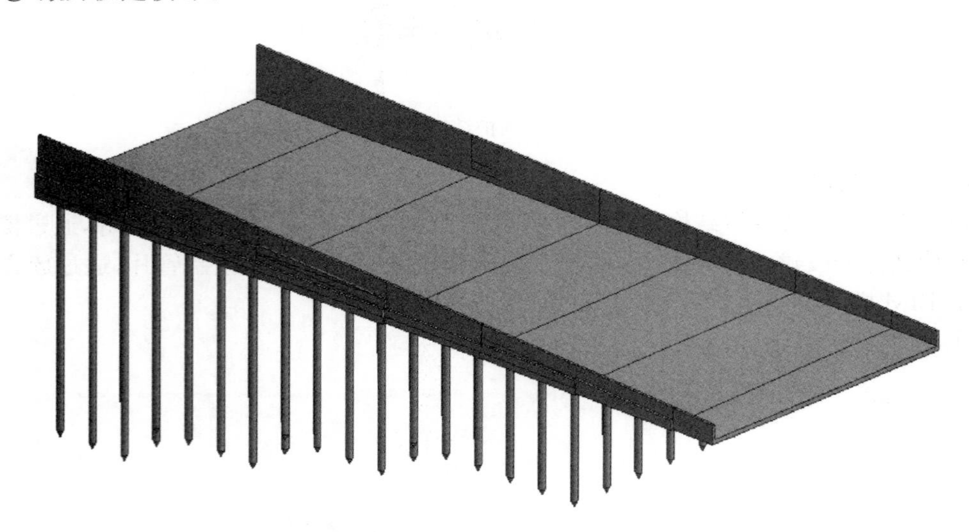

图 3-107 敞开段模型(带抗拔桩)

③ 钢筋模型

在 Revit 软件中安装配筋插件,可顺利实现钢筋的建模(图 3-108 和图 3-109)。

④ 管片建模(图 3-110—图 3-112)

3) 基于 BIM 模型的三维出图

基于 BIM 做建筑专业的施工图已经不是新鲜事了,而对于国内市政工程项目,在 BIM 运用方面并没有像建筑专业那么成熟、普遍,进行结构出图也鲜有案例。在陈翔路地道工程中我们在这两方面做了一些尝试,如图 3-113—图 3-115 所示。

虹梅南路隧道工程中,在管片三维建模与出图上取得了突破性的成果。盾构隧道管片制图精度要求极高,通常为在 0.5～1 mm 级别,管片建模的精度要求也极高。管片二维结构图纸由管片各个方向的投影和剖面构成。由于管片本身为一弧形结构，其手孔、螺栓孔、防水槽等细部结构形式复杂，导致传统的二维管片图纸设计既困难又费时，设计图纸上可能有差错。采用 BIM 三维建模技术则为管片结构设计方式带来了革命性的改变。管片本身可以视为在一块光滑规整的弧形结构上挖去各种相应的孔洞。这些孔洞在自身的局部坐标系中通常呈现常规形状。因此，采用 BIM 三维建模技术可轻松地建立三维模型，结合布尔计算可以得到真实的管片三维模型。目前，各大 BIM 软件均可实现三维模型的二维投影和剖切功能，可轻松得到管片二维投影和剖面图纸。由三维模型生成的二维图纸没有任何近似和错漏，实现了正向建模的同时也巧妙降低了二维图纸的设计难度。对 AutoCAD 进行二次开发，研发管片的参数化设计程序，将上述过程自动实现，可以进一步快速提高管片设计的效率和准确性。在设计参数确定的条件下仅需几秒钟即可生成二维图纸和三维模型，使设计人员可以把精力完全投入到如何设计合理的管片形式上(图 3-116)。

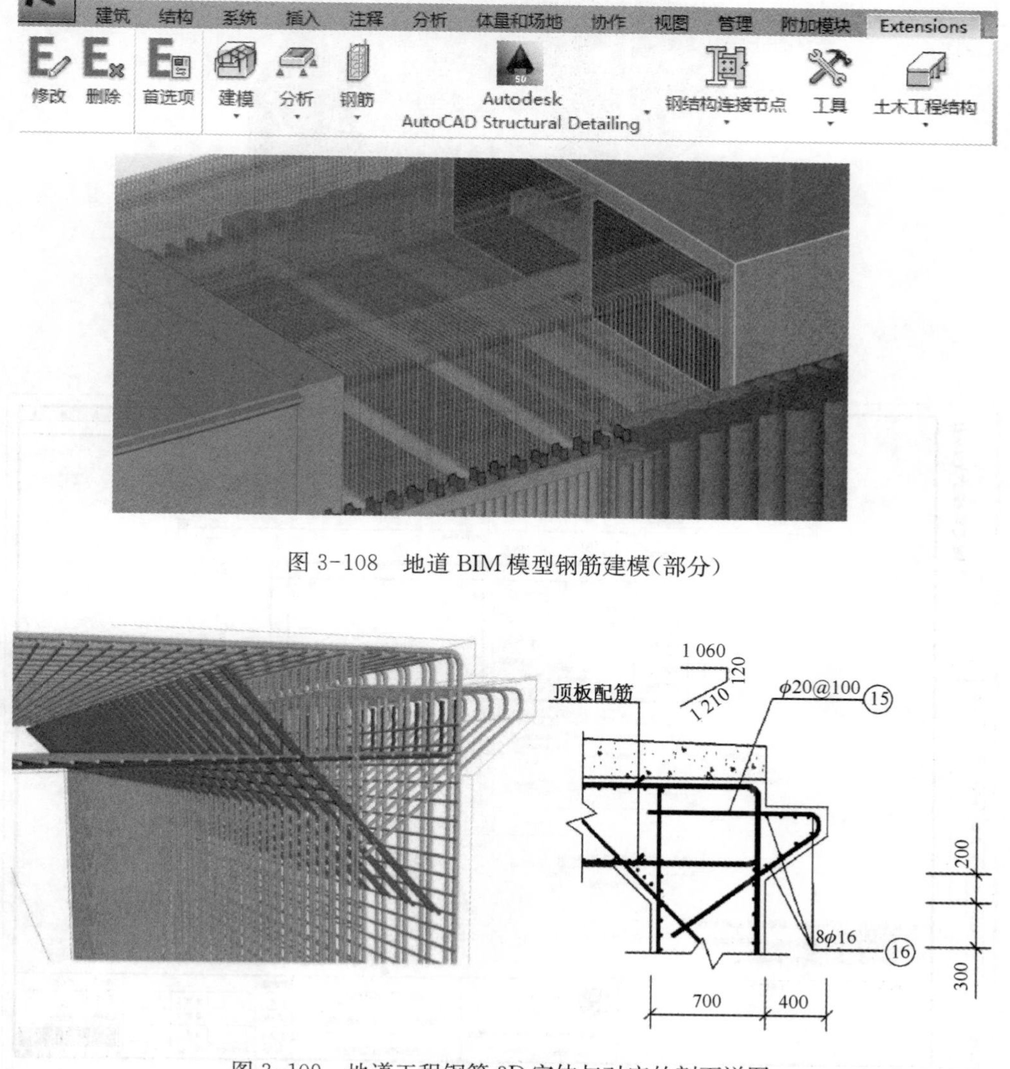

图 3-108　地道 BIM 模型钢筋建模(部分)

图 3-109　地道工程钢筋 3D 实体与对应的剖面详图

图 3-110　标准块管片三维模型

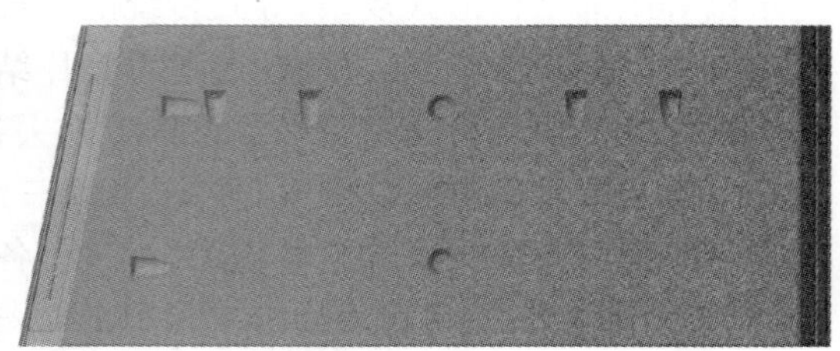

图 3-111　邻接块管片三维模型

图 3-112　封顶块管片三维模型

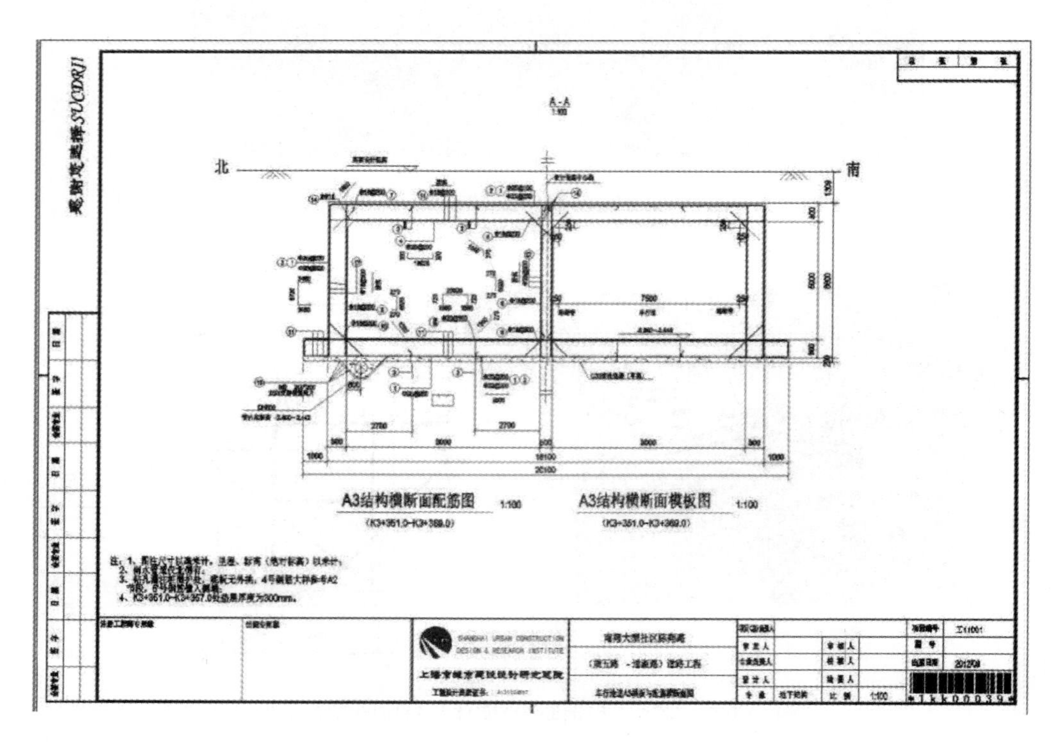

图 3-113　基于 BIM 生成的地道结构施工图

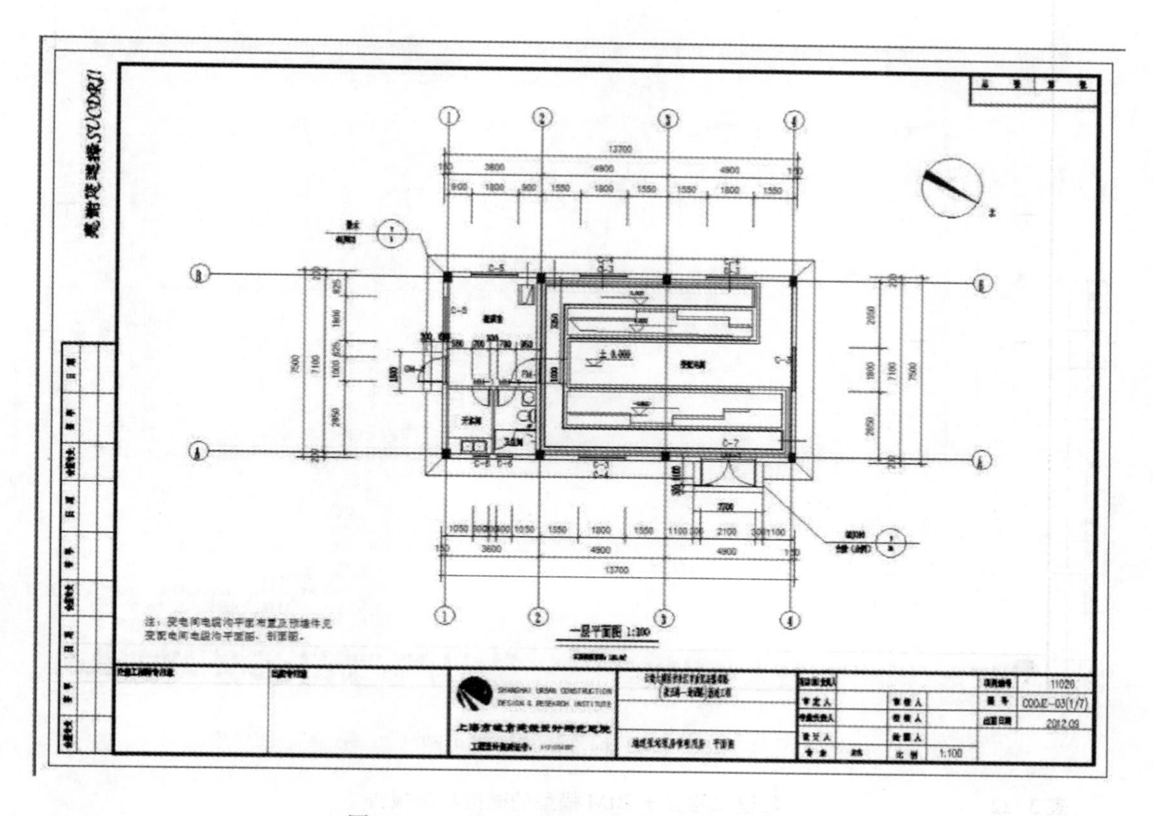

图 3-114　基于 BIM 生成的泵站建筑施工图

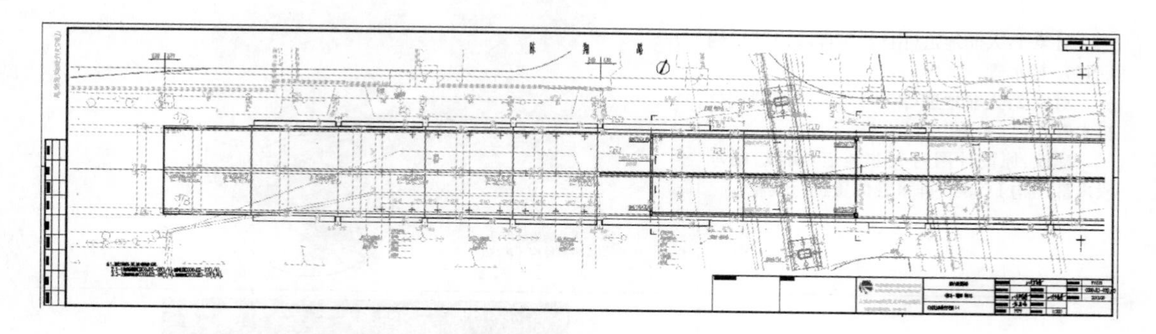

图 3-115　车行地道底板结构平面布置图

4) 基于 BIM 的分析与模拟

(1) 基于 BIM 模型的碰撞检查分析

建模后，对隧道工程模型通过自动化冲突碰撞检查分析。对各专业的碰撞问题进行模拟、碰撞分组、查看碰撞细部、给碰撞添加评注、更改碰撞状态和碰撞优先级、搜索碰撞、打印碰撞列表等步骤，查找施工图设计图纸中产生的“错、漏、碰、缺”等问题，提交基于三维模型的定位冲突检查报告(表 3-22)。

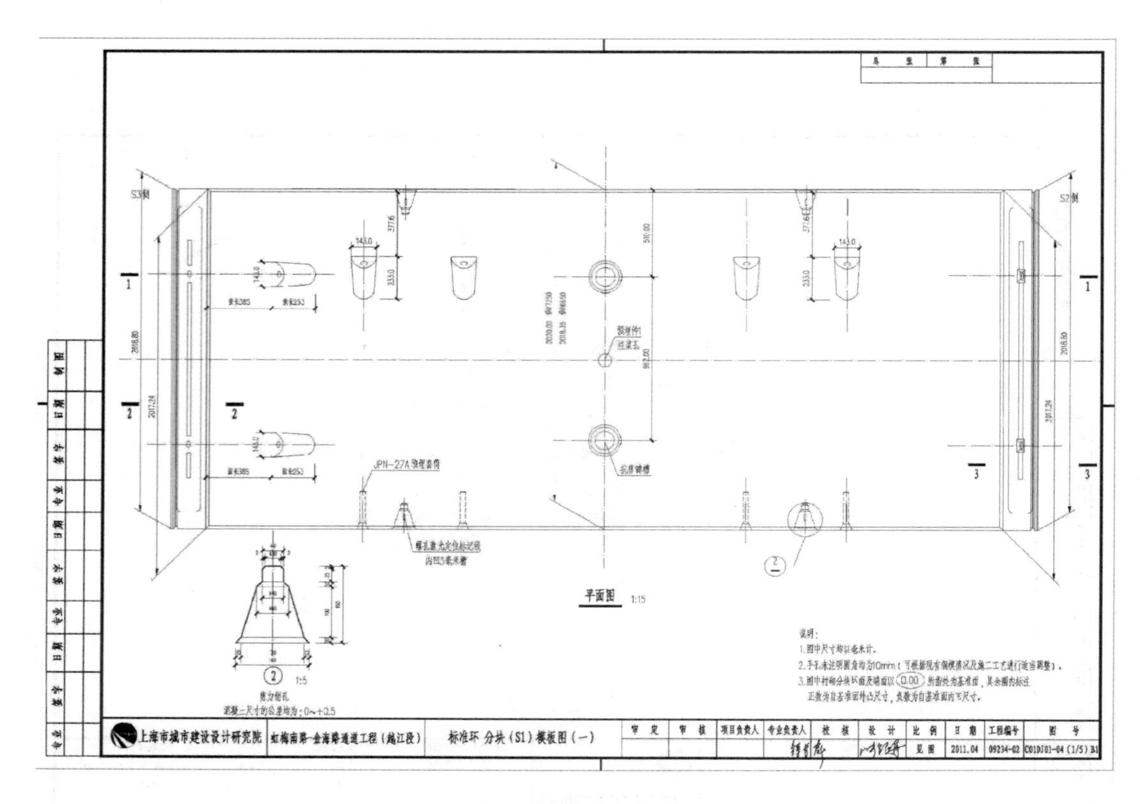

图 3-116　标准块分块模板图

表 3-22　隧道工程基于 BIM 模型的碰撞检测报告

对象 1：人非地道（南线）暗埋段内部结构 DN300 排水管 对象 2：人非地道（南线）暗埋段横截沟处排水管 建议：原设计图对人非地道（南线）暗埋段内部结构 DN300 排水管位置进行调整	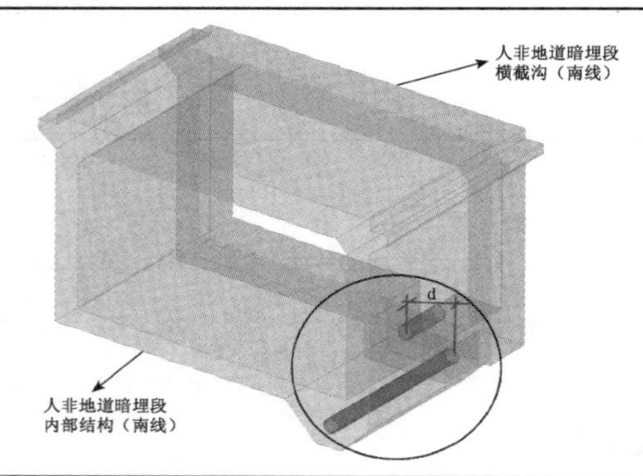
位置：K3＋333.3～K3＋351.0 对象 1：钢筋混凝土连系梁配筋 对象 2：钢筋混凝土支撑配筋 建议：钢筋混凝土连系梁配筋间距调整	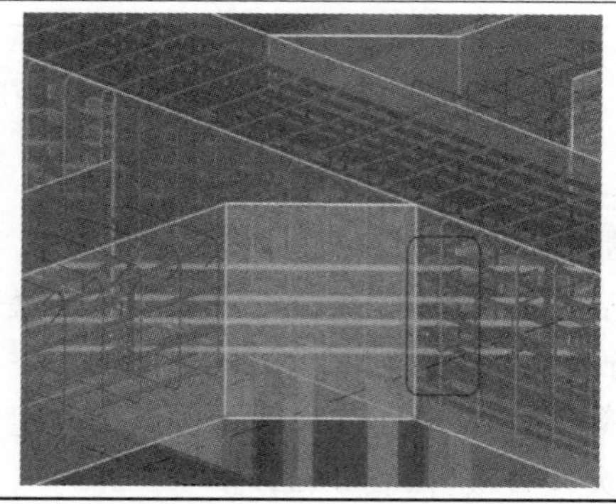

(续表)

位置:K3+220~K3+237 对象1:车行地道敞开段底板上部钢筋 对象2:车行地道敞开段侧墙箍筋 建议:车行地道敞开段底板上部钢筋间距调整	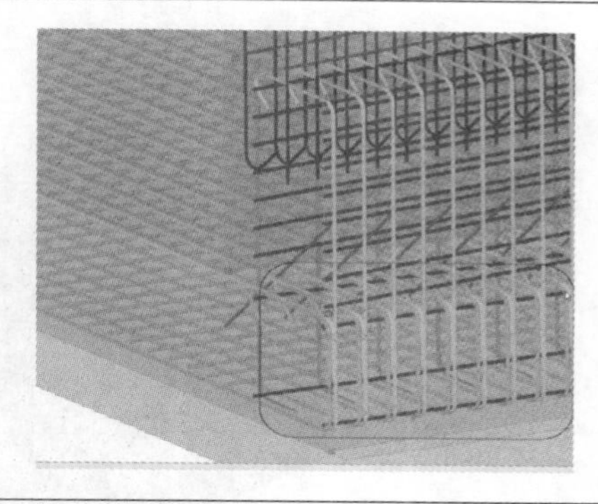
位置:K3+333.3~K3+351.0 对象1:车行地道暗埋段结构顶板钢筋 对象2:车行地道暗埋段结构侧墙钢筋 建议:车行地道暗埋段结构顶板钢筋间距调整	
位置:K3+333.3~K3+351.0 对象1:车行地道暗埋段结构顶板主筋 对象2:车行地道暗埋段结构顶板纵筋 建议:车行地道暗埋段结构顶板纵筋位置调整	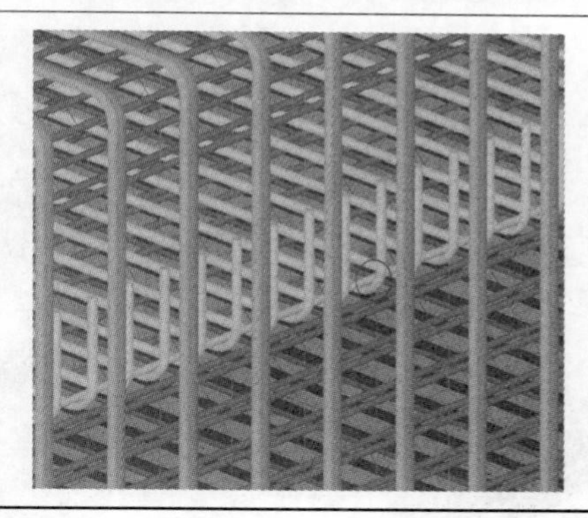

(2) 基于BIM的结构分析

在Revit中利用楼板、墙体等系统族以及可载入族分节段建立隧道主体结构BIM模型,同时自动生成结构分析计算模型。

根据实际使用情况看,该软件能够很好地传递Revit中的模型数据,包括构件材料参数、截面尺寸在内的数据都可自动生成,且能够更真实地模拟结构周边的地层情况、地下水位、边界条件等。结构计算结果与实际情况相符,不同工况可以根据规范等进行组合计算、对比分析,保证工程计算结果的准确与全面,为项目设计提供依据。

应用BIM模型进行结构计算分析意味着已向真正意义上的BIM设计迈出了坚实的一步,为今后的BIM研究工作奠定了良好的基础,从BIM建模到BIM设计可以一步到位,节省单独建模计算的时间和精力,使得三维复杂结构计算分析效率大大提高(图3-117和图3-118)。

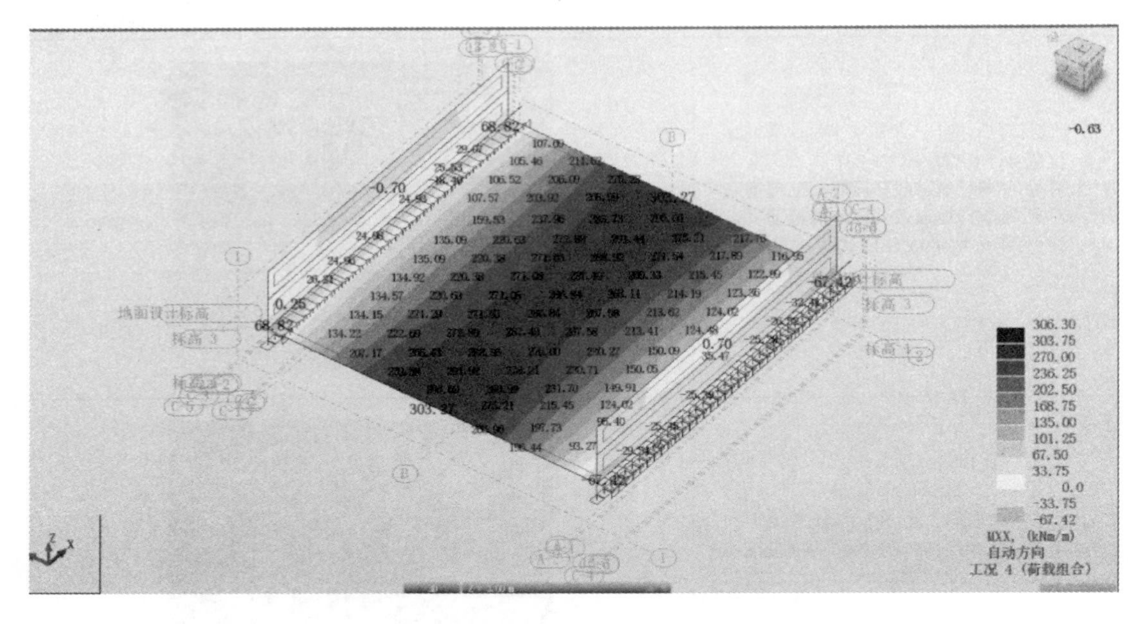

图 3-117　敞开段结构弯矩图(BIM)

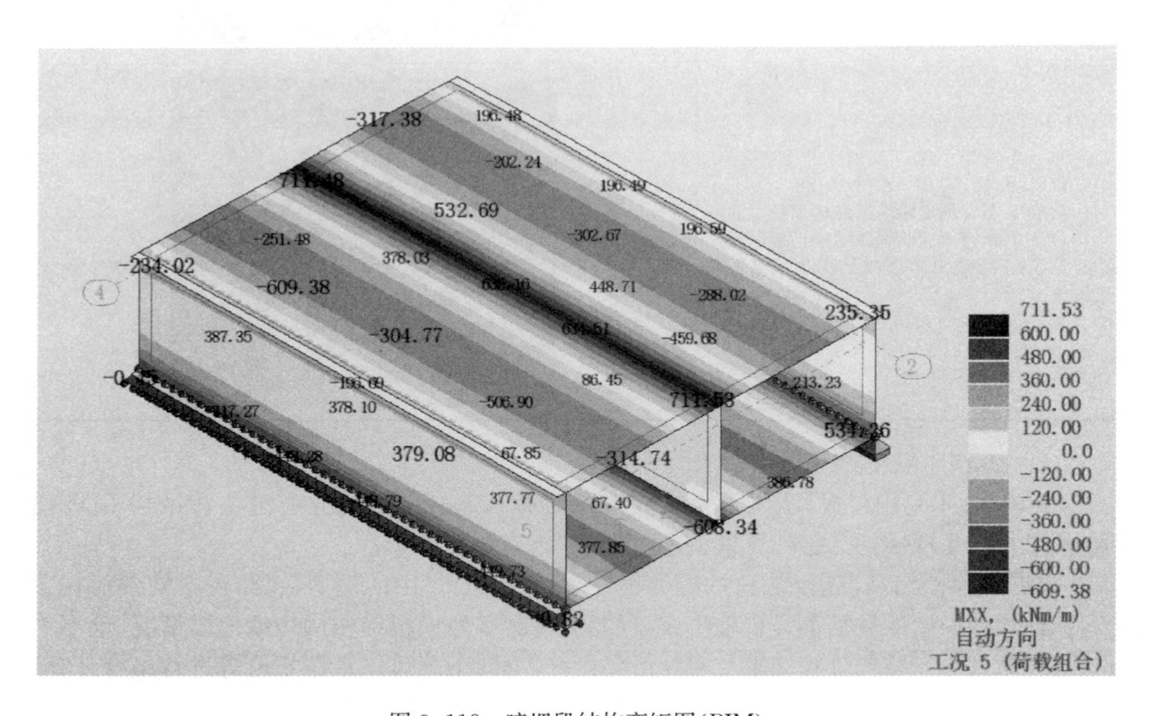

图 3-118　暗埋段结构弯矩图(BIM)

(3) 基于 BIM 的光分析

采用 Autodesk 公司的 Ecotect 软件对隧道工程进行光环境对照分析、建筑物遮挡和主要建筑物对行车的眩光分析，意在实现 BIM 功能分析的高度集约化。

为 BIM 作业流程的一个环节，本项目的分析模型来自于 Revit 模型。在进行光环境分析之前，首先通过坐标转换与调整，使 BIM 模型与实际场地的坐标位置、朝向等地理信息一致。其次将原模型中与光分析需求无关的内容如桩基、支护、景观等予以清理，保证模型信息的有效性及计算结果的可控性。值得注意的是，在验算周边构筑物对地道的遮挡及眩光的影响时，需在场地模型中通过体块模型模拟建筑物的形体。原始模型通过上述处理后即可转化为 DXF 文件，然后导入到 Ecotect 中生成计算模型，过程如图 3-119 所示。

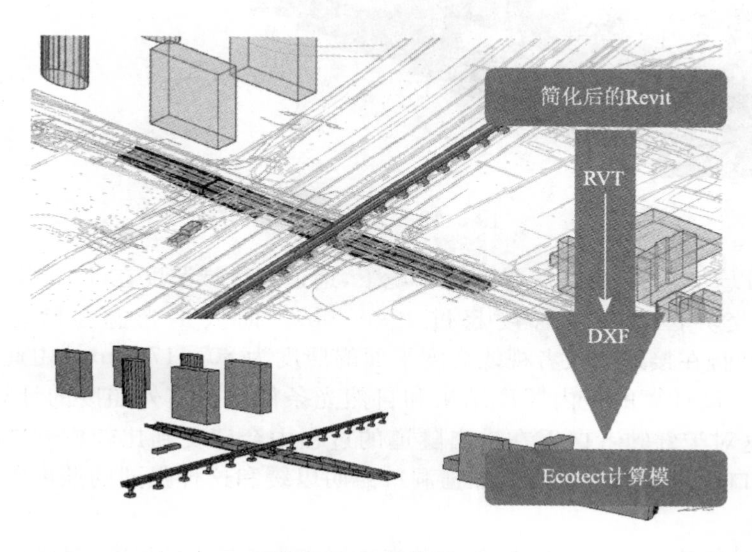

图 3-119　光分析(一)

为分析光照条件对地道周围环境的影响，特别是对驾驶者进出隧道瞬间的视觉变化影响，此次试验分别采用自然采光及人工照明两种工况对地道出入口区域进行照度计算，结果如图 3-120、图3-121所示。

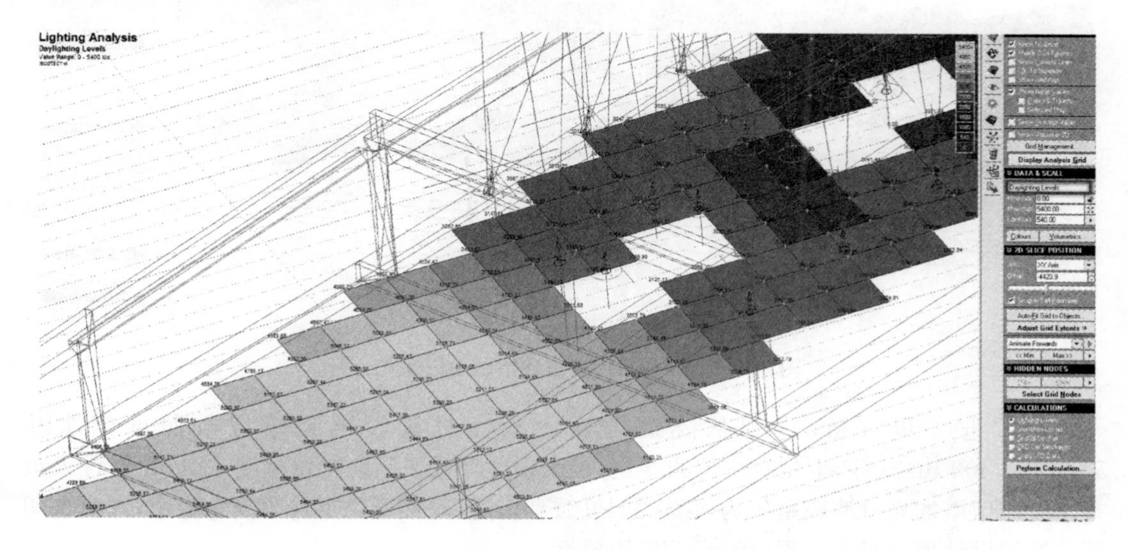

图 3-120　光分析(二)

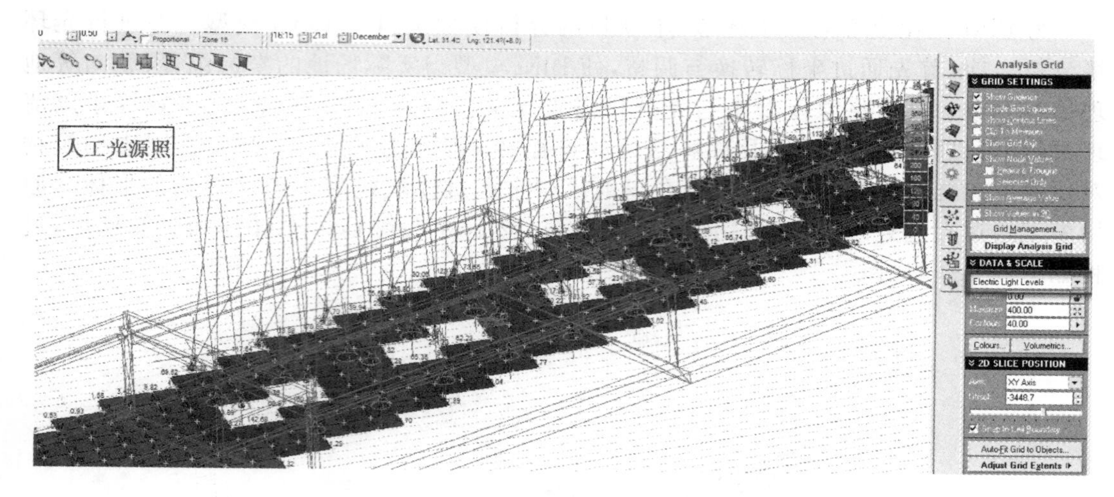

图 3-121　光分析(三)

从图中可以看出在自然光临界照度环境下，地道口区域照度在 5 400 lux 向隧道深处迅速衰减，在交界区域照度梯度超过 1 200 lux。而人工光源在隧道内的照度在 70～400 lux之间，在接近驾驶者视线高度平面的照度为 80～170 lux。由此可以得出：基于人工光源的照度计算的室内照度结果和自然光条件下的室外照度的计算结果差距在数十倍以上，这对于驾驶者白天在进出隧道的过程中会感受到比较剧烈的视觉变化，因此建议在地道口处搭建光过渡段或加强洞口照明以缓和这种强烈的照度差异，保证驾驶者安全。

正是基于对驾驶安全的考虑，降低由照度激烈变化所带来的风险，对搭建光过渡段措施进行了理论上的论证(图 3-122)。

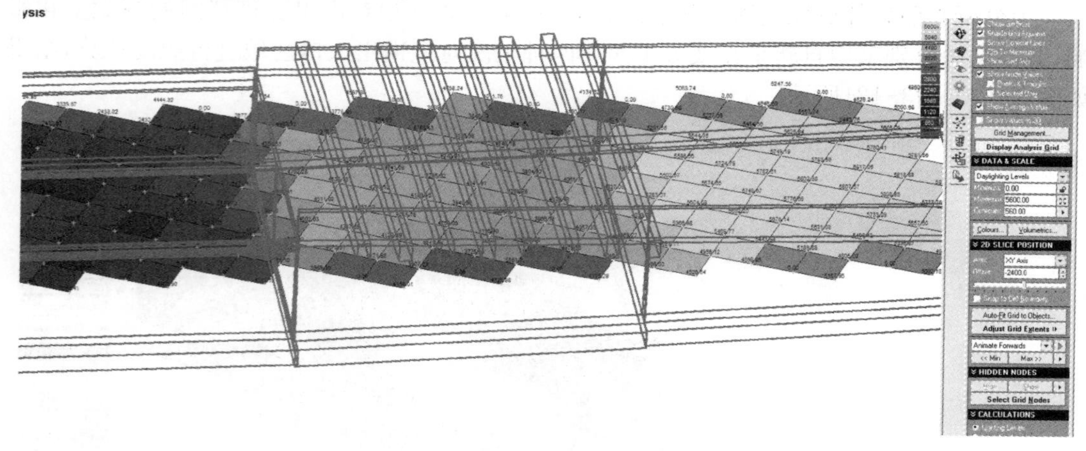

图 3-122　隧道采用光过渡措施后的采光分析

通过进一步分析，发现从隧道敞开段到光过渡段再到暗埋段照度依次从 5 600～2 400 lux～0产生相对均匀的变化，很大程度降低了照度变化梯度，这也让设计人员有理由相信增加光过渡段是较为可靠的照度缓和措施，间接避免了行车安全隐患，同时也印证了好的设计理念对于工程建设运营的重要性。

(4) 基于 BIM 的交通模拟

利用二维和三维动画技术，对隧道工程实时模拟各种交通现象，测验交叉口通行能力，可以方便地找出问题所在。包括对自行车交通、行人交通、机动车左转待转区等仿真模拟内容，能更真实地反映陈翔路工程交通现状和交通习惯，提供较准确的先期评价(图 3-123 和图 3-124)。

图 3-123 交通仿真模式

图 3-124 隧道工程交通及周边环境模拟图

采用 Autodesk 公司的工程建设行业系列软件作为项目实施的主体，并设定合适的工作流程，利用软件之间的交互性，相互配合，完成工作目标(表 3-23)。具体来说，Autodesk Infrastructure Modeler(以下简称为 AIM)软件用作项目方案创建、展示和发布的主平台；AutoCAD Civil 3D 软件用于三维地形处理；Raster Design 用于光栅影像处理；Revit 软件用于隧道结构建模。

表 3-23 基于 BIM 的交通模拟工作流程和工作内容表

工作流程	工作内容
基础数据准备	通过二维 DWG 数据生成三维地形模型
	光栅图片处理
	规划道路分段
	Revit 模型处理
AIM 工作环境设置	坐标系设置
	单位设置
	详细级别设置
将基础数据导入 AIM	地形和光栅数据导入
	规划道路导入
	编辑和应用道路样式
	三维模型导入(地道、轻轨、列车)

（续表）

在 AIM 中创建其他对象	道路（其他非导入道路、人非地道）
	植被和水域
	建筑（房屋）
	城市基础设施

5) BIM 在工程造价分析中应用研究

（1）基于 BIM 的数据统计

基于 Tekla 模型的统计管理，按时间段、里程、分类等形式进行材料的统计，生成各种报表，并与造价结合，进行材料、预算管理。通过对软件的材料模板自定义、公式语句编写等设置，可生成北翟路地道工程 BIM 模型不同阶段、不同构件的材料数量统计表。最后将生成的材料清单导成常用格式。步骤如下：

① 创建好的清单，默认保存在模型目录下 Reports 文件下（图 3-125）。

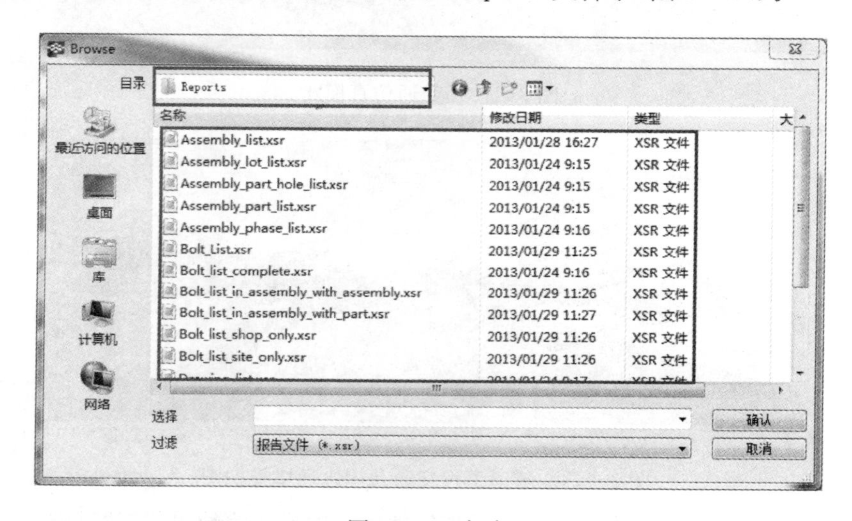

图 3-125　保存

② 打开清单保存位置，右键点击清单，选择打开方式使用记事本打开（图 3-126）。

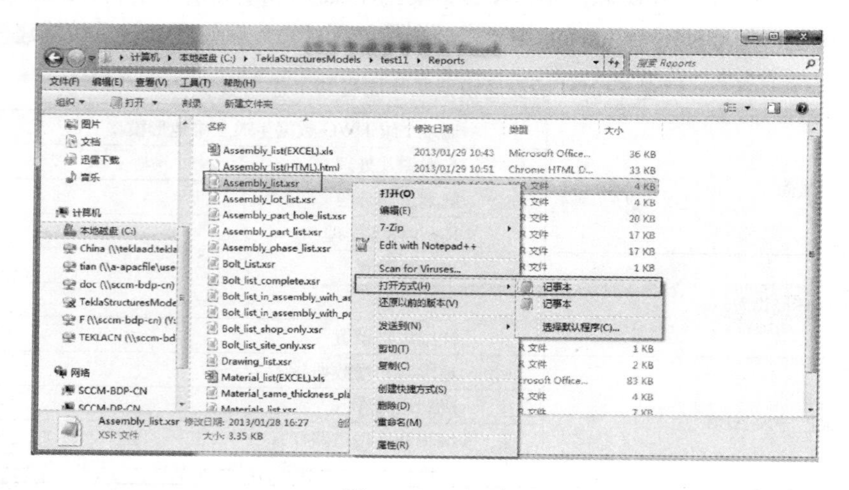

图 3-126　打开

③ 另存为，即可保存为 TXT 格式(图 3-127)。

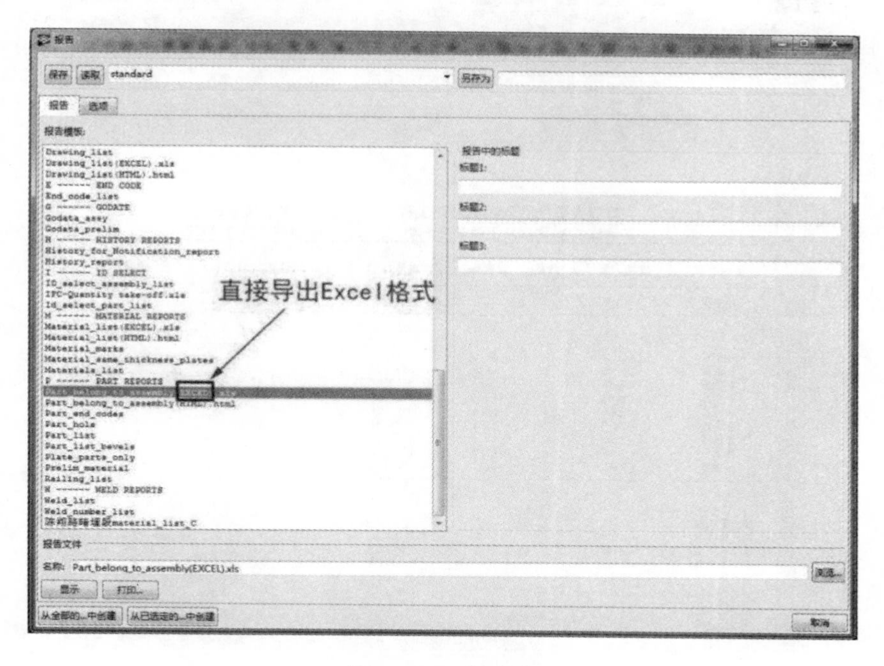

图 3-127　另存为

④ 生成相关材料清单，如图 3-128 和图 3-129 所示。

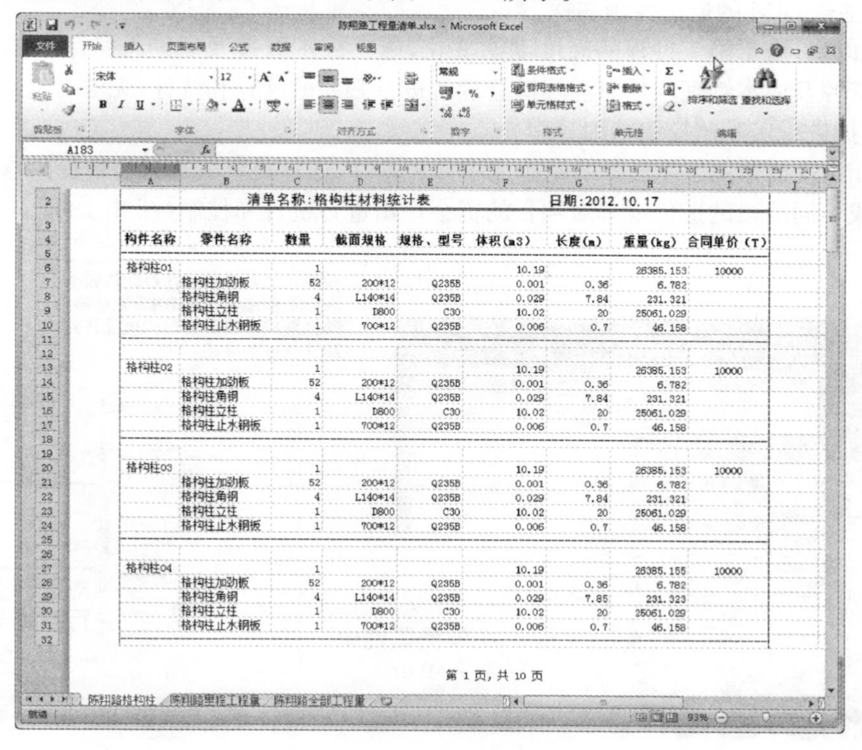

清单名称：格构柱材料统计表　　日期：2012.10.17

构件名称	零件名称	数量	截面规格	规格、型号	体积(m3)	长度(m)	重量(kg)	合同单价（T）
格构柱01		1			10.19		26385.153	10000
	格构柱加劲板	52	200*12	Q235B	0.001	0.36	6.782	
	格构柱角钢	4	L140*14	Q235B	0.029	7.84	231.321	
	格构柱立柱	1	D800	C30	10.02	20	25061.029	
	格构柱止水钢板	1	700*12	Q235B	0.006	0.7	46.158	
格构柱02		1			10.19		26385.153	10000
	格构柱加劲板	52	200*12	Q235B	0.001	0.36	6.782	
	格构柱角钢	4	L140*14	Q235B	0.029	7.84	231.321	
	格构柱立柱	1	D800	C30	10.02	20	25061.029	
	格构柱止水钢板	1	700*12	Q235B	0.006	0.7	46.158	
格构柱03		1			10.19		26385.153	10000
	格构柱加劲板	52	200*12	Q235B	0.001	0.36	6.782	
	格构柱角钢	4	L140*14	Q235B	0.029	7.84	231.321	
	格构柱立柱	1	D800	C30	10.02	20	25061.029	
	格构柱止水钢板	1	700*12	Q235B	0.006	0.7	46.158	
格构柱04		1			10.19		26385.155	10000
	格构柱加劲板	52	200*12	Q235B	0.001	0.36	6.782	
	格构柱角钢	4	L140*14	Q235B	0.029	7.85	231.323	
	格构柱立柱	1	D800	C30	10.02	20	25061.029	
	格构柱止水钢板	1	700*12	Q235B	0.006	0.7	46.158	

第 1 页，共 10 页

图 3-128　格构柱材料清单

南翔大型社区陈翔路道路工程　　项目编号：工11001

清单名称:陈翔路工程量统计表　　日期:17.10.2012

型材名称	规格、型号	数量	长度(m)	重量(kg)	体积(m3)	单价
钢角撑	Q235B	2	2.0	6280.00	0.80	4000
		2	4.0	12560.00	1.60	
钢围檩	Q235B	4	11.5	1944.69	0.25	2500
钢围檩	Q235B	1	20.0	3596.02	0.46	2500
钢围檩	Q235B	1	20.4	3658.87	0.47	2500
钢围檩	Q235B	4	29.6	4985.53	0.64	2500
钢围檩	Q235B	2	38.4	6474.94	0.82	2500
钢围檩	Q235B	2	38.4	6474.94	0.82	2500
钢围檩	Q235B	4	45.9	8238.65	1.05	2500
钢围檩	Q235B	2	57.9	9755.41	1.24	2500
钢围檩	Q235B	3	60.2	10131.1	1.29	2500
		23	838.6	143734.51	18.31	
钢支撑（换）	Q235B	1	3.1	457.29	0.06	4000
钢支撑（换）	Q235B	1	3.8	576.38	0.07	4000
钢支撑（换）	Q235B	1	6.5	1367.63	0.17	4000
钢支撑（换）	Q235B	1	7.0	1563.98	0.2	4000
钢支撑（换）	Q235B	1	12.3	2735.27	0.35	4000
钢支撑（换）	Q235B	1	12.5	2852.1	0.36	4000
钢支撑（换）	Q235B	10	16.3	3798.34	0.48	4000
钢支撑（换）	Q235B	15	18.3	4264.4	0.54	4000

图 3-129　围护钢结构材料清单

（2）基于 BIM 的造价控制初探

长期以来，由于施工过程的高度动态变化，施工成本管理及后期维护主要依靠人为控制，现有资源及成本管理软件只能辅助管理者进行必要的计算和统计，无法对施工成本管理及后期维护进行实时监控和精细管理。

将 BIM 模型导入运用成熟的动态成本分析软件，通过材料的选择将造价的参数自动记录，可生成不同阶段的造价清单对项目的资金产出进行统计和控制(图 3-130)。

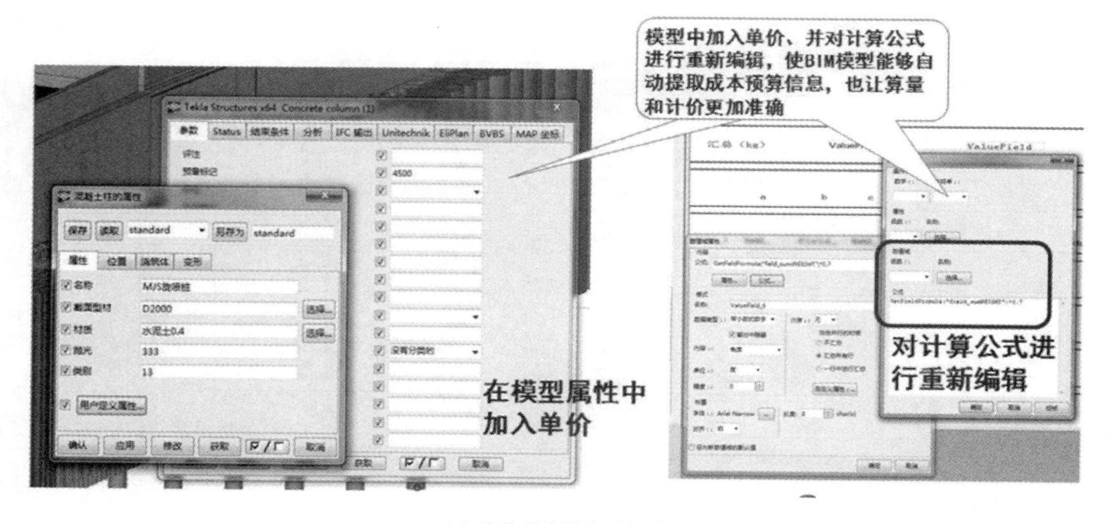

(a) 造价的参数自动记录

南翔大型社区陈翔路道路工程　　项目编号：工11001

清单名称：格构柱材料统计表　　日期：2012.10.17

构件名称	零件名称	数量	截面规格	规格、型号	体积(m3)	长度(m)	重量(kg)	合同单价（T）
格构柱01		1			10.19		26385.153	10000
	格构柱加劲板	52	200*12	Q235B	0.001	0.36	6.782	
	格构柱角钢	4	L140*14	Q235B	0.029	7.84	231.321	
	格构柱立柱	1	D800	C30	10.02	20	25061.029	
	格构柱止水钢板	1	700*12	Q235B	0.006	0.7	46.158	
格构柱02		1			10.19		26385.153	10000
	格构柱加劲板	52	200*12	Q235B	0.001	0.36	6.782	
	格构柱角钢	4	L140*14	Q235B	0.029	7.84	231.321	
	格构柱立柱	1	D800	C30	10.02	20	25061.029	
	格构柱止水钢板	1	700*12	Q235B	0.006	0.7	46.158	
格构柱03		1			10.19		26385.153	10000
	格构柱加劲板	52	200*12	Q235B	0.001	0.36	6.782	
	格构柱角钢	4	L140*14	Q235B	0.029	7.84	231.321	
	格构柱立柱	1	D800	C30	10.02	20	25061.029	
	格构柱止水钢板	1	700*12	Q235B	0.006	0.7	46.158	
格构柱04		1			10.19		26385.155	10000
	格构柱加劲板	52	200*12	Q235B	0.001	0.36	6.782	
	格构柱角钢	4	L140*14	Q235B	0.029	7.85	231.325	
	格构柱立柱	1	D800	C30	10.02	20	25061.029	
	格构柱止水钢板	1	700*12	Q235B	0.006	0.7	46.158	

(b) 造价清单

图 3-130　基于 BIM 的动态成本分析

具体实施步骤如下：

① 确定项目使用的协同平台。由于三维设计工具的版本兼容性及格式特殊性，在项目开始前，首先需要确定使用的 BIM 软件及保存格式；结合 BIM 软件的特点制定参与各方的 BIM 团队工作内容、工作目标及职责范围。

② 施工计划进度需要的 BIM 模型标准制定。根据项目的具体施工特性，从层次化、模块化的建模思路出发，对项目进行施工仿真建模研究。全面描述其施工仿真建模过程，针对每一类具体建筑，明确业务活动中信息交换与共存的最小单元，对模型的构件、模型的搭建规则、模型的详细程度、模型构件包含的详细构建信息和模型存储格式及模型提供者进行规定(图 3-131)。

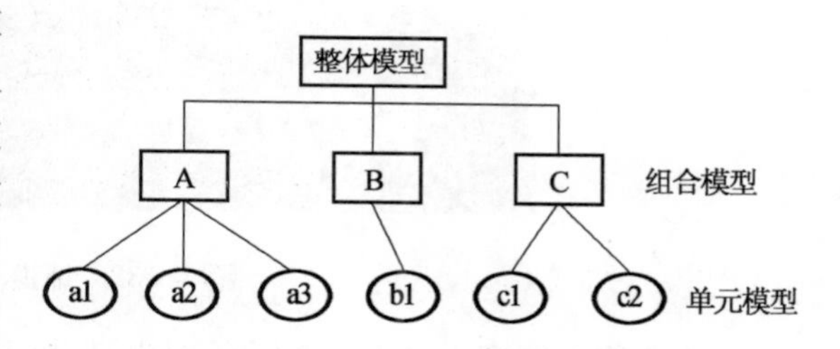

图 3-131　BIM 模型建模示意图

③ 施工计划进度管理工作模式、业务流程和规则制定。通过施工计划进度管理软件的信息整合，在适合进行施工模拟的 BIM 模型中通过材料的选择将造价的参数自动记录，使其能够生成不同阶段的造价清单对项目的资金产出进行统计和控制。确定数据导入的格式及相对应模型的单体设置要求。

将项目施工过程中的，人员、机械材料等信息整合在同一个共享平台中，打通上下游环节 P-BIM 数据要求，将适合进行施工模拟的 BIM 模型与施工进度计划相链接，使其在 4D 施工模拟过程中能够形象反映施工计划和实际进度。

④ 修改施工计划进度管理软件 P-BIM 的数据接口。通过具体的项目对施工计划进度管理软件进行实践使用后，在原软件基础上进行 BIM 能力与专业功能提升和改造，开发基于 P-BIM 的数据接口，能够直接基于 BIM 标准的协同施工信息共享。并能满足施工计划进度管理基本应用需要。通过建立 4D 施工信息模型，可以将建筑物及其施工现场 3D 模型与施工进度计划相链接，与施工资源和场地布置信息集成一体，按不同的时间间隔对施工进

度进行正序或逆序 4D 模拟，形象反映施工计划和实际进度；在 4D 施工模拟过程中，可同步显示当前的工程量完成情况和施工状态的详细信息，并可实时查询任意 WBS 节点或 3D 施工段及构件的详细工程信息，使软件能够更有效地在项目各分部之间进行人工和机械等资源的动态优化和调配。

6) 基于 BIM 的三维打印

陈翔路地道工程三维打印模型是国内市政第一个基于 BIM 快速成型样件。实体模型中包含了围护桩、主体底板、地基加固、人非地道、排水管道、雨水管道、井等多专业模型，可以完整的表达陈翔路工程项目全部内容，如图 3-132 所示。

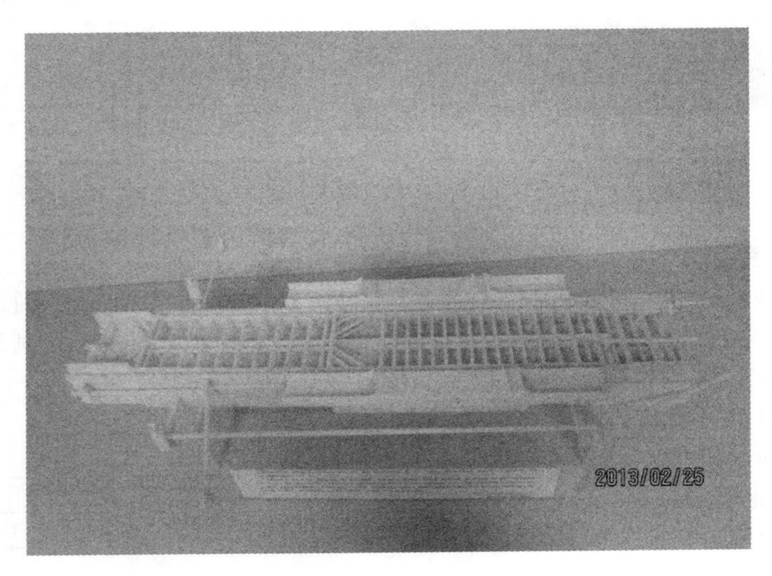

图 3-132 地道三维打印模型

传统施工管理人员在施工前需对设计意图进行领会，在设计交底时设计人员需要对细节进行详细交底。快速成型样件在细节体现、立体化效果有较大优势，有助于将设计意图转化为现实。从而将设计理念立体化。另外，其设计意图的表现能力，可以更直接、更直观的向业主进行汇报，摆脱传统的汇报方式，有助于设计理念向业主传达。

第4章 BIM标 准

引言

对BIM的认识需要统一，对BIM的数据需要互通，对BIM的应用需要规范，因此必须建立统一的标准体系(BIM标准)，使各方信息能够对接，充分发挥BIM的优势，推动工程建设行业进入新的阶段。

4.1 BIM标准的必要性

4.1.1 BIM统一标准的必要性

BIM的概念是由美国佐治亚技术学院的查克·伊斯曼教授于30多年前提出的，它以三维数字技术为基础并集成建筑工程项目各种相关信息的工程基础数据模型，是对工程项目相关信息详尽的数字化表达。BIM作为一种新兴的技术，美国建筑科学研究院对BIM的定义：BIM是对一个设施(工程项目)的物理和功能特性的数字表示形式；BIM也是一个共享的知识资源，这个资源里包含了设施从最初的概念到设施被拆除整个寿命周期的信息，而这些信息对设施的建造和运营过程中的决策提供了可靠的基础。简单地说，BIM是一个三维的虚拟设计工具，帮助建筑师和承包商设计和建造，把蓝图变为实实在在的建筑。BIM也被看作是建筑物竣工后协助设施运行管理的工具。BIM既是过程，也是模型，但归根结底是信息，是存储信息的载体，是创建、管理和使用信息的过程。BIM的实现从根本上解决项目规划、设计、施工、运营各阶段及应用系统之间的信息断层问题，实现工程信息在全寿命期内的有效利用与管理，是谋求根本改变传统设计方式、消除“信息孤岛”的重要手段之一。

在建筑工程设计领域，如果将CAD技术的应用视为建筑工程设计的第一次变革，建筑信息模型的出现将引发整个A/E/C(Architecture/Engineering/Construction)领域的第二次革命。所谓BIM，即指基于最先进的三维数字设计和工程软件所构建的“可视化”的数字建筑模型，为设计师、建筑师、水电暖铺设工程师、开发商乃至最终用户等各环节提供“模拟和分析”的科学协作平台，帮助他们利用三维数字模型对项目进行设计、建造及运营管理，最终使整个工程项目在设计、施工和使用等各个阶段都能够有效地实现节省能源、节约成本、降低污染和提高效率。

虽然一些使用BIM的国家已制定了相关BIM标准，如2004年美国编制的基于IFC(Industry Foundation Classes)的《国家BIM标准》——NBIMS(National Building Information Model Standard)，日本的建设领域信息化标准——CALS/EC (Continuous Acquisition and Lifecycle Support/ Electronic Commerce)标准。但目前国内外对BIM认识仍千差万别，缺乏一个统一的标准，使BIM各国及各个项目参与方无法进行信息交互，在很大程度上制约了BIM的推广。因此必须建立统一的标准体系(BIM标准)，使各方信息能够对接，充分发挥BIM的优势，推动建筑业进入新的阶段。而且大多数国家BIM应用也只是刚刚起步，还有许多流程和标准需要完善。所以为了实现设计平稳过渡到BIM的三维模型，充分实现 BIM 的优势，首先要建立通用的标准化 BIM 环境，因而将在减少可能出现的误差和 BIM 造型分析错误表现上发挥出重要的作用，进一步促进 BIM 的广泛使用。

4.1.2 我国 BIM 标准的必要性

BIM 是引领工程建设行业未来发展的利器，我国也需要积极推广 BIM 的应用，确立中国 BIM 标准，帮助建筑师、开发商以及业主运用三维模型进行设计、建造和管理，不断推动工程建设行业的可持续发展，BIM 已然成为当前建设领域信息技术的研究和应用热点，BIM 也将成为工程建设行业未来的发展趋势。

相对于欧美、日本等发达国家，我国的 BIM 应用与发展相对比较滞后，BIM 标准的研究还处于起步阶段。因此，在与我国已有规范与标准保持一致的基础上，构建 BIM 的中国标准成为紧迫与重要的工作，同时，中国的 BIM 标准如何与国际的使用标准（如美国的 NBIMS）有效对接、政府与企业如何推动中国 BIM 标准的应用将成为今后工作的挑战。所以当前需要积极推动 BIM 标准的建立，为建筑行业可持续发展奠定基础。

目前，工程项目的规模日益扩大，结构形式愈加复杂，尤其是超大型工程项目层出不穷，使企业和项目都面临着巨大的投资风险、技术风险和管理风险。然而，当前的管理模式和信息化手段可能都无法适应和满足现代化建设的需要。BIM 技术的应用，从根本上解决了建筑生命期各阶段和各专业系统间信息断层问题。我国应顺应时代发展，提出中国 BIM 标准，以最大限度地减少 BIM 使用环境中的误差和错误。

4.2 BIM 标准研究现状

BIM 标准按照不同的分类标准可以划分为很多类型。通常，BIM 标准按照适用层级可分为：国际标准、国家或地区标准、行业标准、企业标准和项目标准等。按照具体内容又可分为：信息分类标准、信息互用（交换）标准、应用实施标准（指南）等。

4.2.1 国际 BIM 标准

1) ISO 已发布的 BIM 相关标准

建筑信息分类体系是实现 BIM 技术的基础，由于建筑行业的分割特性以及不同的文化背景和法律环境，使得不同国家之间的分类体系差异巨大，即便是相邻的两个国家也可能存在很大的不同。如果各国统一标准，就可以实现建筑领域的集成化管理。因此国际标准化组织 ISO 成立了专门的技术委员会 ISO/TC59/SC13，研究建筑领域信息组织标准化、规范化的问题，在 20 世纪末陆续提出关于建筑信息组织的标准（表 4-1）。近年来随着信息技术的不断发展，该机构正加快制定 BIM 标准的步伐。

表 4-1　ISO 已发布的 BIM 相关标准

中文名称	状态	时间	负责机构
ISO/TR 14177 建筑工业信息分类	已作废	1994	ISO/TC/59/SC 13
ISO 12006—2:2001 建筑施工. 建造业务信息组织. 第二部分：信息分类框架	现行标准	2001	ISO/TC 59/SC 13
ISO/PAS 16739:2005 工业基础分类. 2x 版. 平台规范（IFC 2x 平台）	现行标准	2005	ISO/TC 184/SC 4 buildingSMART

（续表）

中文名称	状态	时间	负责机构
ISO 12006—3:2007 建筑施工.建造业务信息组织.第三部分:对象信息框架	现行标准	2007	ISO/TC59/SC 13
ISO 22263:2008 建造业务信息组织.项目信息管理框架	现行标准	2008	ISO/TC 59/SC 13
ISO 29481—1:2010 建筑信息模型.信息交付手册.第一部分:方法和格式	现行标准	2010	ISO/TC 59/SC 13
ISO/DTS 12911 建筑信息模型指南提供框架	现行标准	2011	ISO/TC 59/SC 13

（1）ISO/TR 14177。1993年10月，ISO/TC59/SCl3出版了一个技术报告《建筑业信息分类》(Classification of Information in the Construction Industry)，编号为ISO Technical Report TRl4177，ISO/TRl4177对当时已有的一些建筑信息分类体系进行比较，通过分析已有体系在使用过程中存在的问题，以及在IT技术应用过程中遇到的困难。

IS0/TRl4177提出基于面分法的建筑信息分类体系框架，分别由设施、空间、构件、工项、建筑产品、建设辅助工具、管理、属性等八个分类表组成。SO/TRl4177为制定ISO/DIS 12006—2提供了一个基础。

（2）ISO 12006—2:2001。该标准是以实际的工程经验和ISO/TRl4177为基础，以满足当前的分类体系需求为目标，并应用传统的分类体系成果而建立的。在ISO/TRl4177的基础上，ISO/DIS 12006—2进一步完善和扩充了建筑信息分类体系的基本概念，ISO/DIS 12006—2仍采用面分类法，推荐的分类表共有15个，如：建设对象、建设成果、建设过程、建设资源、建筑群、建筑单体、空间、构件、设计构件、工项、建筑单体寿命期阶段、项目阶段、管理过程、施工过程、建筑产品、建设辅助工具、建设人员、建设信息等。

ISO/DIS 12006—2对ISO/TRl4177的基本概念也进行了扩充和改善，如ISO/TRl4177中的“设施”(facility)变成ISO/DIS 2006—2中的“建筑单体”(Construction entity)，而ISO/PAS 12006—2中的“设施”是关于单体、建筑群和空间的功能概念。这些变化使得ISO的建筑信息分类框架更加全面、合理，可以覆盖建筑业的各个方面。

（3）ISO/PAS 16739:2005。ISO 16739源于IAI的IFC 2x platform版本，该标准已经成为AEC/FM领域中的数据统一标准。当前的IFC数据模型覆盖了AEC/FM中大部分领域：建筑、结构分析、结构构件、电气、施工管理、物业管理、HVAC、建筑控制、管道以及消防领域。IFC随着新需求的提出还在不断扩充，比如，由于新加坡施工图审批的要求，IFC加入的有关施工图审批的相关内容。IFC下一代标准正扩充到施工图审批系统，GIS系统等。

（4）ISO 12006—3:2007。ISO/PASl2006—3与ISO/DIS 12006—2反映了近年来建筑信息领域研究的两个热点领域：面向对象方法和传统的分类法。关于这两者之间的关系也是目前研究的热点问题。ISO/PAS 12006—3在序言中指出“ISO/PASl2006—3是ISO/DIS12006—2的姊妹篇。这两种方法相互补充，而不是相互矛盾。它们对于建筑工程信息的组织都具有重要的意义。正如ISO/DIS 12006—2是对多年以来信息分类体系的提炼—

样,ISO/PASl 2006—3 也不是什么新思想,而是对已有的信息建模成果的新应用”。

(5) ISO 22263:2008。ISO 22263:2008 制定了一个工程项目信息框架。其目的是为了便于工程单位控制、交换、检索、利用项目的相关信息。此框架将各参与集成到一个组织中进行统一管理、协调各方的流程和活动。框架采用了通用参数,适用于各国的不同复杂程度、不同规模和不同工期的项目。

(6) ISO 29481—1:2010。IS029481—1:2010 定义了 IDM 的方法和格式,指定了一个统一的建设工程工艺流程规范与相应的信息需求,并描述了信息在建筑全生命周期中的流线。IS029481—1:2010 的发布,为应用程序在建设工程各阶段中的信息互换提供了保障,促进了在建设过程中各参与方之间的信息合作,为各方获取准确、可靠的信息交流提供了基础。

(7) ISO/DTS 12911。ISO/DTS 12911 标准适用于各类建筑以及相关设施的建模工作,无论大规模的建筑群还是单栋小规模建筑,甚至各种机电系统和单个构建元素。ISO/DTS 12911 适用于包括基础设施和公共工程、设备和材料等任何资产类型,同时框架涵盖了建筑的整个生命周期。该框架不但可以帮助使用者构建国际级、国家级或者项目级的 BIM 的指导文件,还可作为 BIM 应用服务供应商的指南文件。

2) ISO 筹备中的 BIM 相关标准(表 4-2)

(1) ISO/WD 16354。ISO/WD 16354 标准目前正处于拟议过程中,该课题基于荷兰的 NTA8611 标准技术协议,由 WG 10 小组承担,负责人是来自荷兰的 Radboud Baayen,内容是知识库和对象库指南。

(2) ISO/WD 16354。ISO/WD 16757 标准目前正处于拟议过程中,由 WG 11 小组承担,负责人是来自德国的 Manfred Pikart。标准拟充分利用现有的 IFC、IFD 和其他的 buildingSMART 标准。

拟议标准的主题是建筑设备模型的产品数据。建筑设备产品包括供暖、通风和空调(HVAC)。列出从建筑设备产品制造商到用户的信息与用户的软件系统挂钩。本标准旨在实现软件支持搜索和选择事先通过 CAD/CAE 工具集成的产品数据,从而用于设计建筑服务设施系统。

表 4-2　　ISO 正在筹备中的 BIM 相关标准

中文名称	状态	时间	负责机构
ISO/WD 16354 知识库和对象库指南	待发布	/	ISO/TC 59/SC 13
ISO/WD 16757 建筑服务工厂模型产品数据	待发布	/	ISO/TC 59/SC 13
ISO/CD 29481—2 建筑信息模型.信息交付手册.第二部分:交换框架	待发布	/	ISO/TC 59/SC 13

(3) ISO/CD 29481—2。ISO/CD 29481—2 标准目前正在拟议过程中,由 WG8 小组承担,负责人是来自荷兰的 Henk Shaap。这项课题基于荷兰的 VISI 标准。

针对项目各合作方之间容易缺乏良好的沟通,造成工程项目的效率瓶颈。ISO/CD 29481—2 拟提供一个描述建筑工程项目各参与方之间的交往行为的正式标准,该标准必须符合各参与方之间的沟通行为。拟定标准给出工程项目过程中的不同角色之间的信息沟通行为的规范案例，并提出 IDM 框架的流程图。

4.2.2　国外 BIM 标准

1）美国国家 BIM 标准(NBIMS)

美国建筑科学研究院(National Institute of Building Sciences)分别于 2007 年和 2012 年发布了美国国家 BIM 标准第一版(National Building Information Modeling Standard version-Partl：Overview，Principles，and Methodologies)和美国国家 BIM 标准第二版(National BlM Standard-United States Version 2)，旨在通过引用现有标准和制定信息交换标准为建筑工程施工工业整个生命周期的信息化提供统一操作凭据。

美国国家 BlM 标准第一版(NBIMS-US V1P1)并没有提出具体的 BlM 标准体系，而是着眼于介绍 BlM 相关基础概念、建立 BlM 体系的需求和提出 BlM 标准编写的原理和方法论。它认为 NBIMS 的目标是为每个设施建立标准的机器可读的信息模型，该信息模型包含此设施的所有适当信息，可以被整个生命周期中所涉及的所有用户使用，从而达成一个改良的计划、设计、施工、运营和维护的过程。美国国家 BIM 标准第二版(NBIMS-US V2)依据第一版的需求和方法论明确了 BlM 标准体系，大体包括引用标准、数据交换标准和 BIM 实施实用文件。其中引用标准和数据交换标准的目标读者为软件开发者与销售者，BlM 实施实用文件的目标读者为 AEC 工业实施者。引用标准即已被国际认证或在世界范围内投入使用的标准包括工业基础类(IFC)、可扩展标记语言(XML)、建筑信息分类体系 Omni Class、国际数据字典框架库(IFDLibrary)；数据交换标准基于 IDM 和 MVD 指定了数据管理、信息控制担保、信息可靠性的标准，并为具体的应用场景定义了不同的交换标准，包括施工运营建筑信息交换标准(COBie)、空间分析(SPV)、建筑能耗分析(BEA)、数量与成本估算(QTO)；BIM 实施实用文件为 AEC 工业的使用者提供 BlM 项目实施指导，包括 BIM 能力与成熟度判别模型(CMM)，BIM 项目执行计划指南和内容模板，机电系统(MEP)建筑安装模型的空间协调与交付，计划、执行和管理信息移交向导。NBlMS-US V2 体系框架如图 4-1 所示。

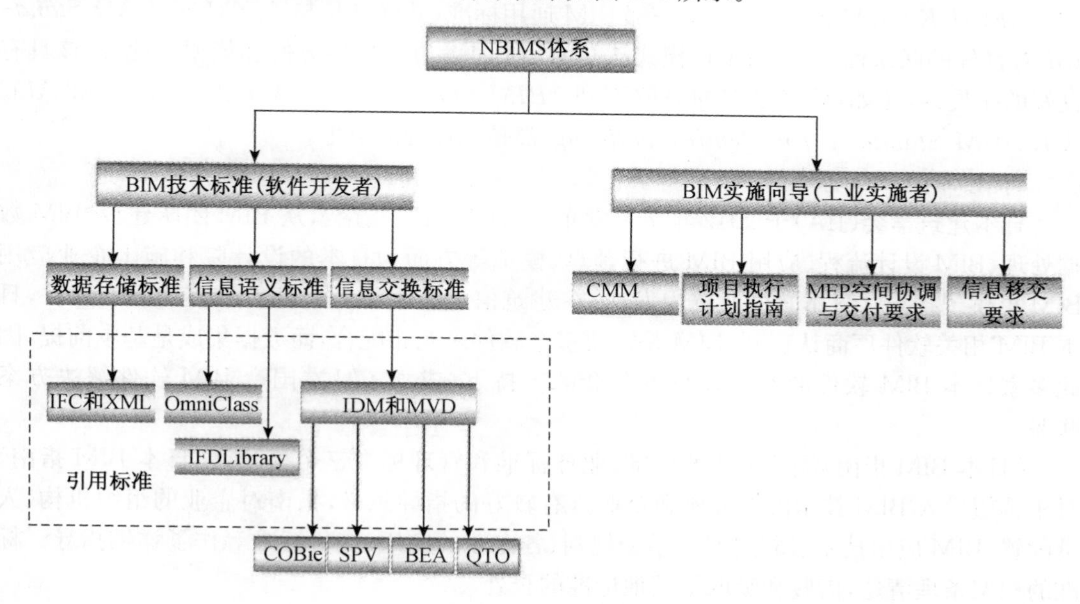

图 4-1　NBIMS-US V2 体系框架

目前，美国国家 BIM 准备第三版（NBIMS-US V3）正在编制当中，计划 2014 年秋季发布。

2）英国的 BIM 标准

英国于 2000 年发布了《建筑工程施工工业（英国）CAD 标准》（AEC（UK）CAD）来改进设计信息交付、管理和交换过程，随着设计需求和科技的发展，此标准逐渐扩大，涵盖了设计数据和信息交换的其他方面。该项目委员会于 2009 年重组，吸纳了在 BIM 软件和实施方面拥有丰富经验的技术公司和咨询公司作为新成员，旨在满足英国 AEC 行业对于在设计环境中实施统一、实用、可行的 BIM 标准的日益高涨的需求。2009 年 11 月和 2012 年先后发布了《建筑工程施工工业（英国）建筑信息模型规程》（AEC（UK）BIM 标准）第一版和第二版，与 NBIMS 的不同之处在于，英国的 BIM 标准只着眼于设计环境下的信息交互应用，基本未涉及 BIM 软件技术和工业实施。

本标准项目成果中包含一份通用型（与软件产品无关的）标准、一份专门面向 Autodesk Revit 软件的版本和一份专门面向 Bentley Building 软件的版本。

AEC(UK)BIM Standard 系列的标准结构上主要由五部分组成，分别是：项目执行标准、协同工作标准、模型标准、二维出图标准和参考。

AEC(UK)BIM Standard 系列标准的不足是它们仅面向设计企业，而非业主或施工方。因此只讨论在设计环节的 BIM 应用，而不包括上下游。

AEC(UK)BIM Standard 制定委员会除了特别邀请来自各个行业、经验丰富的用户和 BIM 应用顾问参与进来，还吸纳了多名曾经制定 *AEC(UK)CAD Standard* 标准的成员，目的是希望 *AEC(UK)BIM Standard* 能够成为一部理论与实践达成广泛共识的标准，该标准制参考了多项标准规范，例如：BS1192：2007、2000 年 *AEC(UK)CAD Standard*、2001 年 *AEC(UK)CAD Standard Basic Layer Code*、2002 年 *AEC(UK)CAD Standard Advanced Layer Code*。

AEC(UK)BIM Standard 是一部 BIM 通用标准，其优点是与 *AEC(UK)CAD Standard* 有良好的联系性，为今后工作模式从 CAD 到 BIM 过渡提供方便和依据。此外，该具有良好的拓展性，比如，后来发布的 *AEC(UK)BIM Standard for Autodesk Revit* 和 *AEC(UK)BIM Standard for Bentley building* 都是该标准的衍生。

3）日本的 BIM 标准

日本建筑学会（JIA）于 2012 年 7 月发布了《日本 BIM 指南》，从 BIM 团队建设、BIM 数据处理、BIM 设计流程、应用 BIM 进行预算、模拟等方面为日本的设计院和施工企业应用 BIM 提供了指导。日本软件业较为发达，在建筑信息技术方面也拥有较多的国产软件，日本 BIM 相关软件厂商认识到，BIM 是需要多个软件来互相配合，而数据集成是基本前提，因此多家日本 BIM 软件商在 IAI 日本分会的支持下，成立了日本国产 BIM 软件解决方案联盟。

《日本 BIM 指南》涵盖了技术标准、业务标准和管理标准三个模块。《日本 BIM 指南》对于希望导入 BIM 技术的事务所和企业具有较好的指导意义，指南对企业的组织机构、人员配置、BIM 应用技术、质量把控、模型规则、各专业的应用、交付标准等作了详细指导。标准的构架条理清楚，借鉴和吸取了其他标准的长处。

《日本 BIM 指南》将设计项目分为设计规划和施工规划两方面，并就 BIM 对设计规划和施工规划的应用做了探讨。但由于该标准的编写是从设计的角度出发的，所以《日本BIM指南》更适合面向设计企业，而非业主或施工方。

4）新加坡的BIM指南

新加坡建设局(BCA)于2012年5月和2013年8月分别发布了《新加坡BIM指南》1.0版和2.0版。《新加坡BlM指南》是一本参考性指南，概括了各项目成员在采用建筑信息模型(BIM)的项目中不同阶段承担的角色和职责。该指南是制定《BIM执行计划》的参考指南。《新加坡BlM指南》包含BlM说明书和BIM模型及协作流程。

5）韩国的BIM标准

在韩国，多家政府机构制定了BIM应用标准。韩国公共采购服务中心(Public Procurement Service, PPS)于2010年4月发布了《设施管理BIM应用指南》和BIM应用路线图。韩国国土交通海洋部也于2010年1月发布了《建筑领域BIM应用指南》。该指南为开发商、建筑师和工程师在申请四大行政部门、16个都市以及6个公共机构的项目时，提供采用BlM技术时必须注意的方法及要素的指导。

《建筑领域BIM应用指南》主要分为4个部分，分别是：业务指南、技术指南、管理指南和应用指南。第一部分业务指南详细说明了BIM计划的确立、业务步骤、业务标准和业务执行四方面内容。技术指南部分针对数据格式、BIM软件、BIM数据、信息分类体系和BIM信息的流通提出了指导性建议。管理指南部分针对事业管理、品质管理、交付物管理、责任和权限、成本等做了指引。应用指南部分给出了应用的案例和方法。

6）澳洲的BIM标准

澳洲工程创新合作研究中心历经一年的筹备，2009年7月正式发布了《国家数码模型指南和案例》，目的是指导和推广BIM在建筑各阶段(规划、设计、施工、设施管理)的全流程运用，改善建筑项目的实施与协调，释放生产力。该指引还指出，将BIM真正地应用于建筑业，这需要对现有工作模式做出大量的调整。

《国家数码模型指南和案例》由3部分构成，分别是BIM概况、关键区域模型的创建方法和虚拟仿真的步骤以及案例。

BIM概况部分，归纳了BIM对当前的工作模式的影响，应该采取怎样的合作模式，并就开放标准(如：IFC)在设计和工程管理方面的应用做了总结。面向业主、项目经理、项目负责人和BIM工程师，篇幅还涉及了模型的复杂层次、模型属性、模型信息和数字化的合作模式指南。

指南的第二部分侧重实用技术指南，面向各专业设计人员、BIM经理、技术人员和现场工人，介绍了关键区域模型的创建方法和虚拟仿真的步骤。

第三部分，指南通过6个案例，概括了澳大利亚建筑项目实施BIM的经验和心得。

7）挪威的BIM标准

2011年10月24日，挪威公共建筑机构(Statsbygg)推出了英文版的*BIM Manual* 1.2,1.2版距上个版本修订已有两年的时间，也是首部英文版标准。*BIM Manual* 1.0版和*BIM Manual* 1.1版目前只有挪威语版本。Statsbygg是为挪威政府提供施工和物业管理顾问服务的机构，该机构是挪威BIM技术推广和标准制作的权威机构。*BIM Manual* 1.2内容务实，涵盖了技术标准和应用标准相关内容，对设计、施工、管理和软件商都具有一定的参考价值。

BIM Manual 1.2 是基于 IFC 分类的建筑信息模型标准。该标准不仅面向设计单位、业主、施工单位、设施管理等各参与方，同时也面向 BIM 软件技术提供商。

BIM Manual 1.2 是技术标准和实施标准的结合，标准中对模型的拆分参考了 ISO 标准，解决方案与美国的 OCCS-OmniClass TM 类似。在模型应用方面给出了指南，例如在的概念设计阶段提出了 4 项可选应用，在方案设计阶段提出 19 项可选应用，在施工阶段提出了 5 项应用，在运维阶段提出了 7 项应用。在模型应用的质量控制方面提出了细致的要求。此外根据模型的不同用途提出了多种模型深度要求。BIM Manual 1.2 技术标准声明支持 IFD 标准。

8) 芬兰的 BIM 标准

芬兰政府物业管理机构 Senate Properties 于 2007 年正式发布了 *BIM Requirements* 2007。*BIM Requirements* 2007 共分为 9 卷，它们以项目各阶段与主体之间的业务流程为蓝本构成。包括总则、建模环境、建筑、机电、构造、质量保证和模型合并、造价、可视化、机电分析等内容。该标准要求在设计阶段，对各专业之间协作的内容进行约束和管理，明确定义 BIM 构的各种要求，并要求开发自适应的分类系统。与其他国家的 BIM 标准不同，*BIM Requirements* 2007 提出了建筑全生命周期中产生的所有构件的细致建模标准。不但包括建筑专业，还将其他配套专业，如：结构、水电暖专业的内容也结合了进来，使得建筑设计与施工各阶段在 BIM 模型中都得到体现，根据各阶段的特征，进行多专业衔接，并衍生为有效的分工。在模型标准方面，芬兰标准将建模过程分为空间组的建筑信息建模、空间的建筑信息建模、初步建筑元素的建筑信息建模和建筑元素的建筑信息建模等 4 个阶段。对各阶段建模工作提出了具体要求，如：各层的定义、空间与软件的相容性、空间的分层建、空间重叠、MEP 空间的确保、建筑要素的名称和类型定义等。

BIM Requirements 2007 希望通过各专业人员的参与，减少各阶段问题的发生，从设计阶段开始，通过持续的反馈使问题得以尽快解决，提高工作效率。该标准的优点是全面和实用，对于不可预见性问题的解决方法都有所提及。*BIM Requirements* 2007 不足之处在于 BIM 标准中提及的示范项目，因受当时 BIM 工具软件的功能限制，并不能完全达到标准规定的水准。

4.2.3 国内 BIM 标准研究现状

1) 国家 BIM 标准

我国 BIM 标准研究起步较晚。2010 年 11 月清华大学对外公布《中国 BIM 标准框架体系研究报告》，2012 年 1 月住房和城乡建设部将五本 BIM 标准列为国家标准制定项目。

(1) 中国建筑信息模型标准框架(CBIMS)。2010 年 11 月清华大学对外公布《中国 BIM 标准框架体系研究报告》，2011 年 12 月由清华大学 BIM 课题组主编的《中国建筑信息模型标准框架研究》(CBIMS)第一版正式发行。

CBIMS 的体系结构与 NBIMS 类似，针对目标用户群将标准分为两类：一是面向 BIM 软件开发提出的 CBIMS 技术标准，二是面向建筑工程施工从业者提出的 CBIMS 实施标准(图 4-2)。

(2) 中国国家 BIM 标准。2012 年 1 月住房和城乡建设部印发建标[2012]5 号文件，将五本 BIM 标准列为国家标准制定项目。五本标准分为三个层次(图 4-3)：第一层为最高标准：建筑工程信息模型应用统一标准；第二层为基础数据标准：建筑工程设计信息模型分类和编码标准,建筑工程信息模型存储标准;第三层为执行标准:建筑工程设计信息模型交付标准,制造业工程设计信息模型交付标准。

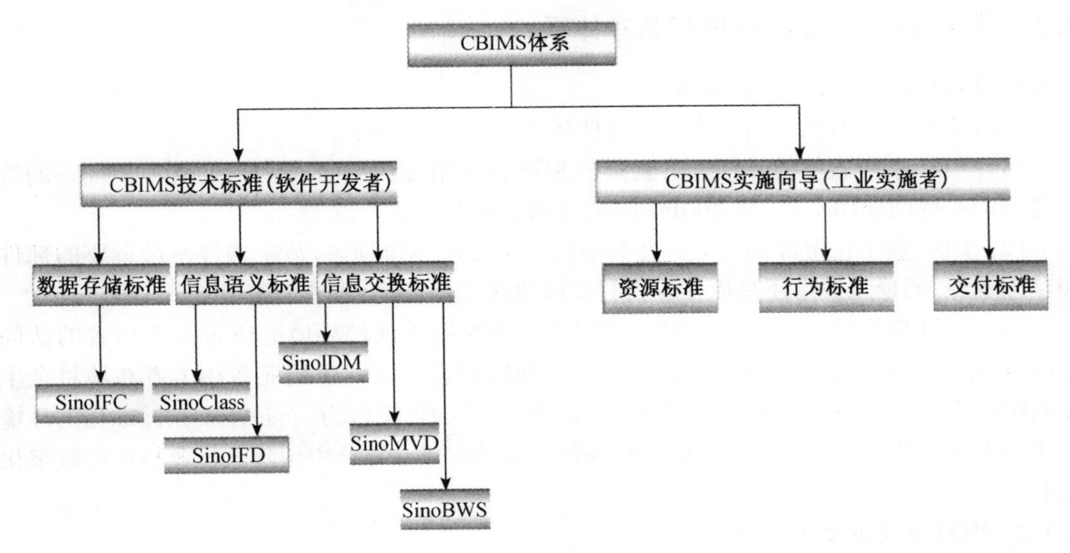

图 4-2 CBIMS 体系框架

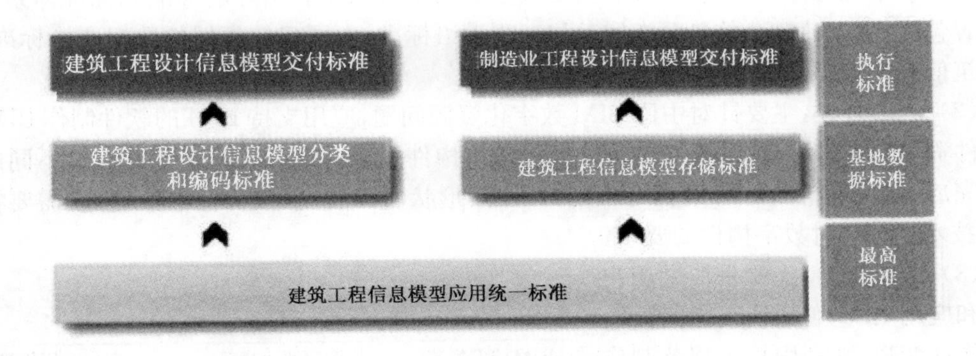

图 4-3 中国国家 BIM 标准层次

2) 地方 BIM 标准

(1) 北京市地方标准《民用建筑信息模型(BIM)设计基础标准》。该标准是北京民用建筑设计中 BIM 应用的通用原则和基础标准。主要内容包括:总则、术语、基本规定、资源要求、BIM 模型深度要求、交付要求。

(2) 深圳市地方标准。2015 年 4 月,《BIM 实施管理标准》(SZGWS 2015—BIM—01)

(3) 上海市地方标准:

① 2015 年 4 月,《上海市建筑信息模型应用指南(征求意见稿)》。

② 2016 年 9 月,《上海市建筑信息模型应用标准》。

③《城市轨道交通信息模型技术标准》。

④《城市轨道交通信息模型交付标准》。

⑤《市政道路桥梁信息模型应用标准》。

⑥《市政给排水信息模型应用标准》。

⑦《上海市人防工程设计信息模型交付标准》。

4.3 我国 BIM 标准的应用和基本体系

4.3.1 BIM 标准的应用基础分析

BIM 在中国的有效应用与推广主要依赖于以下三个方面。

(1) BIM 平台软件的开发。功能强大和符合应用习惯的软件工具组成一个统一的符合建筑产业规则应用平台，这是 BIM 应用成功的前提和动力。

(2) BIM 数字化资源的建立。在数字环境下建造建筑物体，数字构件是最重要的部件和基础资源，无论是数量还是质量应当与实体建筑完全一致，才易于选用。

(3) BIM 应用环境的改善。BIM 应用成功还取决于硬件环境的改善及应用者的认同和认可、完善的培训和考评条件。这三方面全面协调发展以及建筑业各相关方在项目全生命周期的相互交流和全面沟通不可能靠各企业、用户的自发行为，而是需要在标准化的环境下才能实现。即在中国建筑行业标准和规范的范畴内建立符合中国建筑行业特征的数字化标准。

4.3.2 BIM 标准的基本体系

同我国传统的工程建设标准一样，BIM 标准应主要包括三方面的内容。

(1) 技术规范即信息交换规范，主要包括引用现有国家和国际的标准和标准体系。基本内容包括：中国建筑业信息分类体系与专业术语标准、中国建筑领域的数据交换标准、中国建筑信息化流程规则标准等相关内容。

(2) 解决方案，主要针对中国 BIM 数字化资源问题，应用支持 BIM 的软件制作 BIM 数字构件资源。制作符合 BIM 标准的数字化建筑构件资源，不同的 BIM 可以通过不同的方式来完成，每个构件资源可以具有不同的尺寸、形状、材质设置或其他参数变量，需要符合 BIM 技术规范中对数字构件的要求。

(3) 应用指导，主要是协助用户理解和应用 BIM，使 BIM 更加普及，可操作性变强，并利用技术规范制作构件并用我们提出的 BIM 标准构件搭建和使用 BIM 模型。符合 BIM 的建筑信息模型可以进行根据流程规则导入(出)符合中国现有规范的各种建筑物理性能分析的信息模型如图 4-4 所示。

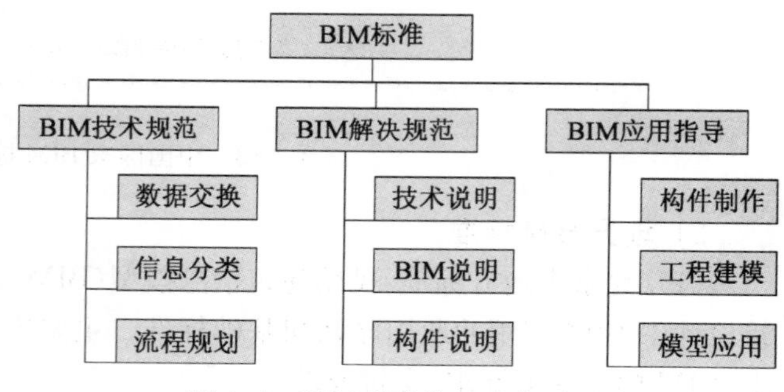

图 4-4 BIM 标准的三个方面

4.4 BIM 标准制定面临的困难和建议

4.4.1 BIM 标准制定面临的困难

无论是从理论研究还是基础实践等方面看，国内外 BIM 的发展仍然处于初级阶段。因此，尽管编制单位做了充分准备，BIM 国家标准在制定过程中仍然存在诸多困难。

1) BIM理论和实施策略充满不确定性

近年来,信息产业技术迅猛发展,BIM基础理论从诞生之初就不断地发生变化。在建筑工程领域,人们对信息的需求度日渐增高,不再局限于对项目本身三维化表达、三维模型和二维表述之间的联动等要求,建设项目信息化(数字化)处理日渐成为理论探索的主要方向以及实际应用中的发展方向。然而,目前尚无法精确预测技术进化的细节,而这些细节往往会引起一些重要的变化。另一方面,计算机软硬件的高速发展也从某种程度上加重了这一不确定性,直接影响到BIM技术实施策略的实现。

2) BIM应用普及与实践的基础尚属薄弱

尽管整个行业都在向信息化迅速推进,但目前世界范围内,BIM技术的应用在建筑工程领域还未成为主流。对于建筑工程行业,BIM技术,特别是对于信息(Information)的充分应用这一理念,仍然是新鲜事物。因此,国内外还没有在建筑全生命周期应用BIM技术的成熟实例。国内真正意义上基于信息应用的BIM设计、施工仍然处于探索阶段。很多单位正在结合自身的特点,不断地尝试不同的BIM使用手段,以期取得最为适合的结果。对于国内大多数工程来说,BIM技术应用很容易陷入源于工程周期的困境——投资者愿意并有足够的时间和耐心去等待一个技术的成熟。因此,为数众多的、不具备深厚实力的企业根本无法进行有效的BIM实践。

3) 兼顾多方利益须充分谨慎

美国NBIMS编制委员会副主席Jeffrey W. Ouellette曾经公开表示,美国NBIMS到目前为止,仅仅完成了2%的工作量,除了对BIM自身的探索不够外,需要均衡多方面的利益也是重要的原因。中国也面临着同样的形势。目前,中国的BIM国家标准尚未确定是否颁布为强制性标准。然而,即便是建议性标准,也将会对全行业产生重大影响,要求相关从业组织和个人根据具体情况逐步实施,至少大方向不可偏离。换而言之,国家标准基本上确立了BIM发展的方向和实施策略,各地区、行业、企业要在此基础上结合自身特点制定相应的更为详细的操作规范和规程,这样才能保证行业利益最大化。显然,BIM国家标准与众多的企业或组织利益有关,因此对研究、制定、贯标都需要足够谨慎。

在建筑工程领域,从来没有一项技术像BIM这样,给全行业带来迅速的革命式的变化。20年前的设计院"甩图板"仅仅是一次局部变化,整个行业链条依然以一种传统方式流转。而BIM所带来的是全链条各节点上的变革,从生产工具到生产方式、从个人意识到多方协同,都会发生改革。这场变革的轴心就是对于信息的应用。因此,投资方、设计方、施工方、制造方等诸多行业参与者,都会在BIM标准的指引下进入这场社会利益的再分配过程。因此,从社会公正的角度上说,BIM国家标准的编制必须是充分谨慎的。

4.4.2 BIM标准制定的建议

1) 存储格式的确定

采用IFC文本存储的方式性能较差,而且不容易按需读取。BIM数据将会包含各个阶段的数据,每种软件对数据的需求都不完全一样。采用数据库的方式会比较合理。建议开发对存储格式读写的接口模块。

2) 配套标准和关联标准的建设和修订

BIM标准的成功实施,其中一个很大的难度在于牵涉到相关标准太多,这些标准都是基于原有过时的技术制定的。要协调行业各个标准的配套,否则BIM标准还会有很多很大的障碍。如当前各地造价、定额规范中的工程量计算规则，是为了手工计算的方便，进行了很多简化，这种简化使基于 BIM 的工程量解决方案增加了复杂度和难度，BIM 解决方案按实体、按实际计算更容易实现，也更合理，更容易实现数据的传输。

3）BIM 标准的实施原则

全行业使用的标准，不应与现行的国家标准、行业标准不兼容的标准出台。地方标准的实施应符合国家相关标准的要求，促进建筑行业信息化的发展。

4）加强落实宣传

由于目前国家标准尚未正式发布，国内大多数项目并没普遍使用 BIM，还不知道 BIM 给建筑行业带来的巨大变革，加强 BIM 宣传，进一步推动 BIM 标准的编制和实施，成为 BIM 行业快速发展的重要因素。

第5章　工 程 案 例

引言

本章将结合迪士尼水处理厂、南昌朝阳大桥、和同济路高架大修工程的实际工程案例，从多角度介绍BIM的应用情况，提供BIM的应用经验和指导。

5.1　迪士尼水处理厂

5.1.1　项目背景

上海国际旅游度假区位于上海浦东中部地区，规划面积约20.6平方千米。其中核心区约7平方千米，将以上海迪士尼乐园项目为核心，大力培育旅游会展、文化创意、商业零售、体育休闲产业等集聚平台，打造现代服务业产业高地，并与周边旅游资源组团式协调联动发展。同时，上海国际旅游度假区还将致力于营造环境宜人、低碳生态、适宜人居的可持续发展区域，与虹桥商务区、世博后续开发区共同成为上海“十二五规划”优化市域空间布局的重要部署。

上海国际旅游度假区核心区(以下简称迪士尼园区)湖水环境维护及公共绿化灌溉水系统工程项目是保证上海国际旅游度假区中心湖及灌溉水水质的安全可靠和水资源合理利用的重要工程。根据规划要求，在迪士尼园区内新建综合水处理厂一座，采用集约式一体化设计；设计规模为2.4万m^3/d，其中满足灌溉水最高9 700 m^3/d的需求。厂址毗邻南环路和中心湖，占地10 319 m^2。采用“曝气生物滤池＋混凝加砂高效沉淀池＋超滤＋紫外线消毒”作为水处理主体工艺，达到去除氨氮和总磷的目标。厂内设置有进水泵房、曝气生物滤池、加砂高速沉淀池、混合滤料滤池、超滤、集水池、湖水泵房、紫外线消毒、污泥浓缩池、污泥脱水机房等设施。迪士尼园区综合水处理厂整个项目建成后，将达到中心湖湖水水质维护的目标，满足灌溉水水质及水压的要求。该项目总投资约6亿人民币。

由于采用了高度集成的设计方案，水厂内部结构极为紧凑，管线集中且互相交错，通过应用BIM技术进行可视化设计和碰撞检查功能，对水厂构(建)筑物、设备和管道进行三维建模，可以基本消除设计方案中空间冲突和管线综合的问题；通过BIM二次开发软件对水厂模型进行声、光、能耗等要素的效能分析，优化设计方案，提高厂房的绿色性能；在本工程中，还创新性地探讨使用施工图深度的BIM模型自动完成工程量清单统计，替代传统的手工算量计价，以精确控制投资。BIM技术提升了本工程精细化设计水准，同时提高了项目的管理和建设品质，是市政建设工程中新的探索。

5.1.2　性能化分析必要性

1) 改变水厂设计的传统理念

水处理厂的传统设计更注重工艺的选择和水利高程的衔接，对水厂本身及运营期内对周边环境的影响以及工作人员在厂房内的工作环境考虑不多。这样的设计理念对采用集约化设计的综合水处理厂而言已不相适应。软件的变革和发展直接影响性能化分析的进程，通过引进BIM技术，对迪士尼乐园园区综合水处理厂的能耗、通风、光照和声环境的精细化分析及优化设计，可以减少不必要的能源消耗，进而节约运营费用、改善厂区的工作环境，对建设环境友好、宜人舒适、低碳节能、绿色经济的新型水处理厂具有极大的现实意义。

2）响应当下绿色水厂的要求

如今国家从顶层设计层面对十三五阶段的环境治理提出了更高的要求。环境保护问题变得越来越复杂，对环保设施的节能、生态要求越来越高。设计也必须相应转型，从“粗放型”向“精细化”转化。BIM的出现为性能化分析走进寻常设计师的日常工作提供了一个平台，这让设计师开始慢慢考虑设计实际效果，而不只是按规范及经验进行设计，这有利于整个行业的发展，而且也符合十八大报告五位一体建设生态文明的这一要求。

3）为类似项目提供借鉴

迪士尼乐园园区综合水处理厂涵盖了市政水处理的各个方面（给水、排水及中水回用），处理出水水质要求高，采用了适应园区日常运营要求的工艺，并且将集约化设计、绿色建筑理念融入设计和施工过程中。利用BIM技术，打通全生命周期中的规划方案、勘察设计、建设运营等环节，实现了“节资、节时、节能”的目标，对今后大型水处理厂的设计具有较高的借鉴价值，为今后可持续化水厂的设计带来启迪。

5.1.3 能耗分析及优化设计

1）分析软件

本报告主要采用eQuest建模及模拟计算的方式对项目的能耗进行模拟，eQuest软件是在美国能源部（U. S. Department of Energy）和电力研究院的资助下，由美国劳伦斯伯克利国家实验室（LBNL）和J. J. Hirsch及其联盟（Associates）共同开发的一款软件。

2）评价依据及参数说明

图5-1为导入到eQuest的模型示意图。

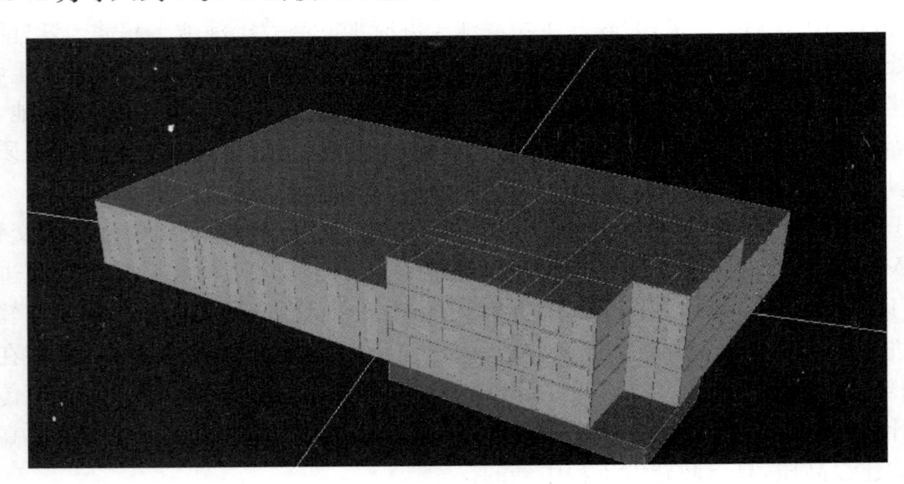

图5-1　模型示意图

按照《公共建筑节能设计标准》（GB 50189—2005）进行设置，具体设置参数依据表5-1、表5-2和表5-3进行设置。限于篇幅，本文介绍1～3层的能耗模拟和分析结果。

表5-1　材料的热性能参数

	屋面	外墙	楼板	外窗
传热系数 $K/(W/M^2 \cdot K)$	0.7	1.0	1.0	3.0（遮阳系数SC=0.5）

表5-2 空调系统设计参数

楼层	房间名称	设计温度	设计温度	换气次数	人员密度	照明密度	设备散热	新风量标准
		夏季	冬季	次/h	人/m²	W/m²	W/m²	m³/人
车间								
1F	车间	—	—	6	—	—	—	—
厂房								
1F	污泥料仓	—	—	12	—	—	—	—
1F	加药间、药剂储存	—	—	12	—	—	—	—
1F	污泥池间	—	—	12	—	—	—	—
1F	污泥脱水机房	—	—	12	—	—	—	—
1F	出水泵房及消防泵房	—	—	6	—	—	—	—
1F	机修车间及仓库	—	—	6	—	—	—	—
1F	管廊(临时通风)	—	—	12	—	—	—	—
地下一层	地下一层	—	—	6	—	—	—	—
综合楼								
K1	变频及软启动器室(1F)	23	23	6	—	—	300	—
	变配电室(1F)	23	23	6	—	—	150	—
K2	综合水处理厂监控中心(2F)	26	20	6	0.050	11	150	30
	电气试验室(2F)	26	20	6	0.050	11	100	30
K3	接待处(1F)	26	20	—	—	15	5	—
	办公室2(2F)	26	20	—	0.250	11	20	30
	办公室1(2F)	26	20	—	0.250	11	20	30
	准备室(2F)	26	20	—	0.050	11	20	19
	化验室(2F)	26	20	—	0.050	11	20	19
	门厅(2F)	26	20	—	0.050	15	5	10
K4	档案室(3F)	26	20	—	0.050	11	5	19
	办公室1(3F)	26	20	—	0.050	11	20	30
	休闲室(3F)	26	20	—	0.050	11	20	14
	办公室2(3F)	26	20	—	0.250	11	20	30
	厂长室(3F)	26	20	—	0.050	11	20	30
	办公室3(3F)	26	20	—	0.250	11	20	30
	门厅(3F)	26	20	—	0.050	15	5	10
精密空调								
K6	二次设备室(2F)	23	23	6	—	11	250	—
	计算机室(2F)	23	23	6	—	11	250	—

表5-3 时间表

		1	2	3	4	5	6	7	8	9	10	11	12
照明开关时间表/%	工作日	0	0	0	0	0	0	10	50	95	95	95	80
	节假日	0	0	0	0	0	0	0	0	0	0	0	0
人员逐时在室率/%	工作日	0	0	0	0	0	0	10	50	95	95	95	80
	节假日	0	0	0	0	0	0	0	0	0	0	0	0
电器设备逐时使用率/%	工作日	0	0	0	0	0	0	10	50	95	95	95	50
	节假日	0	0	0	0	0	0	0	0	0	0	0	0

（续表）

		1	2	3	4	5	6	7	8	9	10	11	12
计算机室 & 二次设备室 设备使用率 /%	工作日	100	100	100	100	100	100	100	100	100	100	100	100
	节假日	100	100	100	100	100	100	100	100	100	100	100	100
		13	14	15	16	17	18	19	20	21	22	23	24
照明开关 时间表/%	工作日	80	95	95	95	95	30	30	0	0	0	0	0
	节假日	0	0	0	0	0	0	0	0	0	0	0	0
人员逐时在 室率/%	工作日	80	95	95	95	95	30	30	0	0	0	0	0
	节假日	0	0	0	0	0	0	0	0	0	0	0	0
电器设备逐 时使用率/%	工作日	50	95	95	95	95	30	30	0	0	0	0	0
	节假日	0	0	0	0	0	0	0	0	0	0	0	0
计算机室 & 二次设备室 设备使用率 /%	工作日	100	100	100	100	100	100	100	100	100	100	100	100
	节假日	100	100	100	100	100	100	100	100	100	100	100	100

除去以上数据，设备的其他参数按照软件的高性能参数进行自动选择。

3）模拟结果

经过软件分析，得出图 5-2 所示的结果。

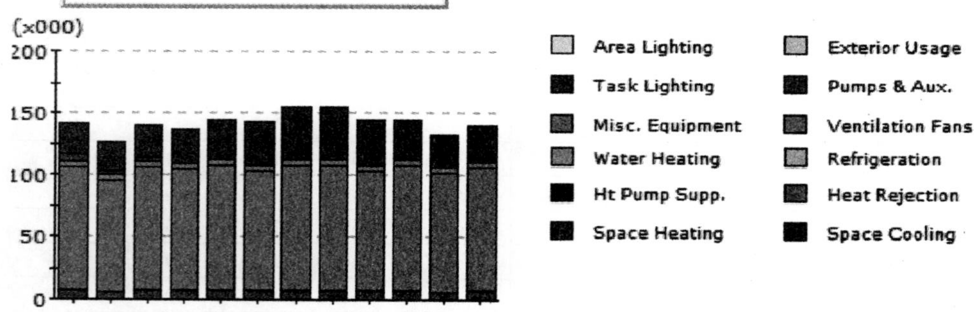

Electric Consumption (kWh x000)

	Jan	Feb	Mar	Apr	May	Jun	Jul	Aug	Sep	Oct	Nov	Dec	Total
Space Cool	24.6	22.8	25.9	27.9	32.8	35.2	43.2	42.1	36.3	31.9	26.3	25.7	374.6
Heat Reject.	-	-	-	-	-	-	-	-	-	-	-	-	-
Refrigeration	-	-	-	-	-	-	-	-	-	-	-	-	-
Space Heat	5.3	2.8	2.6	.5	-	-	-	-	-	.0	.6	2.6	14.5
HP Supp.	.5	.3	.1	-	-	-	-	-	-	-	-	.3	1.2
Hot Water	-	-	-	-	-	-	-	-	-	-	-	-	-
Vent. Fans	4.6	4.1	4.5	4.4	4.7	4.7	5.1	5.0	4.7	4.7	4.3	4.5	55.3
Pumps & Aux.	.1	.1	.1	.0	-	-	-	-	-	.0	.0	.1	.4
Ext. Usage	-	-	-	-	-	-	-	-	-	-	-	-	-
Misc. Equip.	98.5	89.0	98.5	96.3	99.1	95.2	99.1	99.1	95.2	99.1	94.6	98.5	1,162.3
Task Lights	7.5	6.8	7.5	7.9	7.9	7.1	7.9	7.9	7.1	7.9	6.8	7.5	89.6
Area Lights	-	-	-	-	-	-	-	-	-	-	-	-	-
Total	141.2	125.7	139.2	137.0	144.5	142.2	155.2	154.1	143.3	143.6	132.6	139.3	1,697.9

图 5-2　根据现有设计得出的模拟结果

4）优化改进

根据现有设计，现有建筑和系统体量不大，系统比较简单，能进行优化的措施有限；围护结构对于能耗的影响比较小，因此将从照明和空调系统两个方面对于能耗进行优化。

（1）照明密度优化

目前计算空调负荷的过程中，并没有确定明确的照明密度，前面的分析过程中采用的是《公共建筑节能设计标准》(GB 50189—2005)中的设计数值，如下表数值，此措施中将照明密度按照《建筑照明设计标准》(GB 50034—2004)目标值进行优化，具体标准要求如表5-4所示。

表5-4　《建筑照明设计标准》(GB 50034—2004)目标值

房间或场所	照明功率密度/(W/m²)		应照度值/1x
	现行值	目标值	
普通办公室	11	9	300
高档办公室、设计室	18	15	500
会议室	11	9	300
营业厅	13	11	300
文件整理、复印、发行室	11	9	300
档案室	8	7	200

在中，主要将办公楼区域的办公室的照明密度优化为9 W/m²，进行分析得到图5-3所示的结果。

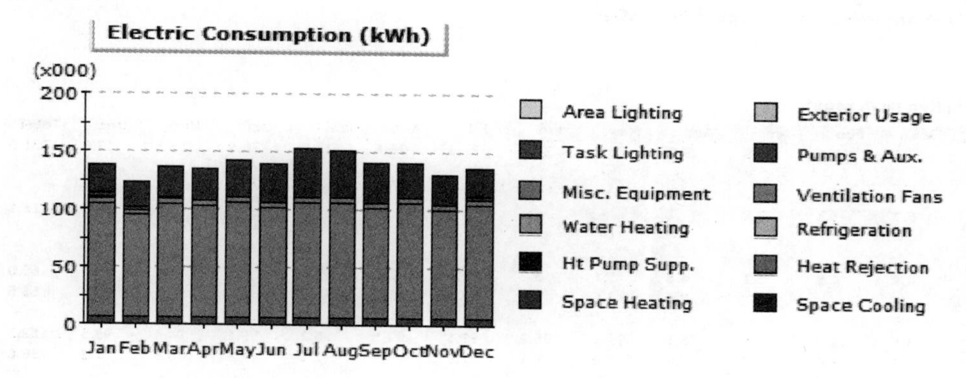

Electric Consumption (kWh x000)

	Jan	Feb	Mar	Apr	May	Jun	Jul	Aug	Sep	Oct	Nov	Dec	Total
Space Cool	23.7	21.9	25.0	26.9	31.7	34.1	41.9	40.8	35.2	30.7	25.3	24.8	361.7
Heat Reject.	-	-	-	-	-	-	-	-	-	-	-	-	-
Refrigeration	-	-	-	-	-	-	-	-	-	-	-	-	-
Space Heat	3.7	1.9	1.7	.4	-	-	-	-	-	.0	.5	1.9	10.0
HP Supp.	.3	.1	.0	-	-	-	-	-	-	-	-	.2	.6
Hot Water	-	-	-	-	-	-	-	-	-	-	-	-	-
Vent. Fans	4.6	4.1	4.5	4.4	4.7	4.6	4.9	4.9	4.6	4.6	4.3	4.5	54.7
Pumps & Aux.	.1	.1	.1	.0	-	-	-	-	-	.0	.0	.1	.4
Ext. Usage	-	-	-	-	-	-	-	-	-	-	-	-	-
Misc. Equip.	98.5	89.0	98.5	96.3	99.1	95.2	99.1	99.1	95.2	99.1	94.6	98.5	1,162.3
Task Lights	6.3	5.7	6.3	6.6	6.6	6.0	6.6	6.6	6.0	6.6	5.7	6.3	75.5
Area Lights	-	-	-	-	-	-	-	-	-	-	-	-	-
Total	137.2	122.8	136.2	134.6	142.1	139.8	152.5	151.4	141.0	141.1	130.4	136.2	1,665.3

图5-3　优化照明密度的能耗结果

(2) 办公楼区的冷热源改为地源热泵(或污水源热泵)

考虑到本建筑体量比较小,除去机房使用精密空调外,办公楼的其他房间可以尝试其他的空调系统,考虑到其周边空地比较大,并且水厂有大量的污水产生,可以考虑使用地源热泵或者污水源热泵作为冷热源,空调系统采用平常的 FCU+新风系统,设备性能参数如表 5-5 所示。

表 5-5　设备性能参数

地源热泵性能参数	COP(性能系数)=5.7(制冷)/4.84(制热)
制冷时间	4.1~10.31
制热时间	11.1~3.31

采用地热泵作为冷热源的能耗结果如图 5-4 所示。

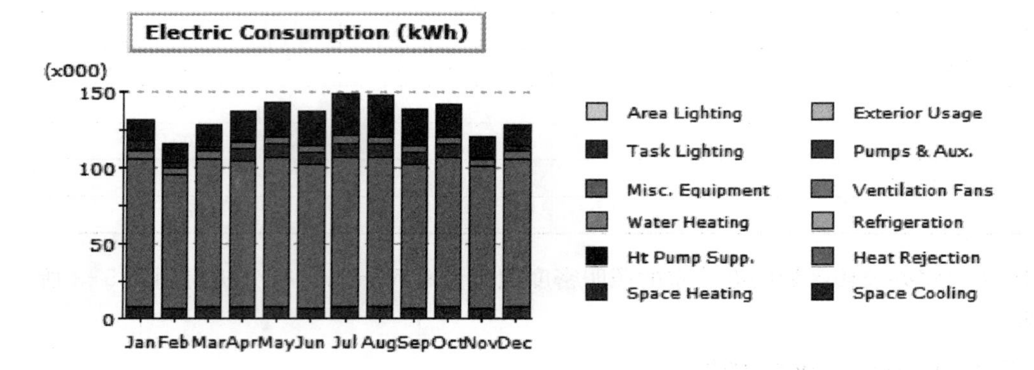

Electric Consumption (kWh x000)

	Jan	Feb	Mar	Apr	May	Jun	Jul	Aug	Sep	Oct	Nov	Dec	Total
Space Cool	13.6	12.4	13.9	19.9	22.3	23.0	27.3	26.5	23.3	21.5	13.5	13.8	231.0
Heat Reject.	-	-	-	-	-	-	-	-	-	-	-	-	-
Refrigeration	-	-	-	-	-	-	-	-	-	-	-	-	-
Space Heat	7.7	3.3	2.8	.2	-	-	-	-	.0	.0	.5	3.6	18.1
HP Supp.	-	-	-	-	-	-	-	-	-	-	-	-	-
Hot Water	-	-	-	-	-	-	-	-	-	-	-	-	-
Vent. Fans	4.9	4.5	5.1	4.8	5.1	5.0	5.4	5.3	5.0	5.0	4.8	5.0	60.0
Pumps & Aux.	-	-	-	8.6	8.5	7.8	8.7	8.6	7.8	8.5	-	-	58.5
Ext. Usage	-	-	-	-	-	-	-	-	-	-	-	-	-
Misc. Equip.	98.5	89.0	98.5	96.3	99.1	95.2	99.1	99.1	95.2	99.1	94.6	98.5	1,162.3
Task Lights	7.5	6.8	7.5	7.9	7.9	7.1	7.9	7.9	7.1	7.9	6.8	7.5	89.6
Area Lights	-	-	-	-	-	-	-	-	-	-	-	-	-
Total	132.2	116.0	127.8	137.7	142.9	138.0	148.3	147.4	138.4	142.1	120.1	128.4	1,619.5

图 5-4　采用地源热泵作为冷热源的能耗结果

5) 结论

通过模拟得到如表 5-6 所示的对比能耗结果。

表 5-6　能 耗 对 比 表

	原有设计	降低照明密度的方案	采用地源热泵(污水源热泵)系统
总能耗/(kW*000)	1 697.9	1 665.3	1 619.5
节能率	—	2%	4.6%

整个模拟目前没有考虑水厂工艺设备的相关用电，模拟分析主要是通风设备用电，空调系统用电、照明用电和办公楼内部设备用电（包括计算机房）；从上面的报告可以看出，目前整栋大楼的设备用电（非空调用电）占到建筑总能耗的70%以上，各项节能措施对于整栋办公楼的建筑能耗的影响比较有限，降低办公照明密度可以达到2%的节能效果，采用地源热泵可以达到4.6%的节能效果。

5.1.4 光照分析及优化设计

1）评价依据与参数说明

（1）评价依据。目前，我国用于建筑室内自然采光的设计标准主要是《建筑采光设计标准》(GB/T 50033—2001)（表5-7和表5-8）。由标准可知，上海属于IV地区，室外天然光临界照度值为4 500 lx，天空模型为阴天模型。

表5-7 光气候系数

光气候区	I	II	III	IV	V
K值	0.85	0.90	1.00	1.10	1.20
室外天然光临界照度	6 000	5 500	5 000	4 500	4 000

表5-8 室内天然光临界照度

房间名称	室内天然光临界照度/(lx)
办公室 & 会议室 & 化验室 & 电气试验室 & 休闲室 & 监控室	100
展示厅 & 接待处 & 接待室 & 档案室 & 休息室	50

（2）采用模型。并分析判断其室内主要功能空间的采光效果是否达到《建筑采光设计标准》(GB/T 50033—2001)的要求。Ecotect的基本采光分析中采用的是CIE全阴天模型（图5-5和图5-6），这是一种最不利的采光条件，它非常适合于对建筑进行综合采光评价，也符合我国目前的建筑采光规范《建筑采光设计标准》中所采用的定义方法。

图5-5 采光分析中采用的CIE全阴天模型

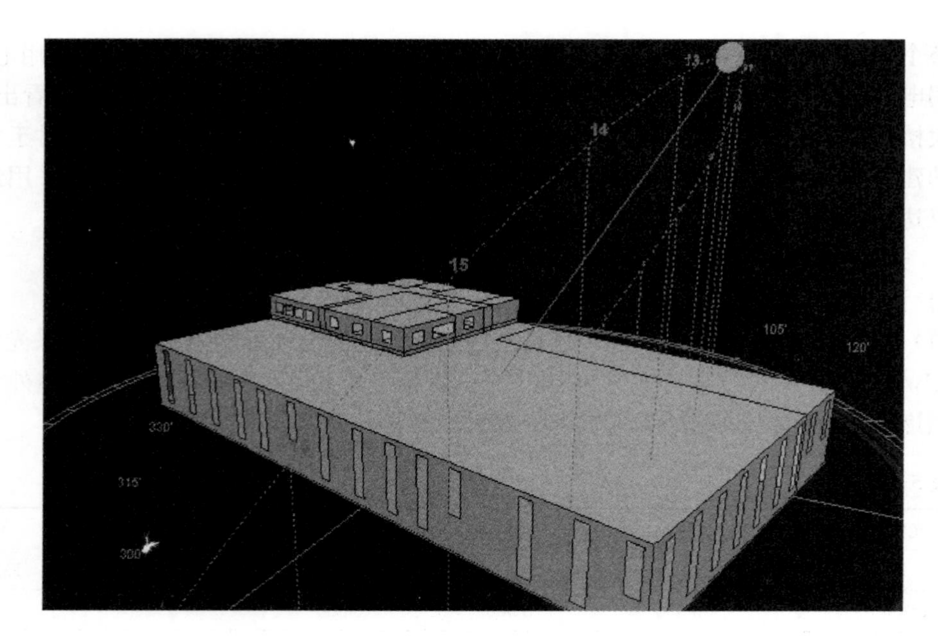

图 5-6 模型示意图

（3）参数说明。选用常用围护结构材料，其光学性能设定如表 5-9 所示。

表 5-9 **材料的光学性能**

	地板	内墙	外窗	天花板	隔断	玻璃隔断
反射系数	0.2	0.6	0.44	0.7	0.6	0.44
透射系数	0	0	0.725	0	0	0.725

2）模拟结果

按照《建筑采光设计标准》，本文选取每一层 800 mm 高度进行采光分析。

（1）一层自然采光分析及优化。从一层平面图（图 5-7）中可以看出，需要着重分析接待问询处的采光情况。

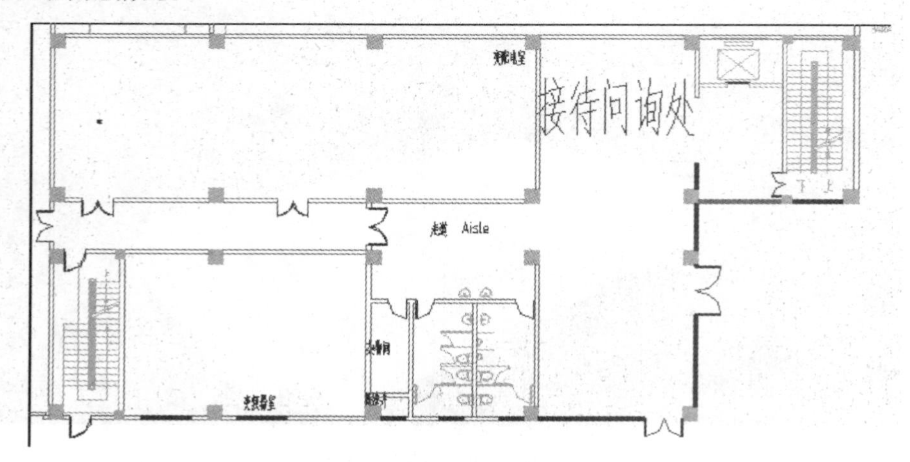

图 5-7 一层平面图

从图 5-8 可以看出，一层接待处的照度基本在 50 lux 以上，满足规范要求。

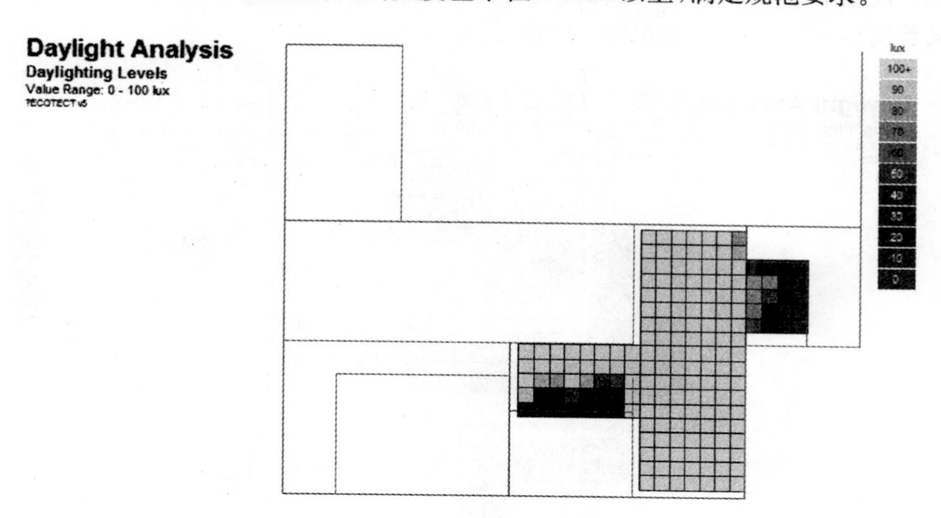

图 5-8　一层自然采光模拟结果

(2) 二层自然采光分析及优化。从二层平面图(图 5-9)中可以看出，将着重分析计算机室，办公室，综合水处理厂监控中心，化验室，电气试验室和准备室的采光情况。

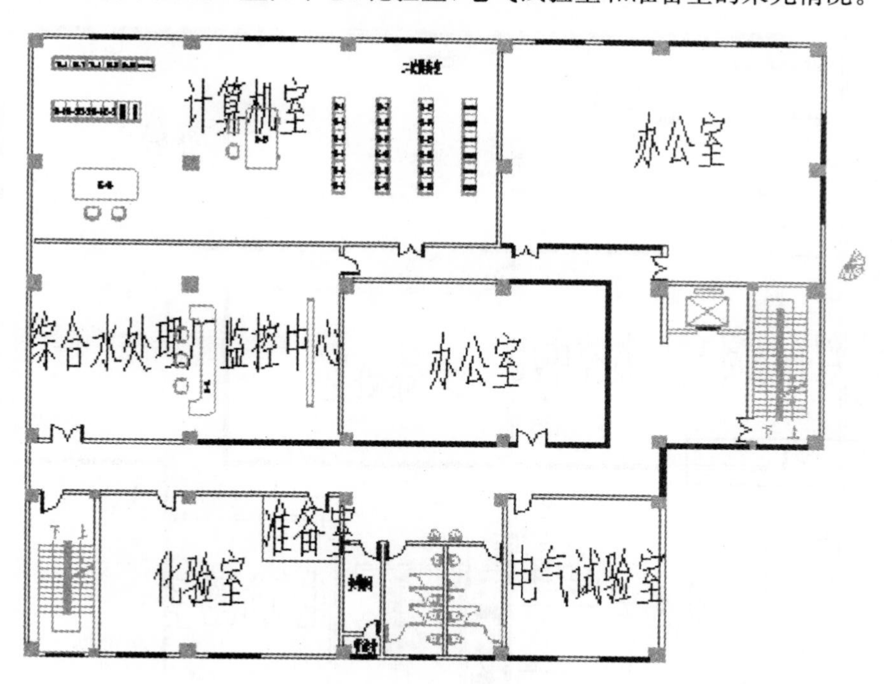

图 5-9　二层平面图

从图(5-10)可以看出，计算机室，电气试验室和办公室的采光情况基本都满足规范要求。综合水处理厂监控中心左边的照度偏低，整个房间只有一面玻璃隔墙进行采光；化验室整个窗户整体偏左，导致房间的右边有局部的暗角；准备室没有任何的采光面。考虑将综合水处理厂监控中心的部分隔墙变成玻璃隔墙；准备室的一面墙变成玻璃隔墙；化验室的左窗透光系数提高并增大面积，右窗向右偏移(图 5-11)。

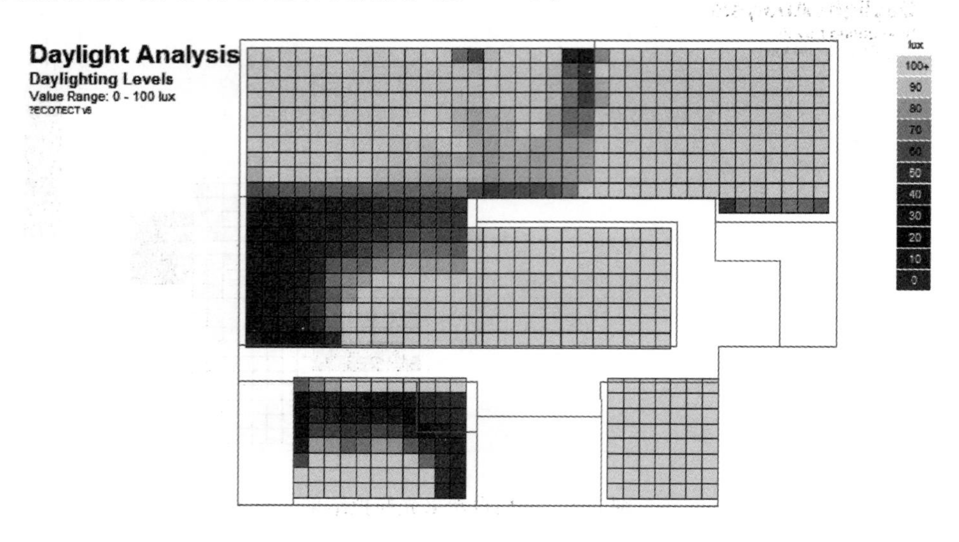

图 5-10　二层自然采光模拟结果

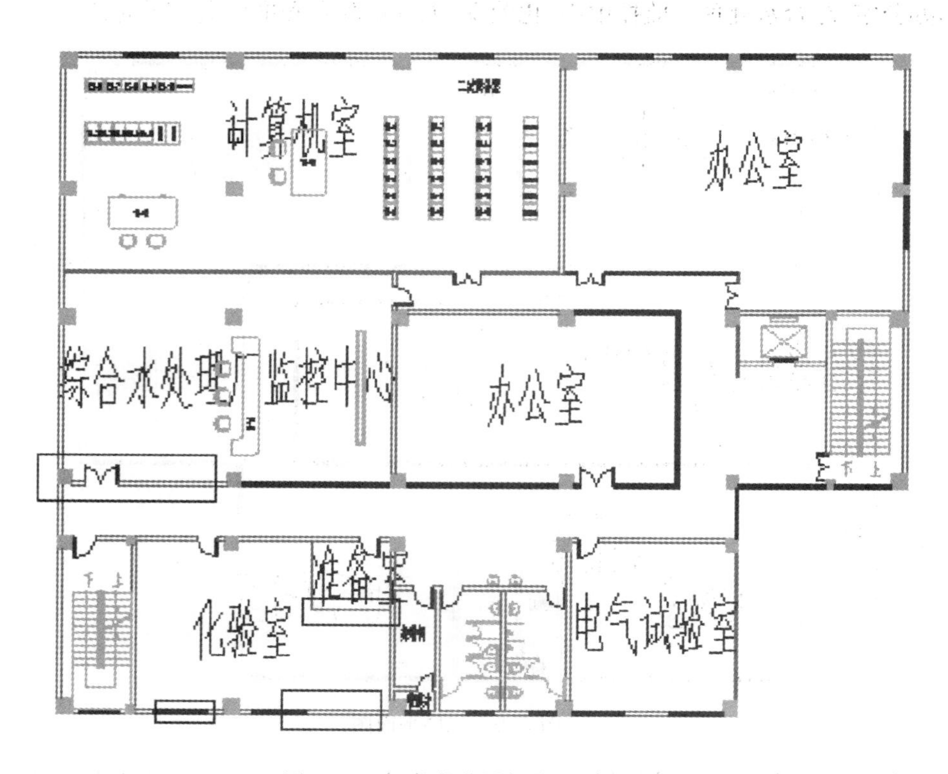

图 5-11　一次优化措施位置示意图

经过以上优化，化验室左角区域照度依旧达不到要求(图 5-12)。尝试在化验室区域加设玻璃隔墙，具体如图 5-13 所示。

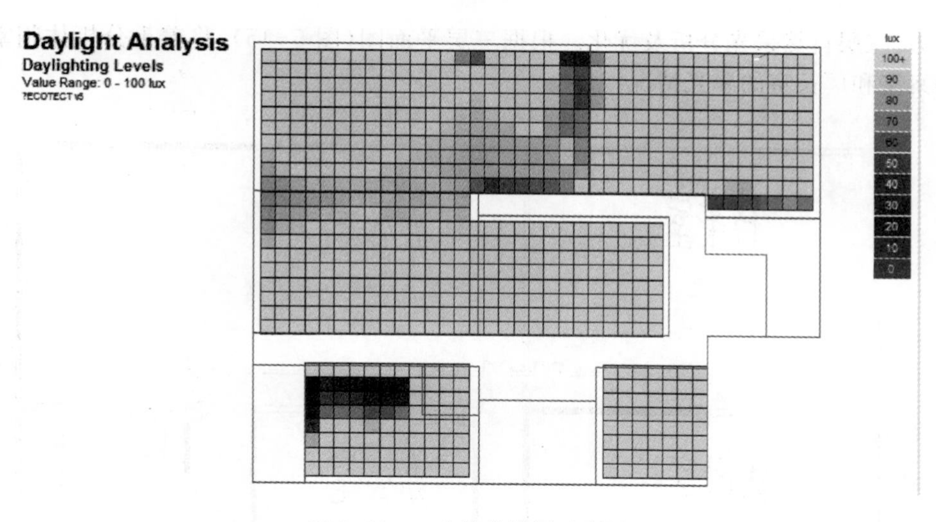

图 5-12　一次优化结果示意图

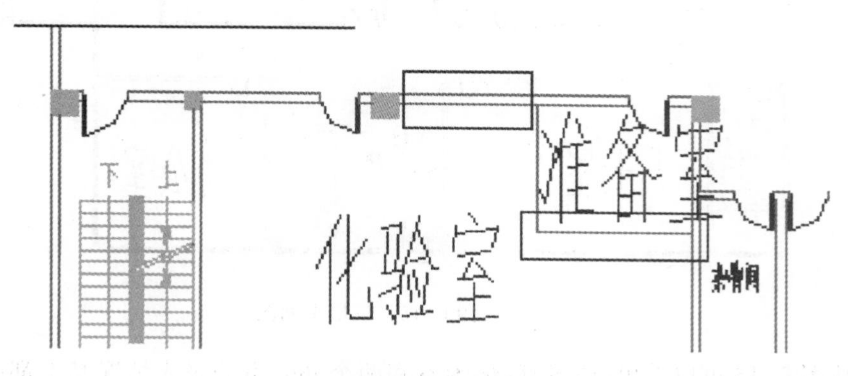

图 5-13　二次优化结果示意图

从图 5-14 可以看出如果增大化验室的玻璃隔断的尺寸，可以减小不满足照度要求的房间面积。

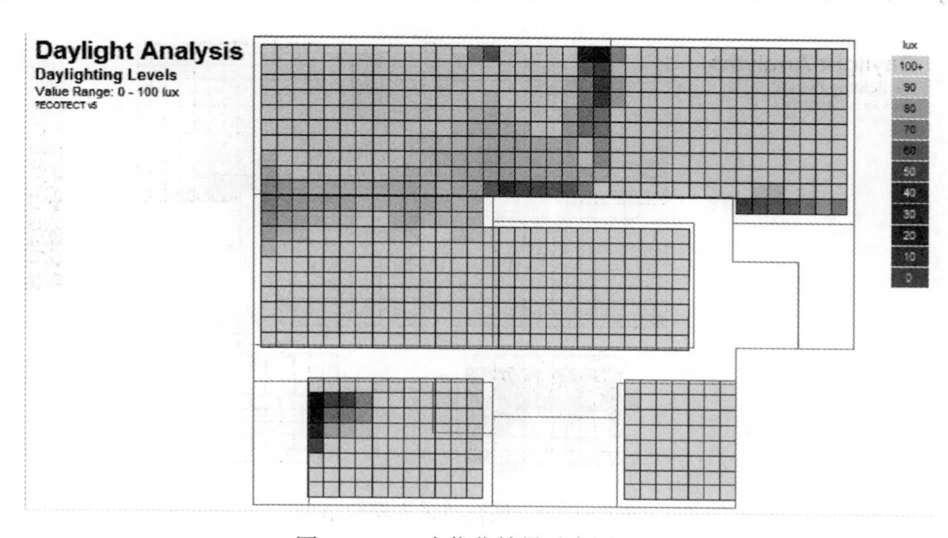

图 5-14　二次优化结果示意图(二)

(3) 三层自然采光分析及优化。根据三层平面图(图 5-15),将着重分析休闲室,办公室,档案室和厂长室的采光情况。

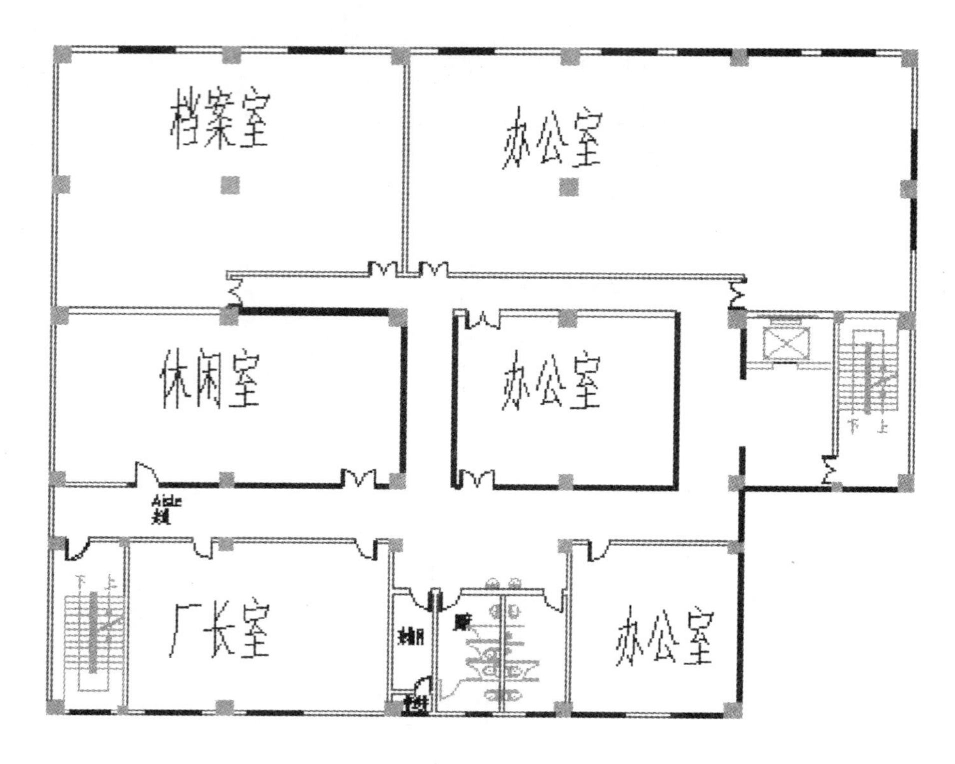

图 5-15　三层平面图

从图 5-16 可以看出,档案室,休闲室和两个办公室的采光情况基本都满足规范要求。右上角的办公室距离窗的位置越远,其照度越低,趋于低于 100 lux 的要求;厂长办公室整个窗户整体偏左,导致房间的右边有局部的暗角,并且距离窗的位置越远,其照度越低。考虑将办公室上角的窗的面积扩大并采用高透射率的窗户;厂长室的一扇窗向右偏移,另外一

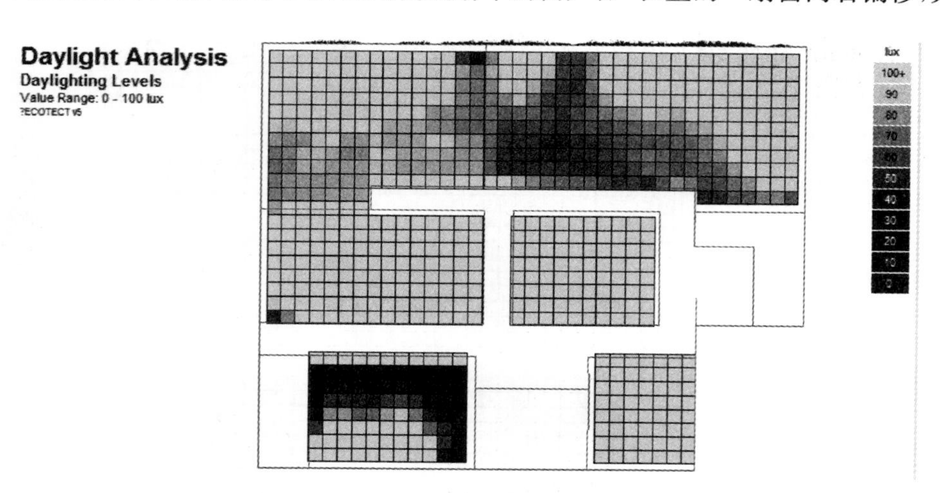

图 5-16　三层自然采光模拟结果

扇窗的透光系数提高并且增大窗户的尺寸(图 5-17)。

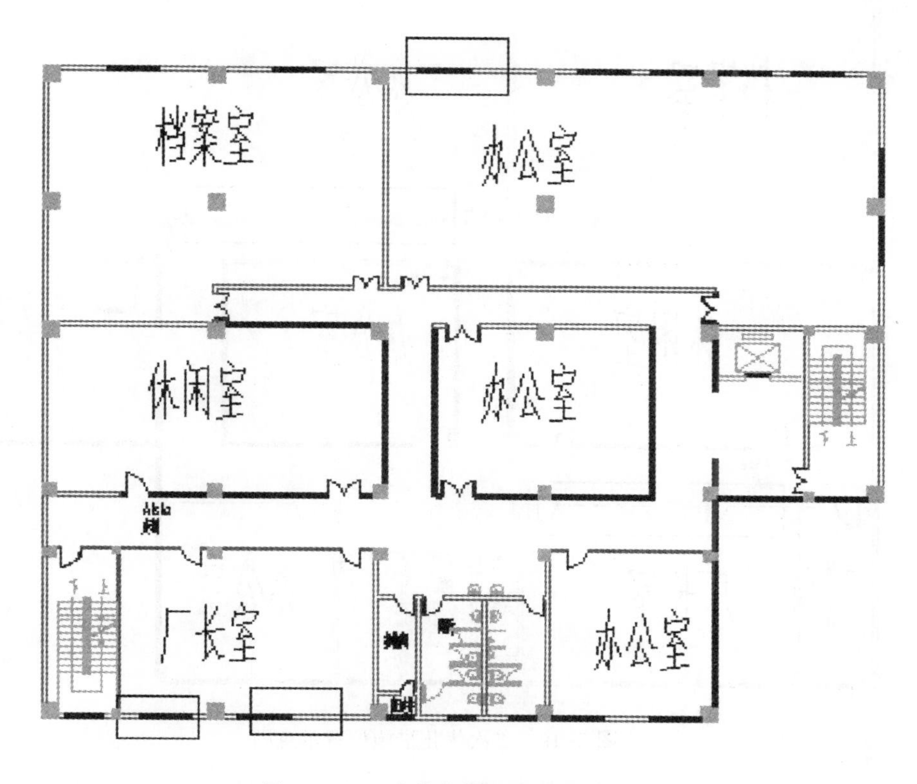

图 5-17 一次优化措施位置示意图

以上措施可以一定程度减小照度小于 100 lux 房间的面积,但是还不能大面积减少此类区域,如图 5-18 所示。进而考虑第二种优化措施,即将厂长室和办公室(右上角)的一段隔墙变为玻璃隔断,具体如图 5-19 所示。

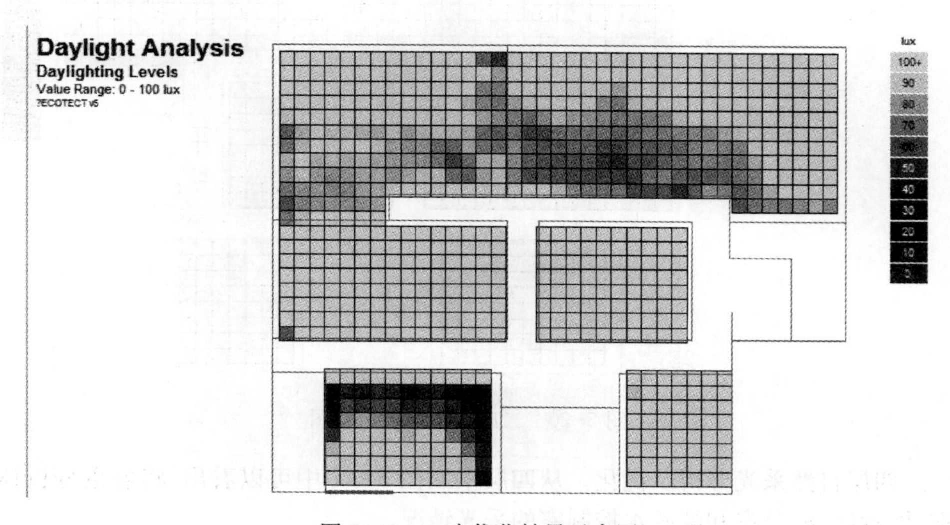

图 5-18 一次优化结果示意图

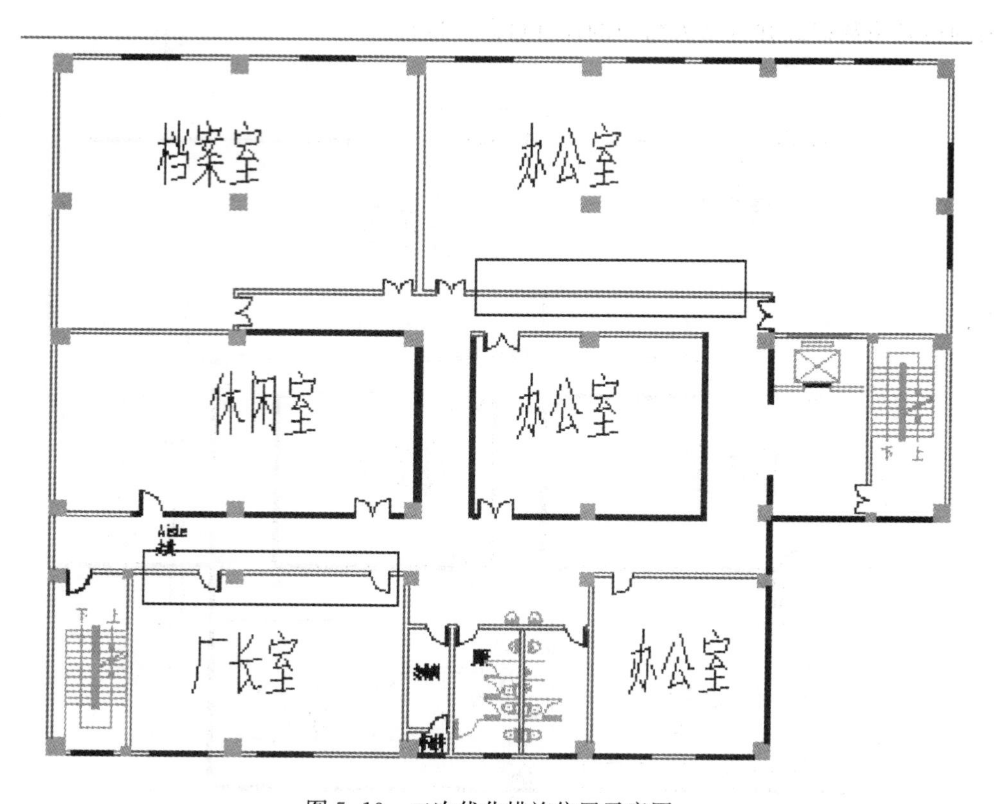

图 5-19　二次优化措施位置示意图

通过图 5-20 可以看出，通过改变隔断为玻璃隔断，可以大大改善室内采光水平。

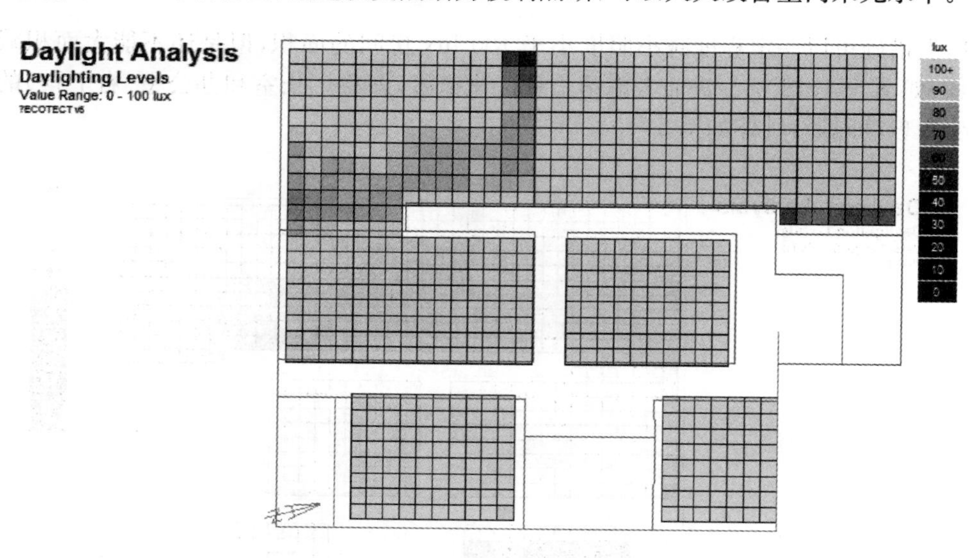

图 5-20　二次优化结果示意图

（4）四层自然采光分析及优化。从四层平面图 5-21 中可以看出，将着重分析休息室、接待室、展示厅、办公室和灌溉水控制室的采光情况。

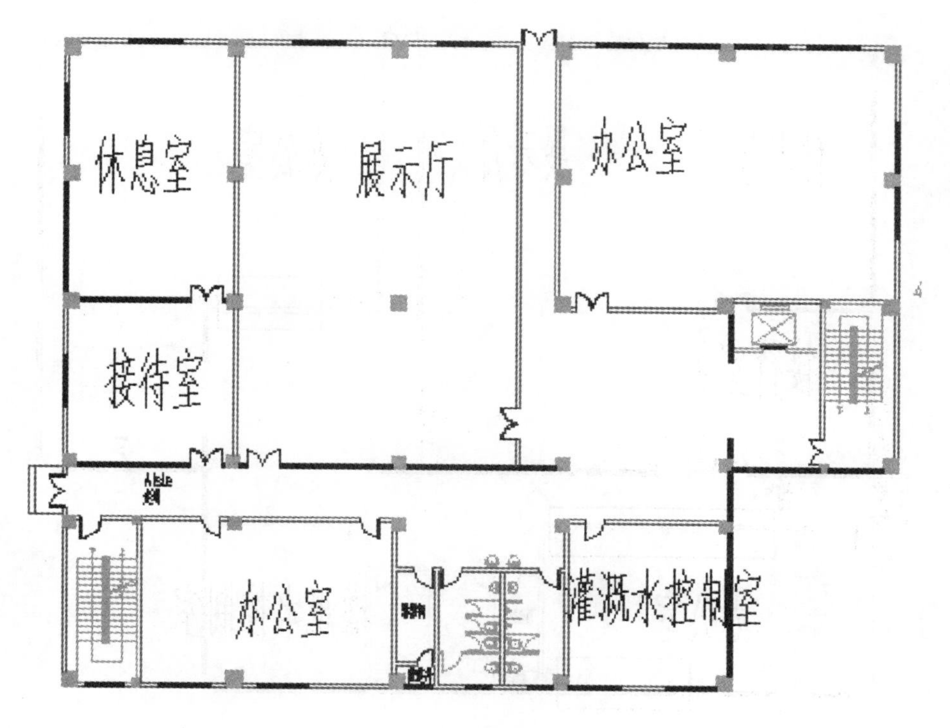

图 5-21 四层平面图

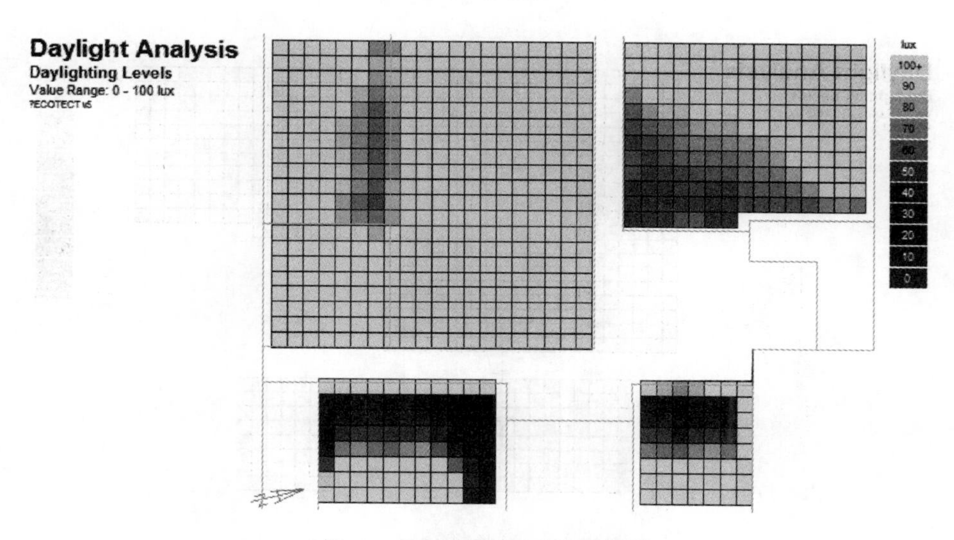

图 5-22 四层自然采光模拟结果

从图 5-22 可以看出,休息室和接待室的采光情况基本都满足规范要求。右上角的办公室距离窗的位置越远,其照度越低,趋于低于100 lux的要求;左下角办公室整个窗户整体偏左,导致房间的右边有局部的暗角;灌溉水控制室距离窗越远,照度越低,越趋于低于100 lux的要求。考虑将办公室(右上角)的一段隔断改为玻璃隔墙;办公室(左下角)的一扇窗向右偏移,将一段隔墙改为玻璃隔墙;灌溉水控制室在房间的右面墙加设窗(图 5-23)。

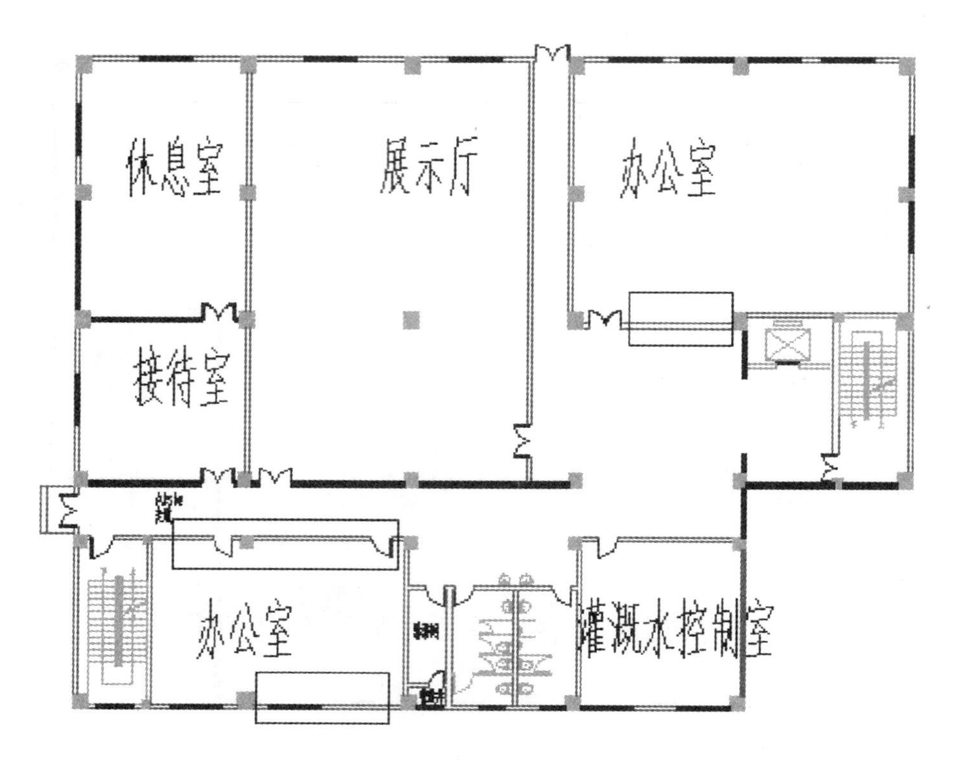

图 5-23　一次优化措施位置示意图

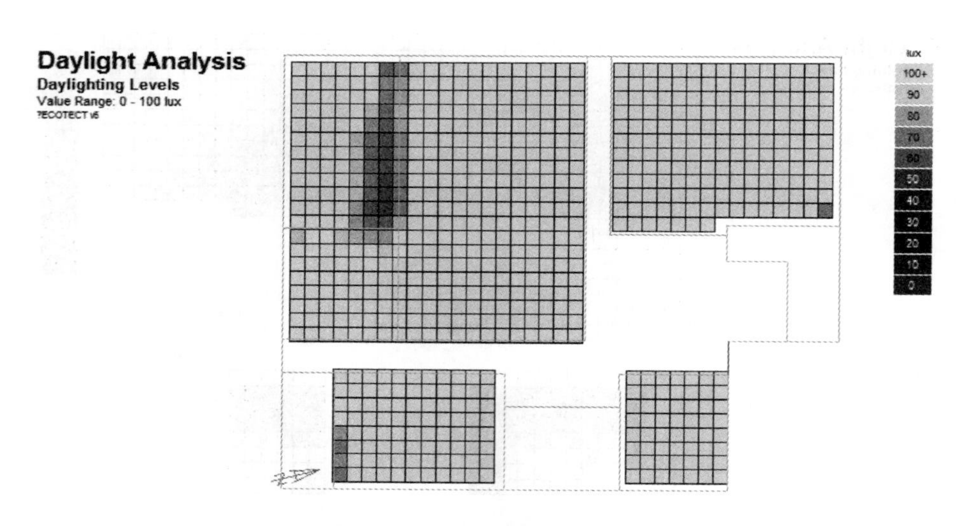

图 5-24　一次优化结果示意图

从图 5-24 可以看出，经过局部优化，目前主要房间的照度基本都在 100 lux 以上，满足《建筑采光设计标准》的要求。

3）优化措施

从以上模拟的过程可以发现，因为房间进深比较大，距离窗越远的地方其照度越偏低，但是外窗对于大进深的房间的优化效果比较有限，需要考虑将其内隔墙改成部分的玻璃隔断；一些房间完全没有光源，需要开设新的光源处。优化措施汇总如表 5-10 所示。

表 5-10　　优化措施汇总表

楼层	房间名称	优化措施图片	有效优化措施
二层	综合水处理厂监控中心	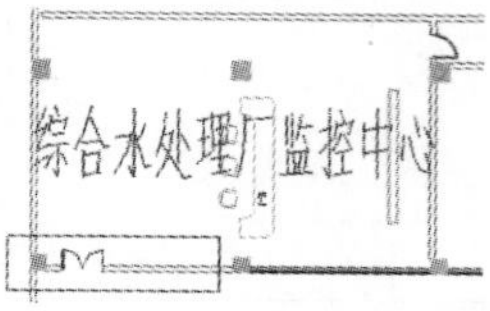	将隔墙改为玻璃隔断
	准备室	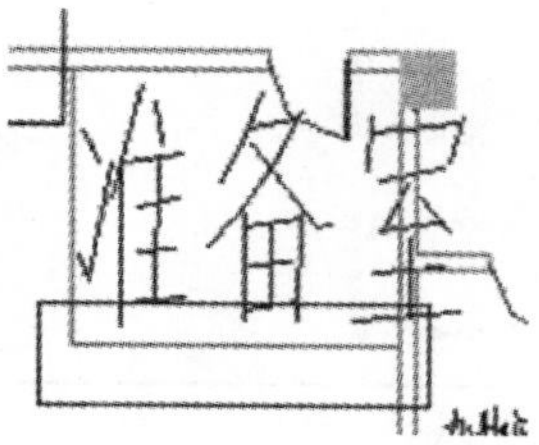	把一面隔墙改为玻璃隔断
	化验室	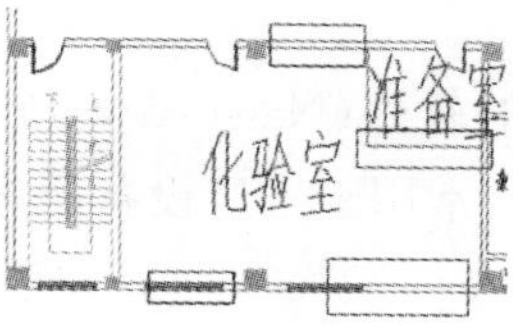	1. 一面隔墙改为玻璃隔断；2. 左窗加大尺寸并且提高透光系数；3. 右窗右移
三层	办公室(右上角)		一面隔墙改为玻璃隔断
	厂长室	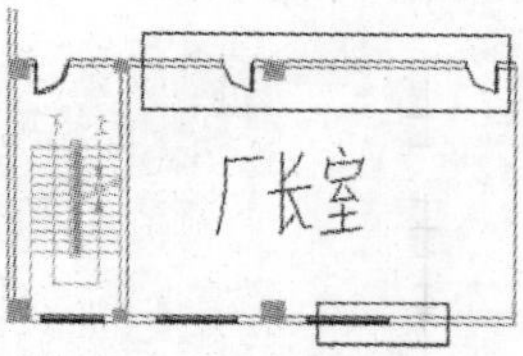	1. 一面隔墙改为玻璃隔断；2. 右窗右移
四层	办公室(右上角)	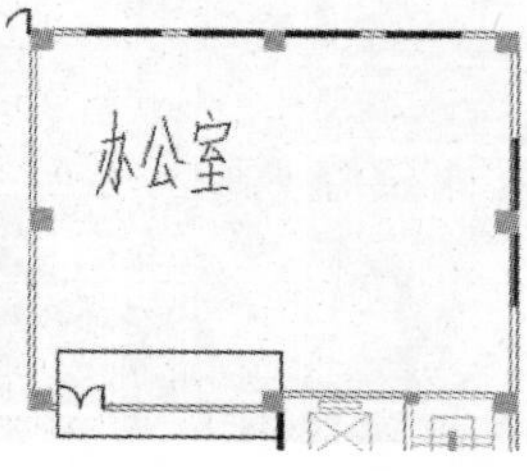	一面隔墙改为玻璃隔断

（续表）

楼层	房间名称	优化措施图片	有效优化措施
四层	办公室（左下角）		1. 一面隔墙改为玻璃隔断；2. 右窗右移
	灌溉水控制室		一面墙加设一扇窗

5.1.5 噪声分析及优化设计

1）分析软件

本项目采用荷兰 DGMR 公司开发的软件（NaiseAtwork）；该软件擅长对作业场所的噪声分布情况及其对周围环境的影响分析，常用于工厂设备的布置和辅助噪声工程控制设计。

2）评价依据及参数说明

根据项目的具体情况和贵单位提供的资料，涉及噪声影响的区域主要包括出水泵房和消防泵房、鼓风机房、滤池机间、变配电室及其他车间。项目的平面布置及分析区域如图 5-25 所示。

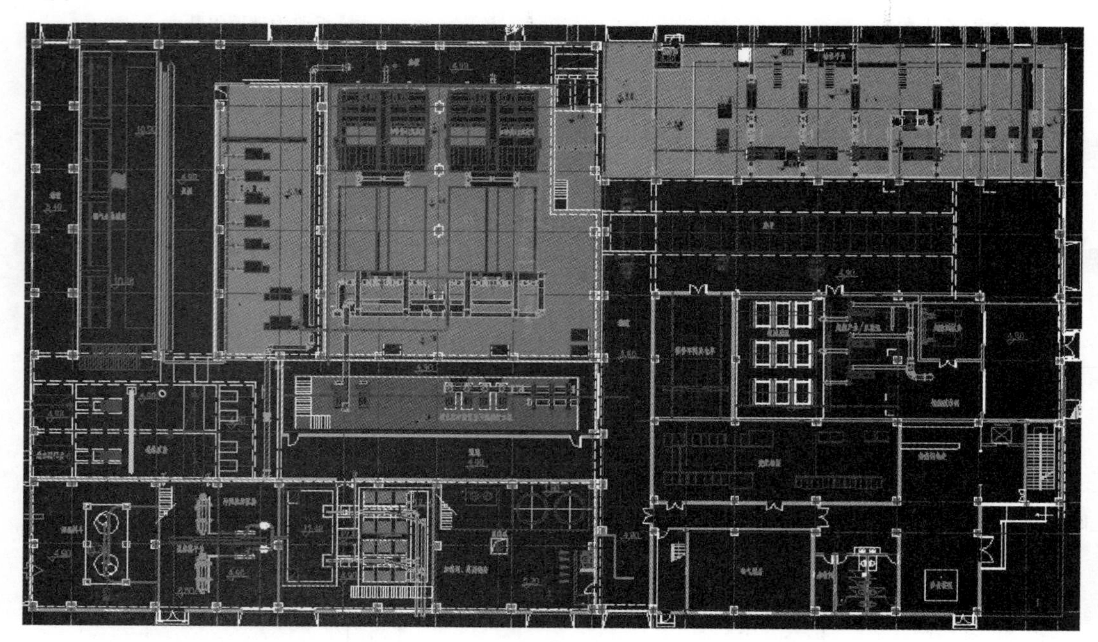

图 5-25 项目平面布置及分析区域

（1）适用标准规范。适用的噪声与振动规范如表5-11所示。

表5-11 项目适用的噪声与振动标准规范

序号	标准号	标准名称
1	GB 3096—2008	声环境质量标准
2	GB 10070—88	城市区域环境振动标准
3	GB 12348—2008	工业企业厂界环境噪声排放标准
4	GB 50087—2013	工业企业噪声控制设计规范
5	GB/T 50355—2005	住宅建筑室内振动限值及其测量方法标准
6	GBZ 1—2010	工业企业设计卫生标准

（2）限值要求如下：

① 办公室及会议室。根据相关标准（GB 50087—2013），企业中的非噪声工作场所的噪声限值详见表5-12。

表5-12 各类工作场所噪声限值

工作场所	噪声限值/dB(A)
生产车间	85
车间内值班室、观察室、休息室、办公室、实验室、设计室（室内背景噪声值）	70
精密装配线、精密加工车间、计算机房（正常工作状态）	70
主控室、集中控制室、通讯室、电话总机室、消防值班室，一般办公室、会议室、设计室、实验室（室内背景噪声级）	60
医务室、教室、值班宿舍（室内背景噪声级）	55

按照国家标准规定，工业企业厂区一般办公室、会议室噪声应低于60 dB(A)，超过该限值需要进行噪声治理。

此外，国家现行的行业标准《工业企业设计卫生规范》（GBZ 1—2010），对非噪声工作地点噪声声级和工效限值提出了相应的设计要求，规定非噪声车间的办公室、会议室和集控室的工效限值为55 dB(A)，详见表5-13。

表5-13 非噪声工作地点噪声声级设计要求

地点名称	噪声声级/dB(A)	工效限值/dB(A)
噪声车间观察（值班）室	≤75	≤55
非噪声车间办公室、会议室	≤60	
主控室、精室加工室	≤70	

② 排放限值要求。本项目位于2类声功能区，按照国家标准《声环境质量标准》（GB 3096—2008）和《工业企业厂界环境噪声排放标准》（GB 12348—2008）的要求，对外排放的噪声昼间不得高于60 dB(A)，夜间不得高于50 dB(A)。

这两个标准为强制性标准，设备运行产生的噪声必须满足要求；高于此限制要求，必须采取措施进行控制。

（3）参数说明。项目计算的设备名称及参数设置详见表5-14。

表5-14 计算参数一览表

序号	房间名称	吸声系数	混响系数	声源名称及型号	声功率/dB(A)	声源高度/cm
1	出水泵房及消防泵房	0.25	1.01 s	低噪声轴流风机	68.0	86.0
2	变配电间	0.25	0.90 s	变配电设备	67.0	150.0

(续表)

序号	房间名称	吸声系数	混响系数	声源名称及型号	声功率/dB(A)	声源高度/cm
3	鼓风机房	0.24	1.00 s	BAF 鼓风机	99.0	120.0
4	污泥脱水机房	0.26	0.91 s	脱水泵	89.0	4 500.0
5	污泥料斗	0.25	0.91 s	污泥泥斗	72.0	8 000.0
6	沉淀池	0.25	1.17 s	—	74.0	6 000.0
7	超滤风机房	0.25	0.63 s	风机	99.0	4 450.0
8	反滤泵房	0.25	0.84 s	反滤泵	83.0	2 000.0
9	超滤膜池	0.23	0.82 s	—	61.0	4 840.0
10	反冲洗泵房	0.25	0.76 s	反冲洗泵	74.0	2 000.0
11	曝气生物池	0.25	1.02 s	—	62.0	8 700.0

3) 模拟结果

正式运营后，存在高噪声的房间主要是鼓风机房和高速沉淀池房，污泥脱水机房以及超滤风机房。三个房间的噪声与振动，在设计和施工过程中，后予以特别关注。

水泵房及消防泵房，变配电室也应以引起足够的重视。出水泵及消防泵房，然噪声不及上述三区域，但其设置工作时，会产生振动；振动经由墙体传至相邻房间，影响正常工作；而变配电室，声音单调，很容易让人产生烦恼，应重视。

4) 优化建议

(1) 优化原则

① 贯彻国家相关政策、法规和建设程序要求，并按照国家相关技术规范进行设计，确保厂区设备长期、稳定、安全、可靠的运行；

② 遵照国家相关法律，正确处理设备技术性、安全性与经济性之间的相互关系，确保工程项目的最优化设计；

③ 执行设计相关规定，确保噪声控制设备的各项性能参数，满足设备的正常工作要求；工程结构设计合理，采用的材料应具有良好的环保、防火性能。

(2) 建议措施

针对存在潜在影响的房间及其设备，提出的优化措施如表 5-15 所示。

表 5-15 优化建议一览表

序号	名称	噪声状态	优化建议
1	鼓风机房与高速沉淀池	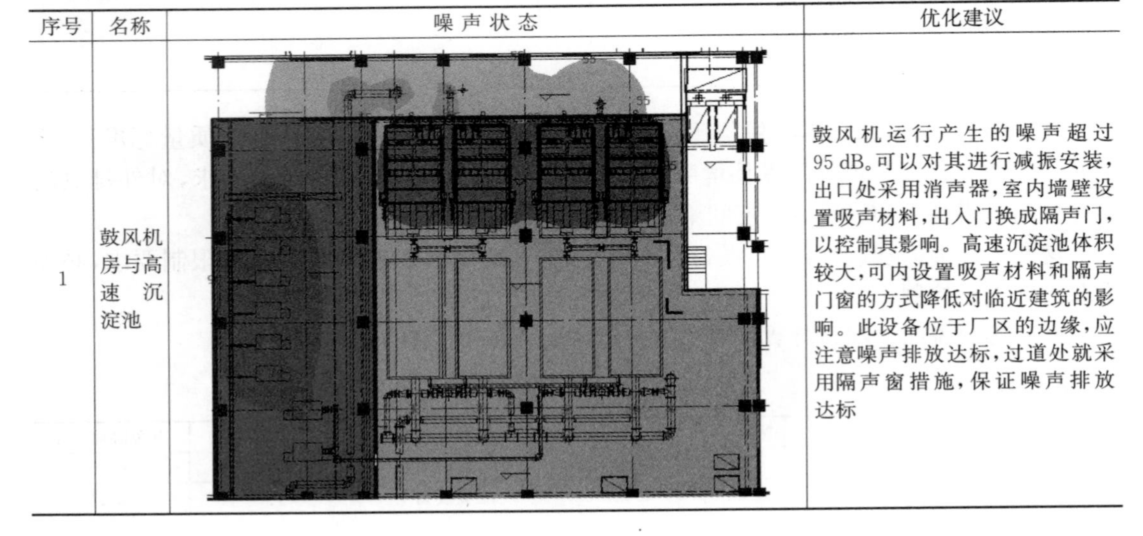	鼓风机运行产生的噪声超过 95 dB。可以对其进行减振安装，出口处采用消声器，室内墙壁设置吸声材料，出入门换成隔声门，以控制其影响。高速沉淀池体积较大，可内设置吸声材料和隔声门窗的方式降低对临近建筑的影响。此设备位于厂区的边缘，应注意噪声排放达标，过道处就采用隔声窗措施，保证噪声排放达标

（续表）

序号	名称	噪声状态	优化建议
2	超滤风机房	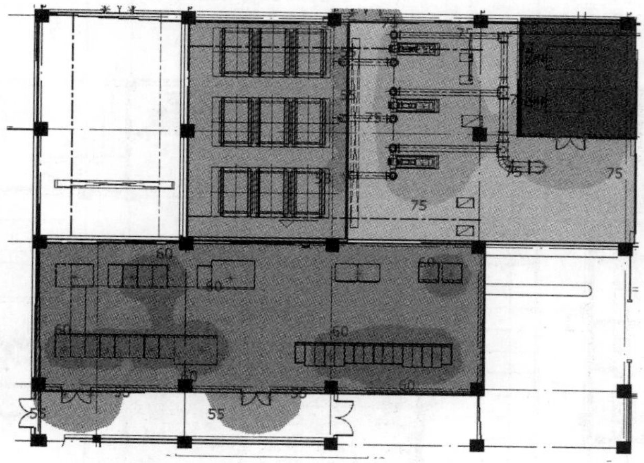	针对超滤风机，可对其局部采用隔声罩降低对外辐射噪声；设备消声器，降低空气噪声；对管道进行包扎，可有效控制其噪声
3	出水泵房及消防泵房	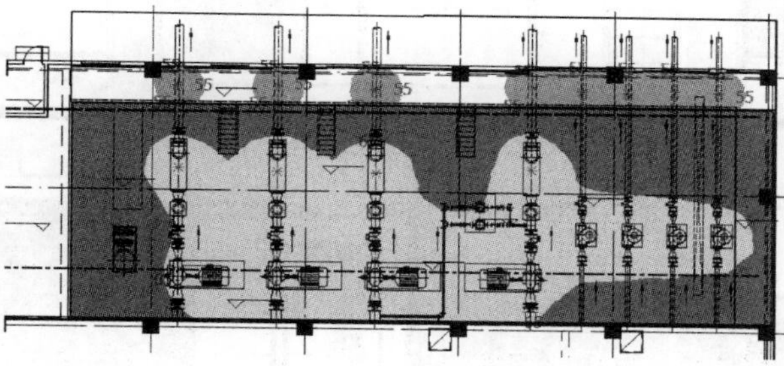	设备已采用低噪声泵，产生的噪声影响范围有限。但注意其振动，对周围办公室的影响。在安装过程中，应对机座、管道和支架采取隔振措施，可消除其影响
4	变配电室	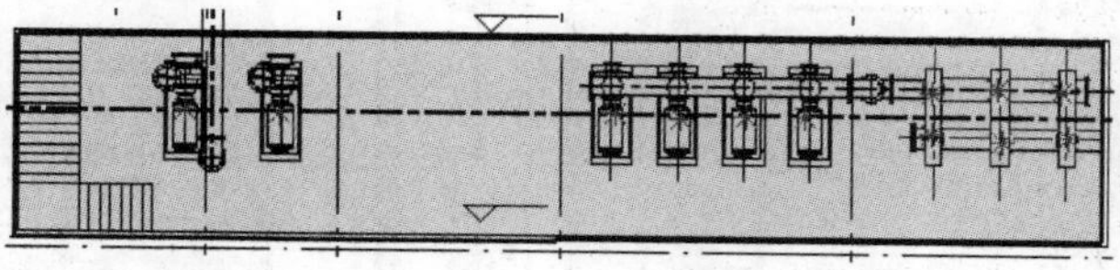	变配电室以稳态噪声为主噪声级不大，安装隔声门窗就可阻挡其传播。但变配电室的噪声容易让人心烦，此外若有人值班，需要建筑一处隔声间
5	污泥脱水机房	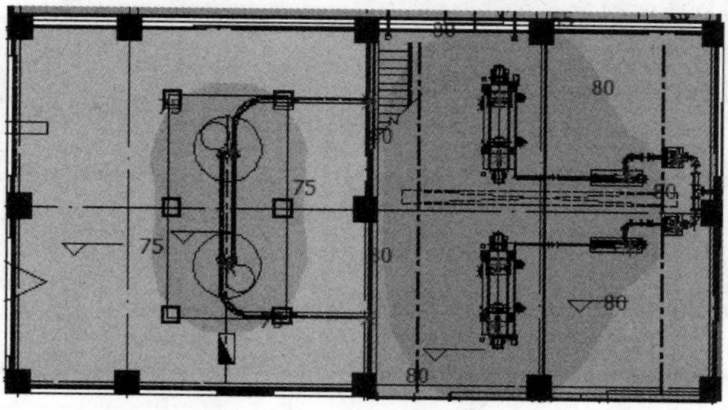	污泥脱水机房内的噪声接近 85 dB，亦属于高噪声场所。为避免其影响，主要是以隔振为主，对机座进行隔振，支架采用软连接，管理用阻尼材料包扎，可确保对临近建筑无影响

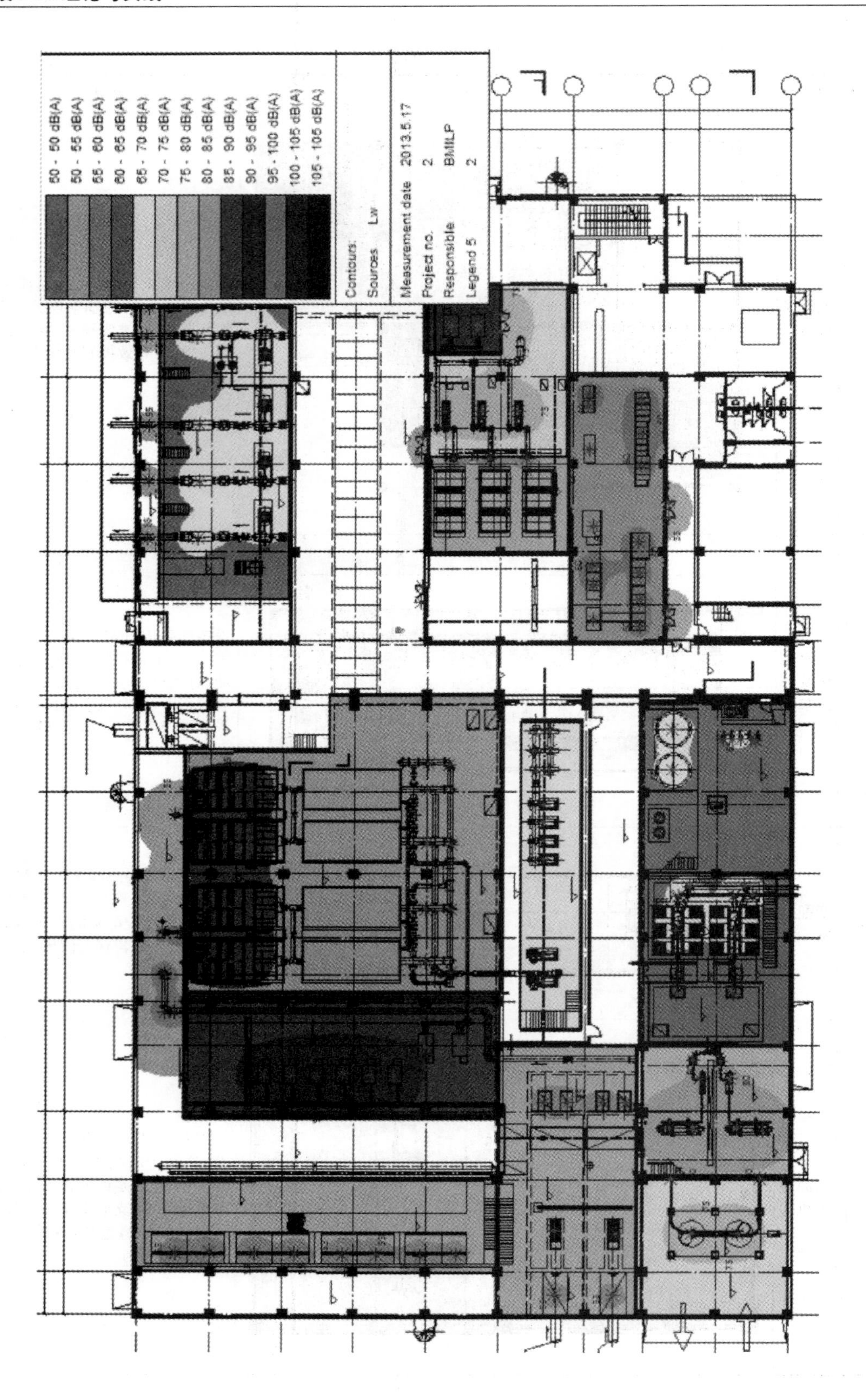

50 - 50 dB(A)
50 - 55 dB(A)
55 - 60 dB(A)
60 - 65 dB(A)
65 - 70 dB(A)
70 - 75 dB(A)
75 - 80 dB(A)
80 - 85 dB(A)
85 - 90 dB(A)
90 - 95 dB(A)
95 - 100 dB(A)
100 - 105 dB(A)
105 - 105 dB(A)
Contours:
Sources Lw
Measurement date 2013.5.17
Project no. 2
Responsible BMILP
Legend 5 2

5.1.6 自然通风模拟及优化分析

1）分析软件

本次室内自然通风评价采用计算流体力学(Computational Fluid Dynamics,CFD)软件进行模拟分析。CFD模拟是数值模拟的一种技术，具有成本低、效率高、可多次重复等特点，现已广泛地应用于建筑环境、能源设备、汽车工程等领域。CFD模拟技术可以应用复杂多变的物理模型，对流动和传热模拟很强的适用性。

PHOENICS是世界上第一套计算流体与计算传热学商业软件。PHOENICS是Parabolic Hyperbolic Or Elliptic Numerical Integration Code Series的缩写，PHOENICS可用于模拟计算流动和传热问题，在暖通空调、建筑节能、流体流动与传热等方面获得了广泛的应用。本项目模拟采用CHAM公司的PHOENICS2010软件进行分析。

2）评价标准

了解室内自然通风状况，采用CFD流体数值仿真软件进行自然通风的评估分析，在当前设计条件，通过更变室内墙门的位置与数量、窗开启的形式，通过平面隔断门优化设计与窗的开窗形式精细化设计，以模拟仿真评估对室内自然通风的影响效果。

主要对综合水处理厂房各楼层的室内自然通风状况进行模拟分析。自然通风的效果不仅与开口面积与地板面积之比有关，事实上还与通风开口之间的相对位置密切相关。在设计过程中，应考虑通风开口的位置，尽量使之有利于形成“穿堂风”。

利用CFD模拟，对比不同门窗数量和开窗面积的方案并判断自然通风状况及各区域通风换气状况。室内自然通风状况的主要评价指标为速度、通风量。

(1) 速度。在非空调环境中，由于温度较高，可以提高风速来补偿温度升高造成的热感上升，常用自然通风、风扇等手段。有数据表明，在非空调环境下，空气流速的变化范围可达0～1.4 m/s之间。

(2) 通风量。通风量是评价自然通风效果的重要指标，其大小直接关系到自然通风的除湿降温能力。《绿色建筑评价技术细则》中规定，主要功能房间换气次数不低于2次/h。

3）模型建立及模拟方法

主要分析综合水处理厂房各楼层主要功能房间在三种不同设计方案下的室内的流场分布状况及通风换气效果。

(1) 计算方法

本次模拟采用Standardk-ε湍流模型对的室外室内自然通风进行分析计算。CFD的控制方程由连续性方程、动量方程、能量方程和组分方程组成。

(2) 建筑模型信息

根据项目设计图纸建立各楼层室内自然通风模型，模型门的位置及数量、窗户通风开口尺寸根据设计图纸中标明的位置及门窗可开启部分设置，因此对以下三种方案进行模拟分析对比：

方案一：平面图布局按照原设计，窗为上悬窗设计格式；

方案二：优化各楼层内隔断门的位置与数量，窗为上悬窗设计格式；

方案三：优化各楼层内隔断门的位置与数量，窗为平开窗设计格式。

本次分析模型以的所有建筑为依据，根据建筑图纸建立几何模型。模拟计算区域的大小以不影响气流流动为准。根据相关的规范和文献等资料，确定室外计算区域为70 m×

60 m×10 m，模型中以 Y 轴正方向为正北方向，网格数量为 33.75 万。具体各方案见表 5-16几何模型。

表 5-16　　建筑二层各方案下建筑模型

	方案一	方案二	方案三
二层	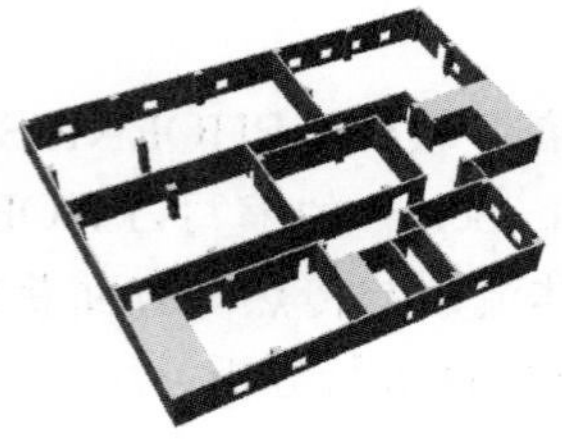	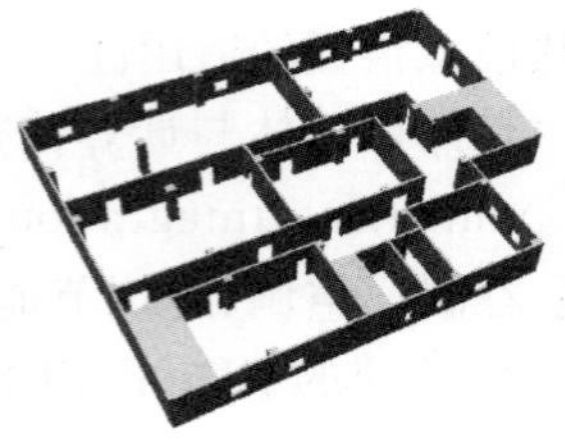	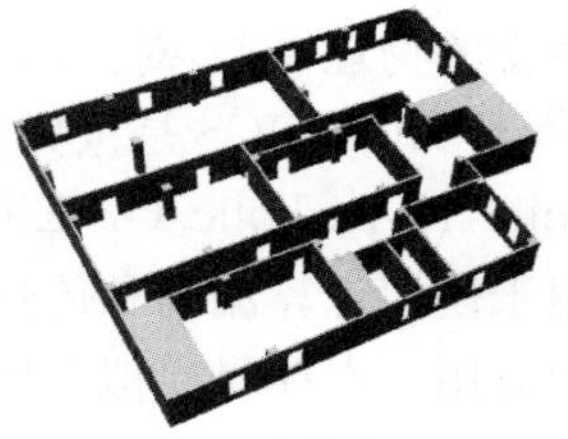
三层	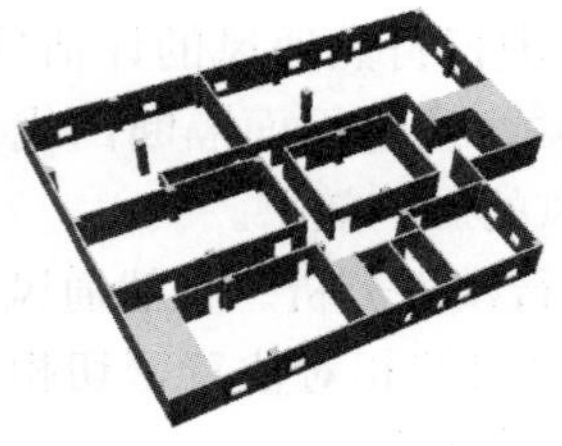	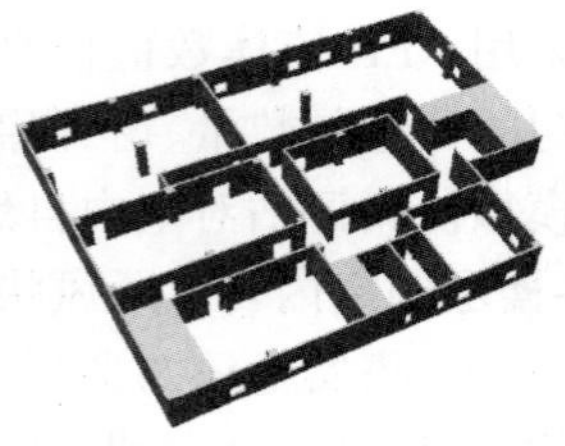	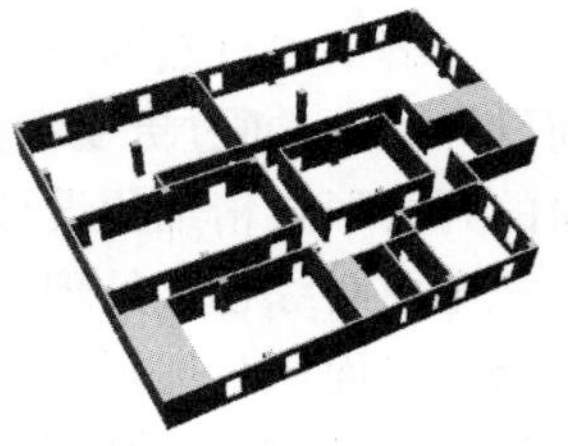

(3) 计算参数设置

① 梯度风边界设置

建筑物附近的风速可以按照大气边界层理论和地形条件来确定。不同地形下的风速梯度也不一样，可以用以下的公式表示：

$$V_{\mathrm{h}} = V_0 (\frac{h}{h_0})^n \tag{5-1}$$

式中　V_{h}——高度为 h 处的风速，m/s；

V_0——基准高度 h_0 处的风速，m/s，一般取 10 m 处的风速；

n——指数。

根据《建筑结构荷载规范》GB 50009—2001，地面粗糙度可分为 A，B，C，D 四类：

A 类指近海海面和海岛、海岸、湖岸及沙漠地区，指数为 0.12；

B 类指田野、乡村、丛林、丘陵以及房屋比较稀疏的乡镇和城市郊区，指数为 0.16；

C 类指有密集建筑群的城市市区，指数为 0.22；

D 类指有密集建筑群且房屋较高的城市市区，指数为 0.30。

本次设置 n 值为 0.16。

② 出口边界条件

自然通风主要考虑的季节为夏季和过渡季节，根据室外风环境模拟结果，选取各室外风环境模拟工况中前后压差最小的楼层设置边界进行室内自然通风模拟分析，室外风环境模拟中选取过渡季节气象参数作为模拟条件：主导风向 SE，平均风速 3.1 m/s。

根据对建筑室外自然通风的模拟的到通风建筑前后压差，图 5-26 和图 5-27 压差色阶图显示，建筑前后压差值均值在 5.0 Pa 左右，为实现室内自然通风提供了可靠的风动力。

图 5-26 建筑迎风侧表面风速分布

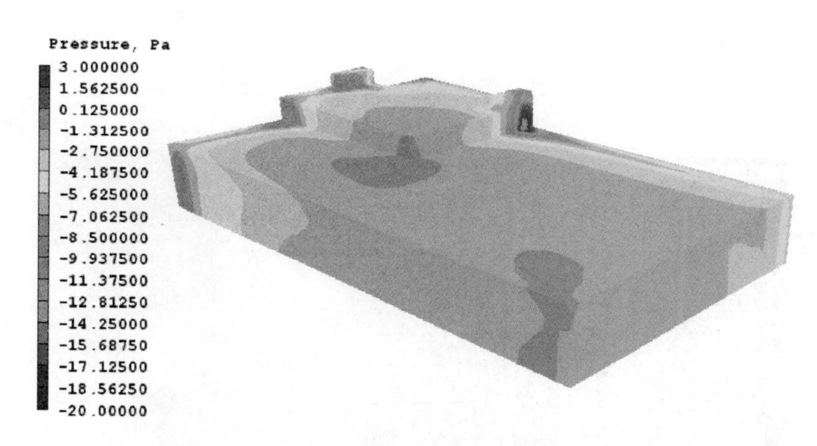

图 5-27 建筑背风侧表面风速分布

计算区域的出口为自由出口，压力设置为环境压力值，即根据室外自然通风模拟结果，选取各室外风环境模拟工况中前后压差最小的楼层设置边界进行室内自然通风模拟分析，由于室内自然通风通向厂房，2、3 楼室内自然压差较 4 楼可能会少些，因此 2 层、3 层压力边界设置为 4.0 Pa，4 层压力边界设置为 4.0 Pa。限于篇幅，下文仅介绍建筑二层的分析结果。

4）模拟分析

模拟过渡季节主导风向为 SW，平均为风速 3.1 m/s 时，本建筑二层在不同方案下室内区域的流场、室内空气流速及室内自然通风的情况。

（1）平面图布局按照原设计窗，窗为上悬窗设计格式。

① 流场。图 5-28 为建筑二层距地 1.2 m 高度处的流场分布状况，建筑二层室内气流基本呈由南向北流动的趋势，室内空气流通较为顺畅，室内基本无涡流区域形成。

② 风速。图 5-29 为建筑二层距地 1.2 m 高度处的风速等值线图，等值线间距为 0.107 5 m/s。建筑二层室内最大风速约为 1.25 m/s，电气室内的风速基本处于 0.1～0.6 m/s 之间，化验室、办公室 01、办公室 03 室内风速基本处于 0.15～1.0 m/s 之间，监控中心、办公室 02 室内风速基本处于 0.15～0.45 m/s 之间。室内整体风速基本小于 1.0 m/s，与 RP-884 数

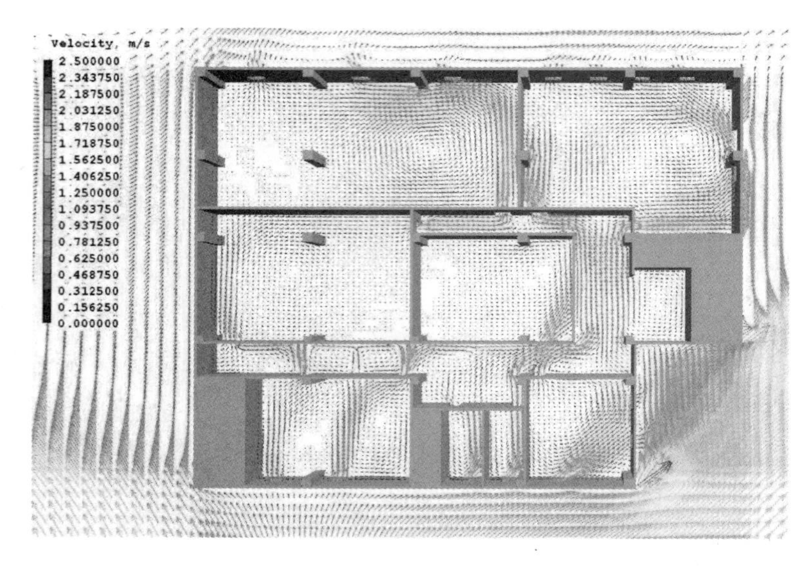

图 5-28　距地 1.2 m 高度风速矢量图

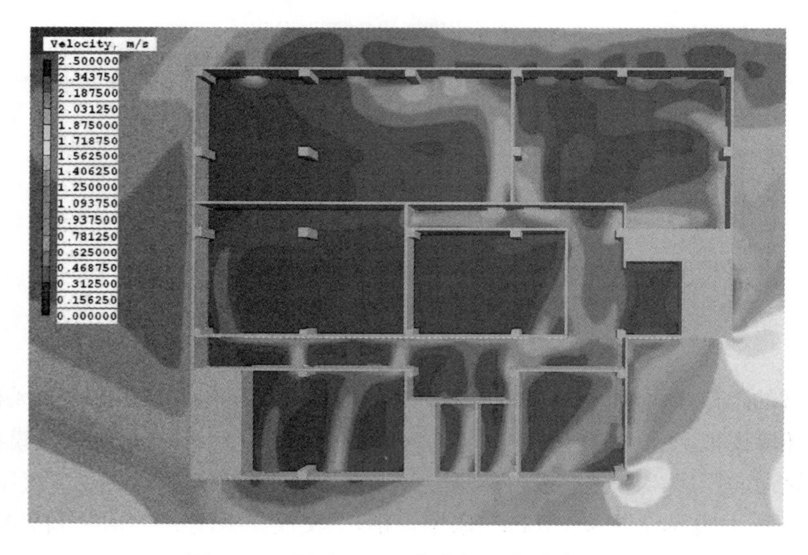

图 5-29　距地 1.2 m 高度的速度分布云图

据库中的数据相比，室内风速均小于 1.4 m/s，符合非空调情况下的舒适风速限值要求。

③ 通风量。图 5-30 为建筑二层距地 1.2 m 高度处空气龄分布云图，等值线间距 75 s。通过化验室、办公室 03 空气龄基本在 70～180 s 范围内，部分房间通风换气效果非常差，监控中心、办公室 02 的空气龄基本在 750～950 s 范围内，办公室 02 的空气龄基本在 800～1 100 s 范围内，需要进一步改善室内通风环境。从图中可以看出，部分房间封闭性极强，几乎没有室内自然通风的能力，导致空气质量十分恶劣。有些房间进风量小，不能很好形成较好的穿堂风，或者房间的空气质量较差、隔断较多，进风量太少，导致与其他房间相比，空气龄较大。

(2) 增加各楼层内隔断门的数量，窗为上悬窗设计格式。图 5-31 为建筑二层增加门的位置与数量示意图。

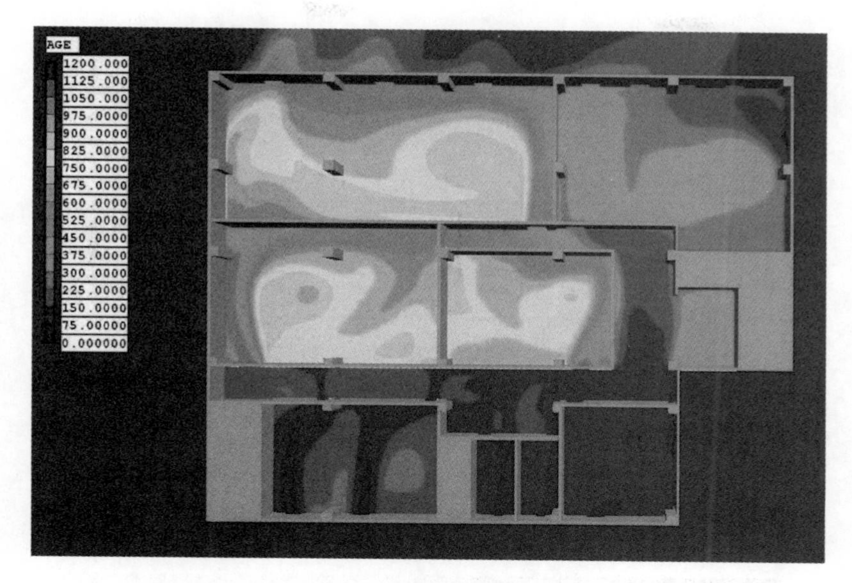

图 5-30 距地 1.2 m 高度的空气龄分布云图

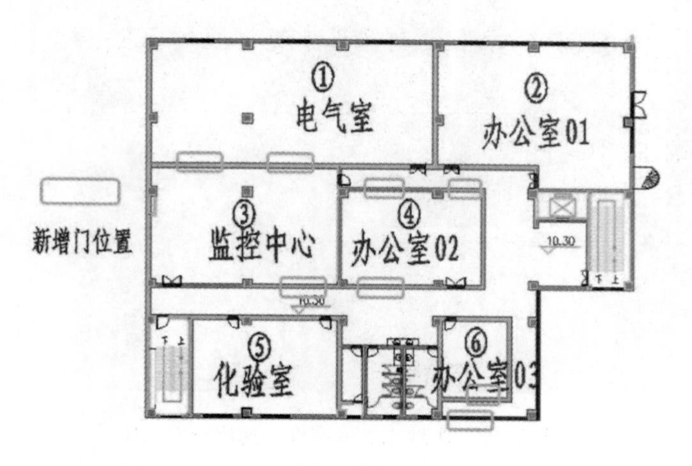

图 5-31 建筑二层增加门的位置与数量示意图

① 流场。图 5-32 为建筑二层距地 1.2 m 高度处的流场分布状况，建筑二层室内气流基本呈由南向北流动的趋势，室内空气流通较为顺畅，室内基本无涡流区域形成。

② 风速。图 5-33 为建筑二层距地 1 m 高度处的风速等值线图，等值线间距为 0.156 25 m/s。建筑二层室内最大风速约为 1.40 m/s，电气室、办公室 01、监控中心、办公室 02 内的风速基本处于 0.2～0.6 m/s 之间，化验室、办公室 03 室内风速基本处于 0.15～1.2 m/s之间，室内整体风速基本小于 1.2 m/s，与 RP-884 数据库中的数据相比，室内风速均小于 1.4 m/s，符合非空调情况下的舒适风速限值要求。

③ 通风量。图 5-34 为建筑二层距楼面 1.2 m 高度处空气龄云图，等值线间距为 50 s。化验室、办公室 03 的空气龄基本在 20～180 s 范围内，监控中心、办公室 01、办公室 02 的空气龄基本在 200～360 s 以内，经过电气室大部分空气龄在 220～500 s 范围内，室内自然通风效果大大改善。

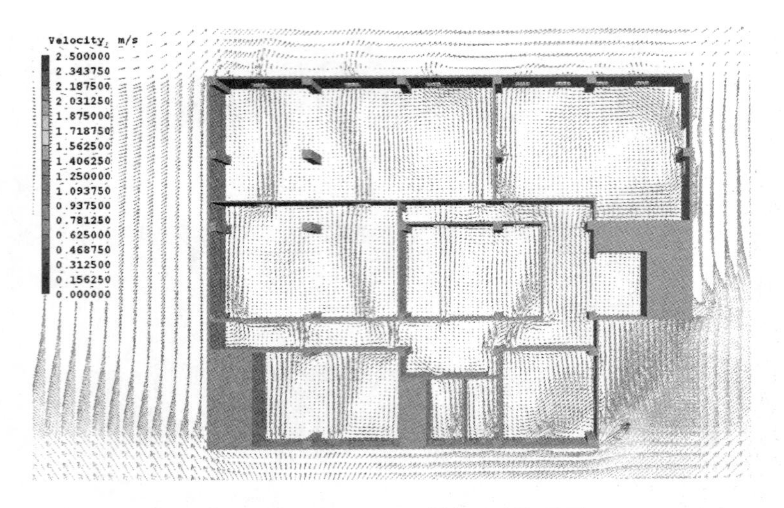

图 5-32　距地 1.2 m 高度风速矢量图

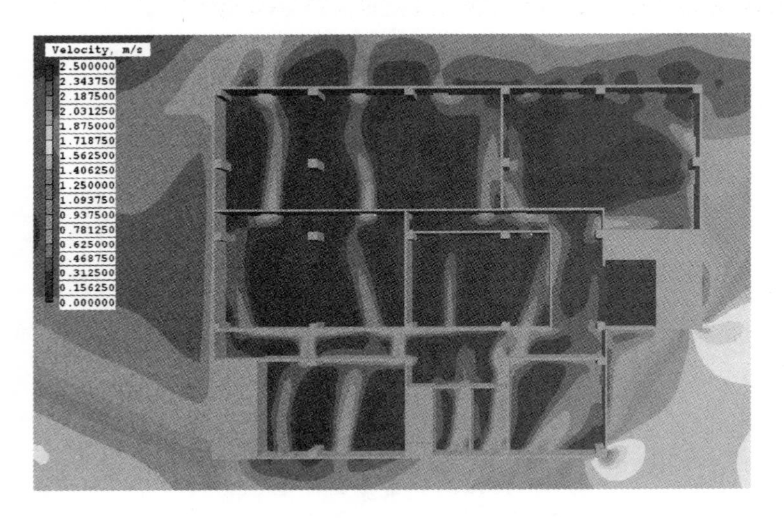

图 5-33　距地 1.2 m 高度的速度分布云图

图 5-34　距地 1.2 m 高度的空气龄分布云图

(3) 增加各楼层内隔断门的数量,窗为上平开窗设计格式

① 流场。图 5-35 为建筑二层距地 1.2 m 高度处的流场分布状况,建筑二层室内气流基本呈由南向北流动的趋势,室内空气流通较为顺畅,室内基本无涡流区域形成。

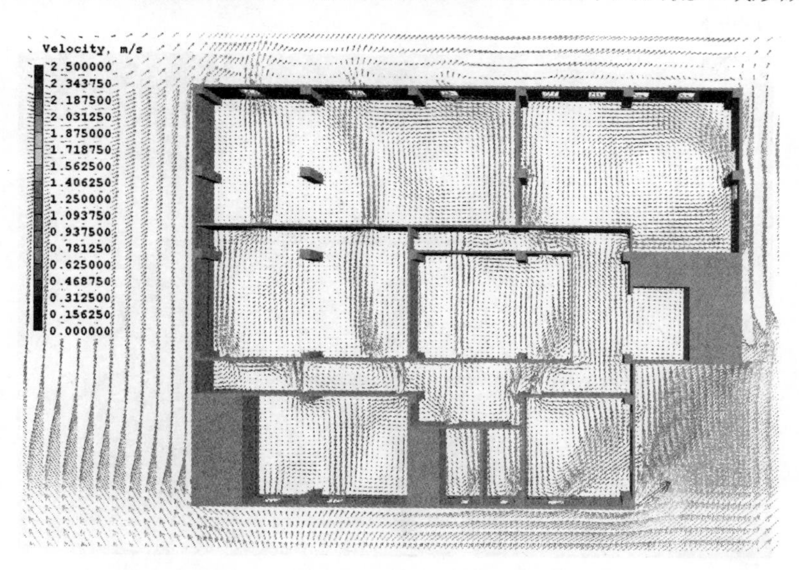

图 5-35 距地 1.2 m 高度风速矢量图

② 风速。图 5-36 为建筑二层距地 1.2 m 高度处的风速等值线图,等值线间距 0.156 25 m/s。图中可见:建筑二层室内最大风速约为 1.40 m/s,电气室、办公室 01、监控中心、办公室 02 内的风速基本处于 0.2～0.75 m/s 之间,化验室、办公室 03 室内风速基本处于0.15～1.2 m/s之间,室内整体风速基本小于 1.0 m/s,与 RP-884 数据库中的数据相比,室内风速均小于 1.4 m/s,符合非空调情况下的舒适风速限值要求。

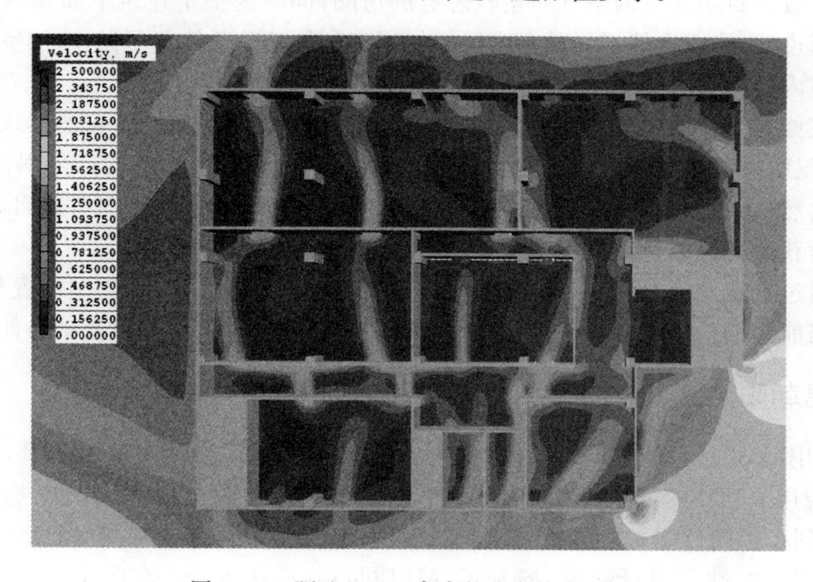

图 5-36 距地 1.2 m 高度的速度分布云图

③ 通风量。图 5-37 为建筑二层距楼面 1.2 m 高度处空气龄云图，等值线间距为 50 s。图中可见：化验室、办公室 03 的空气龄基本在 20～150 s 范围内，经监控中心、办公室 01、02 的空气龄基本在 200～360 s 以内，经过电气室大部分空气龄在 200～450 s 范围内，室内自然通风效果大大改善。

图 5-37　距地 1.2 m 高度的空气龄分布云图

5）结论

（1）原设计方案：部分区域可以获得良好的自然通风效果，部分区域由于平面设计的布局的缺陷，导致部分区域室内空气龄偏大，室内自然通风效果较差。

（2）在原设计方案基础上，进行内墙开启门数量与位置的优化设计，通风模拟可见，可以有效改善较为封闭的室内空气质量较恶劣的房间，同时为整个建筑平面布局提供自然通风的可靠风道，为形成自然通风的穿堂风提供了有利的基础条件。可见，增加室内门的数量对于强化室内自然通风的效果是十分有必要的。

（3）在原有设计的方案基本上，通过内墙开启数量与位置、再与开窗的形式进行耦合优化设计，不仅解决部分房间进出风量不平衡的弊病，同时有效缓解室内产生涡流的可能性，优化室内自然通风的气流组织。另通过外窗开窗形式的设计，细化外窗可开启面积的设计，为整个平面获得良好的风源提供了保障。

（4）通过方案宏观上与微观上的模拟分析，建议项目优化室内平面站位置与数的布局，可以考虑当前的上悬窗进行优化设计，变更为平开窗，为自然通风提供基础条件。

5.2　南昌朝阳大桥

南昌朝阳大桥是一座造型新颖、结构复杂的城市桥梁。为提高建设质量，参建单位将 BIM 技术应用于项目的各阶段，实现了设计、施工、运维等单位的有机结合，提高了项目运作效率，达到了预期目标。在设计方面，基于 Autodesk Revit 平台应用了 BIM 技术解决构造物的错、漏、碰、缺等设计缺陷，提升了设计质量；在施工方面，基于 Autodesk Revit 及 Autodesk Navisworks 平台应用了 BIM 技术模拟施工组织方案，检查临时构造物的错、漏、碰、缺等缺陷保障施工安全,模拟施工安装过程校核操作可行性及合理性;在运维方面,基于“蓝色星球”平台应用了BIM技术结合GIS系统实现运维平台三维可视化,提高运维管理平台的友好度。通过项目锻炼,各位成员较好地学习了Autodesk系列软件,深化了BIM设计理念,提高了BIM设计水平,尤其是对多名青年起到了较好的培养效果。此BIM应用项目在2015年度由中国勘察设计协会组织的“创新杯”建筑信息模型(BIM)设计大赛中获得“最佳基础设施类BIM应用奖”三等奖、上海建筑施工行业第二届BIM技术应用大赛“专项奖”。

5.2.1 项目概述

1) 工程概况

南昌市朝阳大桥工程是南昌市“十纵十横”干线路网规划中南环快速路跨越赣江的重要节点工程(图5-38)。工程总投资27亿元,全长3.6 km,位于南昌大桥与生米大桥之间,西接前湖大道,东连九州大道。大桥采用投资、设计、施工一体化的建设模式,这在南昌市尚属首次。大桥于2012年11月开工,2015年5月18日通车运营,效果图如图5-39所示,竣工照片如图5-40所示。该工程设计项目在工程可行性研究阶段获上海市优秀工程咨询一等奖,其科研成果获得2016年度南昌市科技进步一等奖。

图5-38 工程在南昌市的地理位置

2) 技术标准

(1) 道路等级:城市快速路。

(2) 机动车荷载标准:城—A级。

(3) 人群及非机动车荷载标准:按《城市桥梁设计规范》(CJJ 11—2011)中相应规定。

(4) 设计车速:60 km/h。

(5) 桥梁结构的设计安全等级:一级。

(6) 设计基准期:100年。

(7) 耐久性设计环境条件:环境类别Ⅱ类。

(8) 通航标准:桥位处赣江航道等级为Ⅱ-(3)级。

(9) 防洪设防标准:1/300。

(10) 地震基本烈度为6度,抗震措施符合7度要求。

3) 工程特点

大桥结合了“多塔连跨斜拉桥”和“波形钢腹板组合梁桥”的特点,是目前国内第一座真正

图 5-39　南昌朝阳大桥效果图

图 5-40　南昌朝阳大桥竣工照片

意义上的波形钢腹板 PC 组合梁斜拉桥，世界第一例单箱五室六腹板钢结构整体吊装施工桥梁，也是目前世界上第一座可双层通行的波形钢腹板 PC 组合梁斜拉桥，工程特点概述如下。

（1）跨江主桥通航孔桥采用六塔斜拉桥布置。通航孔桥跨径布置(79 m＋5×150 m＋79 m)，总体结构形式为梁墩分离、塔梁结合的六塔单索面斜拉桥，通航孔桥总体布置如图 5-41所示，横向布置如图 5-42 所示，主梁为单箱五室波形钢腹板 PC 组合梁，主梁顶宽 37 m，底宽 44 m，采用挂篮平衡悬臂法施工。

（2）波形钢腹板 PC 组合梁的广泛应用。朝阳大桥工程跨江区段桥梁主梁均采用波形钢腹板 PC 组合梁，应用面积居国内同类桥梁前列；通航孔桥单箱五室波形钢腹板 PC 组合梁，结构新颖，各项技术指标居国内同类型桥梁前列；非通航孔桥 Pm 21～Pm 25 为国内第一座采用变宽设计的波形钢腹板 PC 组合结构桥梁，主梁断面如图 5-43 所示。

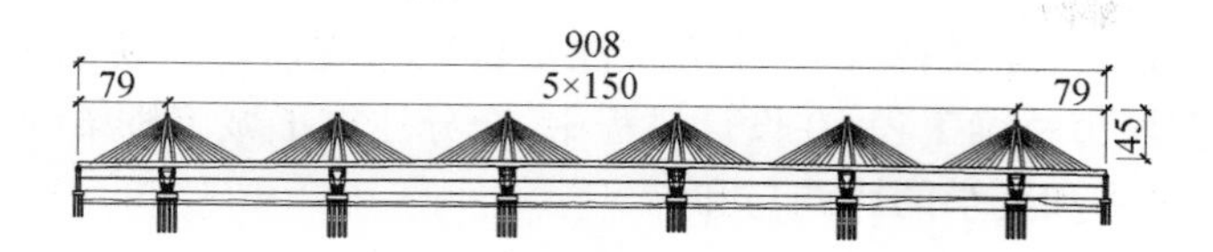

图5-41 南昌朝阳大桥工程通航孔桥总立面布置(单位:m)

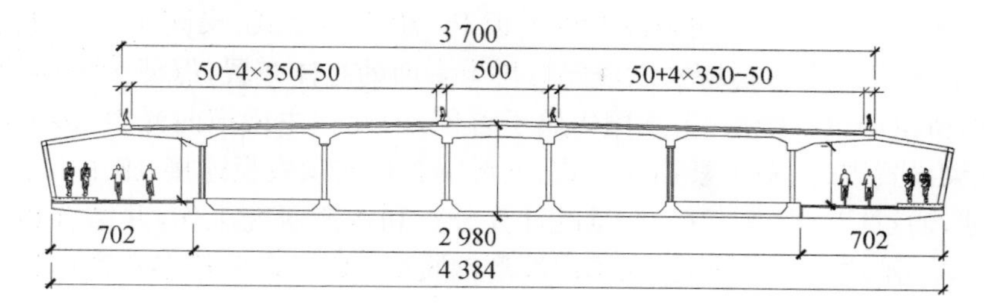

图 5-42 南昌朝阳大桥工程通航孔桥横向布置(单位:cm)

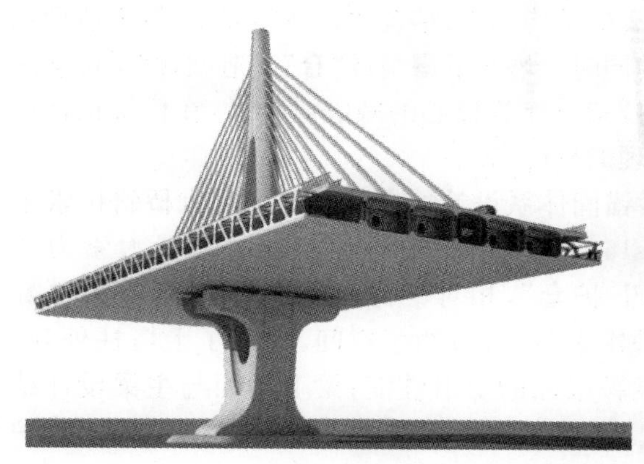

图 5-43 南昌朝阳大桥中波形钢腹板的应用部位示意

(3) 充分考虑人性化需求采用独立人非系统设计。朝阳大桥采用独立的人非通行系统设计(图 5-44),提供尽可能舒适便捷的通行条件。总体上人非通道布置在主线机动车道下部,采用双层布置,实现了人非系统与机动车道的物理隔离,宽敞通透。

图 5-44 人非通道设计

（4）充分考虑城市桥梁景观需求，全方位注重桥梁景观设计。朝阳大桥工程位于南昌市中心城区，是典型城市桥梁工程，在设计过程中，充分注重了城市桥梁的景观需求，力图达到桥梁功能、安全、经济和美学的协调与和谐。

4）设计关键技术

（1）通航孔桥主梁波形钢腹板 PC 组合单箱多室宽体箱梁设计综合技术。朝阳大桥跨江主桥主梁采用了单箱五室六腹板波形钢腹板 PC 组合梁形式，梁高 4.7 m，顶板宽 37 m，底板宽 30 m，此种断面形式适应了六塔斜拉桥单索面的总体布置，保证了主梁的整体性，借鉴了国外类似桥梁的设计经验，但在国内属于首创，因此在主梁横向受力、多道波形钢腹板剪力分配、横梁设置方式、斜拉索锚固方式、波形钢腹板与顶底板连接、施工方法等诸多方面都提出了挑战，通过广泛收集资料、大量的计算分析和构造研究工作，并结合相关科研工作的开展，我们逐一解决了上述难题，在国内波形钢腹板 PC 组合单箱多室宽体箱梁设计和施工方面做出了开创性的探索。

（2）通航孔桥多塔斜拉桥体系设计综合技术。朝阳大桥通航孔桥采用六塔斜拉桥布置，结合项目具体情况采用塔梁固结、梁塔分离的结构体系；结合建筑造型需要，桥塔造型提出了较高的造型要求，在满足结构受力需求的同时上塔与下塔组成“合”字造型，赋予桥梁六合之寓意；同时结合抗震科研工作，采用了以拉索支座为核心的减隔震体系，在桥梁正常使用和保证地震工况桥梁结构安全之间找到合理的平衡点。

（3）通航孔桥平行钢绞线斜拉索及拉索锚固体系设计综合技术。朝阳大桥斜拉索采用了平行钢绞线斜拉索，拉索规格为 52 Φs15.2～99 Φs15.2，单根斜拉索最大索力约 900 t，配备了三层防护体系“环氧＋油脂＋PE 护套”，相对平行钢丝拉索体系，具有更好的防腐耐久性、张拉灵活的特点；塔上锚固采用索鞍式，节约了空间，保证了上塔柱外观，创新性提出利用“超张拉＋负摩阻”实现了索鞍锚固的防滑性能；梁上锚固与主梁设计结合，采用位于混凝土顶底板之间钢锚箱形式，保证了受力和传力性能及张拉和后期养护的有效空间。

（4）非通航孔桥变宽度波形钢腹板 PC 组合梁设计综合技术。跨江主桥共布置 4 联非通航孔桥，标准跨径为 50 m，采用分幅式布置，非通航孔桥 Pm21～Pm25 由于需要同东侧立交右进右出衔接，为变宽桥，单幅桥宽 16～28.703 m，横断面布置由单箱双室渐变为单箱四室。变宽波形钢腹板 PC 组合箱梁也属国内首创，在总体受力分析、腹板设置、体外束布置、横梁受力分析和加强等方面都有挑战并做出了探索；变宽梁在城市市政桥梁中非常普遍，这一探索和创新对于开拓波形钢腹板 PC 组合梁在城市桥梁的应用范围具有里程碑式的意义。

5）科研工作

开展了六个方面的工作：设计理论、设计技术、BIM 技术应用、关键检测技术、监控监测技术、养护技术，共分为 15 个专题。科研成果中，共发表学术论文 76 篇，其中 EI 论文 20 篇，SCI 论文 9 篇，核心期刊论文 18 篇，学术会议 29 篇，期刊论文被国内外同行引用 58 次。已获授权的发明专利 1 项、实用新型专利 23 项，在途申请的发明专利 3 项，实用新型专利 3 项。

5.2.2 南昌朝阳大桥 BIM 应用点介绍

本项目的 BIM 应用点如下：

（1）设计方面：方案比选、构造设计、碰撞检验、设计成品出图、结构辅助计算。

（2）施工方面：大桥施工过程模拟、临时结构辅助计算。

（3）运维方面：三维浏览、服务中心平台系统、设施设备管理系统、安全管理系统、工程资料管理系统、操作说明系统。

图 5-45　南昌朝阳大桥 BIM 应用软件

本项目 BIM 应用的特点：实现 BIM 模型在建设行业产业链协同应用，做到了设计、施工及运维产品的无缝对接。

本项目 BIM 应用层级：完善企业级 BIM 技术在大型桥梁工程中的应用，依托工程项目制定桥梁 BIM 建模方法，为市政行业桥梁类项目树立标准，达到市政行业领先水平，增强引领能力，提升企业核心竞争力。

本项目 BIM 应用软件如图 5-45 所示。

1）设计方面

建模思路：策划中，采用"分叉树"架构，从总体、构件、零件的思路分解结构整体；实施中，采用"逆向"建模法，从零件、构件、总体的方法建立总体模型。

（1）方案比选。利用 Revit 体量建模方法快速构建工程可行性研究阶段十二种总体设计方案的概念模型（图 5-46），结合地形、通航、技术难度及工程造价等方面得出最佳设计方案。

BIM 价值：通过 BIM 平台直观地展示方案总体效果，提高方案策划阶段的设计效率，控制成本。

（2）构造设计。波形钢腹板设计：以波形钢腹板构件的关键构造（翼板、开孔钢板、波形钢腹板、连接件）长度作为参数（图 5-47），基于底层零件级的族类型文件建立了文件库，通过合理的数据调用构建了翼缘型波形钢腹板构件的参数驱动模型，实现了标准化信息模型设计。

钢横梁设计：以钢横梁构件的关键构造（钢横梁腹板、水平加劲肋、垂直加劲肋）长度作为参数（图 5-48），利用焊钉连接件的族类型文件，建立了钢横梁构件的参数驱动模型，实现了标准化信息模型设计。

钢锚箱设计：通过"基于面"的族类型文件，建立了锚管、抗剪板及其加劲肋等零件的参数驱动模型（图 5-49）。利用基于面的族类型文件的嵌套调用方法，实现了钢锚箱各关键零件的组装。以锚管中心线与桥梁设计道路中心线的竖曲线在铅垂面上的夹角，实现了锚箱空间姿态定位，还以该夹角作为参数，保证了锚箱系统的构件级族文件在大桥总体模型中的通用性。

斜拉索分丝管鞍座设计：通过轮廓族文件基于单根分丝管中心线拉伸建立了单根分丝管模型，再建立分丝管群组（图 5-50）。以基于面的族文件建立锚板及其加劲肋的模型，将其贴合于分丝管鞍座群组的端面形成了分丝管鞍座成品构件。最后，加载该成品构件的族文件至总体模型中，根据设计位置进行定位安装。

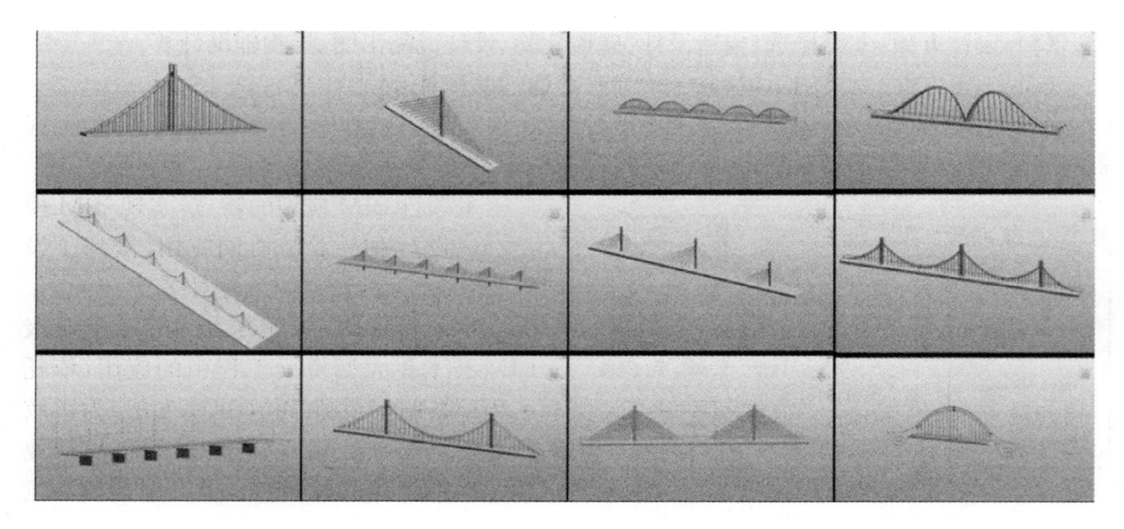

图 5-46　方案比选

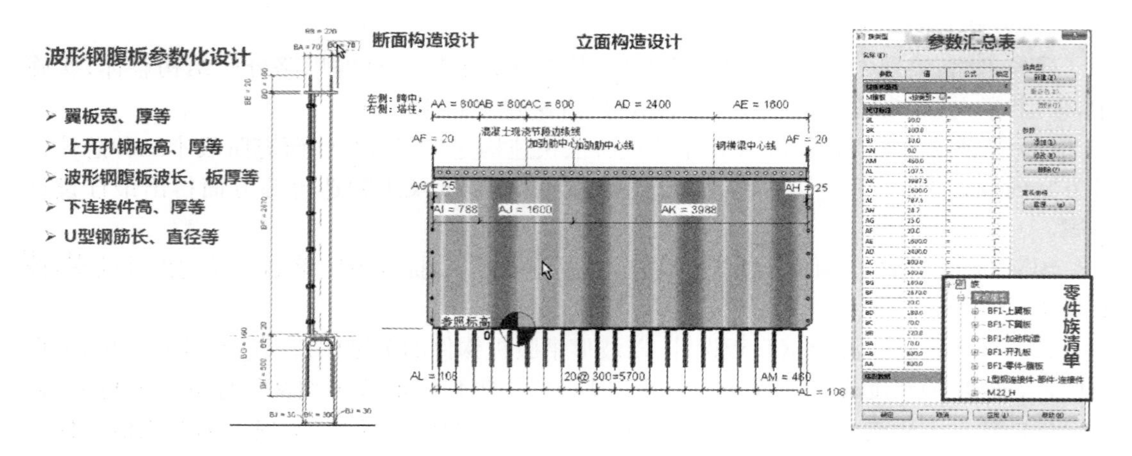

图 5-47　波形钢腹板参数化设计

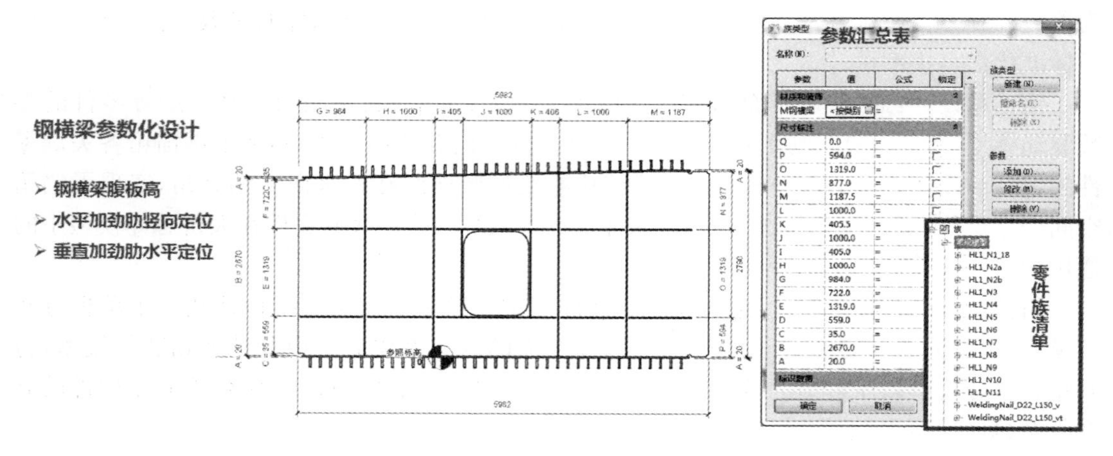

图 5-48　钢横梁参数化设计

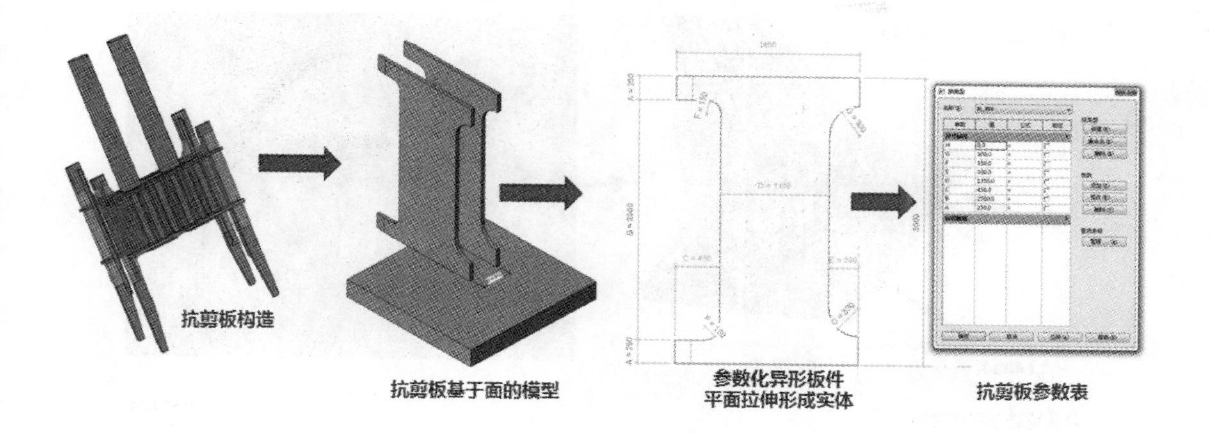
抗剪板构造
抗剪板基于面的模型
参数化异形板件
平面拉伸形成实体
抗剪板参数表

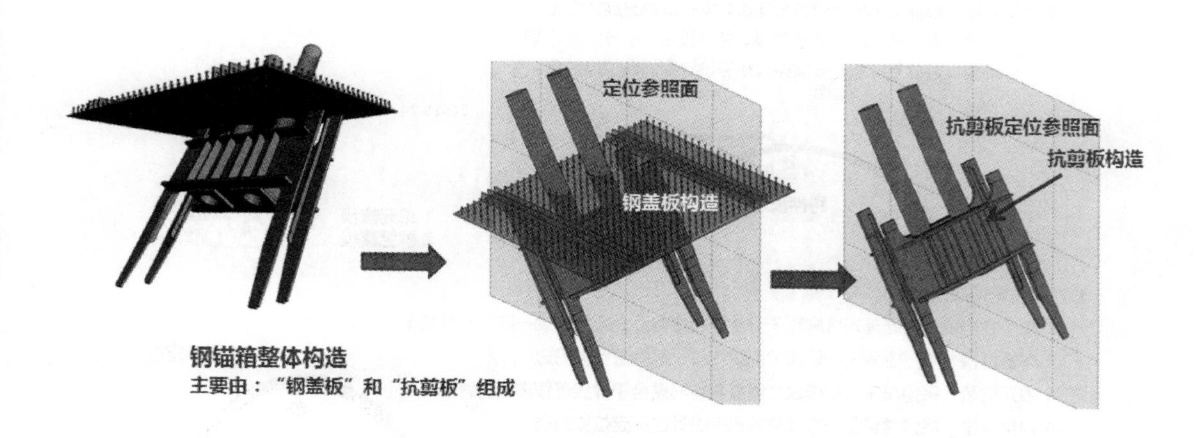
钢锚箱整体构造
主要由："钢盖板"和"抗剪板"组成
定位参照面
钢盖板构造
抗剪板定位参照面
抗剪板构造

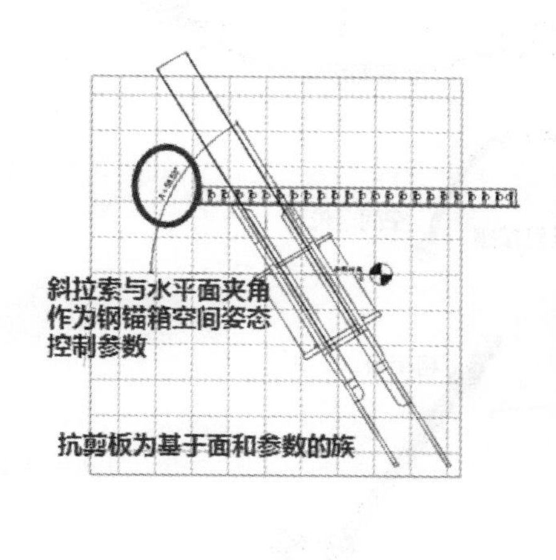
斜拉索与水平面夹角
作为钢锚箱空间姿态
控制参数
抗剪板为基于面和参数的族

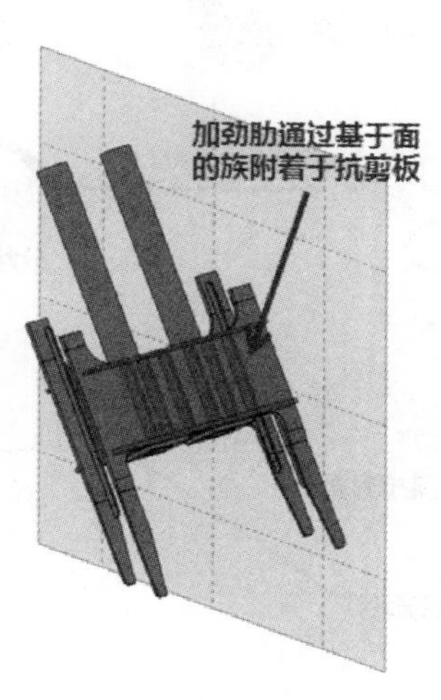
加劲肋通过基于面
的族附着于抗剪板

钢锚箱结构设计成果

图 5-49 钢锚箱建模设计

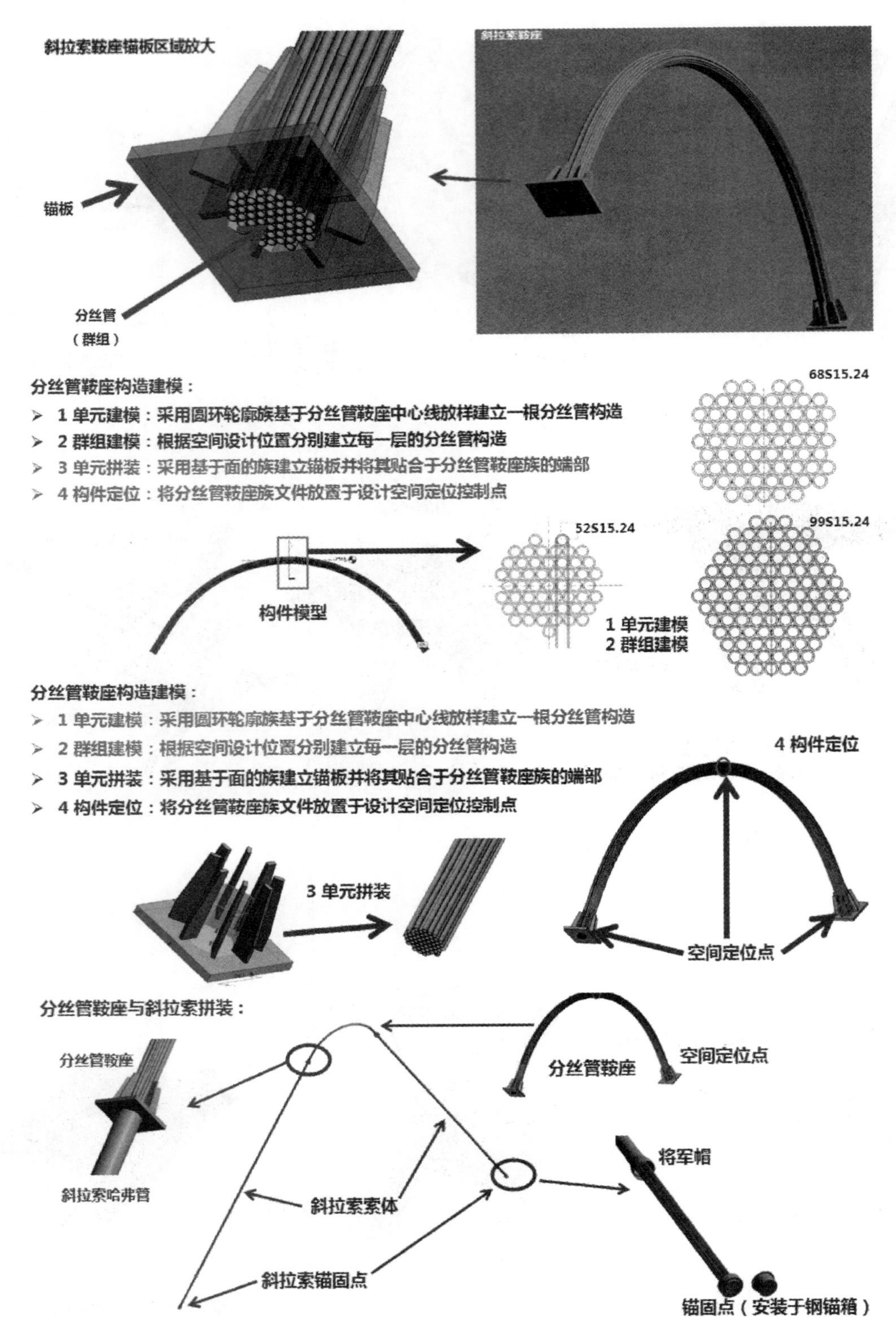

图 5-50　斜拉索分丝管鞍座建模设计

其他构件的建模设计如图 5-51 所示。

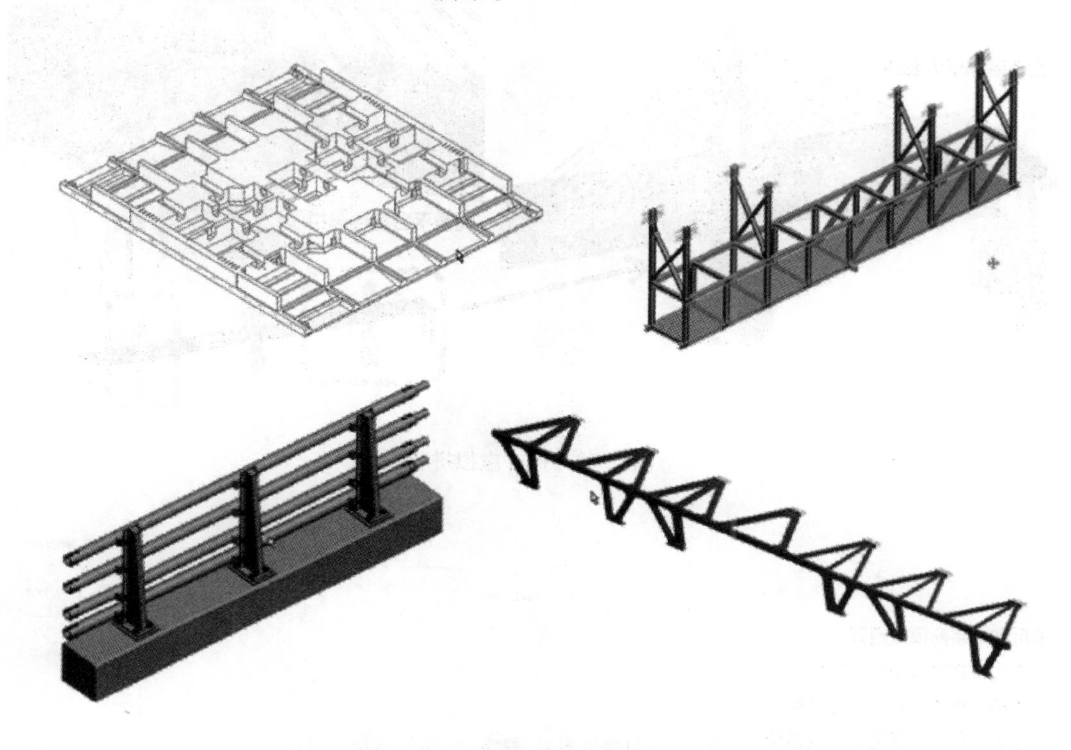

图 5-51 南昌朝阳大桥其他构件的建模设计成果

BIM 技术应用于本项目设计的价值：通过 BIM 提高了施工图阶段的结构设计质量。

(3) 碰撞检验。建立结构总体项目文件，加载大桥所有构件的族文件，以桥梁设计空间信息为基准对各构件定位，进行虚拟拼装(图 5-52、图 5-53)。对拼装完成后的总体项目模型进行外观检查，并采用 Revit 软件自带的碰撞检查功能检验各构造是否存在冲突。根据桥梁指导性施工方案在 Revit 软件中拟定构件生成次序(图 5-54)，检验各构件的生成过程是否存在构造冲突。

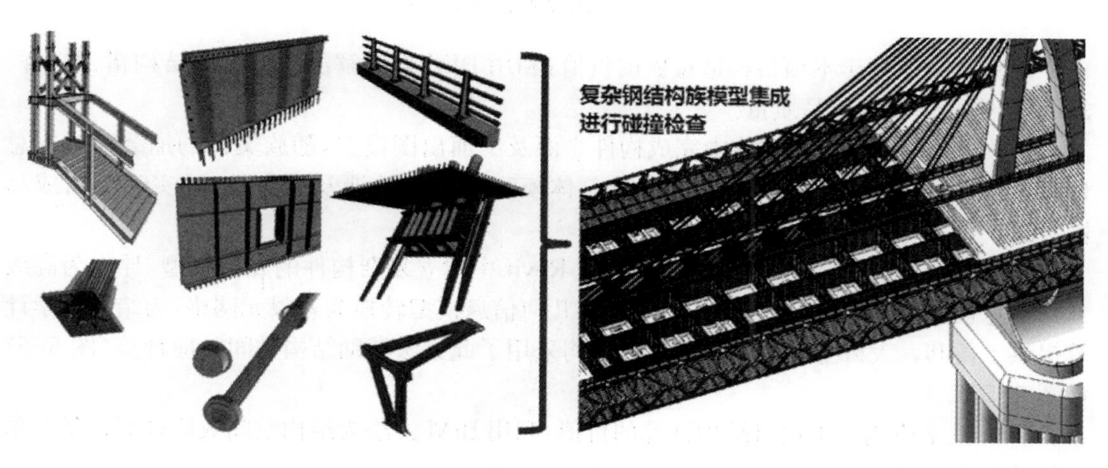

图 5-52 构件集成

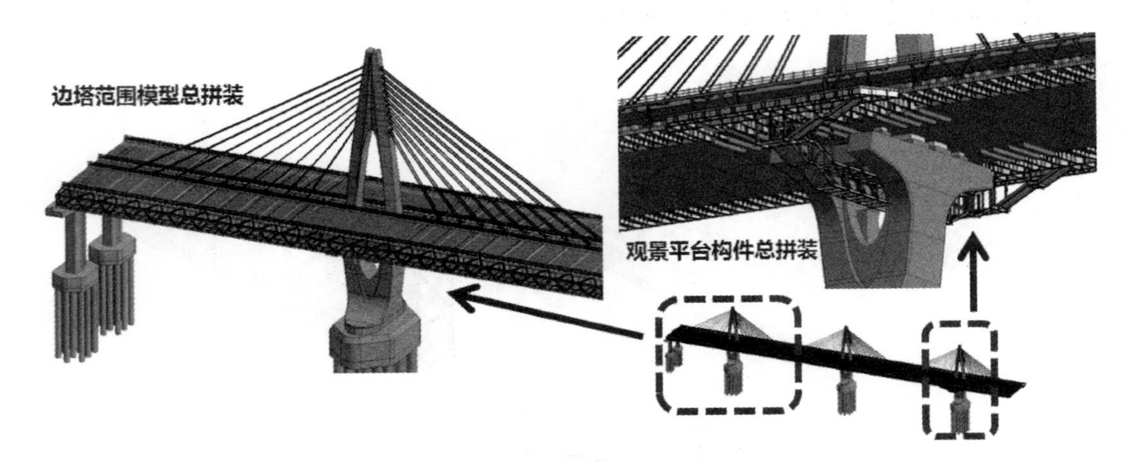
边塔范围模型总拼装
观景平台构件总拼装

图 5-53　构件虚拟拼装

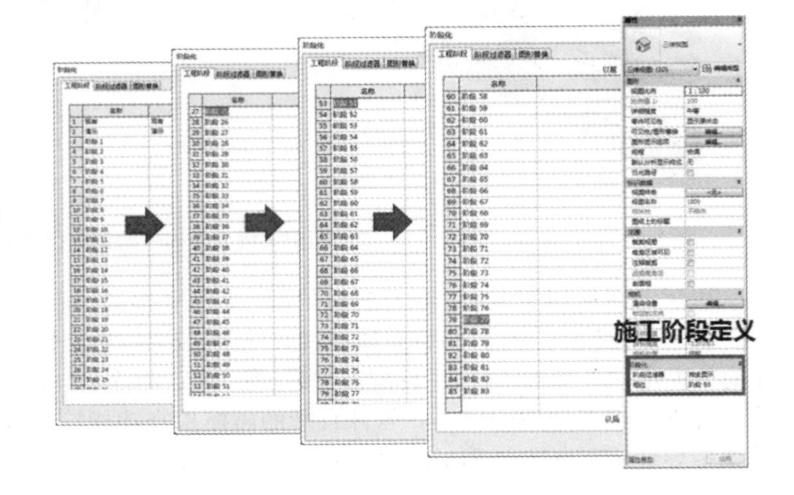
半桥虚拟装配模拟原则：
➢ 在REVIT中设置施工阶段
➢ 按施工组织设计依次激活构件
➢ 检查指导性施工方案是否合理
➢ 检查构造是否发生碰撞
施工阶段定义

图 5-54　构件激活阶段定义

BIM 技术应用于本项目构造检验的价值：利用 BIM 方法解决设计阶段结构错、漏、碰、缺问题，提高了设计成品质量。

（4）设计成品出图。在族中完成构件立面及剖面出图设置，随族文件的加载而进入总体模型中，便于及时查看（图 5-55）。若总体模型有调整并涉及族文件，可实时更新成品图纸。

（5）结构辅助计算。结构辅助计算：在 Revit 中建立复杂构件的几何模型，导出为高级几何信息模型，通过网格划分工具软件再将几何信息模型转换为有限元网格，为结构力学计算提供了便利。大桥主墩下塔柱及上塔柱均采用了此方法辅助结构空间效应计算（图 5-56 和图 5-57）。

BIM 技术应用于本项目结构计算的价值：利用 BIM 方法为结构空间效应计算提供高质量的几何信息模型。

现阶段可采用信息化模型出图的内容包含：

桥位平面图

桥梁总体布置图

桥梁特征断面构造图

混凝土桥梁构造图

钢结构桥梁构造图

附属工程构造图

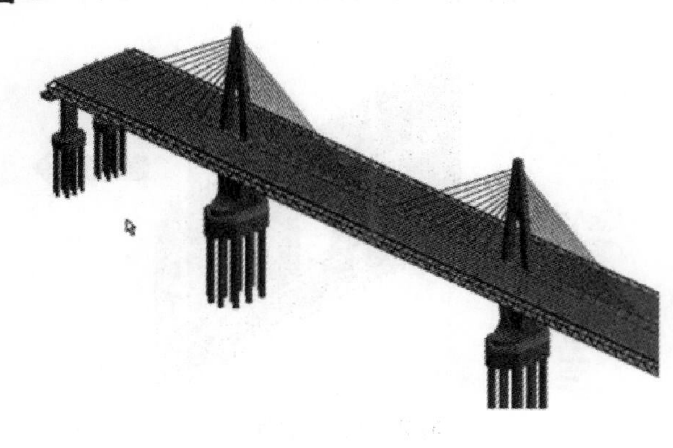

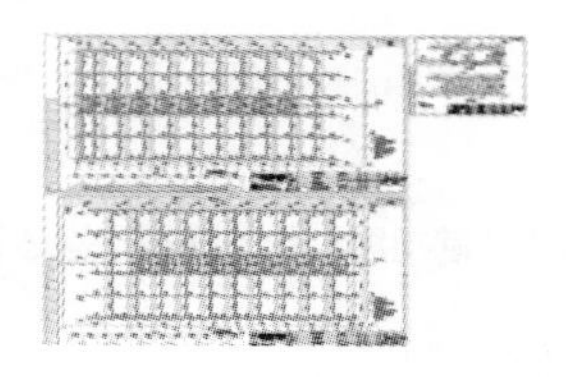

桥梁构件图纸可附着于项目总体模型中，便于及时查看及修改。

项目总体模型

项目总体模型中的钢横梁（族）

桥梁构件图纸可附着于项目总体模型中，便于及时查看及修改。

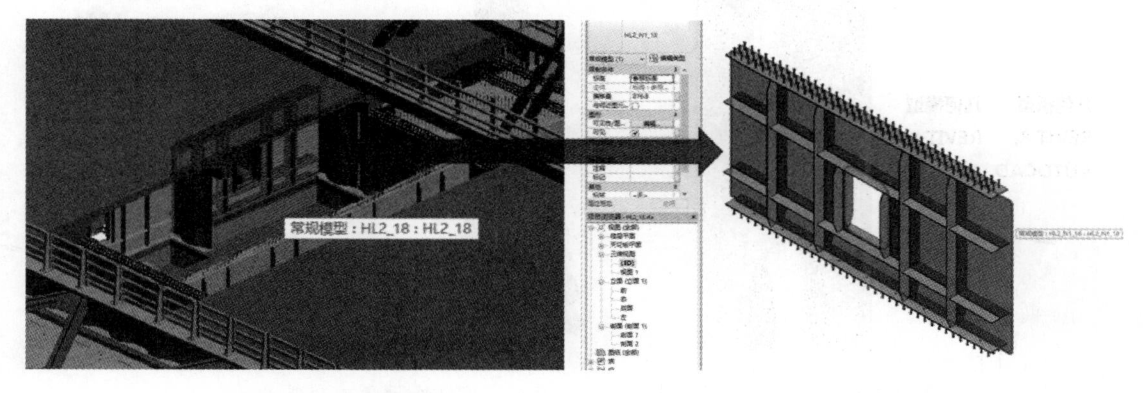

项目总体模型中的钢横梁（族）

钢横梁（族）文件

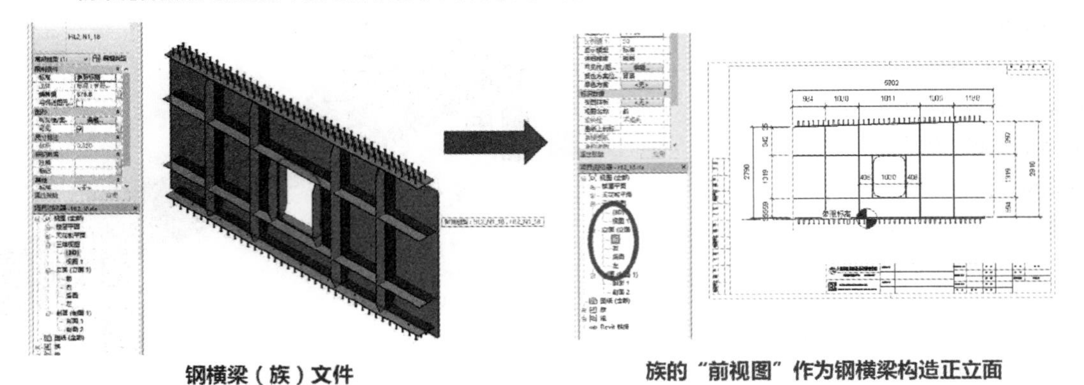

图 5-55　构件族文件信息查阅

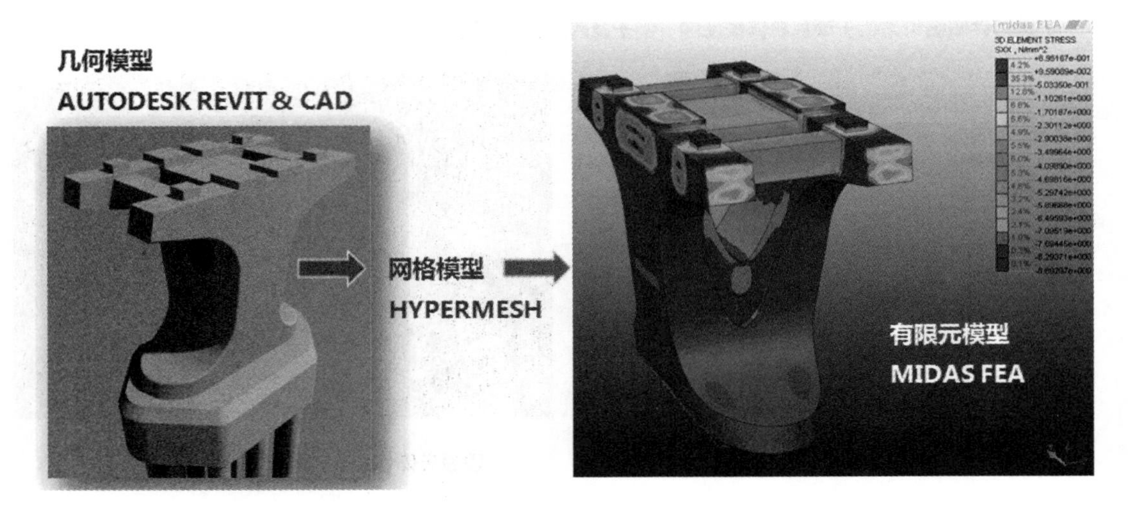

图 5-56　主墩下塔柱几何模型转换示意

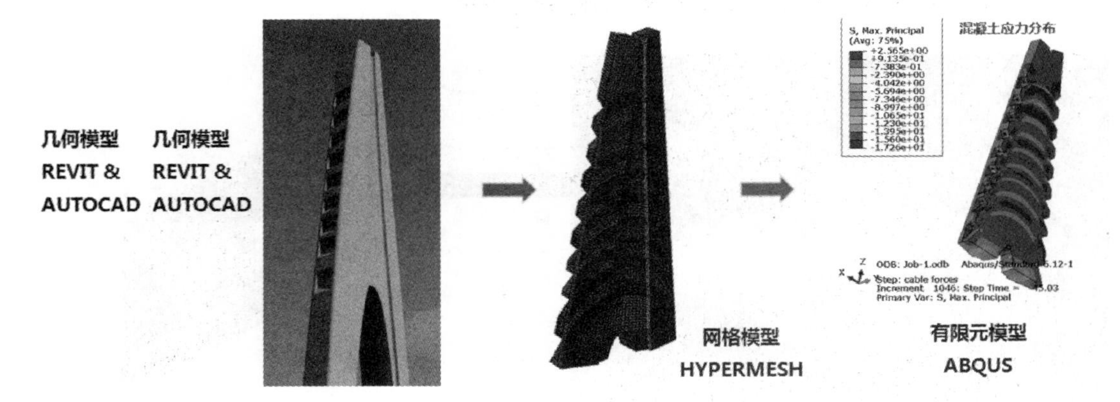

图 5-57　主墩上塔柱几何模型转换示意

2）施工方面

（1）大桥施工过程模拟。基于 Revit 建立的 BIM 模型，在 Navisworks 中设置了安装工序及路径，模拟了临时栈桥架设（图 5-58）、通航孔桥下塔柱第四节段直接安装（图 5-59）、通航孔桥主墩零号节段支架安装（图 5-60）、通航孔桥主梁平衡悬臂挂篮施工（图 5-61、图 5-62、图 5-63）、人非通道桥节段吊装施工（图 5-64）。

BIM 应用于施工过程模拟的价值：为关键施工步骤模拟提供可视化解决方案，解决施工中存在的错漏碰。

① 栈桥结构为多跨连续梁方案，主纵梁为单层 321 型贝雷架，下部结构采用打入式钢管桩基础（图 5-58）。栈桥施工从岸边至江中，逐孔推进。采用履带吊配合振动锤插打钢管桩（钓鱼法），采用履带吊整跨吊装贝雷梁。

图 5-58　临时栈桥架设模拟

② 下塔柱第四节段支架为大型复杂空间结构，由钢管桩和贝雷梁组成。在第三阶段施工完毕后，先安装内侧钢管桩、安装上方贝雷梁，再安装外侧较长的钢管桩及其上方贝雷架（图 5-59）。

③ 主梁零号段支架为大型复杂空间结构，由钢管桩和和型钢组成。下塔柱第四节段施工完毕后拆除对应支架，再架设主梁零号段支架。先安在结构中心线处的斜向钢

图 5-59　通航孔桥下塔柱第四节段支架安装模拟

管桩及平联，然后安装四角的竖直钢管桩及平联，再焊接桩顶型钢，最后铺设垫梁（图5-60）。

图 5-60　通航孔桥主梁零号段安装模拟

④ 主梁挂篮为大型复杂空间结构，由钢桁架及起重设备组成。挂篮在施工主梁一号节段前安装，先安在上部主桁架，再安装主梁钢结构，整体起吊底层桁架，完成挂篮安装，最后浇注混凝土底板、顶板，完成主梁一号节段施工。其余主梁节段施工时，先前移挂篮，从江面吊装钢结构，再前移底篮，浇筑混凝土底板、顶板，完成主梁标准节段施工(图5-61和图5-62)。

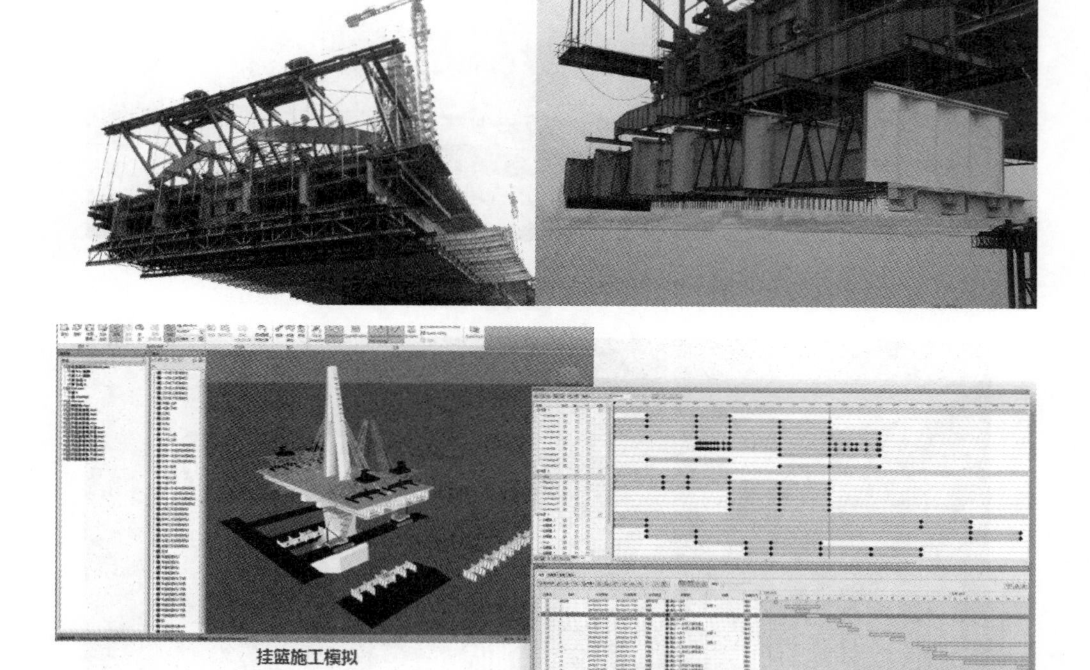

图5-61　通航孔桥主梁平衡悬臂挂篮施工模拟

图5-62　通航孔桥主梁平衡悬臂施工期间钢结构吊装模拟

⑤ 人非通道桥为钢桁架结构，在工厂内预制为小节段，通过船舶运输至桥位处，东西侧主桥各有一个停泊点，通过履带吊吊装至非通航孔桥桥面组装成大节段，再通过履带吊下放至设计位置，某些节段需要横向滑移就位（图 5-63 和图 5-64）。

（2）临时结构辅助计算。基于 Revit 建立的栈桥、支架及挂篮的几何模型，导出为高级几何信息模型，在有限元计算软件中分析临时支架的受力安全性（图 5-65—图 5-68），为结构力学计算提供了便利。

图 5-63 跨江主桥施工期间现场照片

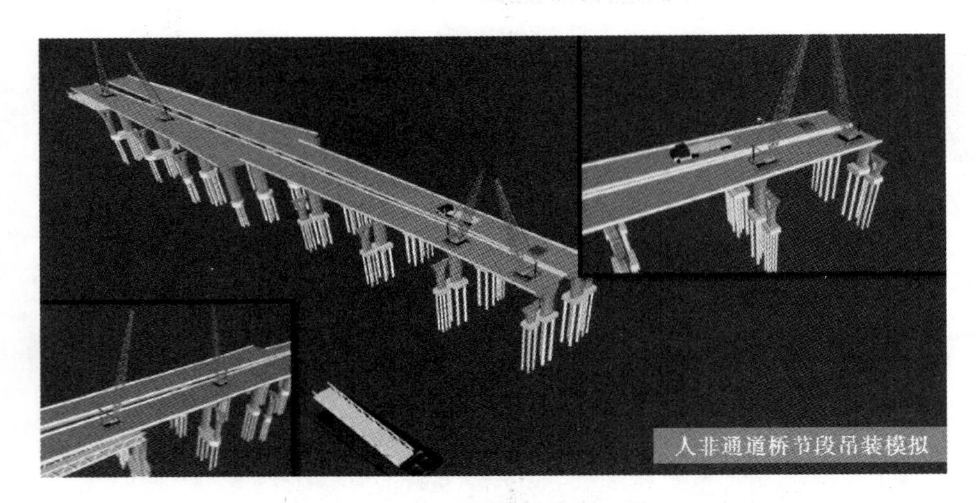

图 5-64 非通航孔人非通道桥钢桁架节段吊装模拟

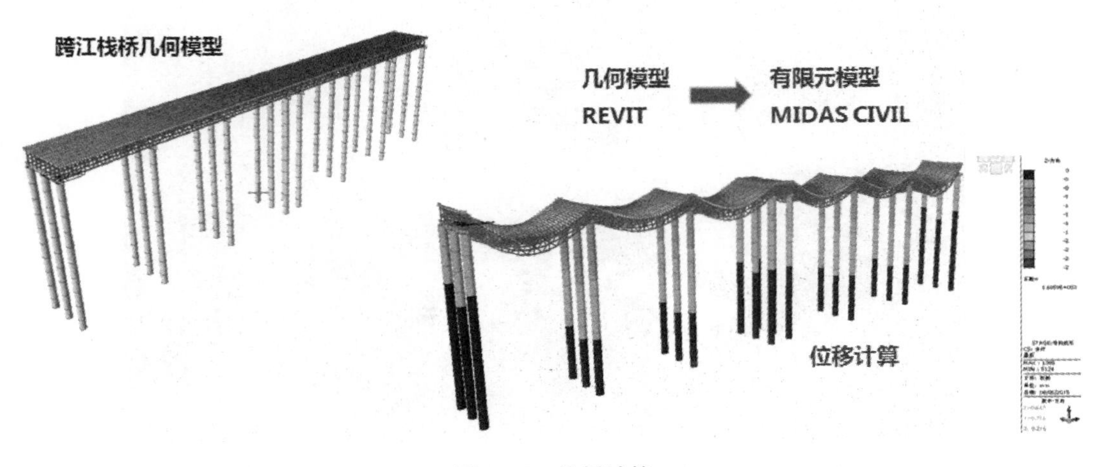

图 5-65 栈桥计算

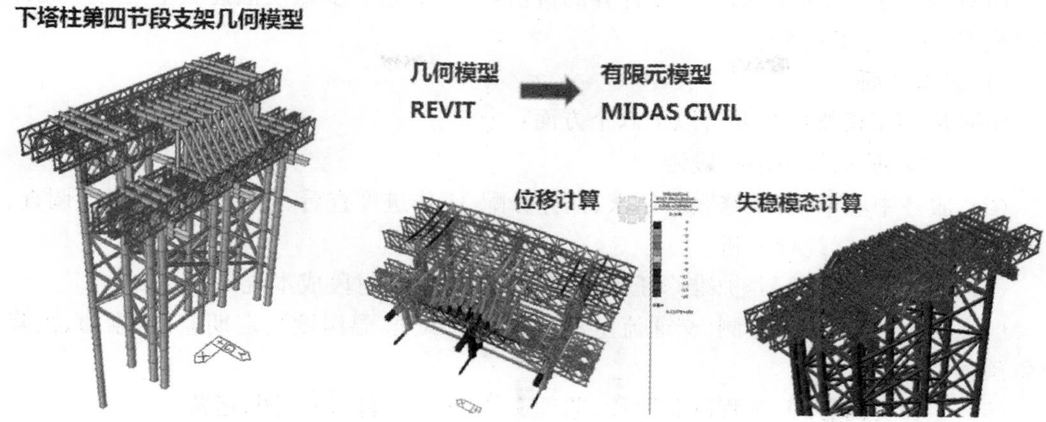

下塔柱第四节段支架几何模型

几何模型 REVIT → 有限元模型 MIDAS CIVIL

位移计算　失稳模态计算

图 5-66 下塔柱支架计算

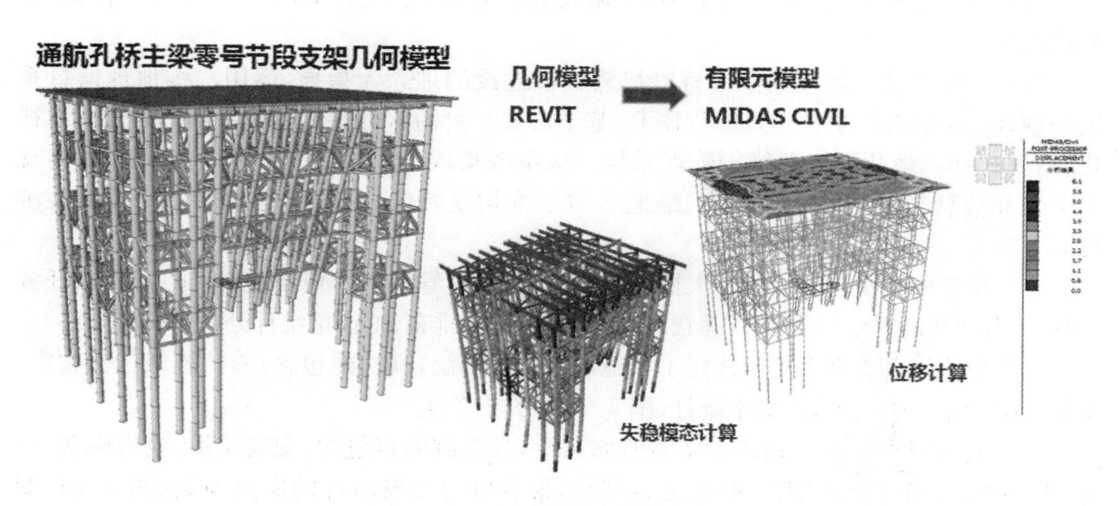

图 5-67 主梁零号节段支架计算

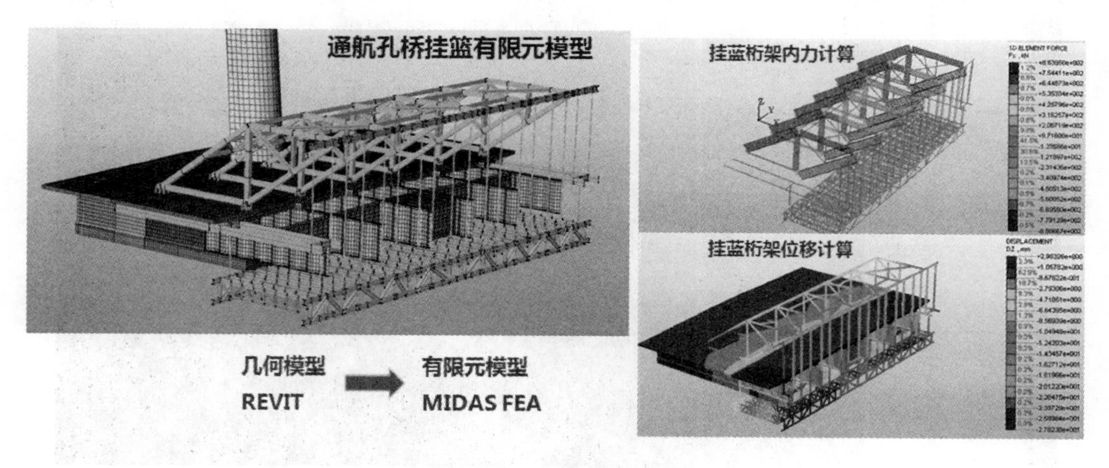

图 5-68 主梁挂篮计算

BIM 应用于施工临时结构辅助计算的价值：为关键施工步骤模拟提供空间有限元计算几何模型，保证施工安全性。

3）运维方面

BIM 应用于运维中主要有以下六个方面：

（1）三维浏览：全桥虚拟漫游。

（2）服务中心平台：维修服务请求、任务分配、工作进度查看、工单编制、满意度调查、工作计划排布、工作量统计分析。

（3）设施设备管理：养护维修任务、定期养护计划、分时段成本统计。

（4）安全管理：实时监测（交通流量、应力应变、风速、温湿度）、定期监测（索力、沉降）、应急预案。

（5）工程资料管理：工程准备阶段、监理文件、施工文件、竣工图、运营。

（6）平台管理：平台使用说明手册。

BIM 应用于运维管理的价值：为运维阶段提供可视化解决方案，令运维工作更便捷、更具适用性。

（1）三维浏览。南昌朝阳大桥以智慧城市建设的理念为指导，运用三维地理信息系统（3DGIS）和建筑信息模型（BIM）技术，基于定制开发的软件平台，构建了一套三维可视化、精细化和一体化的运营维护管理系统。该系统集成了 3DGIS 技术与 BIM 技术，实现了无缝和信息无损集成，达到了三维地形与三维构筑物的一体化，可实现全桥虚拟漫游（图 5-69）。

（2）服务中心平台。构建了大桥服务中心平台，其管理内容包含：维修服务请求、任务分配、工作进度查看、工单编制、满意度调查、工作计划排布、工作量统计分析（图 5-70）。

（3）设施设备管理系统。构建了设施设备管理系统，其功能包含：养护维修任务制定、定期养护计划制定、分时段成本统计（图 5-71—图 5-73）。

（4）安全管理系统。构建了实时监测系统，其监测内容包含：交通流量、应力应变、风速、温湿度，还可进行定期监测（索力、沉降），推荐针对突发事件的应急预案（图 5-74、图 5-75）。

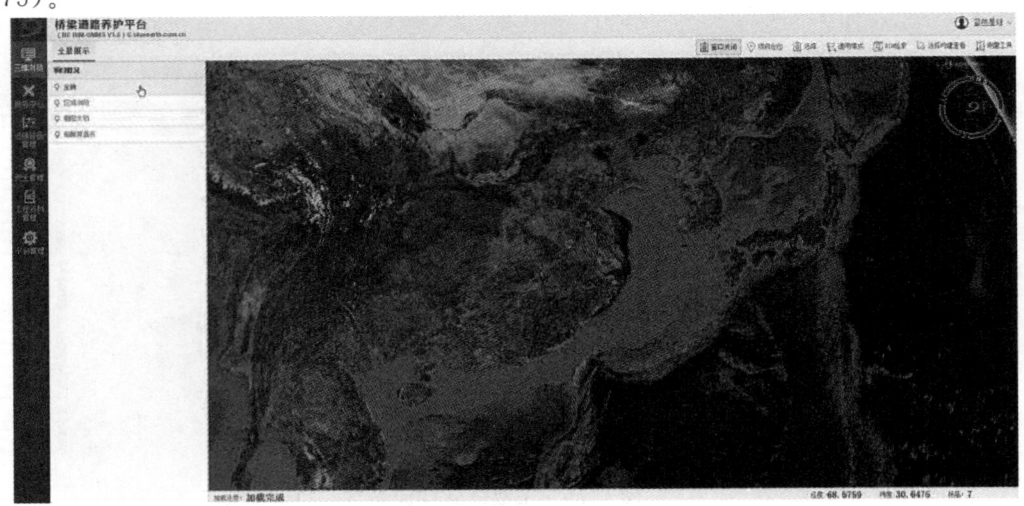

图 5-69　运维平台基本界面

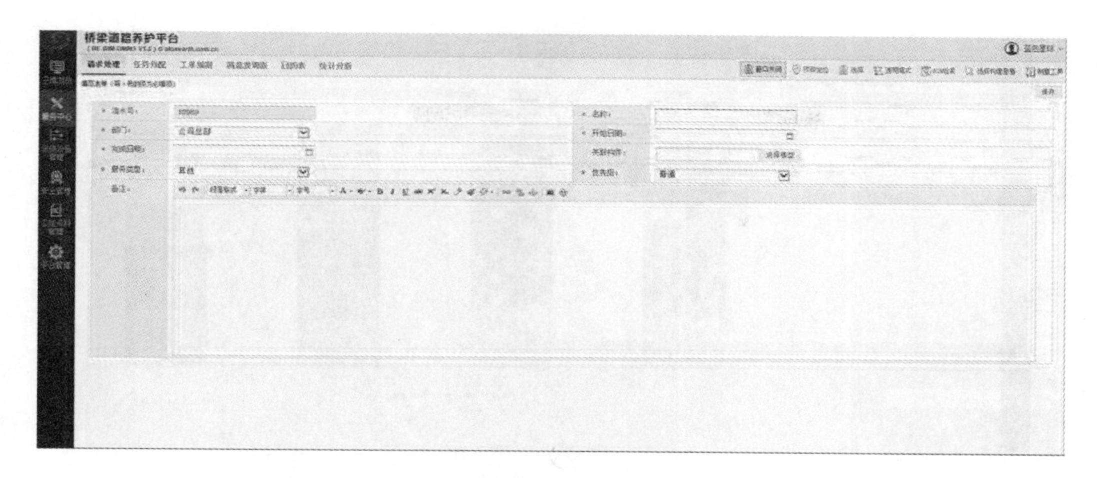

图 5-70 服务中心平台基本界面

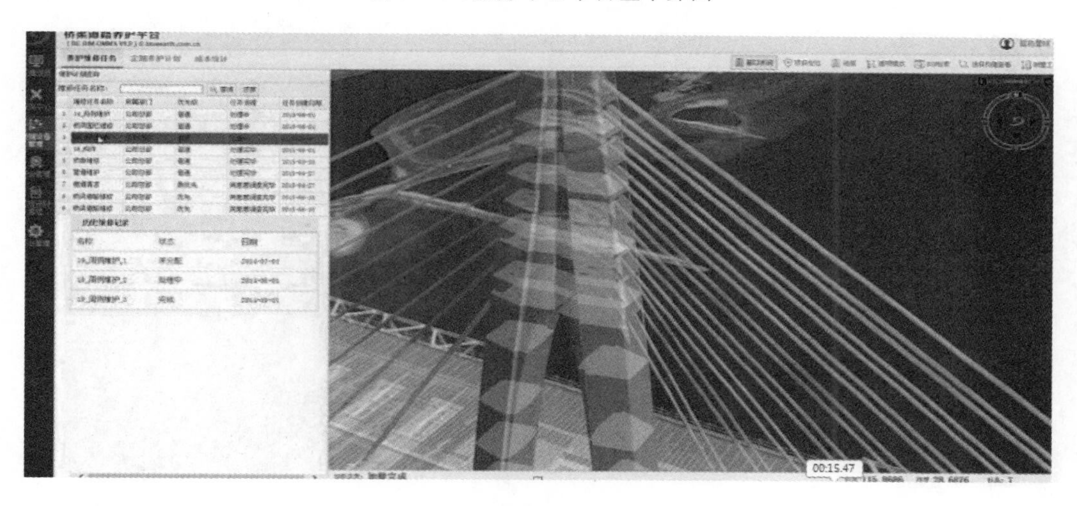

图 5-71 养护维修任务制定基本界面

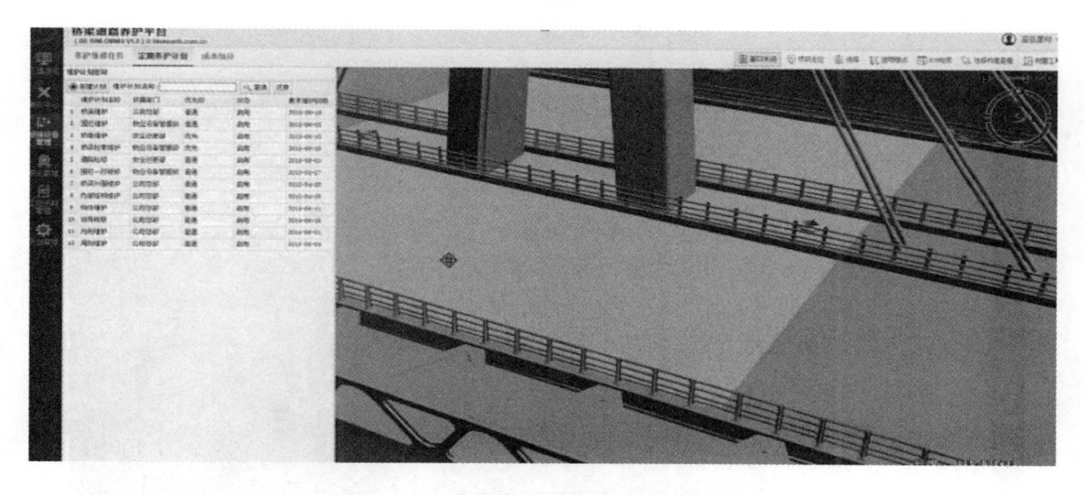

图 5-72 定期养护计划制定基本界面

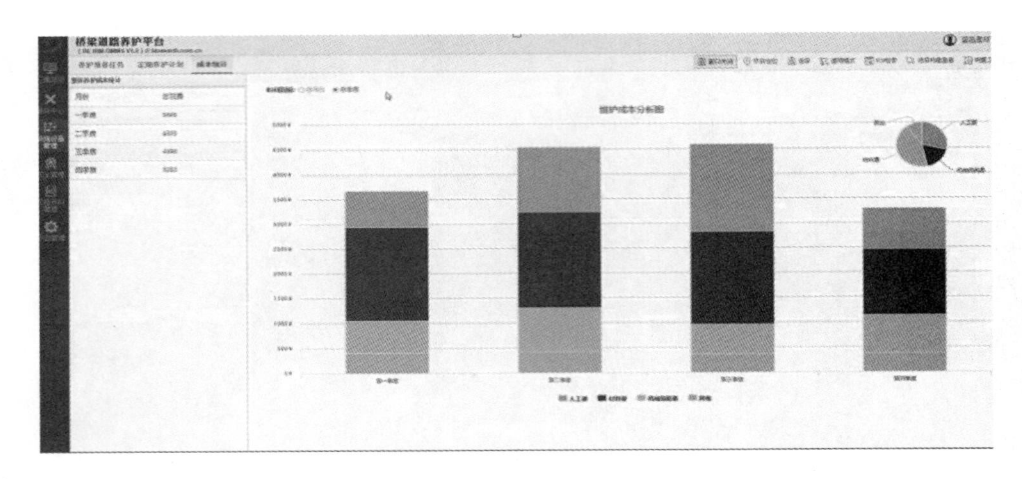

图 5-73　成本统计基本界面

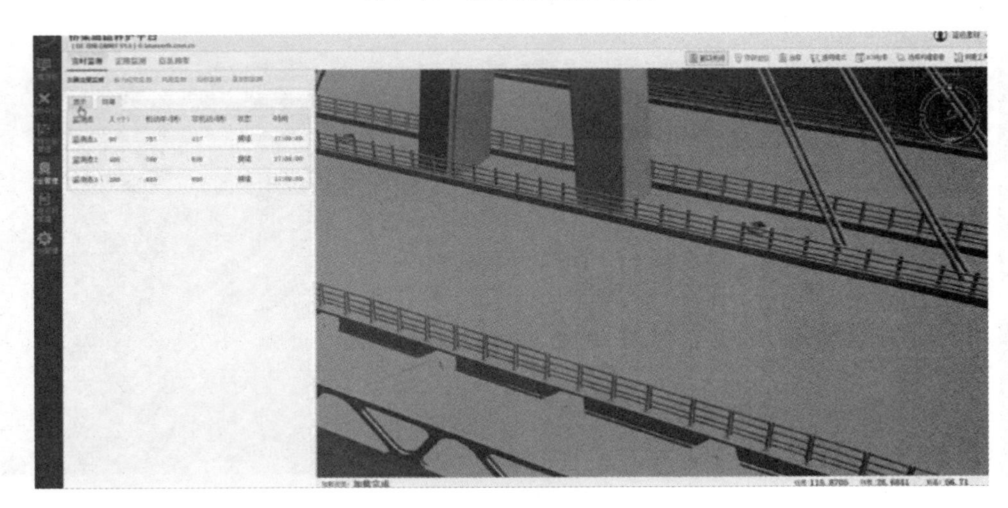

图 5-74　实时监测基本界面

图 5-75　应急预案模拟

(5) 工程资料管理系统。构建了工程资料管理系统,可载入各工程阶段及各参建单位的资料,例如:工程准备阶段文件、监理文件、施工文件、竣工图、运营文件等(图 5-76)。

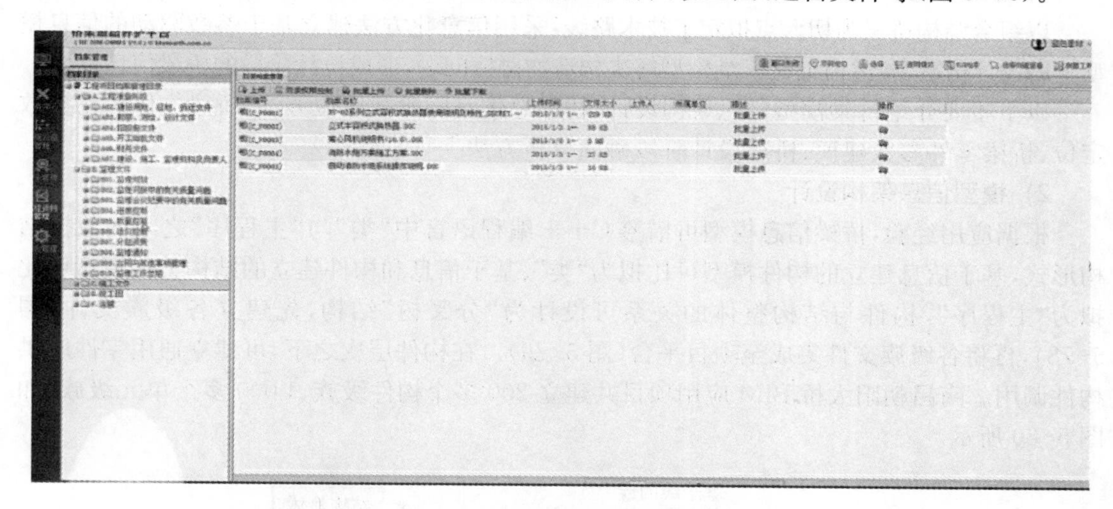

图 5-76 工程资料管理系统界面

(6) 平台管理使用操作说明系统。提供了平台管理使用操作说明系统,为平台的运用提供了可快速查阅的操作手册(图 5-77)。

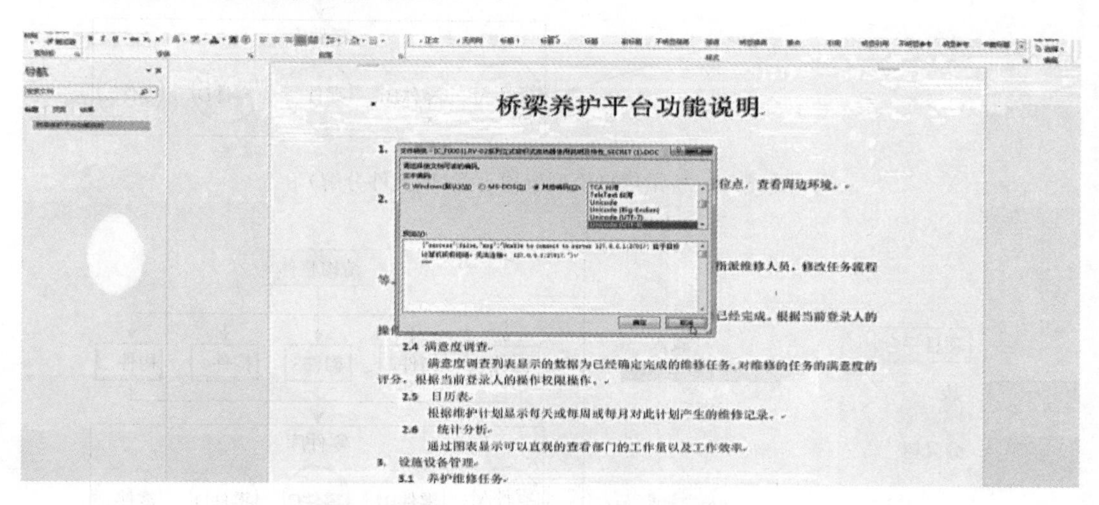

图 5-77 平台管理使用操作说明系统界面

5.2.3 BIM 桥梁结构建模方法研究

经过在南昌朝阳大桥工程项目中实施 BIM 应用的积累,总结归纳了在 Autodesk Revit 平台中进行桥梁结构建模的方法,可推广至其他桥梁工程的 BIM 应用之中。

桥梁设计信息分类要求;通过“零件”“构件”“整体”的层次、基于 Revit 特有的“族”文件完成信息架构设计;建立可行的钢结构桥梁结构参数化建模方法,包含总体信息模型实施方法、构件信息模型实施方法、零件信息模型实施方法等;提出了总体虚拟拼装实施方法及设计阶段碰撞分析内容;给出了桥梁信息模型实施流程。该方法可为桥梁信息模型的建立及应用提供参考。

1）技术路线

以组合结构桥梁为切入点拟定了技术路线：采用信息化方法建立基于参数驱动的信息模型辅助设计构造，通过精细化三维模型解决构造物碰撞问题，形成设计阶段的桥梁信息模型。

以下主要介绍桥梁模型信息架构设计、桥梁总体空间参数定位方法、桥梁主体构件参数定位、桥梁零件参数建模、桥梁设计阶段碰撞分析方法。

2）模型信息架构设计

根据应用经验，桥梁信息模型可借鉴 C＋＋编程语言中“类”与“主程序”之间的数据结构形式，基于信息建立的构件模型可比拟为“类”、基于信息和构件建立的结构整体模型可比拟为“主程序”，构件与结构整体的关系可设计为“分叉树”结构，先建立各级族文件（图 5-78），再将各级族文件集成至项目平台（图 5-79）。在构件层次之下，可建立通用零件库供构件调用。南昌朝阳大桥 BIM 应用项目共建立 200 多个构件级族、1 000 多个单元级族，如图 5-80 所示。

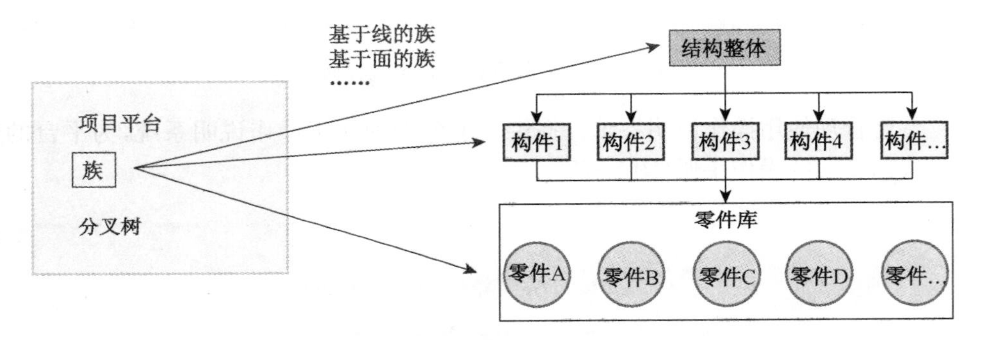

图 5-78　桥梁信息模型架构示意（族文件分解）

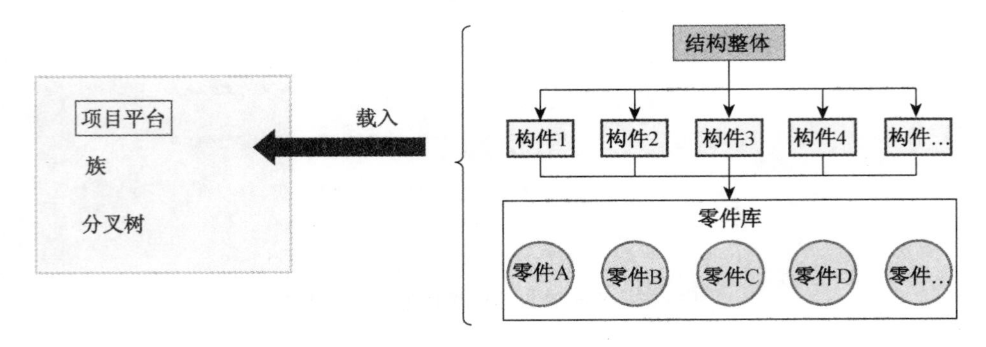

图 5-79　桥梁信息模型架构示意（族文件集成）

3）桥梁总体空间参数定位方法

（1）根据桥梁空间定位信息，建立桥梁所在道路的中心线模型。此中心线应为曲线或多折线，须包含平曲线及竖曲线的全部信息，中心线的控制点坐标应作为参数在模型中实现对道路中心线的控制。

（2）对于个别标高控制点，应建立从最近的道路中心线控制点连接的分支线模型，并将此点的空间坐标作为参数。

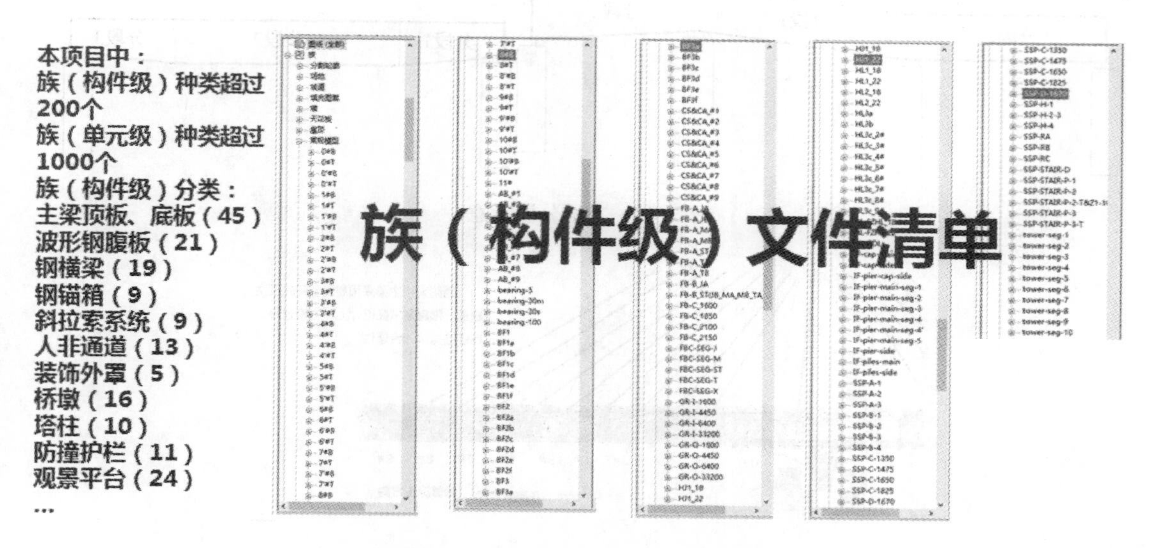

图 5-80　南昌朝阳大桥 BIM 应用项目族文件清单

(3) 根据工程全线道路设计横坡及桥梁结构横向偏转角度建立桥梁顶缘参照面，以横坡或偏转角作为参数，控制参照面在横桥向的空间偏转角度。

根据以上三方面的分析，桥梁总体空间定位方法可用图 5-81 表示。$N_1 \sim N_3$ 为主梁轴向控制点，括号内为空间坐标。N_{c1} 为某标高控制点，括号内为空间坐标。控制点 $N_1 \sim N_2$ 内的主梁结构横向偏转角度为 i_1，$N_2 \sim N_3$ 内的主梁结构横向偏转角度为 i_2。南昌朝阳大桥 BIM 模型总体空间定位方法如图 5-82 所示。

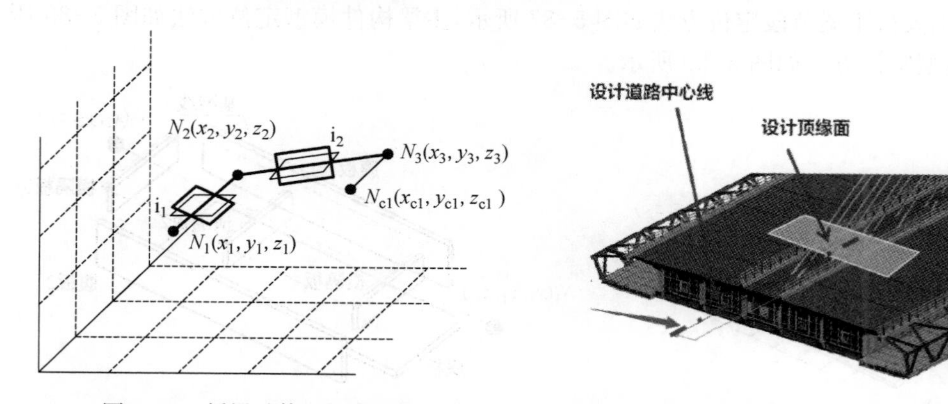

图 5-81　桥梁总体空间定位概念　　图 5-82　南昌朝阳大桥 BIM 模型总体空间定位

4) 桥梁主体构件参数定位

主梁建模前应根据设计道路中心线的线形制定桥轴线方向分段方案，每跨至少划分为一个梁段。应尽量使一跨之内的设计道路中心线为直线，以利构造设计，若不能满足，则应以直代曲尽量减少一跨内的分段数。若主梁在每段直线内部可能出现构造变化点或施工阶段临时分割点，也应以此变化点为基准进行桥轴线方向分段，如图 5-83 所示。南昌朝阳大桥主梁分段如图 5-84 所示。

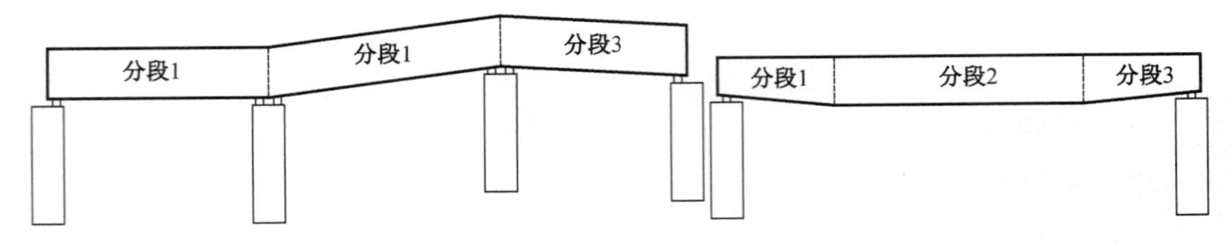

图 5-83 主梁分段示意

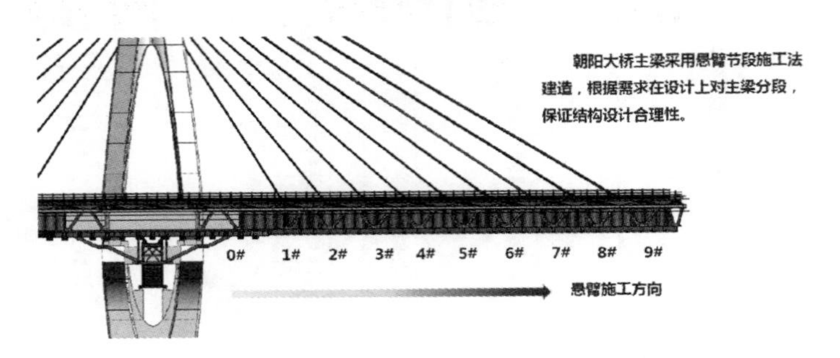

图 5-84 南昌朝阳大桥主梁分段示意

根据以上原则划分的每个梁段可视作一个构件，对桥梁存在的 N 个构件独立建模。每个梁段构件应采用“基于参照面的模型”方式进行建模，在模型中应令桥梁顶板顶平面与构件模型空间中的基准水平面保持平行，如图 5-85 所示。在顶板顶平面内建立顶板结构中心线模型作为备用参照物。

在顶板顶平面内采用线模型进行梁段内各主要板件（腹板、横隔板、顶板加劲肋等）基准线的平面布置，如图 5-86 所示。

南昌朝阳大桥主梁节段定位方法如图 5-87 所示，主梁构件模型定位方法如图 5-88 所示，钢结构模型定位方法如图 5-89 所示。

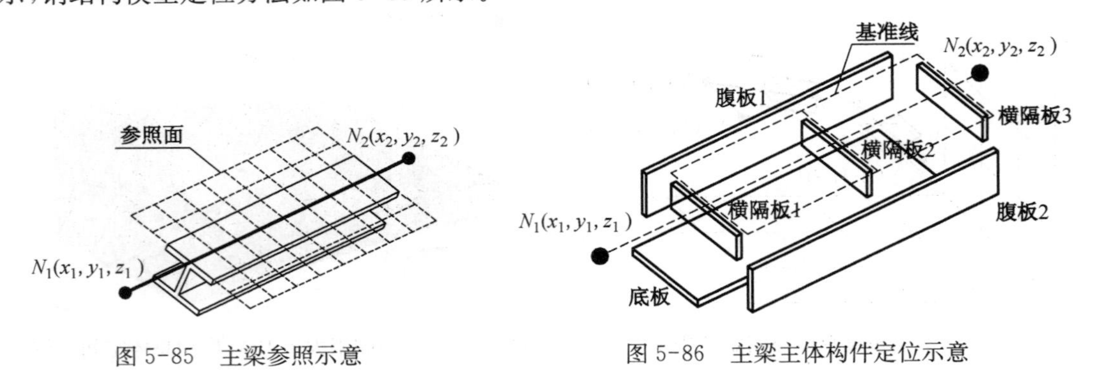

图 5-85 主梁参照示意

图 5-86 主梁主体构件定位示意

5）钢结构桥梁板件参数建模

钢结构桥梁是由多块钢板采用各种连接方式构成的，因此该类型桥梁信息化建模的重点在于钢板构造及其连接方式的信息化处理。

板件构造建模可分为两种情况：平面多边形薄板（图 5-90）、空间卷曲多边形薄板（图 5-91）。薄板在建模时应按照从板材切割下料的角度来建立模型，不应考虑板件边缘打磨坡口的形态。

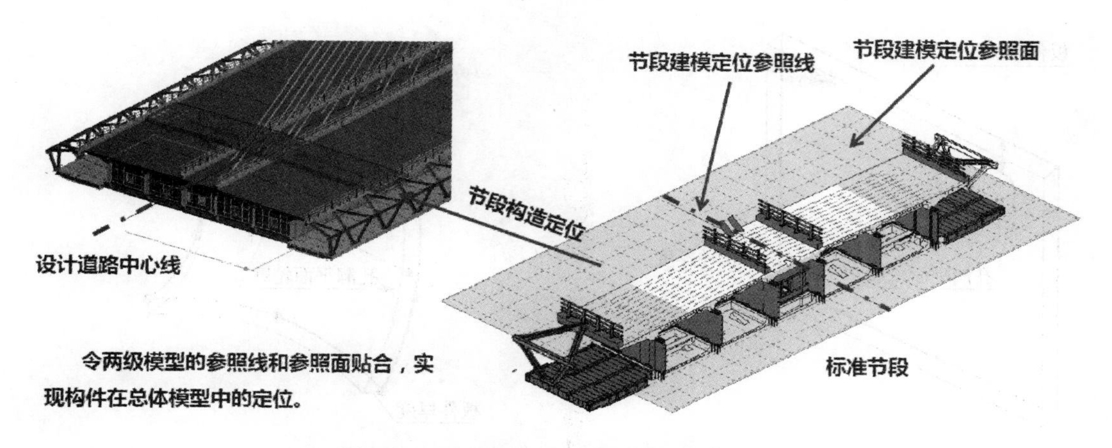

图5-87 南昌朝阳大桥主梁节段定位示意

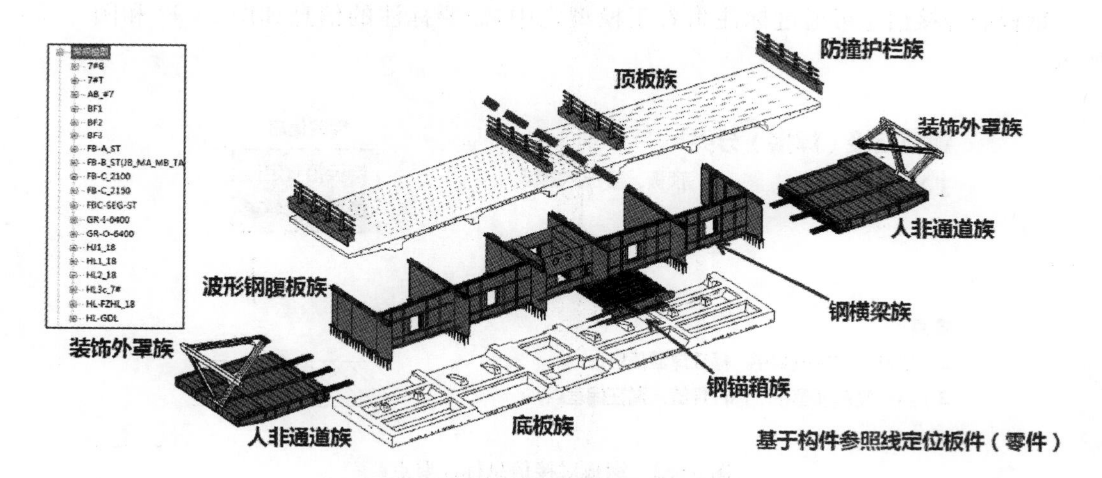

图5-88 南昌朝阳大桥主梁构件模型定位示意

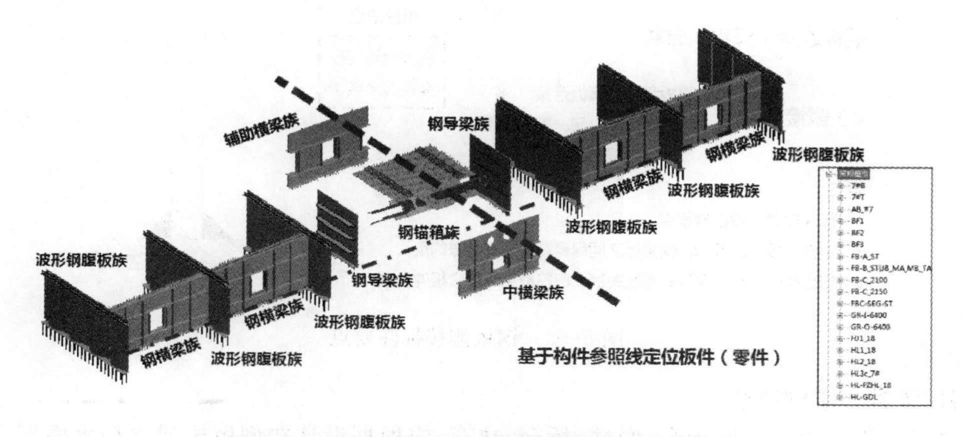

图5-89 南昌朝阳大桥主梁钢结构模型定位示意

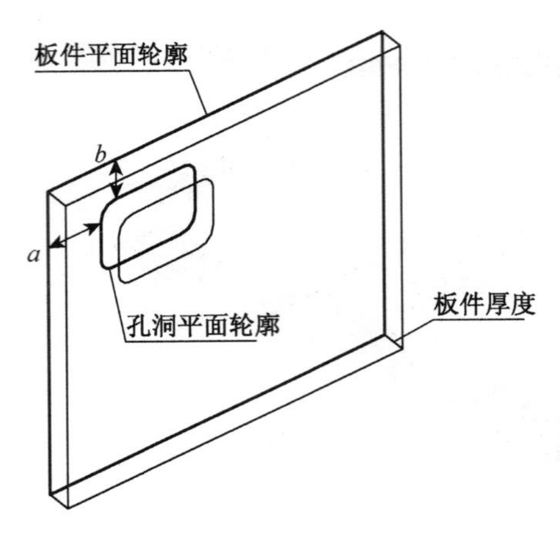

图 5-90　平面多边形薄板信息化示意

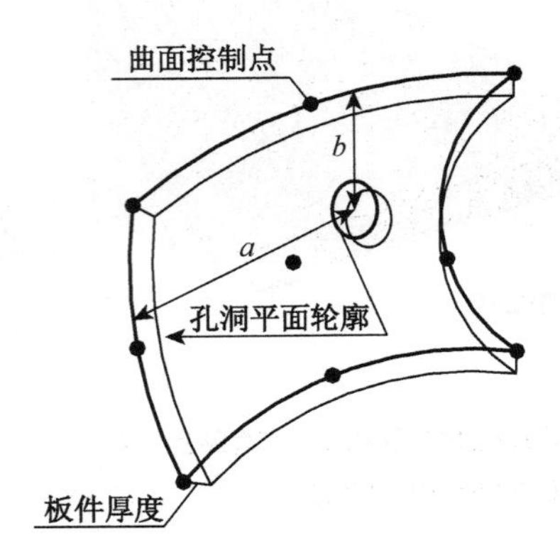

图 5-91　具有复杂空间曲面的多边形薄板信息化示意

钢板的焊接信息可通过标注附着于模型之中，需要标注的信息如图 5-92 和图 5-93 所示。

钢板连接（焊接）分类：

1）对接　　顶板、腹板、底板

2）侧接

焊缝信息

钢板相对定位

焊接技术要求

要点：

1）零件、构件模型中，标注焊缝信息。

2）结构整体模型中，标注焊缝、潜在偏差点。

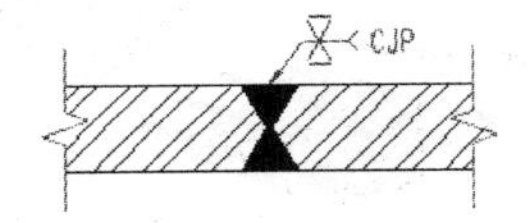

图 5-92　钢板对接信息标注要点

钢板连接（焊接）分类：

1）对接

2）侧接

腹板与顶、底板连接

横隔板与顶、底、腹板连接

加劲板与被加劲板件连接

焊缝信息

钢板相对定位

焊接技术要求

要点：

1）标注焊缝、潜在偏差点。

2）腹板、顶板、底板、横隔板之间尽量避免使用参数约束。

3）加劲肋仅与被加劲板有参数关联，尽量避免与其它板件关联。

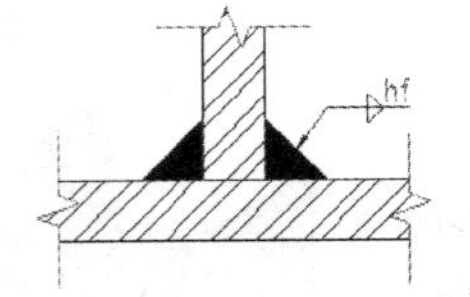

图 5-93　钢板侧接标注要点

6）混凝土墩柱建模

混凝土构造包含：桩、承台、墩柱、桥台、垫石，应根据设计造型思想建立精确模型。但由于混凝土各部位功能不同、形状及配筋各异，采用实体方式建立完整构造模型是不合理的，应考虑根据功能或构件类别拆分混凝土构造，分部建模。根据传统平面制图习惯，考虑在桥梁信息模型中分部建模：桩、承台、墩柱、桥台、垫石、盖梁等构造，然后再分别配筋。经过构造拆分后，大部分混凝土构造已属于常规的“横平竖直”形式（图 5-94 和图 5-95），建模难度大大降低。

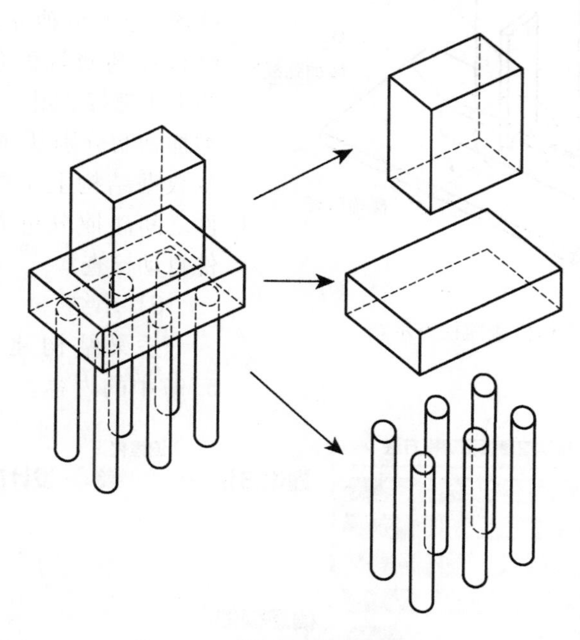

图 5-94　混凝土构造分解示意

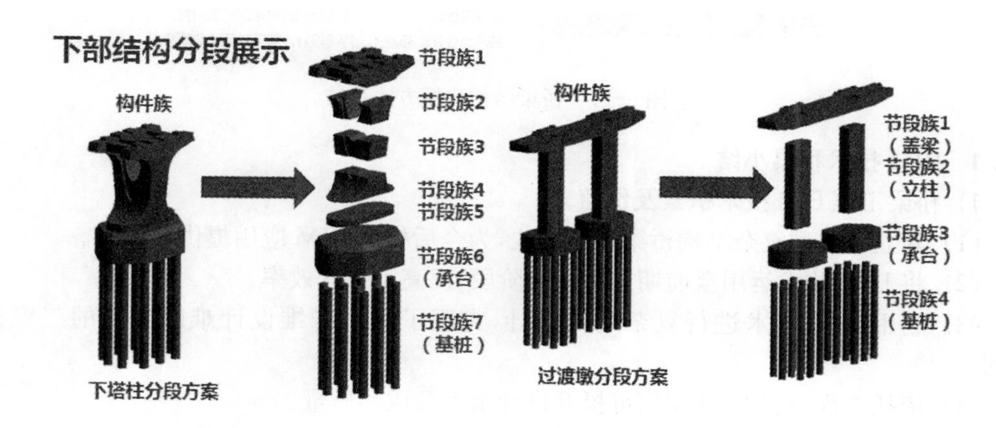

图 5-95　南昌朝阳大桥墩柱构造分解示意

7）桥梁设计阶段碰撞分析方法

桥梁构件信息模型建立之后，应将已有构件信息模型导入结构整体模型中，通过空间定位参数放置各构件（虚拟拼装），使其形成结构整体。在将构件信息模型导入结构整体模型的过程中，应保证模型信息完全传递。

设计阶段碰撞检查的目的通常为验证构造物在设计阶段的可实施性。对于构件内部的细部构造，由于其存在于同一模型中，在构件建模完毕时应从三维模型中检查碰撞（也称“干涉”）情况，信息化建模软件通常都具备自动检查功能。

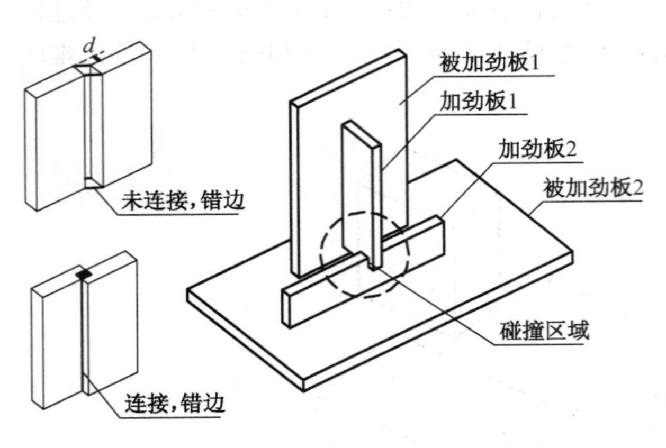

图 5-96 钢构件碰撞检查示意

构件内部发生构造物碰撞较多的情况为：①板件交接部，无论是对接还是侧接都很可能由于定位错误而发生碰撞；②两组独立定位的板件组，例如腹板加劲肋就很有可能与横隔板加劲肋发生碰撞，如图 5-96 所示，因为这两类加劲肋分别从属于不同的主体板件，从数据结构上来看没有任何关联。构件之间碰撞分析方法有：外观检查、软件自动检查。

8) 小结

桥梁结构建模方法可总结为图 5-97中的内容。

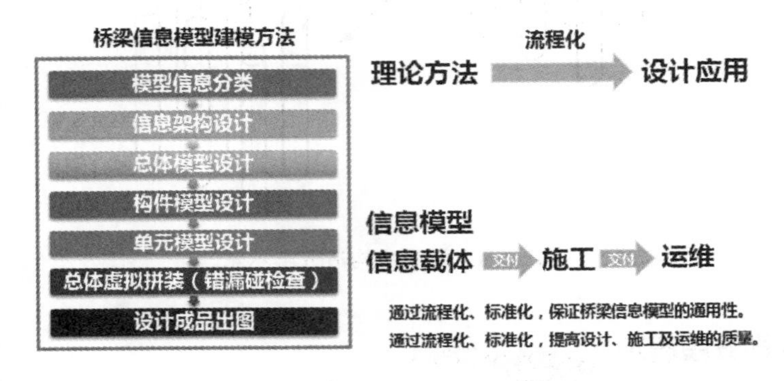

图 5-97 桥梁结构建模方法总结

5.2.4 BIM 技术积累小结

1) 桥梁工程 BIM 技术积累及价值

(1) 建立了大型复杂结构桥梁建模方法，为今后桥梁 BIM 应用提供了参考。

(2) 将 BIM 技术运用至前期方案设计阶段，提高了设计效率。

(3) 利用 BIM 技术进行复杂结构设计，克服了传统二维设计难以考虑的三维碰撞问题。

(4) 依托工程开展 BIM 应用可提升设计水平及成品质量。

(5) 辅助解决大型工程现场施工组织技术难题。

(6) 辅助大型复杂桥梁运维管理。

(7) 通过项目中的 BIM 应用，实现了设计、施工及运维三方面的协同。

2) 桥梁工程 BIM 人才培养及改进方向和措施

(1) 通过项目的锻炼，各位成员深化了 BIM 设计理念，通过项目的锻炼提高了 BIM 设计水平，尤其是对多名青年起到了较好的培养效果。

(2) 今后对青年工程师的培养过程中，应不断灌输 BIM 设计理念，加大 BIM 应用的教育力度，建立各种 BIM 应用保障机制，切实提升企业内部实施 BIM 设计应用的氛围。

3）桥梁工程 BIM 应用现存问题

（1）现有 BIM 设计手段还存在一定不足，例如：建模手段单一、智能化不足、专业性不强等。

（2）桥梁专业在实际项目中经常遇到异型构造，现有 BIM 设计软件建模难度较大，有待继续改进以满足设计需求。

4）桥梁工程 BIM 应用展望

（1）逐步深化桥梁信息模型的建模理论，拓宽桥梁信息模型的设计应用范围及方法。

（2）目前来看急需深化的建模理论：基于设计、生产、运维过程的钢结构桥梁错、漏、碰检查方法；基于混凝土构件表面及体量的参数化配筋设计方法。

（3）基于需求，建立面向桥梁专业技术人员的操作平台界面，优化专业出图功能，实现软件友好化升级。

5.3 同济路高架大修工程

5.3.1 项目简介

同济路高架位于上海绕城高速公路（郊环线）上，北接北郊环（G1501），南连逸仙路高架，跨外环高速公路（S20）和水产路，是上海市宝山区重要交通通道之一（图 5-98）。自 2002 年建成通车以来，同济路高架便成为激活宝山乃至上海货运物流行业的一条“黄金通道”。作为绕城高速的一部分，同时为逸仙路高架北面的延伸段，同济路高架承担着繁重的交通运输任务。

图 5-98　项目地理位置

本项目主体工程是同济路高架 K206＋920～K209＋220 路段，长约 2.3 km，承载着南面众多货运公司及集装箱码头的大型货车和集卡以及北郊环（G1501）与外环隧道之间过往车辆。由于繁重的交通流量，以及超重车与集装箱卡车的作用，同济路高架结构及附属出现了不同程度的损伤。根据检测报告，同济路高架出现了影响结构安全及使用性能的病害，如桥面沥青铺装老化、破损严重，部分板梁铰缝出现损坏，部分桥面连续缝开裂或破损，支座脱空。这些病害降低了行车的舒适性，给高速行驶的车辆带来了安全隐患，也加大了车辆行驶带来的噪音污染，同时任其发展将影响桥梁结构安全性及耐久性。

根据《同济路高架桥 2013 结构定期检查评估报告》《水产路上匝道桥 2013 结构定期检查评估报告》《水产路下匝道桥 2013 结构定期检查评估报告》（上海同丰工程咨询有限公司）的桥梁技术状况评定，同济路高架主线桥梁、水产路上下匝道评定等级为四类，与去年桥梁状况相比，桥梁呈现加速老化的趋势。为保证桥梁结构安全及耐久性，改善道路使用性能，提高道路服务品质，对同济路高架病害进行维修处理就显得必要及迫切。

近年来，旧桥"年轻化"理念越来越成为一个趋势，要求整个维修工程绿色、环保、人性化，实施过程需快速、集中、文明施工。在"年轻化"理念指导，尝试设计、施工、运营养护方面落实该理念，提升整体工程的建设品质。所以本次大修中采用"水刀""超薄千斤顶整体同步顶升系统""快硬性纤维混凝土"等新技术，解决了工期紧张和交通压力问题，在满足社会需求的同时，成为项目的亮点。

5.3.2 BIM 核心协作团队、协作流程、BIM 应用(阶段)目标

本项目 BIM 核心协作团队由项目参与各方（或利益相关方）共同组成，其中包含城建总院（总承包部和综合院）、上海市路政局、路桥集团、尚林信息、效果公司（图 5-99）。在本项目全生命周期中使用 BIM 技术和协同项目管理，为项目在各个阶段带来实际或无形的效益。

本项目 BIM 应用目标是本项目拟打造成国内首个全生命周期（设计一施工一运营）应用 BIM 技术的市政桥梁大修类项目。根据本项目的 BIM 应用策划和实施细则，设计阶段将结合以往桥梁、道路、电气、给排水以及附属结构的竣工图以及本次大修施工的设计施工图，建立完成该项目全线桥梁结构、道路结构、电气和给排水管线以及附属结构的 BIM 仿真模型并附上详细必要的各专业设计信息，同时进行相应的各专业间模型碰撞检测、性能分析等相关应用点。在施工阶段，基于设计阶段建立完成的 BIM 模型以及相关 BIM 技术成功应用的基础上，对本项目 BIM 模型赋予详细必要的各专业施工信息，并结合现场施工实际情况和处理措施，对 BIM 模型中各专业局部细部处理进行深化设计和加工。与此同时，为挖掘提升 BIM 模型的潜在价值，首次尝试在原有 BIM 设计模型情况下，加入 BIM 施工模型，并借助 BIM 施工模拟技术来真实还原施工现场场景，并在此基础上，进而深入开展基于本项目四新技术的 BIM 施工工艺模拟及施工组织模拟。在运维阶段，通过与第三方专业运营养护和软件开发单位合作，基于已有的项目运维平台和技术基础上，共同开发符合本项目特点且适用的基于 BIM 技术的三维项目运维平台和运维技术，给经历了设计施工两阶段优化的 BIM 模型赋予详细必要的各专业运维信息，同时将完成对 BIM 模型全生命周期最后阶段（运维阶段）的 BIM 应用。

本项目 BIM 协作流程如图 5-100 所示，由于本项目采用的设计施工一体化招投标模式，在项目前期就形成了设计施工总承包模式，并合作建立了设计施工总承包单位，对于业主方提出的"BIM 模型在项目全生命周期运用"的想法，经总承包单位研究决定，本项目的

BIM模型及项目全生命周期运用成果适宜采用《Autodesk BIM实施计划》一书中的"设计—建造项目交付"方式来交接给业主。

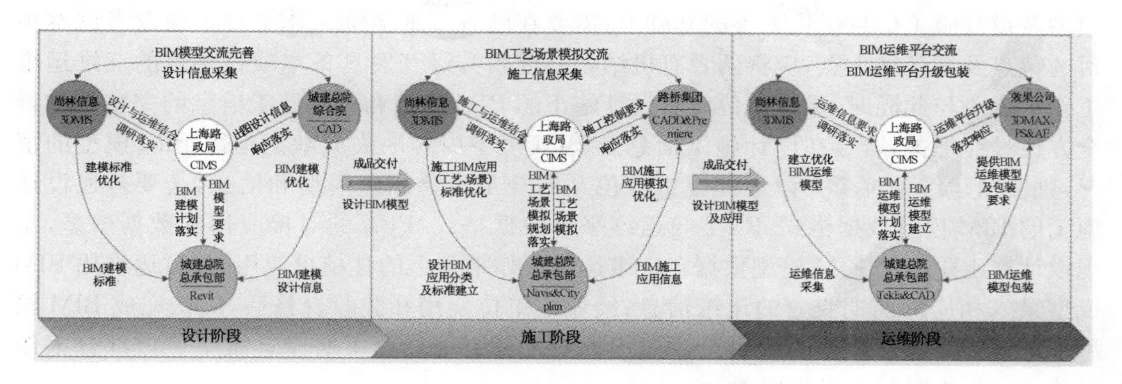

图5-99 BIM核心协作团队及协作流程图

在项目初期，项目参与各方对BIM模型及技术在市政基础设施建设(尤其是桥梁大修领域)的应用是毫无概念，而且也不存在可参考的BIM项目案例。所以业主(上海市路政局)结合项目本身特点及实际情况，提出了简洁扼要的BIM应用内容要求，即"设计建模→施工模拟→运维应用"。对于设计建模而言，业主要求设计单位(城建总院总承包部及综合院)利用BIM技术尽量真实还原同济路高架桥主线2.3 km以及沿线三条匝道(T3、T4及EN匝道)的道路桥梁结构，若条件具备，可以将其附属结构也在BIM模型中予以还原。在此基础上，还需要设计单位将道路桥梁结构与附属结构(给排水管道、电器线路、龙门架等)的材质信息、几何信息、造价信息、力学性能信息及建模标准、命名规则等均在BIM模型中予以详细体现，方便在施工和运维阶段对必要的设计信息进行查询。

业主对设计单位在设计阶段应完成的上述BIM设计模型和设计信息输入给约定半年时间必须完成，这其中包含在施工与运营维护阶段需要根据外因或内因变化而需要的BIM设计模型的优化工作等。BIM设计模型在移交给业主及施工单位前，由业主和施工单位共同对设计单位的BIM模型及其数据进行最终审核，并给出指导优化意见，经验收合格后，方可将其用于下一阶段的BIM应用。

同时，业主对施工单位(路桥集团)在施工阶段的BIM施工模拟也提出要求：在设计单位建立BIM设计模型和设计信息录入工作开展过程中，施工单位应与设计单位紧密联系并及时沟通，提出自己对BIM设计模型的各项需求，在合理可控范围内制定施工阶段施工模拟计划方案，由设计单位从旁协助制定BIM施工应用标准及分类。在设计单位完成业主要求的BIM设计模型及设计信息录入完成后，施工单位应根据该BIM模型及其设计信息判断其是否适用施工模拟工况，若存在BIM模型及设计信息缺失或缺乏必要的施工BIM模型，应由施工单位协调设计单位共同予以补足完善，否则应对现有BIM设计模型添加必要的施工信息和工程信息，使BIM模型更贴近施工模拟的要求。完成以上准备工作后，即可根据施工组织设计、施工方案、工艺文件等结合项目施工现场实况来开展全面各类基于BIM模型施工模拟，并进行必要的BIM施工模拟优化工作，该部分工作约定在3个月完成。BIM施工阶段模型及施工模拟应用在交付业主和运维单位前，由业主和运维单位共同对其进行验收，并给予指导优化建议，经优化验收合格后，方可移交给运维单位进入运维应用。

最后，业主对运维单位（尚林信息）在运维阶段 BIM 模型运维应用也给出较高的要求：运维单位在接收和利用设计施工阶段 BIM 模型前，在历经设计和施工两阶段的 BIM 模型及设计施工信息优化完善的基础上，需要在已有二维运维工作平台上通盘考虑本项目的特点及其运维重点，应将两者有机结合并创新升级开发具备本项目特色的三维运维工作平台。与此同时，运维单位应对设计施工的 BIM 模型和设计施工信息的完整性进行全方位最终把关，若存在设计施工信息及 BIM 模型内容缺失或缺乏运维 BIM 模型的情况，则应由运维单位牵头设计和施工单位共同补足完善相应模型和信息，还要打通设计施工的 BIM 模型数据格式.RVT 与运维平台数据格式.FBX 的对接应用的数据壁垒，实现设计施工阶段的 BIM 模型数据在三维运维工作平台上的移植再应用，并对运维用 BIM 模型录入相应的前期收集的运维信息，经业主单位使用和验收合格后，确认完成 BIM 模型及设计施工运维数据的项目全生命周期运用的目标。业主对于运维单位该部分工作量给予的工作时间为半年期限。

5.3.3 BIM 技术应用特色及难点分析

1) 设计阶段 BIM 应用特色及难点分析

在设计阶段，BIM 应用主要围绕对同济路高架工程范围路段，包含三条匝道：EN 匝道、水产路上下匝道（T3 和 T4 匝道）进行道路桥梁以及部分附属结构建立整体统一的 BIM 模型（图 5-100）。围绕 BIM 模型建模相关的 BIM 应用特色及难点总结如下。

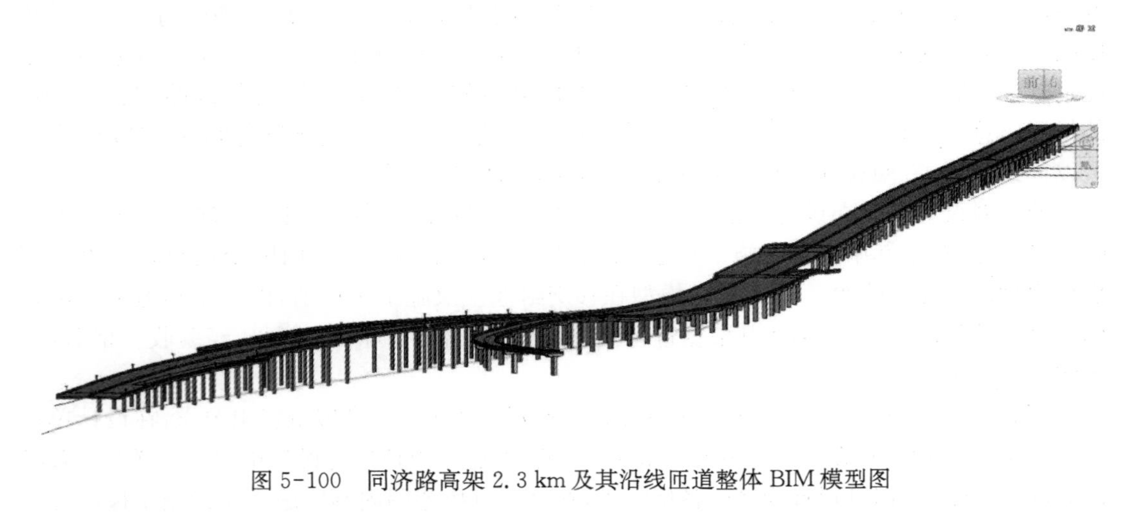

图 5-100 同济路高架 2.3 km 及其沿线匝道整体 BIM 模型图

（1）特色一：所有道路桥梁及附属结构的建模方式均采用参数化设计

由于查阅竣工图和相关资料后发现，主线及匝道的道路桥梁结构及附属结构物的外观尺寸及规格均不尽相同，且建模体量和工作量较大，据粗略统计桥梁桥跨共有 108 跨，空心板梁有 1 800 多片，盖梁等其他结构构件也有 100 多个，橡胶支座数量更是多得不计其数，且各类结构构件在不同跨上形式不一、繁杂多变。若按传统建模方式对各类道路桥梁及附属结构构件进行一对一重复建模，容易导致劳民伤财、建模成本过大、建模周期过长和效率低下的一系列不良后果，这就完全违背了 BIM 技术和理念所提倡的快速高效设计建模的初衷。

所以在对原有竣工图及相关资料进行深入分析研究的基础上，根据各类不同结构构件的外形特征、尺寸标注、变化规律等，分门别类的建立各自的参数化 BIM 模型。以盖梁结构构件为例，由于盖梁的形态变化受其外立面平立剖面上外形尺寸和角度控制(图 5-101 和图 5-102)，所以在对盖梁构件进行参数化建模的时候，主要围绕平立剖面上必要的外形尺寸(长、宽、高等)和扭转角度等以字母代号形式设置不同的参数加以控制和调整。通过对盖梁结构事先设置的参数进行调整变化，可以迅速高效得出最新参数下的直观生动盖梁形态和设计方案，通过新旧方案间的对比分析(图 5-103)，可以总结出新旧方案间的优劣情况和相应特点，择优方案用于项目结构设计，有利于改善和提升盖梁结构构件的方案设计能力和效率，同时也确保结构构件设计分析和施工图出图的质量和品质。对于同济路高架主线 2.3 km及其沿线匝道的其他各类道路桥梁及附属结构构件的参数化设计建模也与盖梁结构参数化设计建模类似，此处就不再展开详述了。

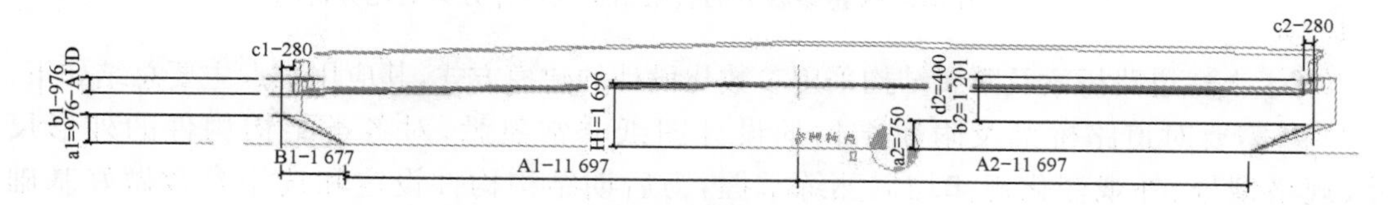

图 5-101 盖梁结构立面参数化设计及尺寸标注

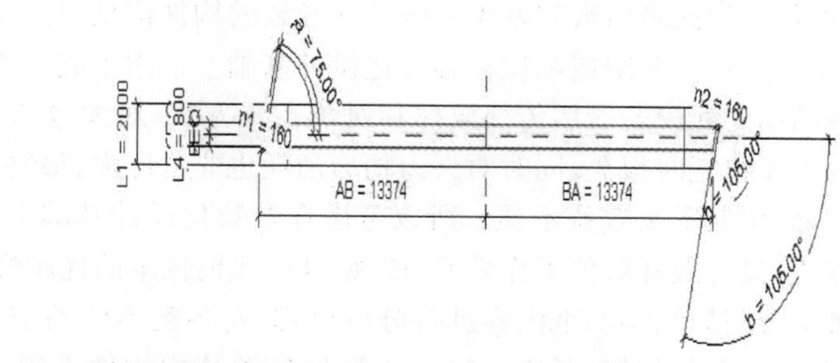

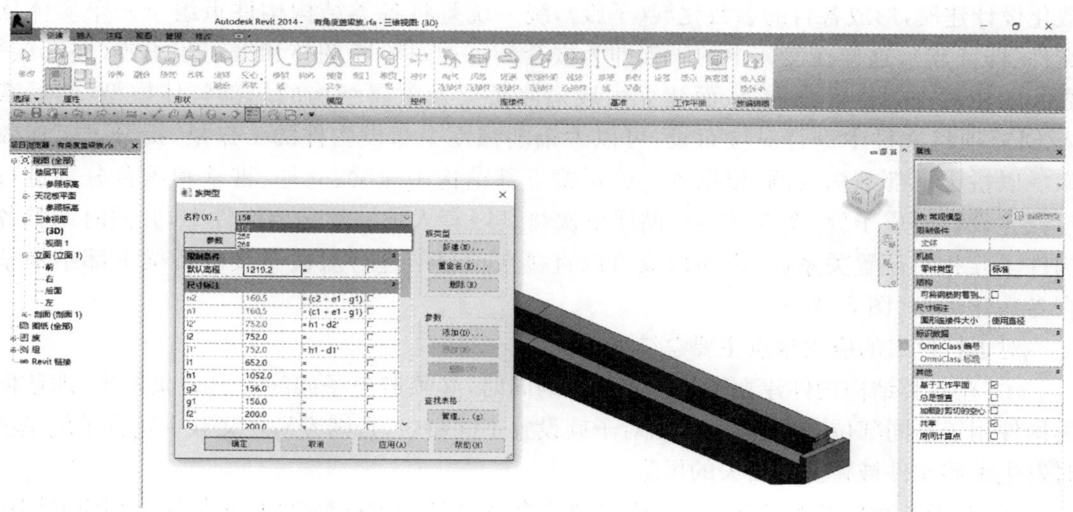

图 5-102 盖梁结构平面参数化设计、尺寸标注和参数化控制调整对话框

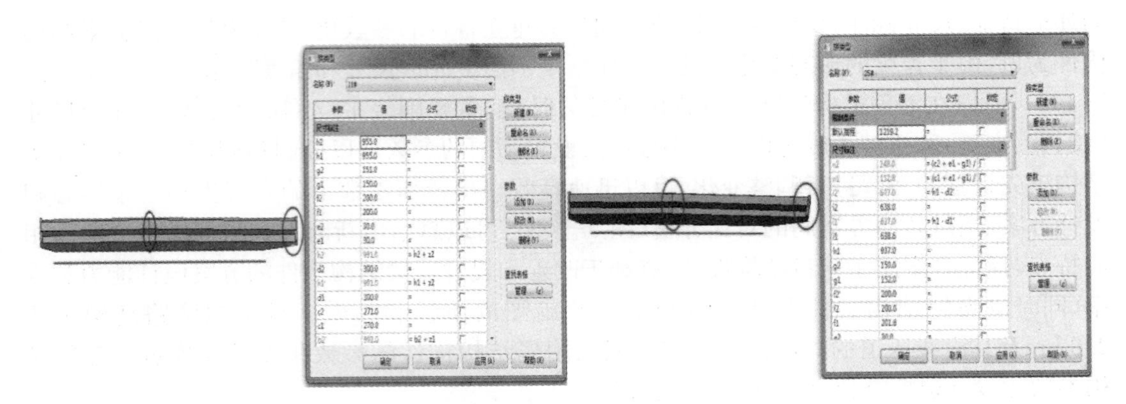

图 5-103　在新旧两套参数下的盖梁结构的设计方案对比分析图

对于上述道路桥梁及附属结构采用参数化设计的建模方式，其应用难点主要总结如下：

① 需要对道路桥梁及附属结构的设计图纸非常熟悉，对各类结构构件的外形尺寸、规格型号、外观变化规律均需熟练掌握，为后期结构构件设定和选用参数做好基础工作。

② 在对各类结构构件设置和选用参数时，要考虑各个尺寸和角度参数设置时的逻辑关系，避免设置的设计参数无效或者参数间发生矛盾冲突导致的构件信息错误等问题。

(2) 特色二：对于道路桥梁及附属结构在参数化设计基础上采用了嵌套族优化建模

道路桥梁及附属结构的建模若沿用传统放样和对位布置方式，对大量结构构件进行一对一校对和对位放置工作将耗时很久，同时对人力物力消耗也非常巨大，最终导致建模对位工作的成本投入过大，效率低下及效益不佳。所以考虑在参数化设计基础上，引用 BIM 技术中嵌套族的建模方法，提升放样对位工作效率，体现 BIM 建模技术的优越性、先进性和周全性。通过对道路桥梁及附属结构图纸内容进行分析处理，对各类不同的结构构件进行参数化设计建模，形成各自的参数化族（子族），统一统筹将各类结构构件重组于一个实体族文件（即父族），这样在父族中的子族即为嵌套族。通过不断调整和修正各子族（嵌套族）之间的相对空间位置关系，从而建立生成道路桥梁及附属结构的局部整体模型，然后载入 BIM 项目文件中进行对位布设，可以大幅削减逐个布设构件的工作量，提升了工作效率。以桥梁下部结构为例，根据图纸将桥梁下部结构中盖梁、立柱、桩基和承台分别进行参数化设计生成子族（图 5-104），循序依次将其嵌套入统一的父族文件中，并同时调整各构件子族相对位置关系后，进而形成可以直接在项目中进行对位布设的桥梁下部结构整合参数化模型（图 5-105）。

对于特色二的应用难点主要总结如下：

① 在各类结构构件建立子族（嵌套族）的同时，必须避免子族间重名现象发生，即使同类构件用于不同部位或位置，也必须对子族设置不同命名，否则容易在父族中整合子族模型时发生子族文件被替换或丢失的风险。

② 对于各类构件的子族（嵌套族）文件在父族文件中进行整合时，必须建立相应的调用参数，并对整合的相对空间位置进行纠正和调整，避免模型整合有误或模型调用失败的情况出现。

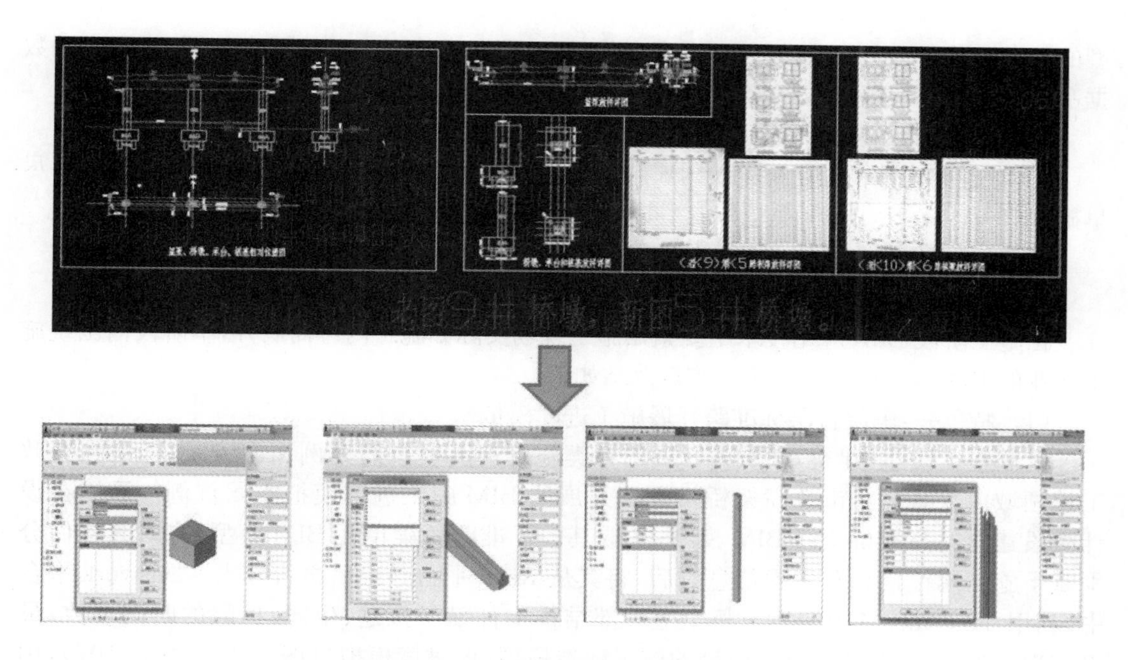

图 5-104 桥梁下部结构各类结构构件的参数化子族模型建立

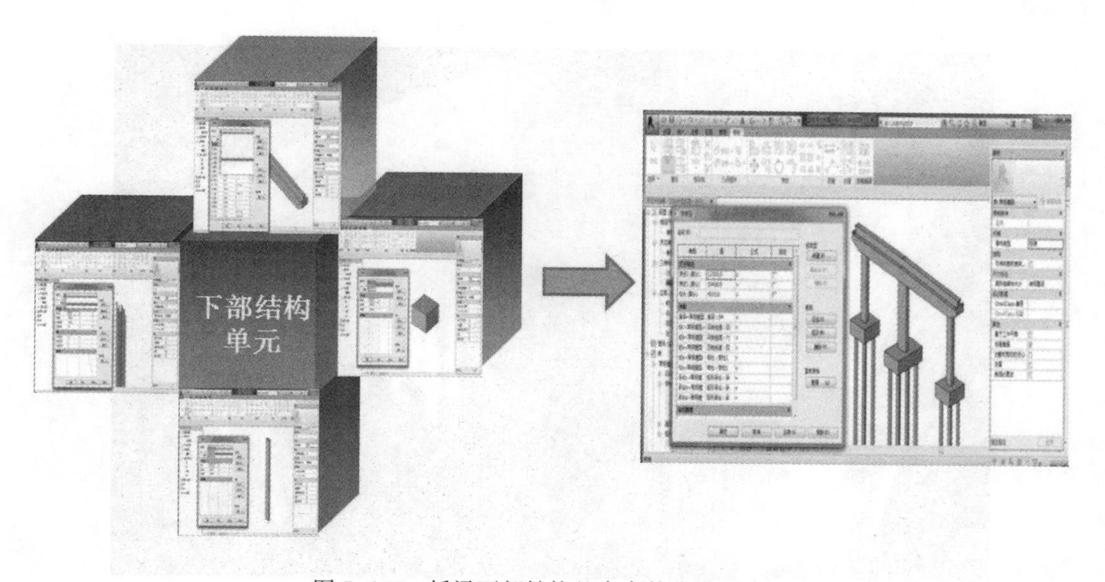

图 5-105 桥梁下部结构整合参数化模型建立

(3) 特色三:对道路桥梁及附属结构构件建模时采用后期养护运维平台上命名规则及代码形式

本项目关于BIM应用的定位是项目全生命周期运用,所以在设计阶段建立的BIM模型最终要能为后续的施工和运维阶段的BIM拓展应用而服务,需要在设计阶段BIM模型建立过程中打好“基础”。为了能够使BIM模型数据(.IFC和.RVT)能够在运维平台上进行数据兼容和沿用,本项目中多次将BIM数据导入运维平台,并将相关数据错误信息和代码错误信息进行一一分析和甄别后,最终确定采用拼音+数字的代码命名形式来为BIM模型的各类构件定义名称，这样可以实现在将 BIM 数据成功引入运维平台的同时，不出现数据乱码、代码错误、BIM 数据信息丢失等不利情况出现。

对于特色三的应用难点主要总结如下：

① 对各类构件在道路桥梁及附属结构系统中的数字＋拼音命名规则及命名序列要尽早确立。

② 对各类构件在采用数字＋拼音命名规则时必须避免重名情况出现。

2）施工阶段 BIM 应用特色及难点分析

在施工阶段 BIM 应用技术主要紧贴施工现场实际和施工内容而展开，本阶段内围绕施工作业的 BIM(拓展)应用特色及难点总结如下。

（1）特色一：围绕桥梁标准跨开展施工进度模拟

以往在工民建(建筑)领域内开展的各类施工进度模拟的案例比比皆是，但是在市政工程领域内尤其是对市政高架桥梁设施开展的 BIM 施工进度模拟实属首例。沿用在设计阶段建立的高架桥全线 BIM 模型，选取其中标准跨桥梁单元 BIM 模型，在对其构件分别赋予施工属性信息和工程信息等后，将其从 Revit 平台导出后再行导入 Naviswork 平台中，利用 Timeliner 工具分别对桥梁上下部结构构件赋予拟建、生产、拆除的时间参数，最终实现标准跨桥梁 BIM 单元模型的施工建造模拟(即进度模拟)（图 5-106、图 5-107），用于指导现场施工。

图 5-106　BIM 单元模型的施工建造模拟

对于特色一的 BIM 应用难点主要总结如下：

（1）开展桥梁标准跨施工进度模拟前，需对桥梁施工资料进行追溯和收集，并在此基础上对施工步骤、施工内容、工序顺序等要了解熟悉。

（2）特色二：对不封闭交通下桥梁上部结构整体同步顶升及支座更换施工开展场景模拟

由于 BIM 理念和技术可应用于项目全生命周期，可以设想并尝试将 BIM 软件也进行

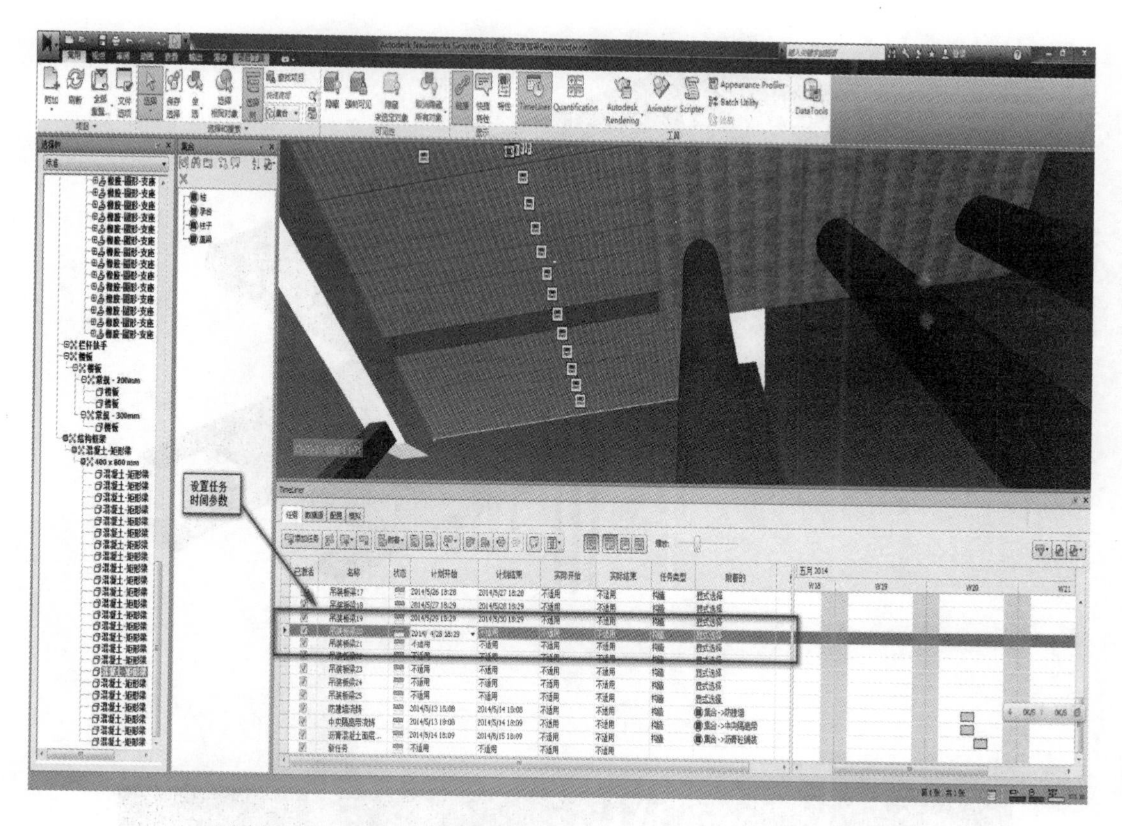

图 5-107 同济路高架标准跨桥梁 BIM 单元模型施工进度模拟

项目全生命周期应用，所以在本阶段尝试将 Revit 的建模功能进行拓展延伸，从建立项目设计 BIM 模型向项目施工 BIM 模型进行转化，彻底打破 Revit 软件往往单纯用于设计领域的“瓶颈”，使软件的“生命力”和应用面得以延续。以不封闭交通下桥梁上部结构整体同步顶升及支座更换施工开展场景模拟为例。

利用 Revit 软件对该项施工内容相配套的施工场景（标准跨桥梁、绿化、行车道、护栏等）、施工机械设备（登高车、货车等）、施工物资（液压油泵、超薄千斤顶、油管等）、施工人员分别进行真实还原建模，并按照施工现场的实际部署情况布设场景中各个施工 BIM 模型间的相对空间位置关系，以求真实还原施工现场实况（图 5-108），有利于施工现场的技术交底和施工部署工作。

对于特色二的 BIM 应用难点主要总结如下：

① 施工场景模拟中涉及的工料机等实物对象资料（包括尺寸规格、生产厂家等）一般需要自行收集和量测，施工周边环境数据需要进行实地踏勘收集。

② 在制作施工场景模拟前，必须对施工资料（施工组织设计、施工方案、封交情况等）了解熟悉，必要时要前往施工现场实时收集建模参考数据（例如照片等），并根据具备的客观条件确定场景模拟制作的深度和广度。

（3）特色三：对不封闭交通下桥梁上部结构整体同步顶升及支座更换施工开展工艺模拟。

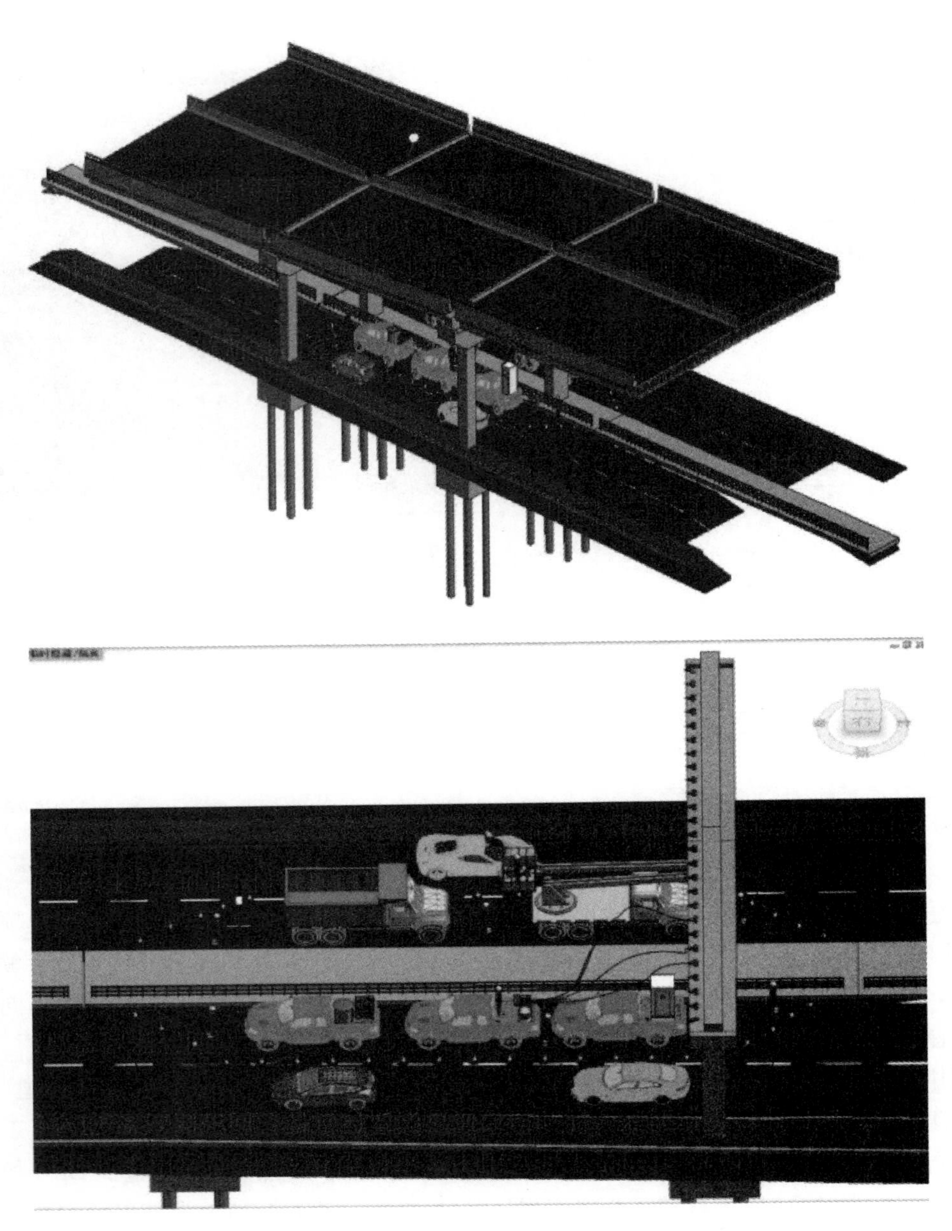

图 5-108　桥梁上部结构整体同步顶升及支座更换施工场景模拟

在不封闭交通下桥梁上部结构整体同步顶升及支座更换施工场景模拟的基础上，创新性的利用 Naviswork 强大的 Timeliner 和 Animator 动静结合动画制作功能，在给施工场景内的各项施工 BIM 模型对象赋予静态和动态模拟路径和动作后，以动态、直观和形象的表达方式将桥梁上部结构整体同步顶升及支座更换施工工艺制成工艺动画，真实还原现场实际的施工工艺及操作流程内容（图 5-109），有利于施工工艺技术交底和便于施工管理。

对于特色三的 BIM 应用难点主要总结如下：

① 必须熟练掌握 Naviswork 软件动静结合的动画制作模块，对动画制作角度、展示路

图 5-109 桥梁上部结构整体同步顶升及支座更换施工工艺模拟动画

径、展示内容、字幕编排等事前妥当策划。

② 必须对施工现场该项施工工艺内容及其相关施工资料非常了解熟悉。

（4）特色四：对同济路高架夜间桥面施工组织及交通组织开展方案模拟

在本阶段内除了利用 Revit 和 Naviswork 等常用 BIM 软件开展施工 BIM 应用外，还开创性地引用 Cityplan 这款软件的施工模拟和动画展示模块来真实模拟还原同济路高架夜间施工组织及交通组织方案。通过采用 Cityplan 中自带的施工机械设备、施工作业人员等现场仿真模块，在建立完成同济路高架桥模拟对象后，将夜间施工组织及交通组织所需的各项施工机械、人员及材料模块对象依次插入和布设在场景中，并同时附上日照和灯光的效果，使施工和交通组织场景更加逼真，最终利用 Cityplan 的动画展示模块制定一条动画展示路径和相应展示角度后，便可生成如图 5-110 所示的夜间施工组织还原动画。

图 5-110　同济路高架夜间施工组织方案模拟动画

对于特色四的 BIM 应用难点主要总结如下：

① 必须对施工组织方案及其相关资料非常了解熟悉，对施工现场周边环境也必须非常清楚。

② 必须对 Cityplan 软件的对象建模、施工模拟及动画展示模块及其功能要熟练掌握和操作，对进行施工组织和交通组织模拟的对象内容制作深度以及后期动画展示角度、展示内容、展示路径等需事前策划妥当。

3）运维阶段 BIM 应用特色及难点分析

在运维阶段，围绕 BIM 技术的应用主要是将设计和施工阶段的 BIM 设计施工数据进行数据对接和移植应用于三维运维平台上，用于为运维平台查阅追溯项目设计和施工工程信息、制定运维决策和方案、选定运维养护工艺等提供数据支持和参考依据。在三维运维平台上除了载入 BIM 设计施工数据外，还可对项目周边一定范围内的环境事物按照一定比例和精度进行补充建模和完善数据库（图 5-111），使运维平台更加直观生动，同时也提升了其运维品质和扩充各项功能。

对于运维阶段的 BIM 应用特色所对应的应用难点总结如下：

① 必须打破数据“壁垒”，规划 BIM 数据和运维数据的对接交互方式，开发 BIM 数据和运维数据双重解析器，实现 BIM 数据（IFC 和 RVT 等）与运维数据（FBX）的双向无缝对接移植应用，并确保移植应用的 BIM 数据的完整性和可靠性。

② 必须事前对 BIM 设计施工数据在三维运维平台上所需实现的各项功能、所需具备的数据内容及数据库、彼此之间工作界面、数据对接交互方式、基于 BIM 数据的三维运营维护平台组成构架等细节内容进行事前策划和落实。

图 5-111 基于 BIM 设计施工数据的同济路高架三维运维平台及其展示

5.3.4 设计阶段 BIM 建模及分析

1) BIM 建模前准备工作

在道路桥梁及其附属结构(构筑)物进行 BIM 建模前,有许多准备工作亟须落实。首先,由于项目性质是市政设施(桥梁)大修工程,并非新建工程,项目中出具的初步设计、施工图等设计文件虽基于原有道路桥梁及附属结构基础上而设计的,但并非对同济路高架原有道路桥梁主结构构造、附属结构构造、构件信息(含尺寸数量、规格类型、平面及空间位置等)、地理定位信息、周边环境信息等原始资料信息完全掌握和保有,这也是开展 BIM 建模所需必备客观条件和基础。通过走访同济路高架图纸档案所在地，并与同济路高架产权所属业主和同济路高架原设计单位等多方沟通协商着手，从多方面各渠道搜集整理出同济路高架原有新建设计图纸和能够反映其道路桥梁主结构构造、附属结构构造、构件信息（含尺寸数量、规格类型、平面及空间位置等）、地理定位信息和周边环境信息的各类基础资料和数据，这为后续工作创造了良好开端。

其次，在进入设计阶段正式开展 BIM 建模工作之前，对于本项目 BIM 模型的建模规则及精度、模型命名方式、模型信息编码、模型体系构成、建模假设（边界条件）、建模方法等需要进行调研确定。通过走访上海市路政局、上海市道路养护中心、上海市高架管理中心等同济路高架管辖权属单位，发现各方对本项目对象同济路高架管理需求各不相同，且各方均具备自身对同济路高架设施管理的一套编码体系。经 BIM 协作团队多次深入讨论研究决定，同济路高架 BIM 模型信息编码按照使用频率和工作需求较高的上海市路政局的编码体系来对应建立，同时根据其他管辖权属单位的管理编码体系编制编码对照表，供其他单位在对同济路高架 BIM 模型信息编码进行移植应用时提供技术支持和参考资料。在此基础上，可以借鉴上海市路政局对于市政设施管理编码体系中有关桥梁设施的编码及命名方式，并结合同济路高架自身特点和实际情况，统筹考量制定高效合理的 BIM 模型各组成部分的命名方式（例如，构件英文缩写＋定位墩号＋排列序号、构件中文拼音＋定位墩号＋排列序号或直接采用多数位数字代码表示等），便于日后 BIM 模型各部分数据的查阅、追溯和调用。

对于模型体系的具体构成取决于建模所需的基础资料的详细程度以及建模软件能够最大程度实现的模型复杂度两方面决定的，考虑到前期搜集整理建模所需的图纸等基础资料并非完整，且建模软件 Revit 主要定位于房建类项目上规则性构件建模，对于市政设施（尤其是桥梁）上的大部分不规则异形构件的建模存在一定困难和功能缺陷，经过 BIM 协作团队内部反复论证商议，仅对本项目中道路桥梁主结构及附属结构（防撞墙）进行还原建模，这也是同济路高架 BIM 模型体系的核心架构。

在对前期搜集整理的建模资料进行熟悉和研究基础上，结合同济路高架实地踏勘考察所收集的数据和以往类似工程经验，不难发现同济路高架道路桥梁主结构及附属结构的原始（新建）设计图纸上标示的各项数据（例如，桥面标高、梁底净高、混凝土铺装层厚度、橡胶支座位置等）与现场踏勘时实测数据相比较而言有较大的出入，其原因主要在于以下多个方面：

（1）由于同济路高架从建成至今已经运营了 12 年，在长期高流量重载车辆作用下，桥梁的地基基础已经发生了一定的沉降变形且每年仍在继续发展，这直接导致道路桥梁整体结构及附属结构的各类构件的标高数据较图纸而言偏差较大。

（2）由于同济路高架属于空心板梁桥，其桥墩、盖梁及地基基础是在现场支模浇筑完成的，相应的尺寸规格与图纸标示相差不大，但其道路桥梁上部结构确与图纸中标示尺寸有些出入，原因在于道路桥梁上部结构中采用的预应力空心板梁在梁厂预制完成后再运至现场吊装对位，该构件在预制过程中本身存在一定的误差，且在梁端部施加预应力后造成梁体起拱（用于抵抗桥面荷载），这直接导致梁底面并非为平直面而是弯曲面，同时由于桥面系的混凝土铺装层厚度及标高和沥青面层厚度及标高在原图纸上是一定的，梁体起拱后会造成压缩了部分混凝土铺装层及沥青面层的厚度，造成桥面系各结构层也并非平直面而是渐变曲面；这样直接造成桥面系各结构层及预应力空心板梁等构件的实际指标与设计指标相差较大如图所示。

(3) 根据工程经验，对于任何项目在现场施工过程中均会存在与设计图纸较小偏差的误差情况，而各道工序在流水作业过程中产生的工序误差会累积成无法挽回的较大误差，这时施工现场一般会调整构件尺寸或位置来修正和抵消误差造成的影响，确保施工质量，同济路高架在当初新建时其空心板梁在平面上布设位置及其下橡胶支座的布设点位也因为上述原因与原设计图纸上存在一定的位置偏移和调整。

根据上述分析，若要按照同济路高架现状进行 BIM 建模，则前期搜集整理的建模基础资料基本上无任何参考价值，且需要现场收集实时建模数据，工作量庞大、耗时较长、难度极高的同时其建模成本也无法估量，并且同济路高架 BIM 模型要实现项目全生命周期运用，对于运维阶段可能会要求 BIM 模型细节内容更贴近真实现状，BIM 协作团队为顺利解决克服上述问题召开多轮内部论证，最终决定维持采用原(新建)设计图纸及相关建模基础资料作为同济路高架 BIM 模型的建模依据和参照，而对于运维阶段对 BIM 模型的细节要求拟在三维运维工作平台上通过添加附加说明信息弥补修正 BIM 模型信息，但对于设计阶段建立的 BIM 模型虽基于建模资料，但由于与现场实际情况有所差别，在同济路高架 BIM 模型建立之前要人为设定建模假设(边界条件)，用于界定模型状态、模型适用条件、模型误差考量等方面内容，确保建模工作的严谨性和模型质量的高保真性。同济路高架 BIM 模型建模假设(边界条件)含如下几点：

(1) 本模型为设计阶段依据原有(新建)设计图纸真实还原建立同济路高架新建完成时的 BIM 模型，模型本身不考虑其真实环境下运营 12 年产生的地基基础变形。

(2) 本模型建立时不考虑桥面系各结构层的厚度不均匀渐变性以及预应力空心板梁的拱度，桥面系结构层及梁体均按平直面进行建模。

(3) 模型本身梁体及橡胶支座的布设依照原始(新建)设计图纸进行，不考虑施工过程中对梁体和橡胶支座本身大小和位置修正。

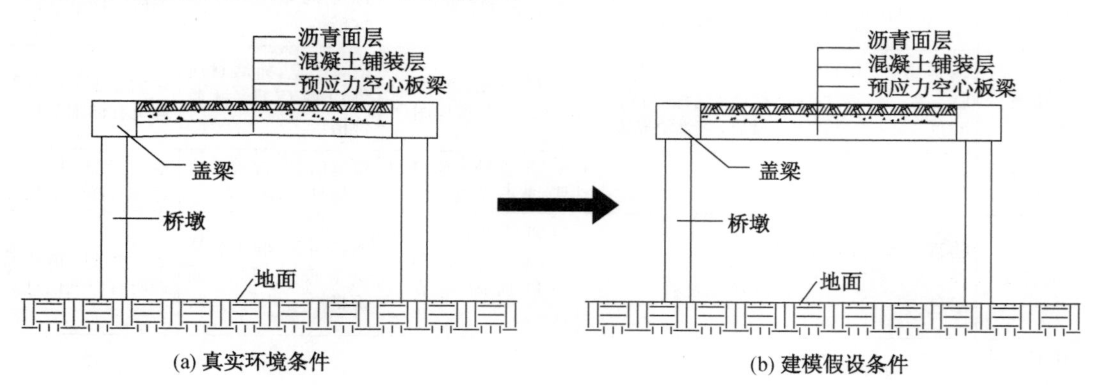

图 5-112

本项目中同济路高架 BIM 建模规则及精度要求主要参照较成熟的房建类 BIM 模型的建模规则和精度要求仿照进行。

首先，本项目 BIM 建模规则主要包含以下几个方面：①单位和坐标；②建模依据；③协同建模工作集(或模型)拆分原则；④模型色彩规定；⑤BIM 软件规定。

在“单位和坐标”中主要定义了项目长度单位(毫米)、建模标高要求(采用相对标高±0.000)及 BIM 建模通用坐标系。

在“建模依据”中主要定义了建立 BIM 模型所需各类客观数据源，其中包含：建设单位提供的有效图纸、设计文件参照的国家规范及标准图集以及设计变更单等多种数据源。

在“协同建模工作集(或模型)拆分原则”中主要定义了多方协同工作时工作集(或模型)拆分的方式方法，其中含按文件大小(不超过 100 m)拆分、按专业拆分、按材料类型拆分、按构件类别与系统拆分等不同拆分原则和适用条件。

在“模型色彩规定”中主要定义了对于同济路高架道路桥梁主结构及附属结构构件的材质采用 Revit 软件系统中已有默认色彩，若新建材质色彩需要报告 BIM 协作团队，由团队共同认可才能采用。

在“BIM 软件规定”中主要规定了本项目中道路桥梁主结构及附属结构构件中涉及混凝土结构构件的，必须采用 Revit-2014 软件进行建模；而涉及钢结构构件的可以采用 Revit-2014 或 Tekla-2014 来进行建模。对于建立的 BIM 模型在后期整合拓展应用的软件选用 Navisworks-2014。

其次，本项目 BIM 建模精度要求主要按照 BIM-LOD 详细等级要求进行精确建模，针对同济路高架道路桥梁主结构及附属结构的专业类别、构件材料及类型特点，制定了本项目 BIM 模型 LOD 建模精度参照表(表 5-17 和表 5-18)。

表 5-17　同济路高架道路桥梁主结构及附属结构构件建模精度参照表

详细等级(LOD)	100	200	300	400	500
桥面板	物理属性，板厚、板长、宽、表面材质颜色	类型属性，材质，二维填充表示	材料信息，分层做法，桥面板详图，附带节点详图	概算信息，桥面板材质供应商信息，材质价格	运营信息，物业管理所有详细信息
梁体(板梁及盖梁)	物理属性，梁长、宽、高、表面材质颜色	类型属性，具有异形梁表示详细轮廓，材质，二维填充表示	材料信息，梁标识，附带节点详图	概算信息，梁体材质供应商信息，材质价格	运营信息，物业管理所有详细信息
桥墩	物理属性，桥墩长、宽、高，表面材质颜色	类型属性，具有异形桥墩表示详细轮廓，材质，二维填充表示	材料信息，桥墩标识，附带节点详图	概算信息，桥墩材质供应商信息，材质价格	运营信息，物业管理所有详细信息
梁和桥墩节点	不表示，自然搭接	表示锚固长度，材质	钢筋型号，连接方式，节点详图	概算信息，材质供应商信息，材质价格	运营信息，物业管理所有详细信息
防撞墙	物理属性，防撞墙厚、宽、表面材质颜色	类型属性，材质，二维填充表示	材料信息，分层做法，墙身大样详图，空口加固等节点详图	概算信息，墙体材质供应商信息，材质价格	运营信息，物业管理所有详细信息
详细等级(LOD)	100	200	300	400	500
钢结构构件(型钢伸缩缝)	不表示	物理属性，长、宽、高物理轮廓。表面材质颜色，类型属性，材质，二维填充表示	材料信息，大样详图，节点详图	概算信息，基础材质供应商信息，材质价格	运营信息，物业管理所有详细信息
混凝土基础(桩基承台)	不表示	物理属性，基础长宽高物理轮廓。表面材质颜色，类型属性，材质，二维填充表示	材料信息，基础大样详图，节点详图	概算信息，基础材质供应商信息，材质价格	运营信息，物业管理所有详细信息

表 5-18 同济路高架道桥主结构及附属结构在项目各阶段建模精度要求表

项目阶段	方案阶段	初设阶段	施工图阶段	施工阶段	运营阶段
建模详细等级	LOD	LOD	LOD	LOD	LOD
同济路高架道路桥梁主结构及附属结构专业					
桥面板	100	200	300	300	300
梁体(板梁及盖梁)	100	200	300	300	300
桥墩	100	200	300	300	300
梁和桥墩节点	100	200	300	300	300
防撞墙	100	200	300	300	300
钢结构构件(型钢伸缩缝)	100	200	300	300	300
混凝土基础(桩基承台)	100	200	300	300	300

建模方法:在本项目中,对于同济路高架 BIM 模型建模方法选择好坏将直接影响到整个建模工作的效率高低、建模周期长短及模型质量好坏,根据同济路高架 BIM 模型体量大、构件多、类型杂、异形态等特点,经过 BIM 协作团队内部反复论证并参考类似项目案例后,确定了建模原则为“多方协同、明确分工、化整为零、参数建模、外部整合、内部布设、细节优化、仿真还原”,同时根据建模原则制定高效合理的建模方法——按专业及构件类别与系统将 BIM 模型拆分成道路专业、桥梁专业及附属配套专业工作集,并分别选定从事这些专业工作或相近工作的人员分别负责各类工作集的建立、修改和协同整合,在此过程中对于各类工作集中包含的模型内容均要求实现参数化建模、参数化修改和参数化更新,并在 BIM 模型建立和整合的过程中通过碰撞检测、图纸核实、现场比对等多渠道方式对 BIM 模型局部细节和宏观整体进行仿真优化,力求真实还原同济路高架现场实况及其系统结构。

2) BIM 设计建模及模型质量控制

考虑到 BIM 模型建模体量庞大(共 2.3 km 道路桥梁模型),若在 BIM-Revit 软件中利用项目模板进直接道路桥梁主结构及附属结构进行建模,则存在两个建模弊端:

(1) 道路桥梁主结构及附属结构所包含的各类子构件类型繁多,而原始总平面图中只有关于桥墩的定位坐标点,即使在项目模板中对这些定位坐标点进行事前放样,但除了桥墩以外的相邻子构件的相对位置关系需要参照不同墩号对应的桥身结构图来调整定位,这样就造成需要重复对各个不同墩号上道路桥梁主结构及附属结构的各类子构件进行对位和校正,无形中增加了巨大的重复劳动量。

(2) 在项目模板中对规则模型及构件一般可直接调用建筑、结构或系统模块中的相应构件命令直接建模且部分构件本身为 BIM-Revit 软件中自带的参数化构件族,可以对其形态进行规则参数化修正(广泛用于民用建筑),在本项目中市政设施道路桥梁主结构(如盖梁)和附属结构(如防撞墙)中存在诸多不规则异形构件,而软件传统自带的常用参数化构件族(如梁板柱)已无法满足这些异形构件的建模要求和参数设置,即使采用拉伸构造任意形态的概念体量来克服异形构件的建模“难题”,但由于概念体量功能本身用于前期方案设计,其异形构件的建模尺寸及精度无参数化控制,完全依赖于建模人员的主观判断和画图操作功底,难以确保模型尺寸规格和形态细节符合建模规则及精度要求,更无法真实还原道路桥梁主结构及附属结构的外形构造和连接形式,这就失去模型的真实可靠性、实用性以及建模意义。

为了最大程度地利用和发挥原有(新建)设计图纸等建模基础资料的参考价值,并有机结合利用 BIM-Revit 软件对于构件参数化建模的功能特点,使得对同济路高架道路桥梁主体结构及附属结构从零星异形构件至整体模型的建模效率、建模精度和模型质量改善提升,经 BIM 协作团队内部研究一致决定，对所有道路桥梁主体结构及附属结构的各类子构件均采用常规模型参数族文件进行统一建模，可以根据建模人员的各种需求对模型对象分别从三维空间视角建立各种角度、尺寸控制参数，精确控制模型对象的形态变化和外形构造，从而实现参数化异形构件的建立、修正和调用（除梁体用“框架和梁”参数族建立外），并基于不同墩号的桥身结构图将各类常规模性参数化子构件（子族）模型进行统一整合后形成不同墩号下嵌套参数化族模型。在此基础上，在项目模板中进行各个墩号下嵌套参数化族模型的定位放样，并依次将其导入项目模板中按定位点精确布设即可，这样确保道路桥梁主结构的下部结构的定位放样准确性和高效性的同时，也为上部结构及附属结构异形构件的参数化建模及定位布设打下良好“基础”，提供参照依据，而上部结构及附属结构异形构件在建立完各自的常规模性参数化子构件（子族）模型后依照构件平面布置图进行定位放样和布设即可，这样道路桥梁主结构及附属结构的全线整体 BIM 模型即告完成。拟通过本项目以下建模实例来形象阐述上述 BIM 模型建模过程及方法。

首先，考虑到本项目的特殊性，同济路高架并非新建而是大修，且其已经运营了 12 年之久，所以通过对各个渠道搜集的原始桥梁（新建）设计图纸资料熟悉和现场踏勘研究（图 5-113），确定了同济路高架上下部结构需要分别建立的异形参数化构件，其中包含（图 5-114—图 5-115）：空心板梁、桥墩及桩基承台、防撞墙、盖梁、沥青面层及混凝土铺装层、橡胶支座、中央隔离墩、型钢伸缩缝及桥台。

以上述异形构件中最复杂的盖梁为例，由于盖梁的形态变化取决于其外表面平、立、剖面上外形尺寸和角度的变化，所以在对盖梁构件进行参数化建模时，基于公制常规模型参数化族文件模板基础上，主要围绕其平、立、剖面上必要的外形尺寸（长、宽、高等）和扭转角度等外形控制点以字母代号形式设置不同的参数加以控制和调整其形态变化。结合已有图纸资料和现场踏勘数据，对盖梁构件形态控制参数进行调整变化，可以瞬时得出最新参数下的直观生动盖梁形态构造，通过反复与图纸和踏勘数据资料的对比分析，可以改善和提升盖梁构件模型形态构造与现场实况的相似程度，同时也确保了其模型质量和品质。对于同济路

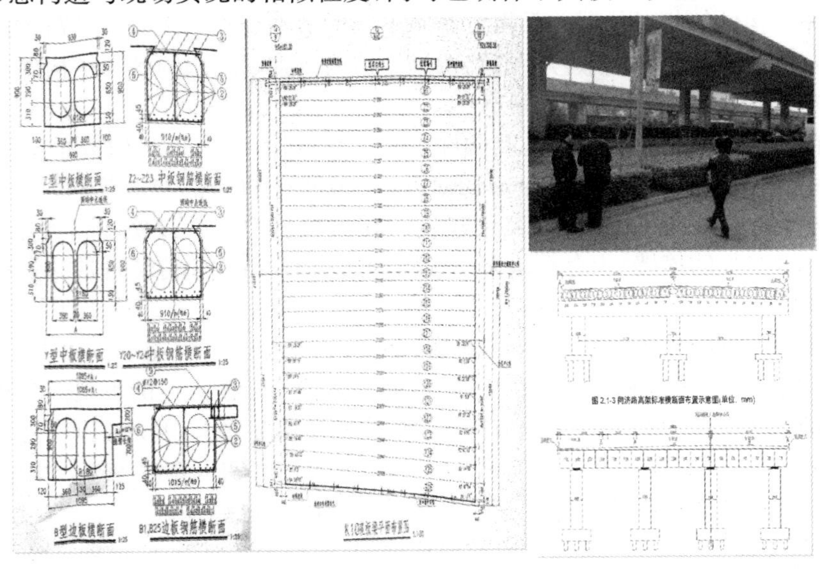

图 5-113　现场踏勘和图纸研究

高架主线 2.3 km 及其沿线匝道的道路桥梁主结构及附属结构其他各类异形构件的参数化设计建模也与盖梁构件参数化设计建模类似，此处就不再展开详述了。

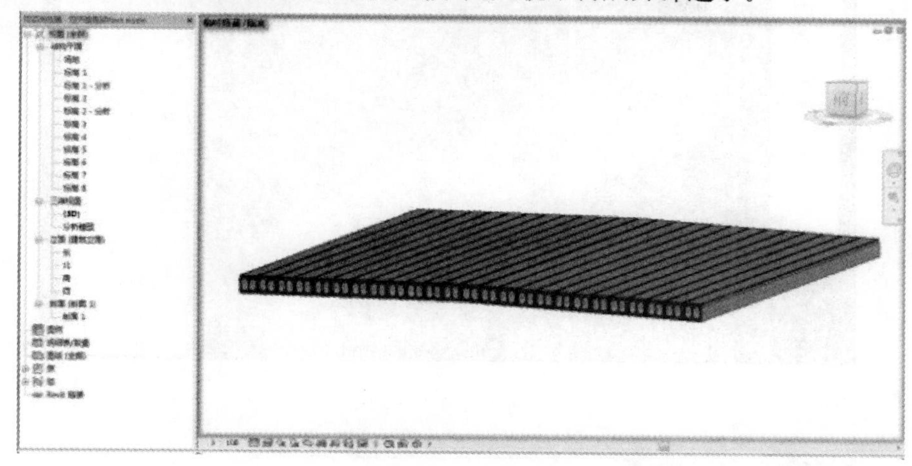

图 5-114 空心板梁

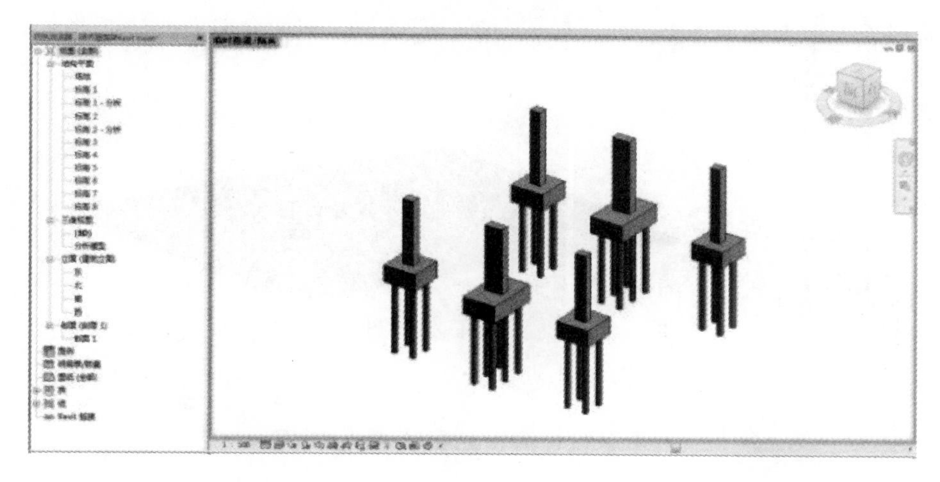

图 5-115 桥墩及桩基承台

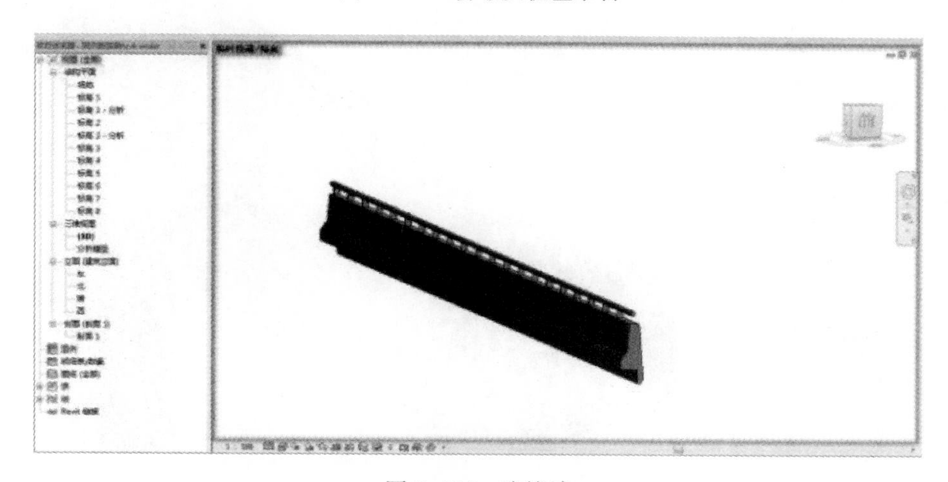

图 5-116 防撞墙

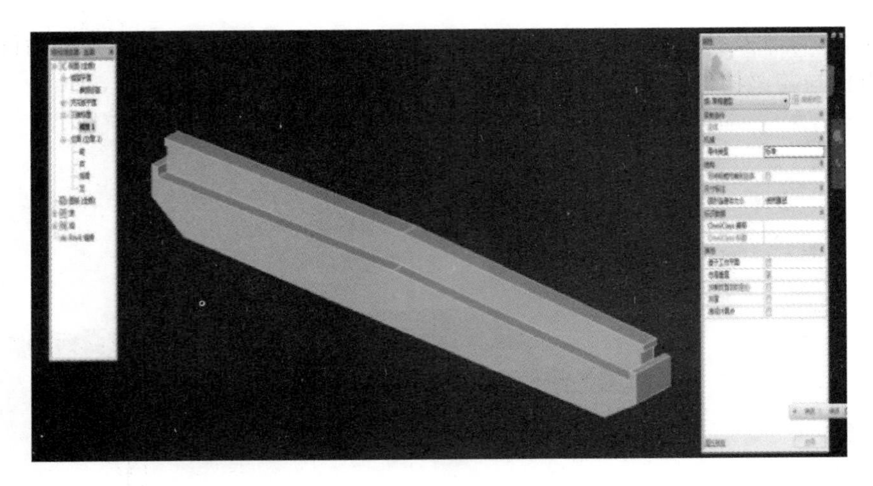

图 5-117　盖梁

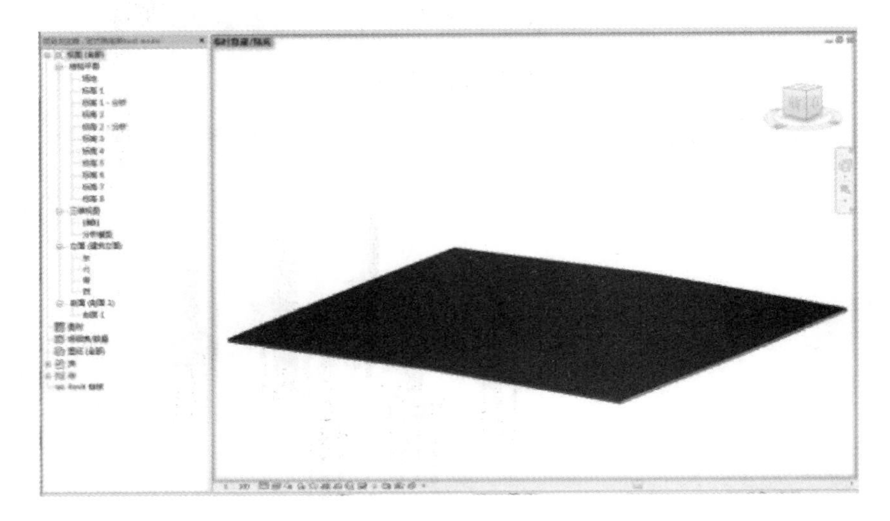

图 5-118　沥青面层及混凝土铺装层

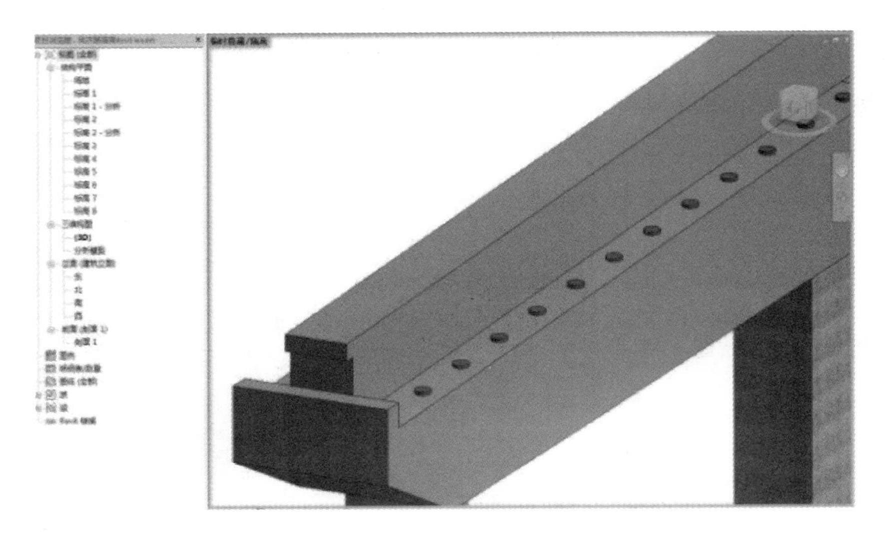

图 5-119　橡胶支座

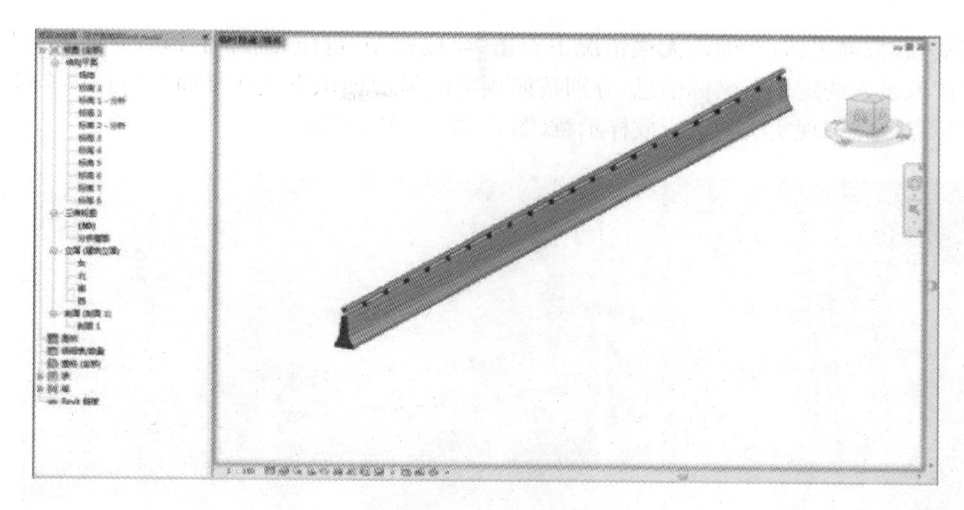

图 5-120　中央隔离墩

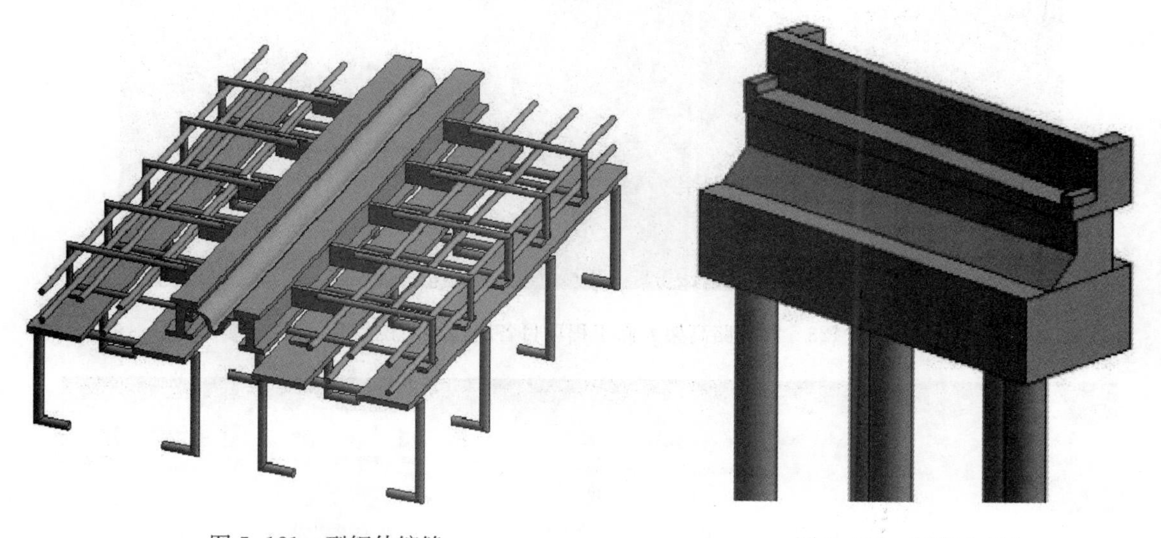

图 5-121　型钢伸缩缝　　　　图 5-122　混凝土桥台

在完成了桥梁上下部结构各类构件的参数化建模后，应结合原有图纸资料、现有维修设计资料、历年检测报告和现场踏勘资料，经充分研究和评估基础上确定各类构件之间相对位置关系，以及 BIM 建模所需的定位点坐标及定位对象也应予以确定。根据 BIM-Revit 软件中的附加模块插件 Extension 的定位放样功能，将其用于定位放样的 Excel 表格模板导出后，将本项目原有图纸资料及现有维修设计资料上的有关全线桥梁各跨定位的参考信息进行筛选梳理，本项目图中以底面承台中心点作为各跨桥梁的基准定位点，然后将各跨相应定位点坐标分别输入 Excel 表格模板中，并对输入数据的正确性和完整性进行检查，在确认定位信息输入无误的情况下保存 Excel 表格。在此基础上，将此定位信息 Excel 表格直接利用 Extension 的数据导入和读取功能进行定位信息读取和录入操作(即导入“基于 Excel 的模型生成器”)，并对 Extension 读取和录入的定位点坐标信息和标识方式等各方面内容仍需进行二次确认检查(包含自检和 Extension 自带数据检测)，确保在数据读取和录入过程中数据格式内容规范，不存在数据遗漏缺项、数据出错，在确认无误情况下点击"生成模型"键位，随即在 BIM-Revit 项目背景下依据读取录入的定位点坐标信息，分别按照预定的显示标识方式在平面上将桥梁全线各跨定位坐标点以虚拟现实实物进行放样示意(图 5-123—图 5-126)。

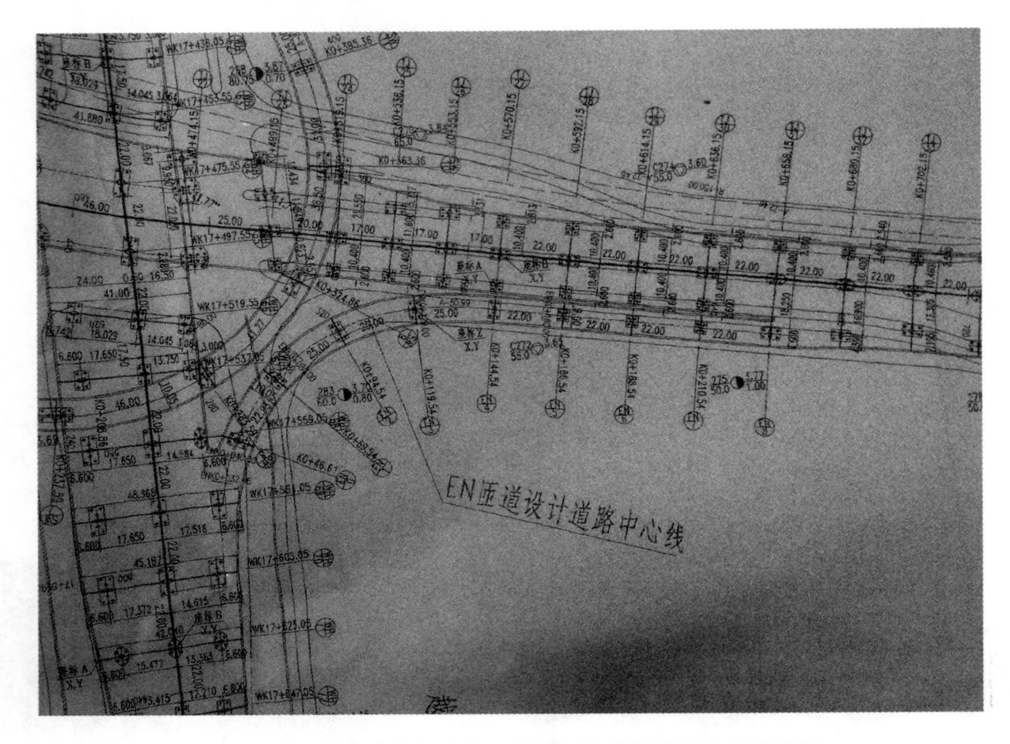

图 5-123　同济路高架大修工程项目各跨桥梁定位信息简图

	A	B	C	D	E	F	G	H	I	J	K	L	M	N	O	P
1	墩号	里程桩号	绝对坐标A（X,Y）		标A（X,Y）（X减15600,Y减…		绝对坐标B（X,Y）		标B（X,Y）（X减15600,Y…		桩数			桩长	承台底标高	
2			X	Y	X	Y	X	Y	X	Y	西侧	中间	东侧	(m)	西侧	中间
3	TJ-8	TJ0+159.38	15216.957	2081.524	-383.043	81.524	15212.461	2069.182	-387.539	69.182	4	6	4	60	1.70	1.70
4	TJ-9	TJ0+181.38	15237.747	2075.073	-362.253	75.073	15233.199	2061.841	-366.801	61.841	4	6	4	60	1.70	1.70
5	TJ-10	TJ0+203.38	15258.879	2069.758	-341.121	69.758	15254.069	2054.881	-345.931	54.881	4	6	6	60	1.70	1.70
6	TJ-11	TJ0+225.38	15280.204	2065.263	-319.796	65.263	15275.063	2048.305	-324.937	48.305	4	6	6	60	1.90	1.90
7	TJ-12	TJ0+247.38	15301.487	2060.869	-298.513	60.869	15296.174	2042.114	-303.826	42.114	4	6	6	60	1.90	1.90
8	TJ-13	TJ0+265.67	15319.248	2057.658	-280.752	57.658	15313.805	2037.264	-286.195	37.264	4	6	6	60	1.90	1.90
9	TJ-14	TJ0+279.00	15338.939	2055.180	-261.061	55.180	15326.700	2033.885	-273.300	33.885	4	6/5	5	60	1.90	1.90/1.90
10	TJ-15	TJ0+304.00	15357.610	2039.274	-242.390	39.274	15350.894	2027.589	-249.106	27.589	4	6	4	60	1.90	1.90
11	TJ-16	TJ0+322.15	15371.736	2035.598	-228.264	35.598	15368.462	2023.017	-231.538	23.017	4	6	4	60	1.90	1.90
12	TJ-17	TJ0+344.15	15393.026	2030.058	-206.974	30.058	15389.753	2017.476	-210.247	17.476	4	6	4	60	1.90	1.90
13	TJ-18	TJ0+366.15	15414.317	2024.517	-185.683	24.517	15411.043	2011.936	-188.957	11.936	4	6	4	60	1.90	1.90
14	TJ-19	TJ0+388.15	15435.608	2018.977	-164.392	18.977	15432.334	2006.396	-167.666	6.396	4	6	4	60	1.90	1.90
15	TJ-20	TJ0+410.15	15456.899	2013.436	-143.101	13.436	15453.625	2000.855	-146.375	0.855	4	6	4	60	1.90	1.90
16	TJ-21	TJ0+428.15	15476.940	2008.221	-123.060	8.221	15471.045	1996.322	-128.955	-3.678	8	14	14	60	1.90	1.90
17	TJ-22	TJ0+474.15	15521.458	1996.636	-78.542	-3.364	15515.562	1984.737	-84.438	-15.263	8	14	14	60	1.90	1.90
18	TJ-23	TJ0+499.15	15545.652	1990.340	-54.348	-9.660	15539.757	1978.441	-60.243	-21.559	4	6/6	4	60	1.90	1.90/1.90
19	TJ-24	TJ0+519.15	15562.386	1985.985	-37.614	-14.015	15559.112	1973.404	-40.888	-26.596	8	6	4	60	1.90	1.90
20	TJ-25	TJ0+536.15	15578.838	1981.704	-21.162	-18.296	15575.564	1969.123	-24.436	-30.877	6	6	4	60	1.90	1.90
21	TJ-26	TJ0+553.15	15595.290	1977.423	-4.710	-22.577	15592.016	1964.842	-7.984	-35.158	6	6	4	60	1.90	1.90
22	TJ-27	TJ0+570.15	15611.742	1973.142	11.742	-26.858	15608.468	1960.561	8.468	-39.439	4	6	4	60	1.50	1.50
23	TJ-28	TJ0+592.15	15633.033	1967.601	33.033	-32.399	15629.759	1955.020	29.759	-44.980	4	6	4	60	1.50	1.50
24	TJ-29	TJ0+614.15	15654.324	1962.061	54.324	-37.939	15651.050	1949.480	51.050	-50.520	4	6	4	60	1.50	1.50
25	TJ-30	TJ0+636.15	15675.615	1956.520	75.615	-43.480	15672.341	1943.939	72.341	-56.061	4	6	4	60	1.50	1.50

图 5-124　本项目全线桥梁各跨定位坐标点输入 Excel 表格模板中

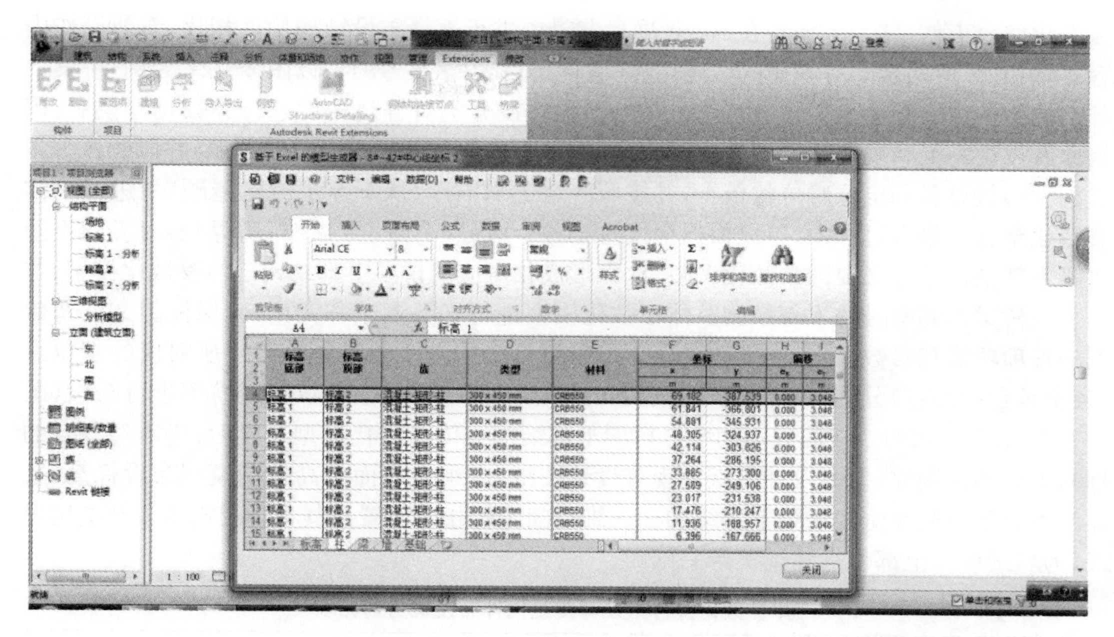

图 5-125　Revit 的 Extension 模块读取和录入桥梁各跨定为坐标点信息

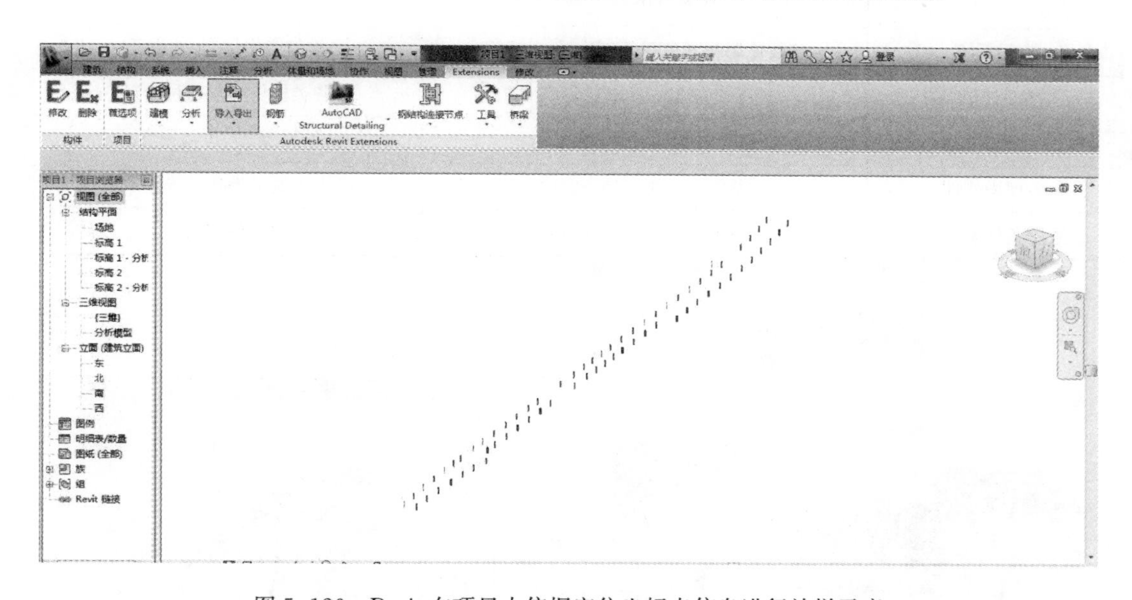

图 5-126　Revit 在项目中依据定位坐标点信息进行放样示意

在 BIM 模型定位放样完成后，应按由下及上顺序（即建造顺序）开展 BIM 模型各结构构件的基于定位点的布设工作。首先要布设的是桥梁下部结构构件，由于考虑到本项目原设计图纸和现有维修设计图纸中仅给出了以底面承台中心点为基准定位点的有限定位信息，这便要求与承台相关的桥梁下部结构其他构件必须均以承台作为定位或相对位置丈量依据，所有桥梁下部结构构件的布设都要依照承台的空间位置进行调整，这会提升各类构件逐个布设对位工作量和出错率。为保障 BIM 模型桥梁下部结构各类构件布设工作的效率和准确率，此处在桥梁下部结构构件正式布设对位前，先对桥梁下部结构各类构件进行一体参数化整合工作，这个步骤与在 Revit 项目背景中进行逐一布设结构构件相比，看似操作内容非常相似，但两者却有本质的区别，且前者优于后者(表 5-19)。以图 5-127 为例，桥梁下部结构构件主要分为盖梁、桥墩、承台和桩基础。在分别对各类构件进行参数化建模后，依据原有设计图纸和现有维修设计图纸资料，梳理出各类构件的相对位置关系，并以此作为各类构件参数设置和定位对位的依据，并按照一定逻辑顺序(从下至上或建造顺序)进行一体参数化整合。整合过程中，可以根据全线桥梁各个墩号(例如，1#、2# 桥墩等)所对应的不同桥梁下部结构进行必要的参数化调整，从而形成相对应的桥梁下部结构一体参数化模型，并对全线桥梁不同墩号的下部结构一体参数化模型进行必要调试和调用，确保模型文件及数据的各项功能和参数稳定、准确和无误。然后便可依据全线桥梁各个墩号所对应的定位点(各个承台中心点)分别对不同墩号所建立的桥梁下部结构一体参数化族模型进行布设(图 5-128 和图 5-129)。在完成不同墩号桥梁下部结构一体参数化模型布设后，仍需对各自的标高进行纠正调整，按原设计图纸和现有设计图纸，以承台底面标高控制模型布设标高，这样就可以仿真还原全线桥梁下部结构在三维空间中的相对位置及其本身架构组成及结构形式，为后续桥梁上部仿真建模奠定基础。

表 5-19　一体参数化整合布设与传统构件布设优劣对比表

对比项 \ 布设方式	一体参数化整合布设	传统构件逐一布设
布设效率	参数化调整减免重复工作量，效率高	重复工作量多，效率低
精准程度	整合模型一次对位即可	各类构件反复对位繁杂
出错率	工作简化，出错率低	工作繁琐，出错率高
各项操作性	参数设置便于整合定位	人工调节操作布设繁琐
适用条件及范围	用于定位布设条件有限	用于任何情况

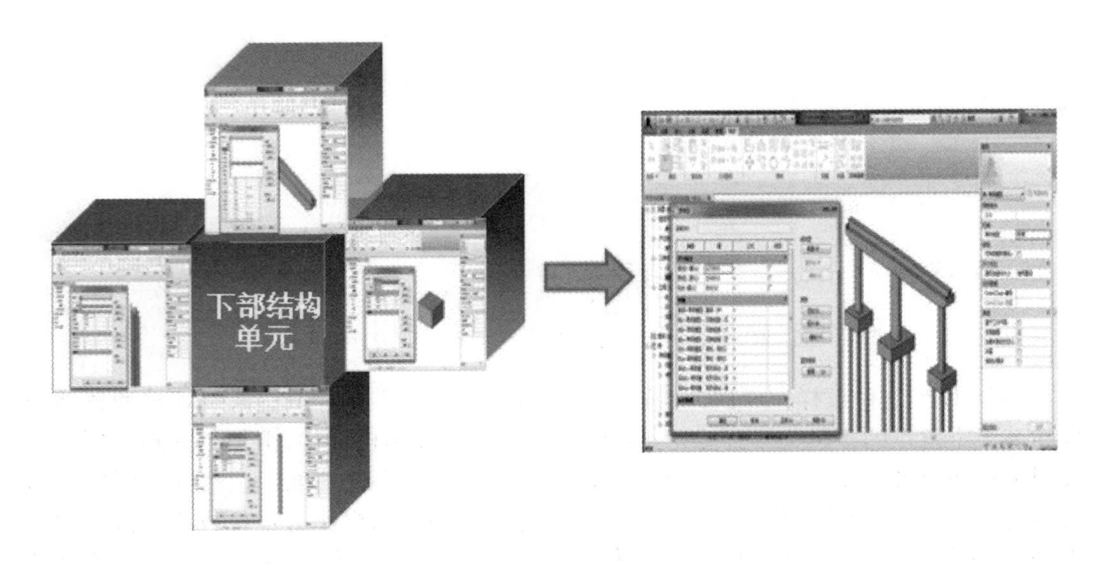

图 5-127　桥梁下部结构各类构件一体参数化整合过程

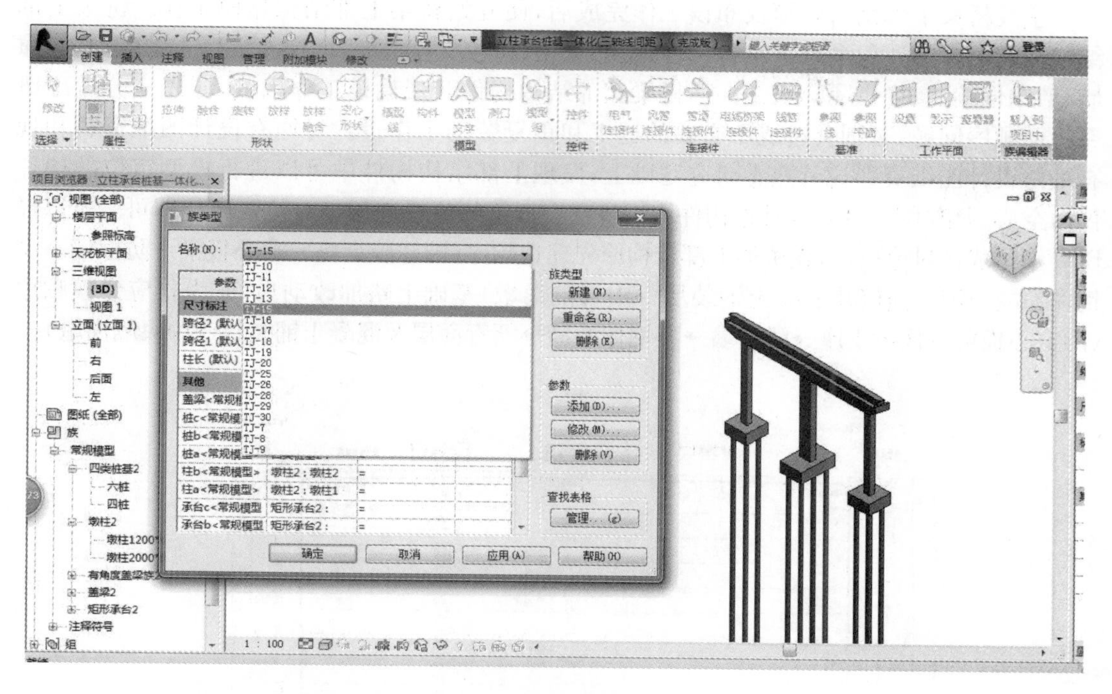

图 5-128　桥梁下部结构一体参数化整合模型按墩号设置多个族类型

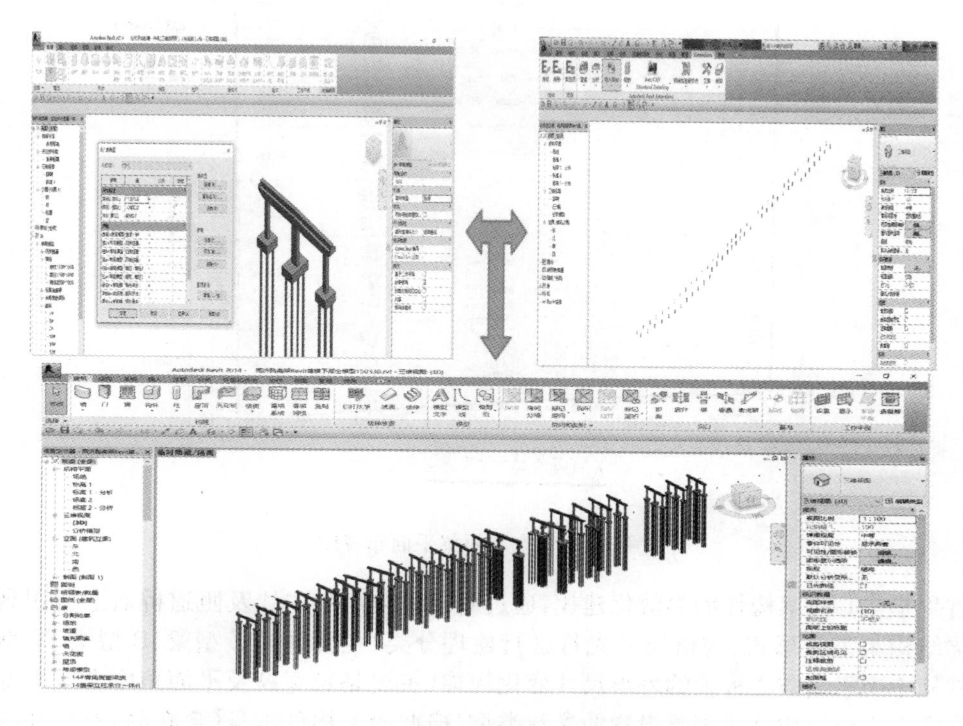

图 5-129　桥梁下部结构一体参数化整合后按定位点一次布设完成

全线桥梁下部结构建模及布设工作完成后，便开始桥梁上部结构建模工作。桥梁上部结构建模对象主要包含以下结构构件：空心板梁、橡胶支座、沥青面层及混凝土铺装层、防撞墙、型钢伸缩缝、中央隔离墩。在对桥梁上部结构构件开展建模工作以前，应先充分考虑研究建模顺序问题，否则会造成不必要的返工和重复劳动工作量。对原有设计图纸资料和现有维修设计图纸资料充分熟悉研究基础上，发现上部结构构件中可以进行模型定位的构件仅为空心板梁（图 5-130），其他构件均围绕空心板梁的位置进行相对位置调整即可。所以经 BIM 小组成员讨论决定，在桥梁上部结构原先建造顺序（即橡胶支座→空心板梁→防撞墙→型钢伸缩缝→沥青面层及混凝土铺装层→中央隔离墩）基础上略加改动后，成为相应建模顺序（即空心板梁→橡胶支座→防撞墙→型钢伸缩缝→沥青面层及混凝土铺装层→中央隔离墩）。

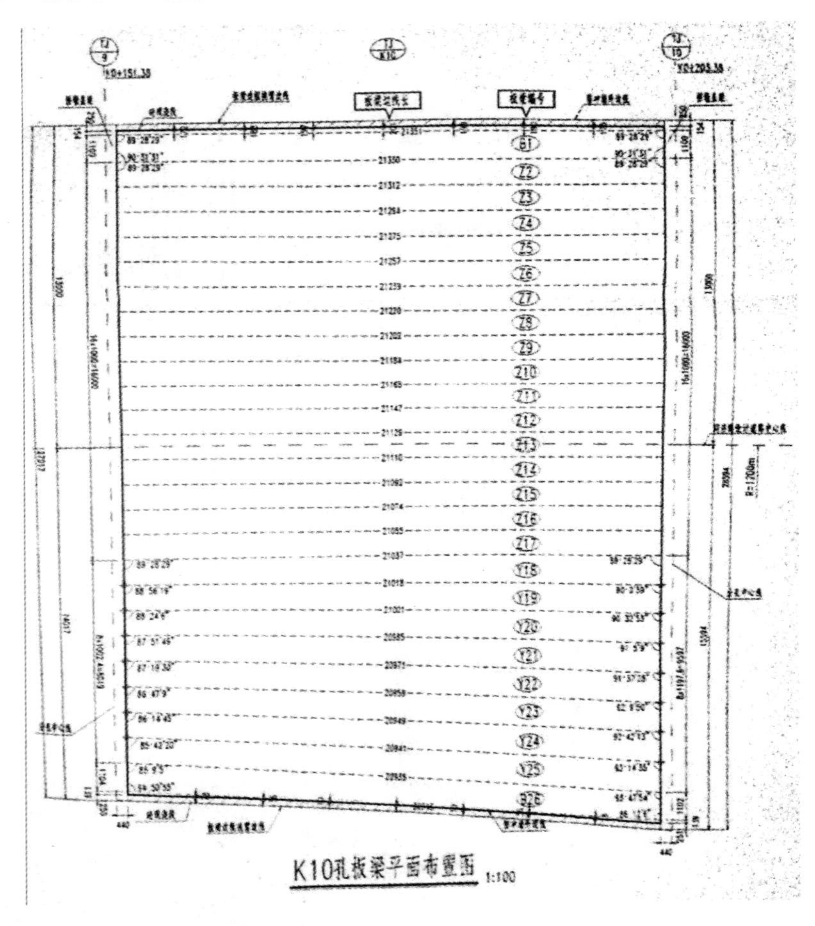

图 5-130　空心板梁平面布置图

首先是空心板梁构件的参数化建模，通过对同济路高架主线及匝道桥面上所用到的空心板梁结构类型及形式、规格尺寸先行进行梳理分类（主要分为 Z 型梁、B 型梁、Y 型梁三类），并从中摸索出空心板梁的外形尺寸变化规律（主要是长宽高及平面角度会发生变化），以便确定空心板梁构件所需要设置的参数类型（横截面上构件本身（含孔洞）宽度和高度以及平面上角度参数）和参数数量。完成上述步骤后，调用 Revit 软件自带“公制框架和梁”族作为空心板梁参数化建模的模板，在此之上设置和调试空心板梁外形尺寸变化的各项控制参数，确保能够实现空心板梁外形尺寸的参数化变化(图 5-131)，且不存在参数设置错误、系统报错等问题。空心板梁参数化建模工作完成后，便开始着手进行空心板梁在项目背景下的定位布设工作。

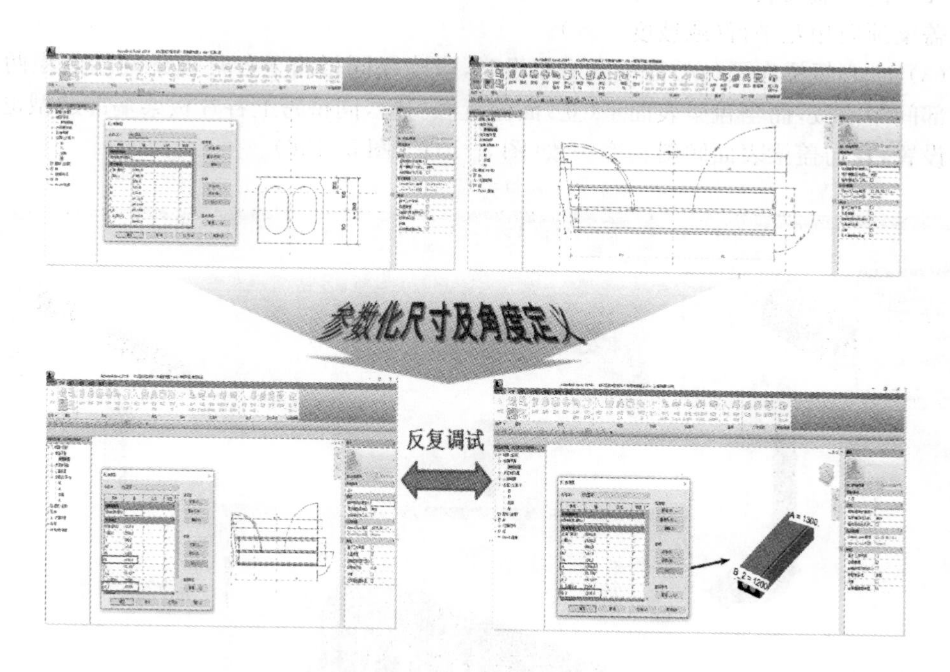

图 5-131　空心板梁构件外形尺寸变化的参数化设置和调试

空心板梁在项目背景下三维空间定位布设工作看似如同“搭积木式”简单操作，其实不然。由于本项目全线桥梁桥面存在渐变、拓宽等变化路段，致使全线桥梁上各桥跨上空心板梁存在跨度不一、数量不一、形式不一、高程不一等无规律特殊情况。这意味着全线桥梁每一桥跨上空心板梁都是独一无二，且要求人工重复定位布设，会造成巨大的重复劳动工作量和工作效率低下。为此，在保证空心板梁三维空间定位和布设精准前提下，以尽量减免工作量和提升工作效率为原则，拟探索一种高效合理的定位布设工作方法攻克上述技术难关。经 BIM 团队成员研讨后认为高效合理的定位布设工作方法的研究探索主要解决两个关键问题：定位和布设。就空心板梁三维空间定位工作而言，需要考虑的因素就比较多，主要分平面定位和立面定位。

首先，平面定位需要考虑的因素有：

(1) 空心板梁中轴线与桥墩轴线之间的夹角。

(2) 空心板梁两端点在盖梁平面上位置点。

(3) 空心板梁平面位置应考虑相邻板梁间铰缝间距(边梁应考虑距离盖梁边缘的边距)。

(4) 空心板梁两端部距离盖梁突出部的边距。

立面定位需要考虑的因素有：

(1) 空心板梁两端部底面在立面上的标高(高程)。

(2) 空心板梁两端部底面与盖梁表面间距(考虑橡胶支座高度和垫板加高)。

空心板梁三维空间布设工作也需要考虑以下细节处理点：

(1) 空心板梁在平面(及立面)视图上布设时，应避免板梁与盖梁构件间碰撞。

(2) 由于盖梁表面存在双向横坡坡度，空心板梁在三维空间布设完成后，应确保板梁底面与盖梁顶面相互平行(或坡度一致)。

(3) 空心板梁在平(立)面视图中布设时，应确保同桥跨上各片板梁两端部距两侧盖梁突出部间距一致，而当盖梁表面平(立)面位置倾斜时，同桥跨上各片板梁端部造型也应相应倾斜设置，且与盖梁表面倾斜斜率一致(图 5-132—图 5-136)。

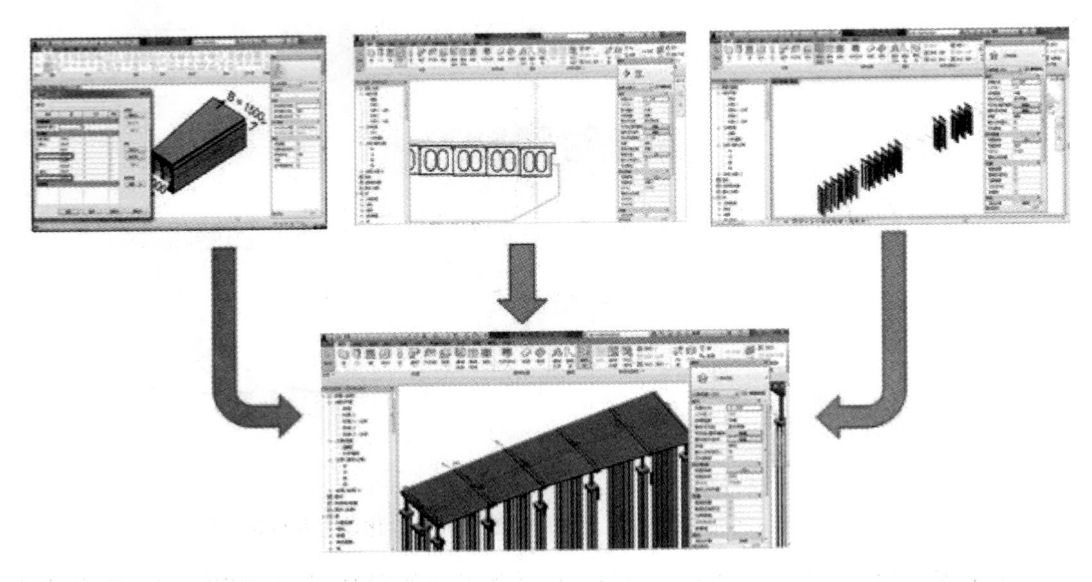

图 5-132　空心板梁构件在项目背景下的三维空间定位和布设

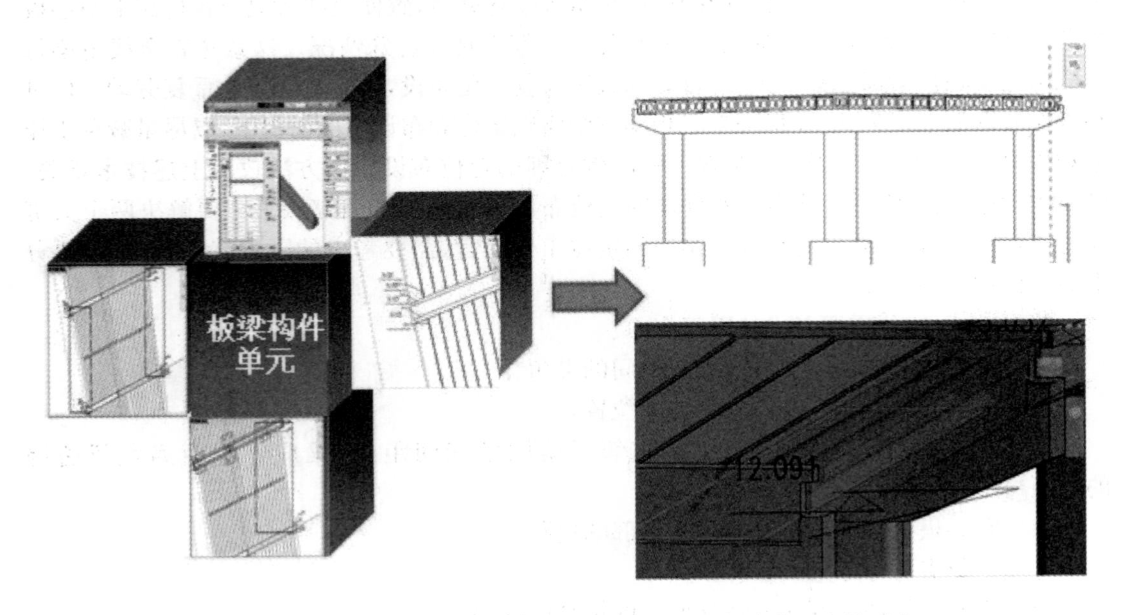

图 5-133　空心板梁构件在项目背景下的三维空间定位和布设要点

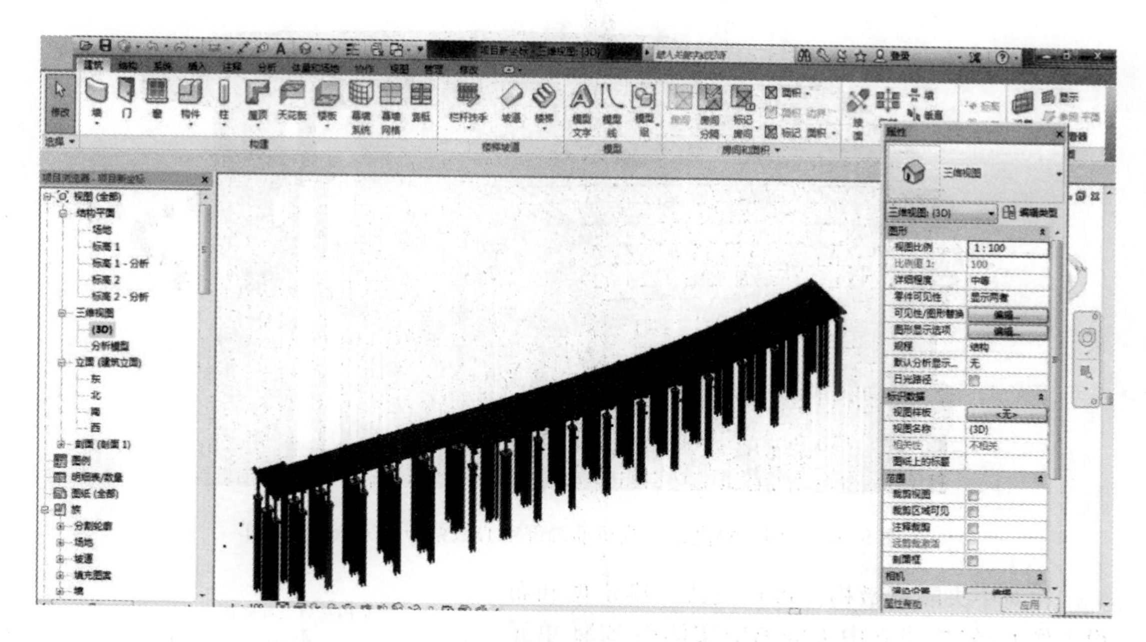

图 5-134 同济路高架主线桥面局部空心板梁布设完成情况

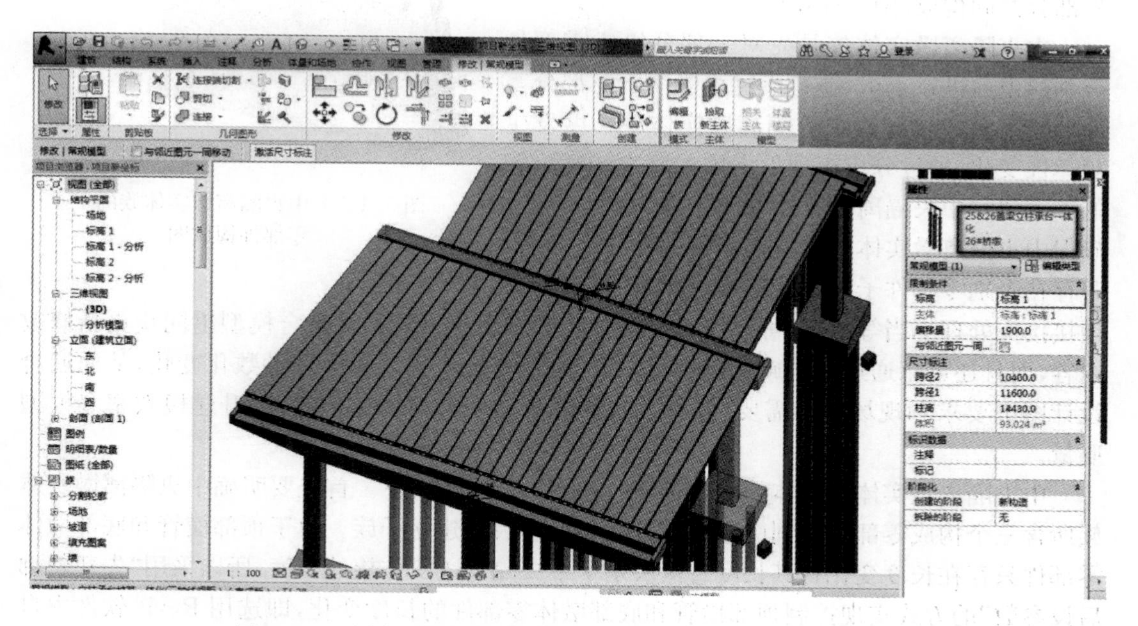

图 5-135 同济路高架主线桥面局部空心板梁布设完成平面细节

在同济路高架大修工程项目主线及匝道桥面空心板梁构件定位布设完成后，以此为参考，按照预定建模顺序依次开展橡胶支座、防撞墙、型钢伸缩缝、沥青面层及混凝土铺装层、中央隔离墩的 BIM 建模和三维空间定位布设工作。下面以中央隔离墩为例进行说明。

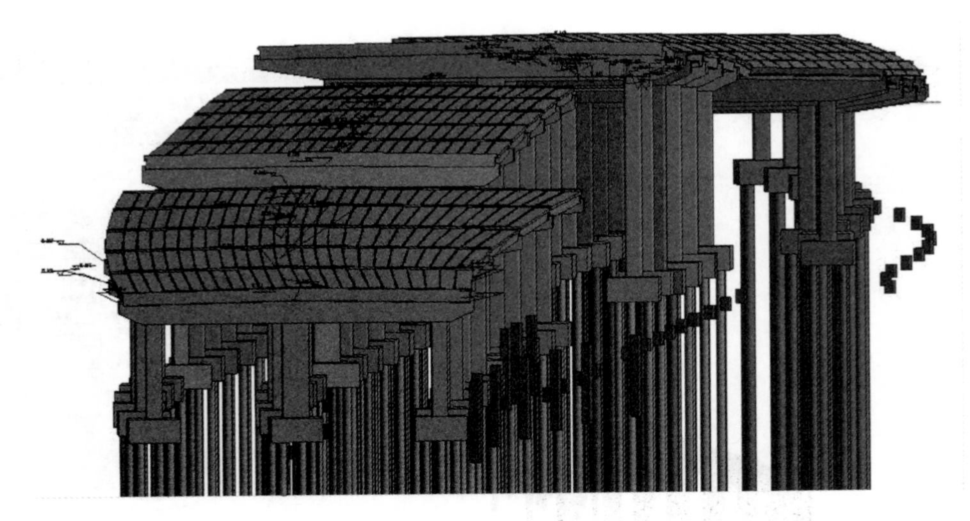

图 5-136　同济路高架主线桥面局部空心板梁布设完成立面细节

在对中央隔离墩构件进行正式三维定位和布设工作前，先要建立中央隔离墩实体族 BIM 单元模型，其主要由顶部横管、中部连接件和底部墩体三部分共同构成(图 5-137)。

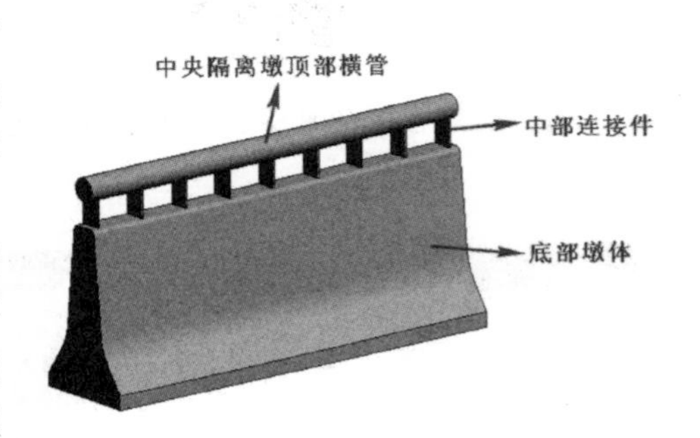

图 5-137　中央隔离墩实体族的零部件构成图

中央隔离墩实体族是先对三部分组成零部件分别建模后进行重组，在建模过程中由于三部分零部件长度和数量随着中央隔离墩实体族长度发生规律性变化，通过分析梳理拟采用父族中嵌套子族的方式建立中央隔离墩实体族，这样做的目的可以确保中央隔离墩实体族的三部分零部件在组合后，若存在个别零部件子族尺寸偏差、相对位置偏差或连接接头处理不当等问题，可以针对性地进行单一修改并同时在整合模型里同步更新修改内容，而且还可以通过对子族设定控制参数，使其在父族中能够实现参数化变化，从而迎合设计图纸要求和现场实际需要，并可大幅降低出错率和返工量，有力提升建模效率和模型质量。

中央隔离墩实体族具体的建模步骤及操作细节详述如下。首先要明确中央隔离墩实体族所含三个构成零部件分别应选用何种族类型模板来建立子族。由于顶部横管和底部墩体零部件只存在长度变化且其长度直接决定了中央隔离墩实体族的长度，所以采用“先建轮廓后设参数”的方式实现控制顶部横管和底部墩体零部件的长度变化，即选用 Revit 软件中自带的“公制轮廓—扶栏”族类型模板分别根据图纸对顶部横管和底部墩体子族的外形尺寸轮廓进行针对性建模(图 5-138 和图 5-139)，而剩余的中部连接件零部件仅存在数量上变化且随着中央隔离墩实体族的长度变化而增减变化，经考虑研究对中部连接件选用 Revit 软件族类型中的“公制常规模型”族作为中部连接件子族的建模模板，依据相关图纸内容将中部连接件子族的外形构造进行实体建模(图 5-140)。

图 5-138 中央隔离墩实体族顶部横管轮廓族　　图 5-139 中央隔离墩实体族底部墩体轮廓族

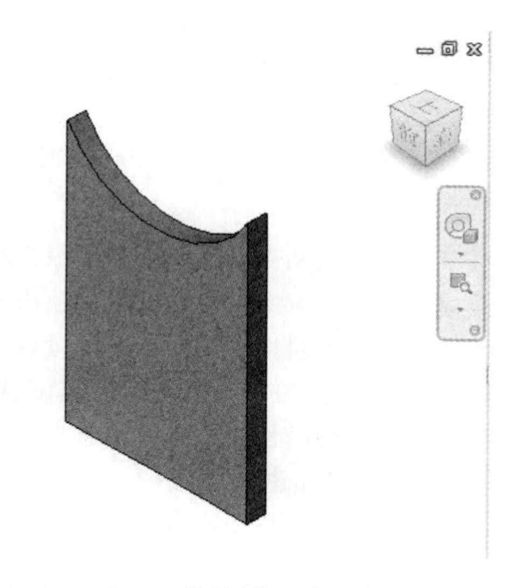

图 5-140 中央隔离墩实体族的中部连接件子族

在上述基础上，依次将顶部横管、中部连接件、底部墩体的子族模型载入统一父族平台，并在父族中通过对加载进来的顶部横管和底部墩体轮廓族在立面视图中调整完相对位置关系后(图 5-141)，采用工具栏中“修改—拉伸”命令，将其从一个轮廓面拉伸成一个体量模型并设置长度控制参数，根据图纸要求和现场实际情况截取相应单元长度模型(图 5-142)；另一方面，中部连接件子族已经是实体体量模型，在将其载入父族平台后，通过平面和立面视图上对其与顶部横管和底部墩体相对位置关系进行调整后，采用工具栏中“修改—阵列”命令，将其沿着单元长度模型长度方向按图纸上标示间距和数量进行阵列复制即可。在完成上述建模步骤和具体操作细节后，对中央隔离墩实体族(即父族)的模型重组整体情况进行检查验收，若发现存在子族建模或组合操作等细节问题应及时分析找出诱因，针对诱因采取必要有效的解决措施，从而保障中央隔离墩实体族单元 BIM 模型的真实可靠性、准确性和质量，为模型顺利成功验收站好“最后一班岗”。

中央隔离墩实体族模型验收完毕后，紧接着开展其三维空间定位和布设工作。在对其进行三维空间定位时，根据原有设计图纸和现有维修设计资料并结合现场实际情况，对其空间位置沿着沥青面层上道路中心线进行定位放样，且中央隔离墩实体族的定位参照对象为沥青面层及混凝土铺装层，同时按现场实际情况其定位尺寸取单元长度 2 m，还有其定位要求包含以下几点：

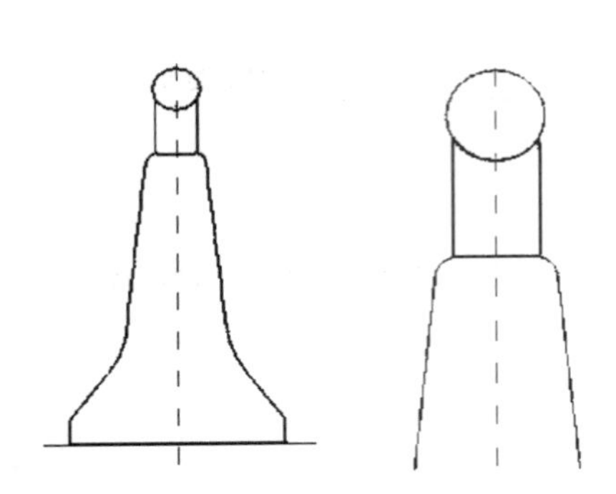

图 5-141　中央隔离墩实体族的三部分零部件各自建模后重组生成

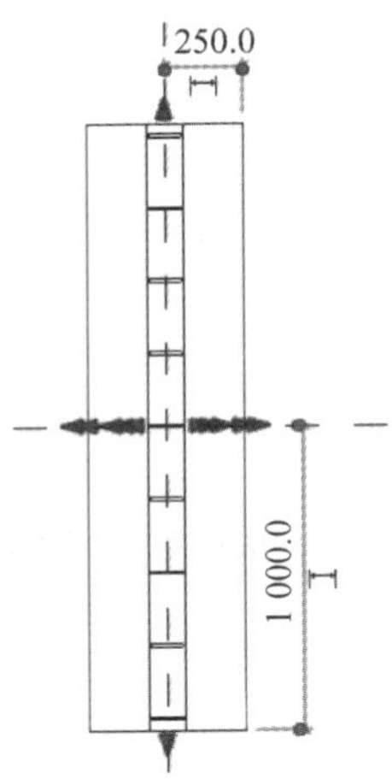

图 5-142　中央隔离墩实体族通过控制参数取单元长度为 2 m

（1）中央隔离墩实体族下底面应与沥青面层上表面延纵横双向紧贴契合。

（2）中央隔离墩实体族模型沿长度方向中心线应与道路中心线相互重合。

（3）相邻中央隔离墩实体族模型间对接接口应紧密连续且对位精准。

以上述梳理明确的定位内容为工作导向，在具体实施定位过程中其操作细节详述如下：

（1）为确保中央隔离墩实体族模型沿长度方向中心线与道路中心线相重合，在其单元 BIM 模型建立时，将其形体轮廓按轴对称建模（图 5-143），这样就先行保证了中央隔离墩单元模型在布设时其定位中心线就是模型中心线本身，同时在此之上，在 Revit 软件项目背景下场地平面视图中沿着单一桥跨两端盖梁坡顶定位点（或原设计图纸上道路中心线定位点）绘制参照平面（或参照线）（图 5-144），并以此作为中央隔离墩实体族单元模型中心线与道路中心线对位重合的参照对象。

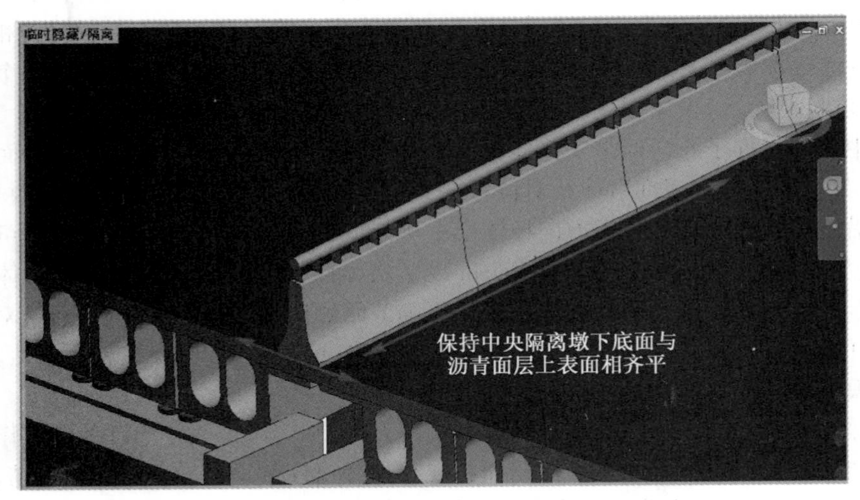

图 5-143　中央隔离墩实体族下底面应与沥青面层上表面相互齐平

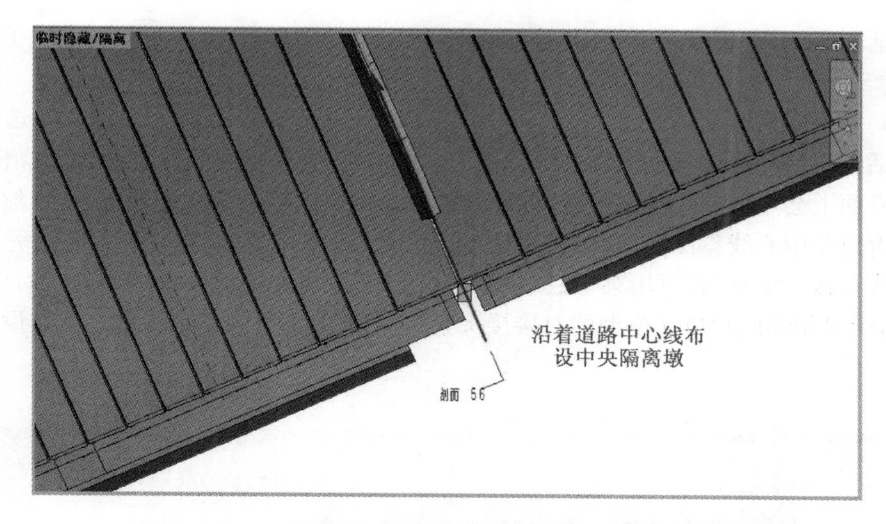

图 5-144　中央隔离墩实体族按图沿道路中心线进行布设

(2) 为实现中央隔离墩实体族模型下底面与沥青面层上表面相互紧贴契合，在场地平面视图上先前设置模型中心线与道路中心线对位的参照对象位置另行加设一道剖面，点选剖面并右键选择“转到视图”，随即在剖立面视图中沿着道路中心线顶边线绘制参照平面(图5-145)，并作为中央隔离墩实体族模型布设时的工作平面，并且此面与沥青面层表面相重合紧贴，确保了模型下底面与沥青面层上表面间沿纵横双向紧贴密实。完成上述两步后，中央隔离墩实体族模型的三维空间定位工作即告完成，在此之后紧接着开展其三维空间布设工作。

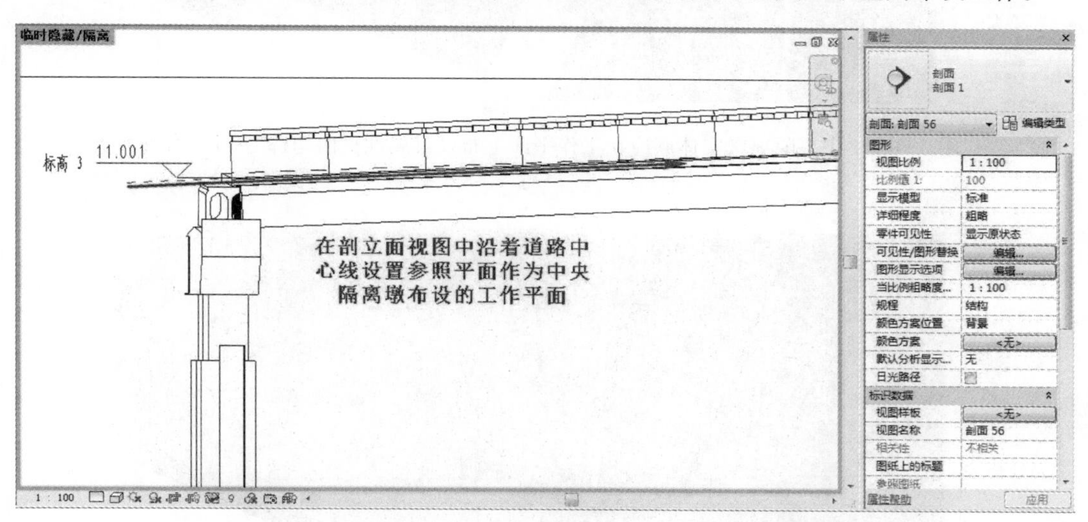

图 5-145　在剖立面视图中沿道路中心线设置参照平面作为中央隔离墩实体族布设的工作平面

中央隔离墩实体族单元 BIM 模型在三维空间中的布设操作主要分以下几步开展：

(1) 选取并设置中央隔离墩实体族单元 BIM 模型布设工作平面。即在先前对中央隔离墩实体族单元 BIM 模型进行三维空间定位设置时，已在道路中心线剖立面视图中沿道路中心线顶边线绘制的参照平面即为工作平面(图 5-145)，只需在单元模型在三维空间内正式布设前，将视图切换至道路中心线剖立面视图中点击工具栏里“设置”命令，在弹出的工作平面对话框中点选“拾取一个平面”并按确定，选中已设的参照平面，这样就完成了工作平面的设置。

（2）中央隔离墩实体族单元 BIM 模型正式开始三维布设和对位工作。即选中项目浏览器对话框中“中央隔离墩实体族”单元模型，在场地平面视图上将其拖至项目操作界面中，随即在界面上会生成一片单元模型，该单元模型的定位点默认为模型几何中点，然后将其定位点沿着道路中心线参照平面(或参照线)进行对位选点布设(图 5-146)，布设完成后与道路中心线存在一定夹角，可用菜单栏中“修改—旋转”命令对单元模型进行旋转对位处理(图 5-147)，确保相邻两片单元模型的对接接头紧贴契合(图 5-148)，于是其三维布设和对位工作大功告成。

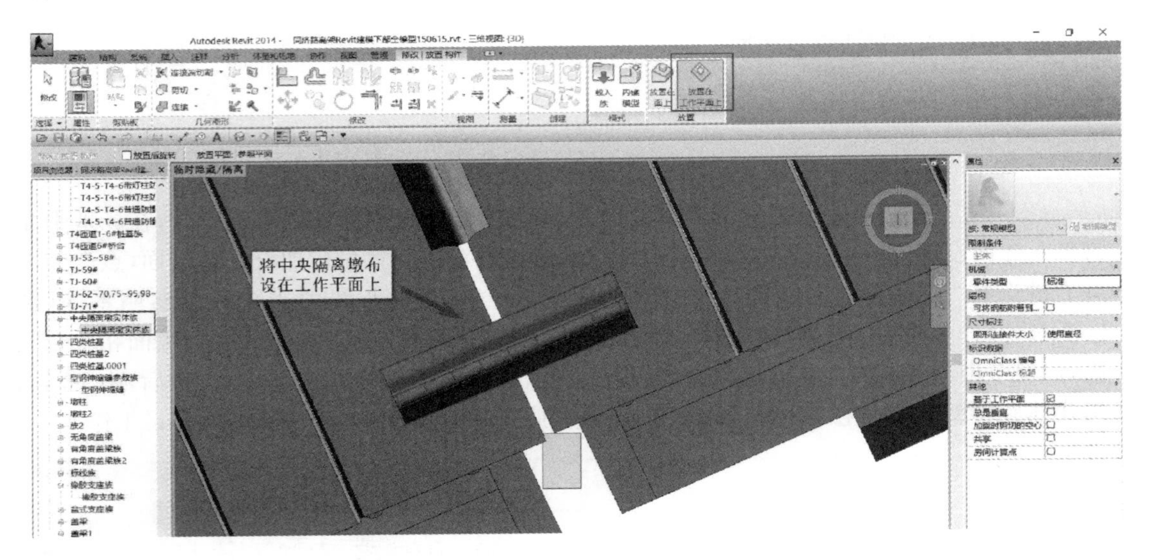

图 5-146　中央隔离墩实体族应在工作平面上布设且属性框内勾选“基于工作平面”

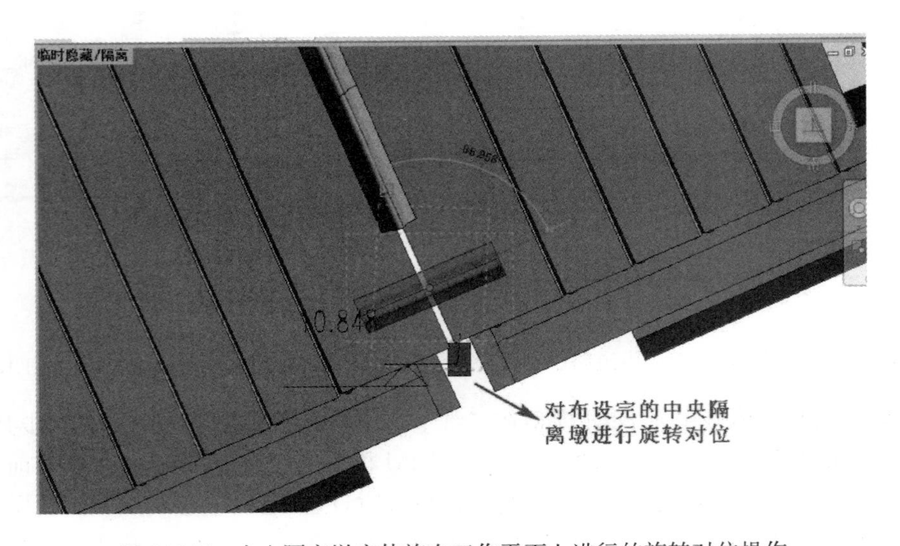

图 5-147　中央隔离墩实体族在工作平面上进行的旋转对位操作

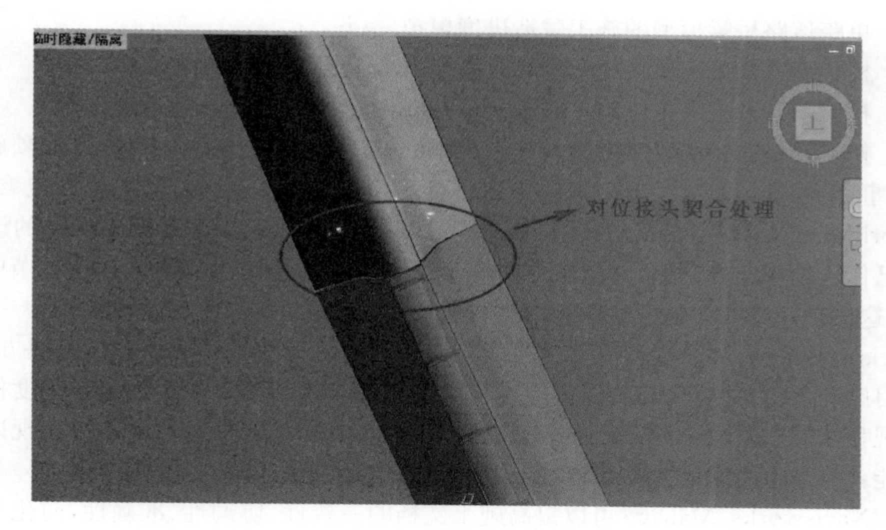

图5-148　相邻两端中央隔离墩实体族对接接口契合处理

（3）在各个桥跨上沿沥青面层道路中心线布设完成的中央隔离墩实体族单元BIM模型，应对其连续性、完整性和纵横坡度进行检查（图5-149），若存在任何问题应及时处理和纠偏，确保建模质量精良，表观质量舒适，模型精度和真实度符合BIM全生命周期运用指标要求。

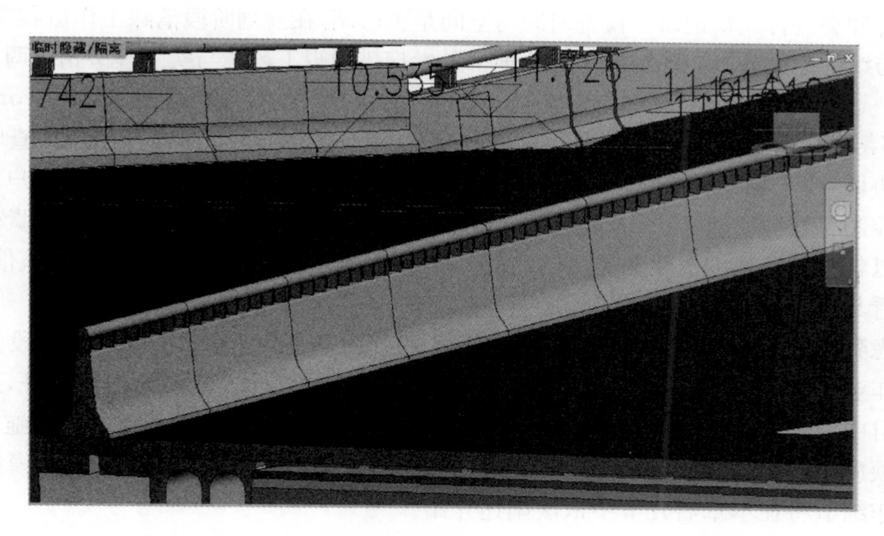

图5-149　中央隔离墩实体族完全定位布设完成情况

5.3.5　施工阶段BIM施工模拟及拓展应用

1）施工模拟策划及准备工作

本项目施工模拟工作以设计阶段建立的BIM道路桥梁模型为基础，结合现场实际并贯穿施工全过程，从现有施工模拟软件能够实现的各项功能出发开展各项具体模拟应用。通过对本项目施工阶段各项施工内容及工序研究和筛选，确定拟对同济路高架大修工程项目开展以下几个方面BIM施工模拟应用：

（1）单跨道路桥梁模型的施工建造进度模拟。

（2）桥梁顶升及支座更换施工的场景模拟。

（3）桥梁顶升及支座更换施工的工艺模拟。

（4）桥下及桥面维修施工方案及施工组织模拟。为顺利开展和实施上述各项施工模拟应用，应事前对各项模拟工作所需的软件工具进行熟悉掌握，其中主要包含：Revit，NavisworkManage，Cityplan 和 Premier 四款软件，除 Revit 软件在设计阶段的设计建模应用中已作详细介绍外，剩余三款软件的功能、应用特点和学习掌握方法将于本节中一一详细介绍，这也是开展各项施工模拟应用前的准备工作。

Navisworks Manage 是设计和施工管理专业人员使用的一款全面审阅解决方案，用于保证项目顺利进行，并将精确的错误查找和冲突管理功能与动态的四维项目进度仿真和照片级可视化功能完美结合的一款 BIM 软件。Navisworks Manage 软件可以实现以下诸多优越功能：

（1）Navisworks Manage 可以提高施工文档的一致性、协调性、准确性，简化贯穿企业与团队的整个工作流程，帮助减少浪费、提升效率，同时显著减少设计变更。

（2）Navisworks Manage 可以实现实时的可视化，支持您漫游并探索复杂的三维模型以及其中包含的所有项目信息，而无须预编程的动画或先进的硬件。

（3）Navisworks Manage 将精确的错误查找功能与基于硬冲突、软冲突、净空冲突与时间冲突的管理相结合。快速审阅和反复检查由多种三维设计软件创建的几何图元。对项目中发现的所有冲突进行完整记录。检查时间与空间是否协调，在规划阶段消除工作流程中的问题。基于点与线的冲突分析功能则便于工程师将激光扫描的竣工环境与实际模型相协调。

（4）通过对三维项目模型中潜在冲突进行有效的辨别、检查与报告，Navisworks Manage 能够帮助您减少错误频出的手动检查。Navisworks Manage 还支持用户检查时间与空间是否协调，改进场地与工作流程规划。通过对三维设计的高效分析与协调，用户能够进行更好的控制，做到高枕无忧。及早预测和发现错误，则可以避免因误算造成的昂贵代价。该软件可以将多种格式的三维数据，无论文件的大小，合并为一个完整、真实的建筑信息模型，以便查看与分析所有数据信息。

考虑到 Naviswork Manage 软件所具备上述强大功能，结合本项目施工阶段具体施工工序及作业内容，从可行性、实用性、展示性和潜在价值等多个角度进行分析论证，最终确定在本项目中对于单跨道路桥梁模型的施工建造进度模拟和桥梁顶升及支座更换施工的工艺模拟两项施工模拟内容采用 Naviswork Manage 予以落实和实现，详细的施工模拟流程和具体操作细节将在本章后几节中依次阐述介绍。

Cityplan 是一套三维的规划设计软件，可用于修建性规划设计、修建性总平面设计、建筑总平面设计及园林绿化设计等多重设计，而且还可以进行日照分析、土方计算、动画仿真处理、仿真漫游发布（图 5-150）。

Cityplan 软件可以具备以下多重功能和优势。

（1）运用 Cityplan 软件进行设计和修改后，通过漫游或调整视角观察，能直观体验总体的三维效果，用户可以方便的对景观进行设计。将三维技术与建筑规划专业结合，在模拟的场景中，通过图形与数据的互动机制，直观的构建与推敲规划元素，从而轻松地实现高品质的设计方案，快速获得总平面、效果图、仿真模型、仿真视频和虚拟发布。

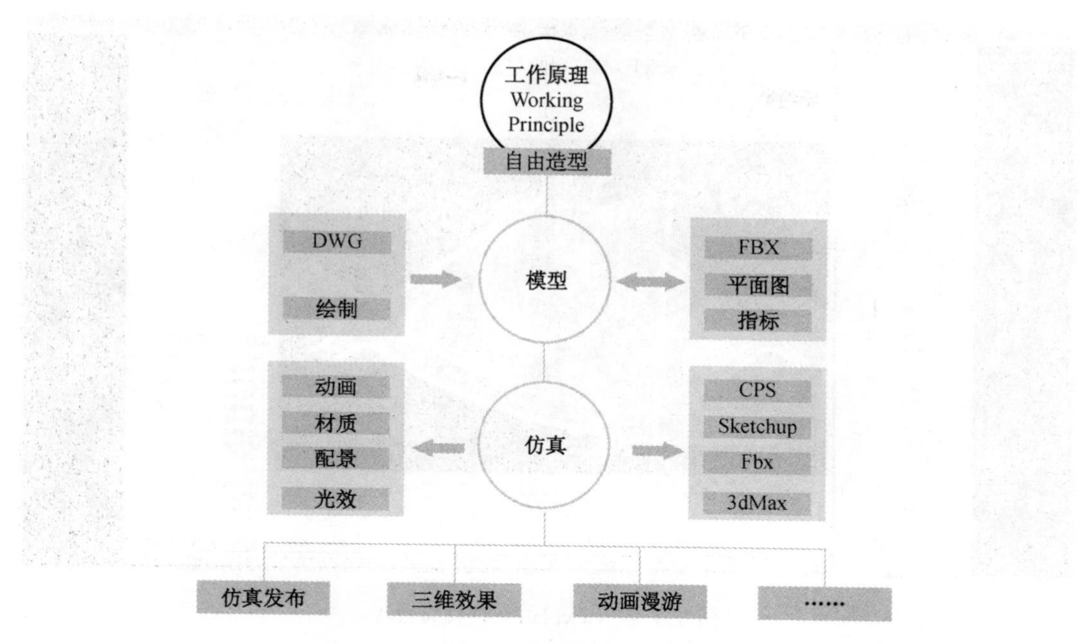

图 5-150　Cityplan 软件原理和功能架构

(2) Cityplan 软件支持三维互动设计，三维模型空间、总平面图、各种经济指标在设计的同时随时观察调整，表格能自动生成。

(3) Cityplan 软件由软件规划专业的高级规划师亲自编写，使其更符合专业习惯，而且紧密配合规划设计条件，并严格遵循国家规范、标准的各项要求，该软件设计的图形一定符合规范标准的条文规定。

(4) Cityplan 软件具有指标校审功能，可以把规划设计单位的图纸和规划管理单位的管理紧密结合起来，进行图纸内容内部校审。

(5) Cityplan 软件经过了反复论证和修改，并结合多家规划设计单位的使用需求和反馈建议，有着超强实用性和稳定性。

基于 Cityplan 软件上述的各项功能和优势基础上，结合本项目施工阶段实际情况和施工需求，从可行性、实用性、展示性和潜在价值等多个角度进行分析论证，最终确定本项目中桥下及桥面维修施工方案及施工组织模拟将采用该软件进行编制和展示，详细的模拟流程和具体操作细节将在本章后几节中依次阐述介绍。

对于 Cityplan 软件的学习和掌握，可以通过众智科技软件公司官网上发布的各种软件相关指导资料、软件本身自带的帮助文件和教学视频(图 5-151)以及市面上已出版和发表的软件相关书籍和论文对软件从操作界面(图 5-152)到各项功能的调用和具体操作有全方面深度了解和学习掌握，为本项目相应施工模拟应用开辟新“道路”。

Adobe Premiere Pro Cs5 是一款视频编辑软件，提供了采集、编辑、调色、美化音频、字幕添加、输出、DVD 刻录的一整套流程，并可和其他 Adobe 软件高效集成，从而完成在编辑、制作、工作流上遇到的各种问题和挑战，确保高质量作品的创作要求。

Adobe Premiere Pro Cs5 软件可以实现视频段落组合和拼接，并提供一定的特效与调色功能。

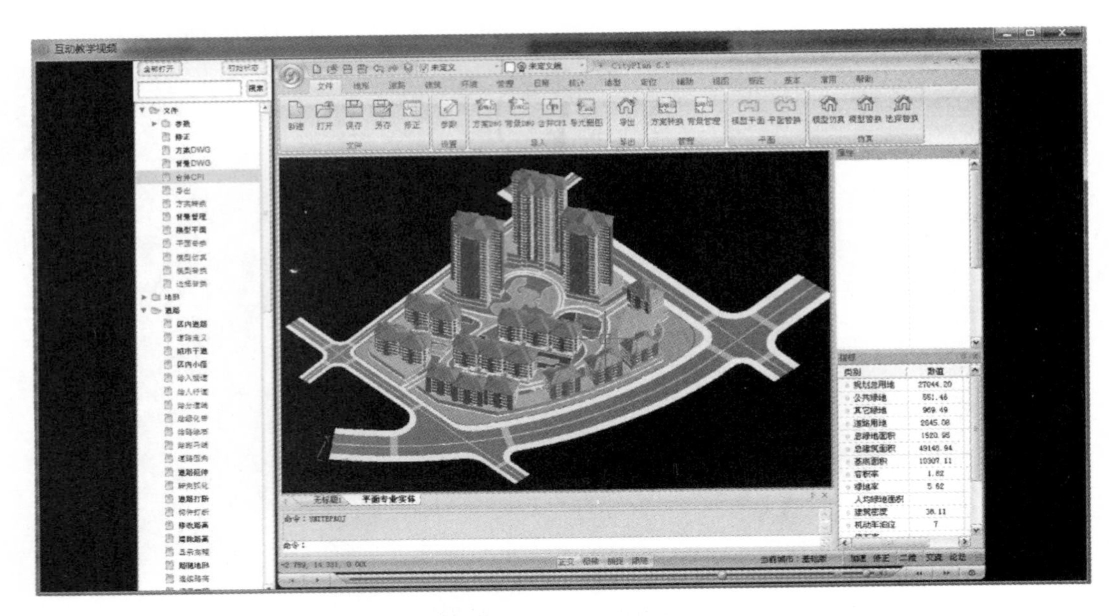

图 5-151　Cityplan 软件视频教程

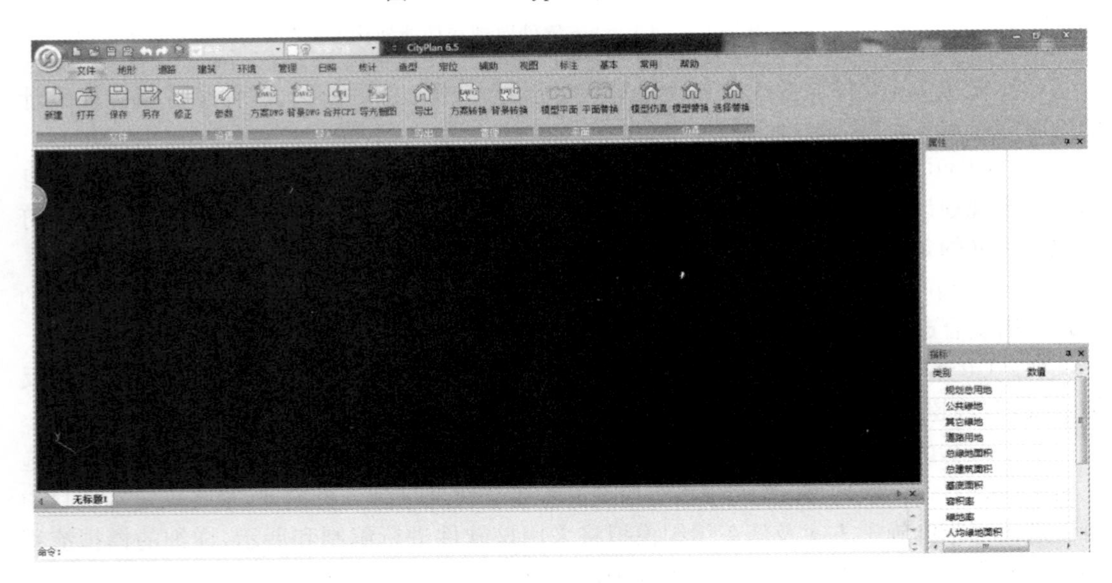

图 5-152　Cityplan 软件操作界面

本项目中拟采用 Adobe Premiere Pro Cs5 软件对施工阶段各项施工模拟应用输出动画进行润色加工，主要是通过多视角、多维度、多脚本方式对各项施工模拟应用动画进行视频剪辑和有序合成，并同时配以说明字幕，以既形象生动又简明扼要的方式阐述各项施工模拟应用的实质内容，并同时仿真表述各项具体施工细节。

对 Adobe Premiere Pro Cs5 软件的自学和掌握，可以通过 Adobe 公司出版的软件相关教学书籍（图 5-153）、教学光盘以及网络教程资源等多方面学习资料，对该软件从操作界面到各项功能熟练调用进行深入学习和练习掌握，从而服务于本项目中各项施工模拟应用动画加工。

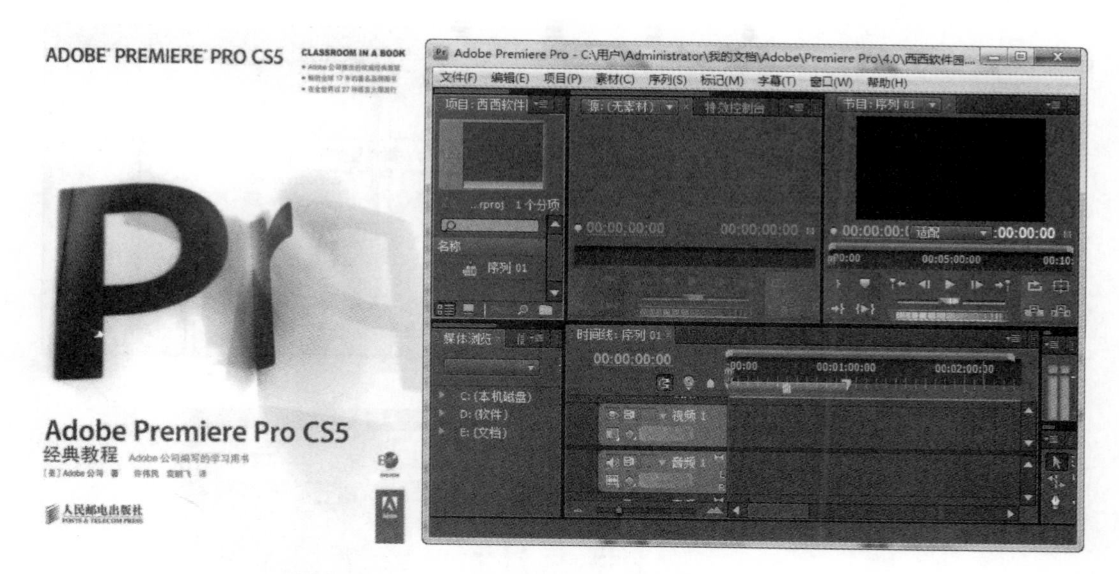

图 5-153　Premiere 视频处理软件教程及操作界面

2）BIM 施工进度模拟

本施工建造进度模拟对象选取同济路高架标准段单跨道路桥梁模型，而单跨道路桥梁模型可直接引用 Revit 软件已建立的同济路高架全线 BIM 模型(图 5-154)，对引用的单跨道路桥梁 BIM 模型的各个组成构件单元完整准确性以及整体结构构造细节精确度进行人工复核，在复核确认无误的情况下，将单跨模型导入 Naviswork 软件中进行二次复核，避免模型本身在导入过程中发生模型数据和材质信息丢失。若首次导入 Naviswork 过程中发生了模型数据不全或材质信息不符等异常情况，可通过 Naviswork 软件左上角点击其图标下拉菜单中的“选项”，在弹出的对话框中左边框内点选“文件读取器”下“Revit”项，并在右边框内分别依次勾选各个模型转换选项，完成相关操作后按“确定”按钮，同时按一下“F5”刷新命令后即可将导入的 Revit 格式模型进行重新数据读取和更新(图 5-155)，杜绝了模型数据和材质信息的丢失问题(图 5-156)，在完成上述二次复核工作后，便正式对单跨道路桥梁 BIM 模型开展施工建造进度模拟的各项操作。

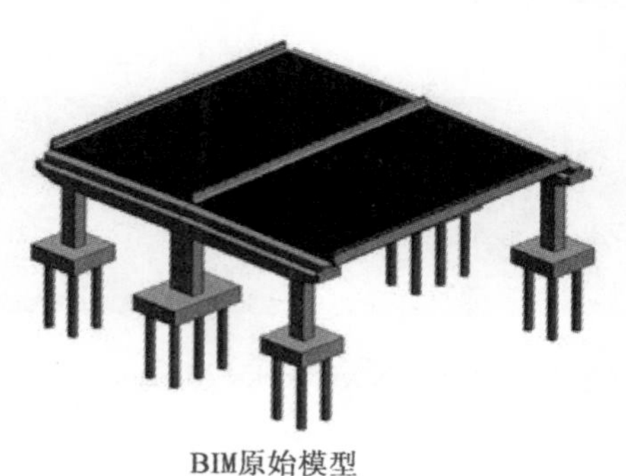

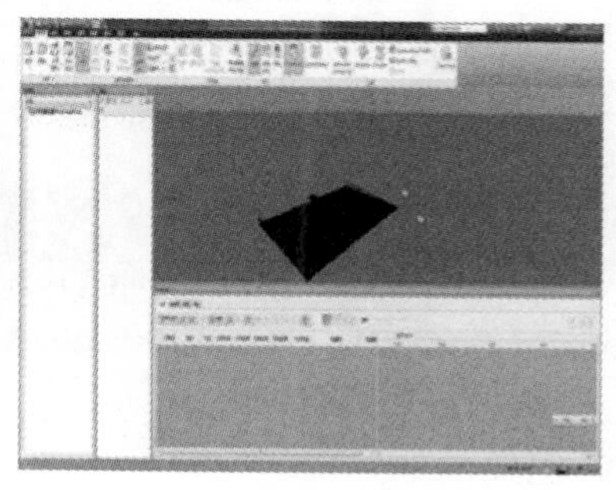

图 5-154　同济路高架单跨 BIM 模型及导入 Naviswork Manage 后模型

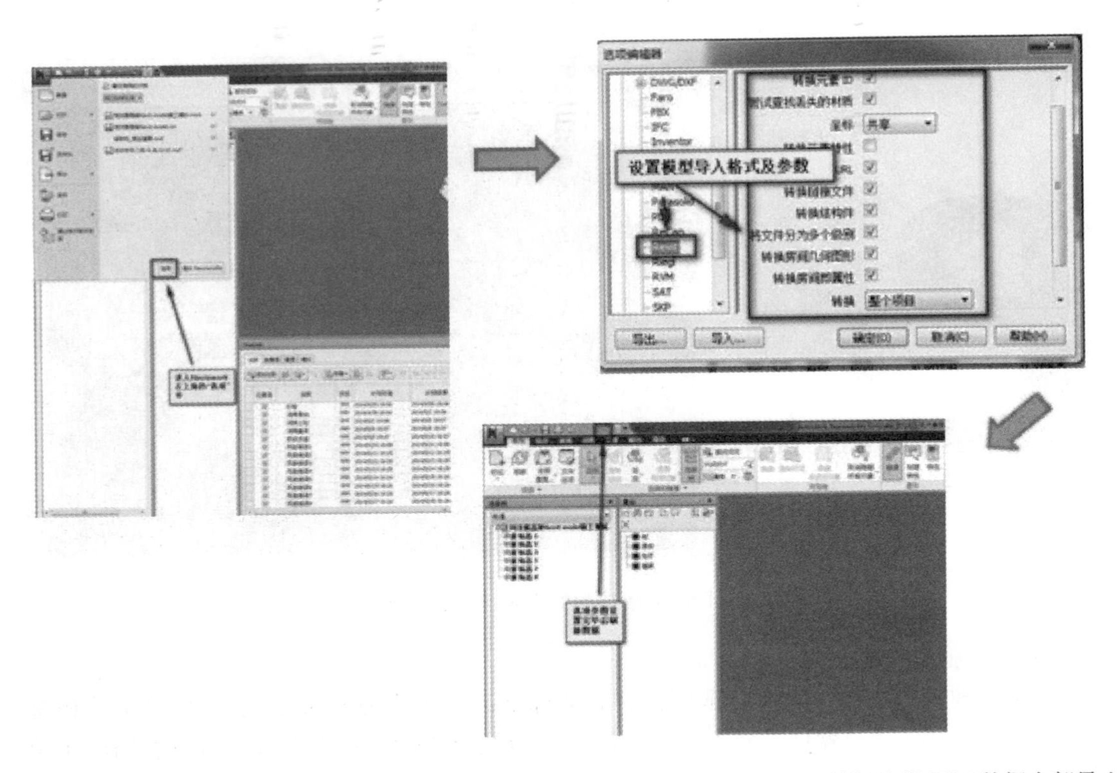

图 5-155　通过 Naviswork Manage“选项”命令设置 BIM 模型导入格式并刷新数据确保 BIM 数据全部导入

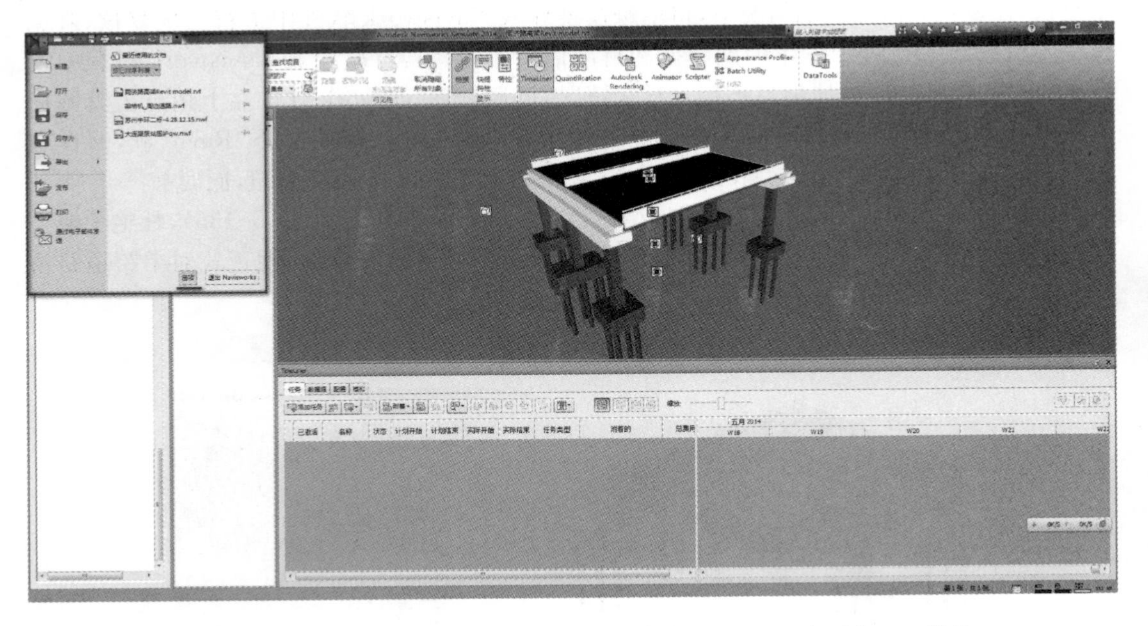

图 5-156　同济路高架单跨 BIM 模型数据成功导入 Navisworks Manage 软件

3) BIM 施工场景模拟

经过对本项目施工阶段各项施工任务以及现有施工模拟软件 Navisworks 所能实现施工模拟功能的精心分析和考量，拟创新性在施工阶段脱离传统施工模拟软件 Navisworks而开展的BIM施工场景模拟。BIM施工场景模拟应用是介于BIM传统设计建模应用与BIM施工模拟应用之间的过渡性应用，为了力求能够沿用设计阶段建立的同济路高架全线道路桥梁BIM模型，在减少重复工作量同时提升工效和挖掘潜在应用价值，最终选定不封闭交通桥梁上部结构整体同步顶升及支座更换施工场景作为本次施工场景的模拟对象，并将其基础上开展后续相应的施工工艺仿真模拟。对于开展不封闭交通下桥梁上部结构整体同步顶升及支座更换施工场景模拟应用需要分若干步骤实施：场景模拟策划→外部环境及场地布置→施工元素建立→施工元素布置→场景造型优化→场景成果验收。

就场景模拟策划而言，其主要对不封闭交通下桥梁上部结构整体同步顶升及支座更换施工场景的场景规模、场景元素、场景模拟目标及效果、场景模拟成果验收四方面制定了相应规划。首先是场景规模，本项目中该项施工任务在项目现场实际实施过程中，其场景规模符合下列要求：

（1）对于单跨桥梁上部结构整体同步顶升及支座更换时，其作业影响面（范围）除了顶升桥跨外，还对其相邻两跨桥跨也有影响，所以在场景规模上应考虑以三跨连续桥跨作为场景模拟的大背景。

（2）为了贴近施工现场实际情况，就空间角度而言，场景规模不宜放开过大，要确保三维空间任意合适角度都能对场景所含内容一览无遗且直观形象。

（3）吸取以往其他施工模拟案例经验，确保场景规模所含内容对应的数据量能够通过BIM技术仿真还原并在BIM平台上流畅展示和应用。

根据场景规模所提要求，在经过内部讨论研究后制定了相应的实施细则，主要包含三方面：

（1）场景规模大框架选用同济路高架全线道路桥梁BIM模型中标准跨部分的连续三跨桥跨作为场景主体架构。

（2）为使三维空间任意合适角度能够对场景所含内容一览无遗且直观形象，则需要将除道路桥梁BIM模型（主体架构）外的其他内容（含周边环境、地形、施工元素等）在场景中应按其现场实际尺寸和比例进行建立，并在场景中堆砌布设时注重空间差异和层次感。

（3）为了确保场景规模内所含内容对应数据量能够顺利通过BIM技术还原应用和流畅展示，应控制场景模拟BIM文件容量大小为100 MB以内。其次是场景元素，除了道路桥梁BIM模型元素外，通过与现场实况比对分析，在场景中仍缺乏诸多类别元素，其中含：施工元素、周边环境元素、地形地貌元素以及日照灯光元素等。这些或缺的类别元素将通过人工筛选和分类的方式，将其进行梳理，并在施工场景模拟过程中相应阶段将不同类别元素分别建立和补齐，并布设于场景中相应位置上。接着是场景模拟目标和效果，对这项内容的策划主要偏重于以下三方面：①场景模拟的效果要与现场施工实际情况相吻合，且场景内各类模拟元素的尺寸规格、外观造型、空间定位以及材质等多方面应与实体一致或极度接近，确保场景从总体到局部细节都真实可靠、形象逼真。②场景模拟的目标就是要让模拟的施工场景能够真实还原现场施工部署实况，并且凸显施工场景中重点要素以及各类要素之间空间关系及潜在联系。③场景模拟的另一目标是施工场景中各类要素所体现的实质内容要呼应和反映实际施工方案和施工组织的各项要求。最后是场景模拟成果验收，其主要验收项分为三块内容：①施工 BIM 模型本体验收。②施工场景模拟实质内容验收。③施工场景模拟数据完整性、准确性验收。就第一项验收内容而言，其是对施工场景范围内的场景元素(含施工元素、环境元素、地形元素、光照元素等)的建模精度、尺寸型号、外观造型、标高高程、材质信息、相对位置、细节处理等多方面指标进行比对验收；而第二项验收内容是建立在第一项成果验收合格基础上开展的拓展实用性验收，主要核查模拟的施工场景所反映的各项内容(含施工部署、交通组织等)是否响应相应施工方案和施工组织文件的实质内容，是否真实还原现场实际情况及作业细节；最后一项验收内容则是从宏观整体角度对施工场景内模型内容的齐全情况、模型的设计施工信息完整度和准确度、模型内容表达的恰当性等指标进行验收。

在完成了施工场景模拟流程的第一步“场景模拟策划”后，正式进入施工场景模拟的第二步“外部环境及场地布置”。在开始着手进行外部环境及场地布置工作前，需要对施工场景模拟的场景地理位置、周边环境实景、道路交通状况、设施设备情况应进行勘察和排摸，这也是事前必要的准备工作。根据对同济路高架施工场景模拟对应实地的考察，经整理分析后确定模拟场景内需要建立的外部环境及场地元素主要含以下几种：人行台阶、防护扶手栏杆、道路侧石、沥青道路、道路横道线、场地绿化(图 5-157)。而建立上述外部环境及场地元素均在 Revit 软件项目环境下直接建立即可。

图 5-157　同济路高架施工场景模拟中外部环境和场地地形元素

有了施工场景模拟的外部环境及场地地形后，便要开始着手施工元素建立和布置工作。为了确保施工元素内容与现场实际施工情况贴合一致，在元素建立前，先对所需建立的施工元素的信息和类别进行筛选细分，并以表格形式罗列其中(表 5-20)，明确施工元素建模对象和属性，并以此为前提，在前期通过各种渠道收集列表中提及的模型对象的几何尺寸、规格类型、使用和保养信息、产权信息、现场布置信息等必要模型信息，作为后期模型建立、完善和布置的客观依据，这也是施工元素建立和布置工作的准备工作。

表 5-20　　桥梁顶升及支座更换施工场景模拟的建模列表

序 号	模型族	完成情况	备注
1	PLC 泵站	完成	机械设备
2	油路分配器	完成	机械设备
3	发电机	完成	机械设备
4	油管箱和油管	完成	机械设备
5	社会车辆	完成	机械设备
6	移动厕所	完成	工具设施
7	千斤顶	完成	机械设备
8	灭火器	完成	工具设施
9	支座更换钩	完成	工具设施
10	不锈钢板	完成	工具设施
11	配电箱	完成	机械设备
12	电锤	完成	机械设备
13	钢牛腿	完成	工具设施
14	登高车	完成	机械设备
15	交通设施	完成	工具设施
16	吊车	完成	机械设备
17	施工作业人员	完成	人员
18	垃圾桶	完成	工具设施
19	油桶	完成	工具设施
20	监测	完成	工具设施

在完成上述施工元素建立和布置的准备工作后，正式采用 Revit 软件对每个施工元素进行仿真建模，表 5-20 罗列的施工元素分机械设备、人员及工具设施三类，且每类施工元素所含子项模型的外观造型、内外构造均非常复杂，若采用 Revit 自带的梁板柱等常用族文件来创建这些施工元素，显然是不合理且事倍功半的。经过分析研究，除了施工作业人员、社会车辆等个别施工元素在族库和网络上存在现成模型可以引用外，其余施工元素模型均采用 Revit 自带的“公制常规模型”族模板文件来建立。

场景造型优化工作是基于施工元素建立和布置基础上开展“画龙点睛”式的修饰优化举措，其目的是使施工场景模拟效果更加逼真、内容更加生动形象。该项工作的优化对象主要分为三类：机械设备及车辆模型、人员模型和交通设施模型(图 5-158—图 5-161)。

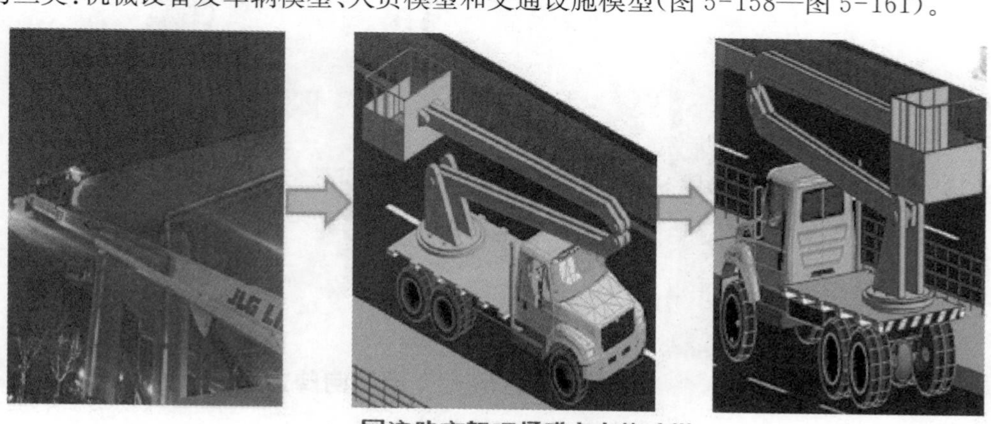

图 5-158　登高车 BIM 模型

有电危险
同济路高架现场分配电箱建模

图 5-159　配电箱 BIM 模型

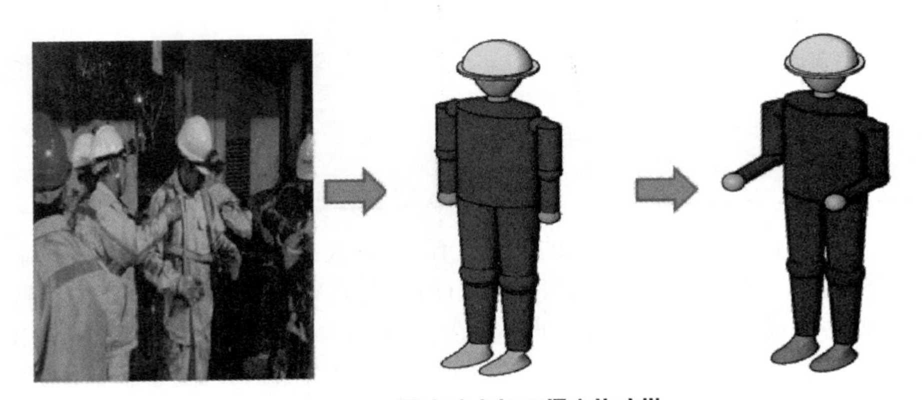

图 5-160　人族 BIM 模型

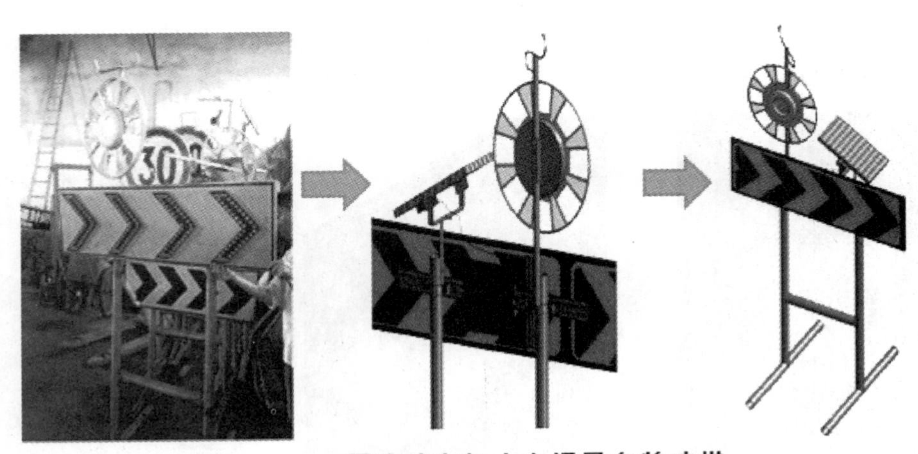

图 5-161　交通导向牌 BIM 模型

施工场景模拟的最后工作是场景成果验收，在先前的施工场景模拟策划中曾提及其主要验收项分为三部分内容：施工 BIM 模型本体验收、施工场景模拟实质内容验收和施工场景模拟数据完整性、准确性验收。

4) BIM 施工工艺模拟

在成功实践了 Navisworks 的施工建造模拟和 Revit 的施工场景模拟两项施工 BIM 应用后，基于该两项施工 BIM 应用技术和成功经验基础上，再次深入尝试利用 Navisworks 软件的动画制作功能来编制和模拟同济路高架桥梁顶升及支座更换施工工艺，为了探索和寻求除施工建造模拟以外更加贴近现实且实用的 BIM-4D 施工工艺模拟应用之路，同时挖掘 BIM 施工模拟软件的施工模拟应用的潜在价值。

在开展该项 BIM-4D 施工工艺模拟应用之前，首先应做好其相关配套的准备工作。其一是将 Revit 建立的施工场景模拟成果顺利导入 Navisworks Manage 软件中，对导入后文件信息的从多角度、多方面、多层次开展完整性、准确性核查(图 5-162、图 5-163)，若存在个别场景 BIM 模型单元未导入、导入不完全等问题出现，可先将场景 BIM 模型单元从 Revit 软件中独立导出保存后，再通过 Navisworks 软件菜单栏中"常用"菜单下的"附加"命令，在点击该命令弹出的对话框中选择保存的场景 BIM 模型单元及其导入路径后，便可成功解决上述 Revit 模型导入 Navisworks 时所发生的问题。若出现导入模型材质丢失或贴图大小比例不规整的问题，可先行对存在材质或贴图问题的模型单元和所需材质贴图外部文件进行梳理、归类、保存(图 5-164)，再通过在 Navisworks 中单独导入丢失材质或贴图大小比例不佳的 Revit 模型或在所有 Revit 模型导入 Navisworks 中独立选中丢失材质或贴图大小比例不佳的模型单元，在 Navisworks 菜单栏中"渲染"模块下拉菜单中点选"Autodesk Rendering"命令，在弹出的相应对话框中"文档材质"一项中可选中比例不佳的贴图项并双

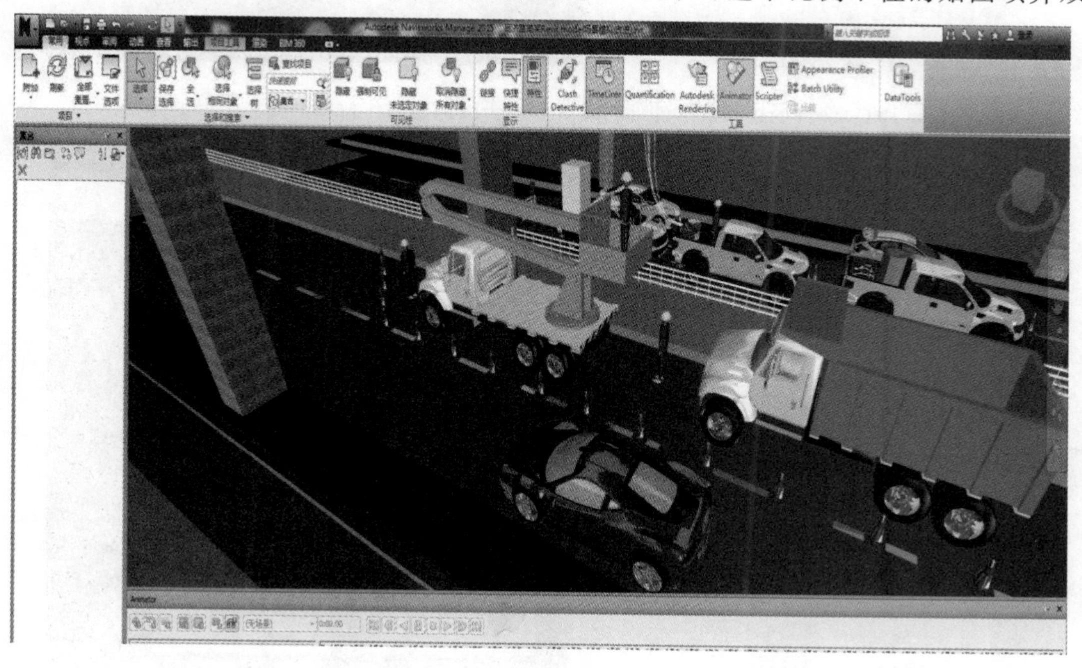

图 5-162　施工场景模拟的场景元素 Revit 模型导入 Naviswork 软件情形(俯视)

图 5-163　施工场景模拟的场景元素 Revit 模型导入 Naviswork 软件情形(侧视)

图 5-164　部分场景元素的外部材质文件应予以保留可作材质贴图丢失时的备份

图 5-165　利用 Navisworks 菜单栏中“渲染”模块下“Autodesk Rendering”命令进行模型对象材质和贴图添加和调整

击，在弹出的材质编辑器对话框中双击“外观→常规→图像”一项后，又会显示出“纹理编辑器”对话框，可在其中对图像(贴图)位置和比例参数进行重设微调，同步在 Navisworks 视图框中实时显示调整完毕的材质和贴图情况，直至贴图大小比例俱佳为止(图 5-165)。若贴图和材质已丢失，则可在 Autodesk Rendering 以及材质编辑器对话框左下角点选“ ”图标，添加所需外部或材质库内各项材质或贴图，并将添加的材质或贴图赋予模型单元对象即可。

在完成上述准备工作后，便开展同济路高架桥梁顶升及支座更换施工工艺的 BIM-4D 模拟工作和流程。该项工艺模拟合成动画涉及的详细工序和操作细节内容可见于图5-166—图 5-179。

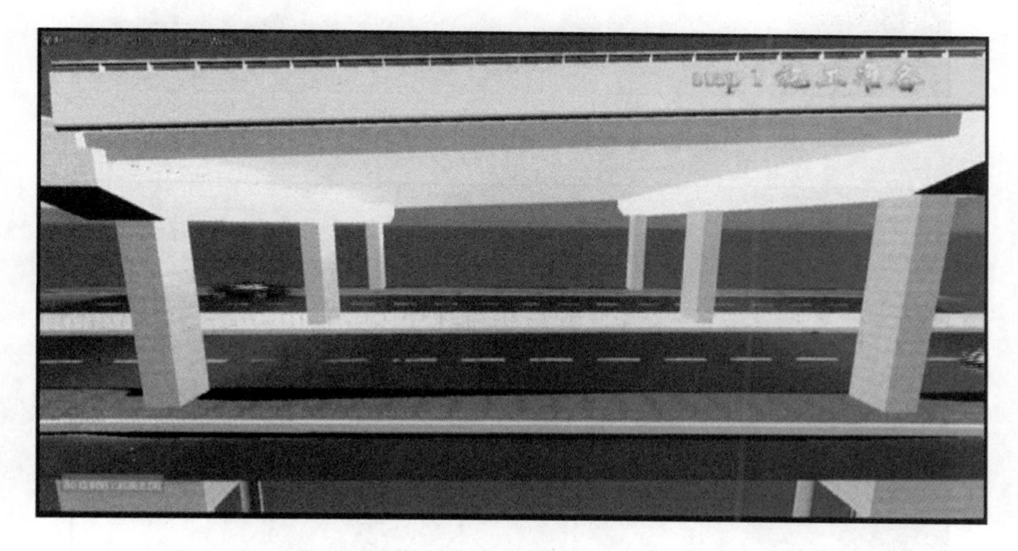

图 5-166 同济路高架桥梁顶升工艺模拟动画的第一阶段施工准备

图 5-167 同济路高架桥梁顶升工艺模拟动画的第二阶段设备进场

图 5-168　同济路高架桥梁顶升工艺模拟动画的第三阶段道路封交

图 5-169　同济路高架桥梁顶升工艺模拟动画的第四阶段人员到位

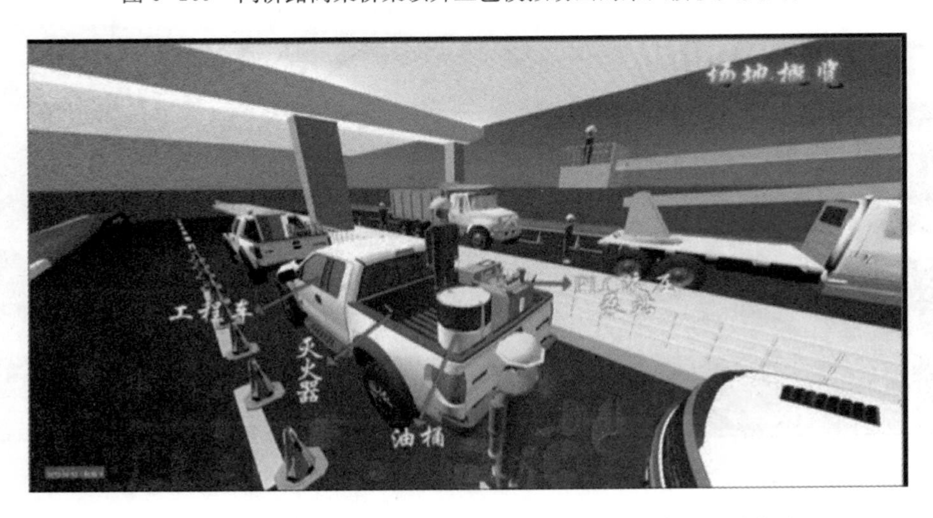

图 5-170　同济路高架顶升施工现场的场地概览及细部展示介绍之一

图 5-171　同济路高架顶升施工现场的场地概览及细部展示介绍之二

图 5-172　同济路高架桥梁顶升工艺模拟动画的第五阶段设备布置之一

图 5-173　同济路高架桥梁顶升工艺模拟动画的第五阶段设备布置之二

图 5-174　同济路高架桥梁顶升工艺模拟动画的第六阶段桥梁顶升

图 5-175　同济路高架桥梁顶升工艺模拟动画的第七阶段支座更换

图 5-176　同济路高架桥梁顶升工艺模拟动画的第八阶段收缸回落

图 5-177 同济路高架桥梁顶升工艺模拟动画的第九阶段设备撤除

图 5-178 同济路高架桥梁顶升工艺模拟动画的第十阶段道路开放

图 5-179 同济路高架桥梁顶升工艺模拟动画的第十一阶段全体撤场

5）BIM 施工组织及方案模拟

传统的施工组织设计及方案仅停留在纸面文字描述，其内容表达既不形象又不利于理解，容易导致工效低下。为解决和突破传统施工组织设计及方案文件存在的弊端和短板，通过尝试新技术应用来颠覆传统工作方式，使施工组织设计及方案的编制事半功倍，其内容表达更加形象生动、易于理解，并有助于施工阶段的方案及技术交底。通过对各项 BIM 类软件的优劣比对和筛选，本项目最终选用 Cityplan 这款 BIM 软件来编制和模拟施工组织设计及方案内容。在本项目中以现有施工组织设计和方案文件为依托，结合 Cityplan 软件特点及功能依次开展了场地（景）建模、施工元素及施工对象建模、场景布置和美化以及模拟动画制作等与施工组织设计及方案相关的四阶段工作。

在完成上述施工组织设计和方案模拟的四阶段工作后，最后收尾工作就是对 Cityplan 软件制作的施工组织设计和方案模拟的整体内容和效果进行复核检查，可以将已制作的施工组织设计和方案模拟文件从 Cityplan 导出、保存和备份后，再行导入与其相配套的成品浏览软件 Cityview 中，在其中对场地（景）和施工元素模型、仿真场景布设和美化、对象及视点动画效果等多项内容进行浏览、检查和复核，观察其是否真实、详细、完整的响应和反映出施工组织设计和方案的实质内容和突出重点，尤其是其细节表达、渲染效果和动画漫游方面是否贴近施工实况且符合施工文件要求，若存在与施工组织设计和方案内容不符或偏差等问题，应及时从四阶段工作入手进行修改更正，直至达到要求为止。本项目的施工组织及方案模拟成果可见于图 5-180—图 5-183。在对施工组织设计和方案模拟文件复核检查和确

图 5-180　在 Cityplan 软件中对已建立的施工组织和方案模型设定不同视角以便后期模拟动画的视角转换和浏览

图 5-181 将 Cityplan 建立的带视点的桥下顶升施工组织和方案模型导入 Cityview 软件中浏览、修改和完善

图 5-182 Cityview 软件中桥下顶升施工组织和方案模型自带视角之一

图 5-183 Cityview 软件中桥下顶升施工组织和方案模型自带视角之二

认无误基础上，可以事先选取施工组织设计和方案文本部分内容，并利用前述介绍的 Adobe Premiere CS4 软件对上述已有模拟文件内容额外编辑和添加相关说明文字和标注标题等，使其在模拟漫游和细节展示的同时更加直观易懂的阐明和表达施工组织设计和方案模拟的内容和重点，更深层次提升了 Cityplan 制作的该类模拟成品文件的质量和效益。

5.3.6 运维阶段 BIM 运维平台研发及数据移植应用

在运维阶段要确保设计施工 BIM 模型数据能够用于日常运维工作，首先要结合项目实况和特点并基于 BIM 技术研发相应的运维平台，其技术难点在于对新型运维管理平台形式和运营操作方法的确定。目前，运用 BIM 类软件单向进行建设工程的运维管理是显然不具备相应功能和条件进行操作，而业主方多数使用的运维平台（即三维运维管理平台）源于第三方咨询公司的软件开发而成，脱离了对原有设计施工的资料和数据的利用，在数据缺乏的情况下后期建立平台数据工作量庞大，且存在数据不完善等问题，给桥梁养护和改造等带来难题。计划研究依托本项目的有利条件，大胆尝试首创整合“BIM 类软件和三维运维管理平台双向应用”，对“现有的三维运维管理平台进行升级改造”，建立三维运维 BIM 管理平台，从而突破桥梁等建设工程运维改造的“困局”，并与设计施工阶段 BIM 管理进行衔接，真正形成建设工程全生命周期高效管理。

对“BIM 类软件和三维运维平台双向应用的整合”及“现有的三维运维管理平台进行升级改造”工作将分开同步研究进行。

首先，“BIM 类软件和三维运维平台双向应用的整合”的工作重点是挖掘 BIM 类软件所生成的数据的互操作性，主要分析 BIM 设计和施工模型数据的信息量和特点，确定三维运维平台所需读取的必要设计施工模型信息，同时根据 BIM 类软件和三维运维平台软件的各自特点，制定三维运维平台软件能读取的 BIM 模型信息的建模规则、模型精度和命名原则，根据制定的各项原则建立可共享的 BIM 数据导入三维运维平台，反复进行数据保真度测试，保证设计施工数据不丢失，然后再进行运维应用，甚至实现双向数据同步更新。

目前，根据实践应用经验和 BIM 软件特点，能够实现上述功能，达到最终效果的 BIM 数据（格式）技术主要为 Autodesk 公司研发的 DWFTM 技术。养护运营单位不需要对 BIM 软件（例如，Revit 等）有太多掌握或了解的情况下，通过 Autodesk DWFTM Writer 将 BIM 设计施工数据（RVT 文件）生成 DWF 文件，并将 DWF 文件通过 3DMAX 软件进行中间转换成常用的养护文件（FBX 文件），随之再导入到三维养护管理平台就可以对项目内容（模型体）、平面图、技术经济指标（面积、编号等）进行精确把握，省去了业主或养护单位对养护所需数据重新整理、数据库的建立和迁移工作，提升养护运维管理工作的效率和效益（图 5-184）。若 DWF 技术对于 BIM 数据移植利用的程度仍无法满足业主对于运营养护所需的高质量、全面化和完整性的信息要求，则可以开发一个平台数据对接转换共享接口，对 BIM 数据进行二次开发和数据转化，从而生成适用于业主常用的运营养护管理平台的标准数据，满足业主的工作需求。在三维运维平台中，除了采用 BIM 设计施工数据外，非 BIM 类传统信息数据（图纸信息、构件信息等）也需要进行数据格式的确定、交换和外部导入，以完善三维运

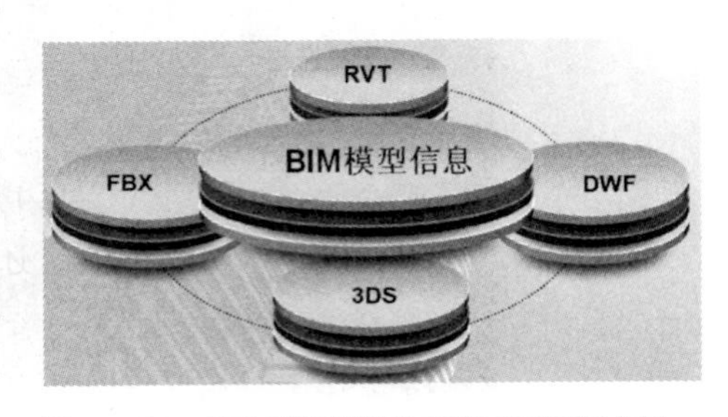

图 5-184　BIM 模型信息交换类型和过程

维平台的数据库信息(图 5-185)。

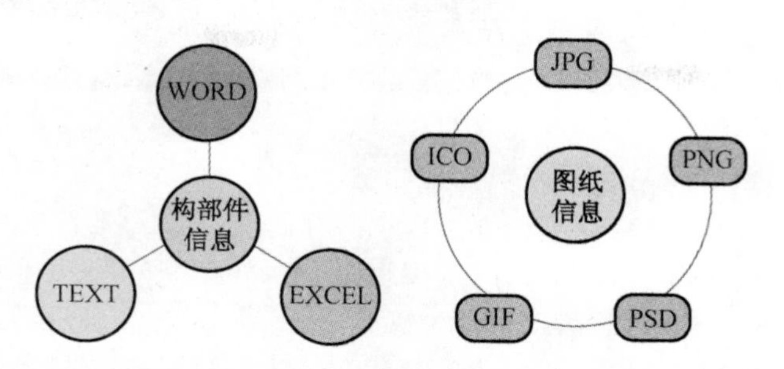

图 5-185 非 BIM 类传统信息数据(图纸信息、构件信息等)的信息交换和过程

其次,“现有的三维运维管理平台进行升级改造”的工作重点是参照行业内成功先进的运维管理平台及解决方案,通过对当前三维运维管理平台的辅助管理模式改造成数字化管理模式,实现桥梁等建设工程养护有效性和及时性的提升,保证桥梁运维管理的高品质和预见性。主要可以借鉴 Bentley 的 ProjectWise 基础设施项目协同工作平台和 AssetWise 基础设施资产运营平台的运维管理平台模式和运维解决方案的实践经验,以本项目的特点和数据条件作为研究的典型案例,升级和完善传统三维运维管理平台,使其更具备通用性、全面性和实用性,并在此基础上在运维平台内部尝试将 DWF 文件中包含的运维数据从传统化数据(不可修改)升级为参数化可修正数据,并对该类数据赋予查询和模拟功能,不仅对当前建设工程各项设施设备的运转状况可以全面掌握,并可通过修改养护运维数据(即养护频率、程度等)或 DWF 导入数据的方式,对未来拟采用的养护手段所产生的养护运维效果进行预见性判断,为今后指导养护工作提供客观依据和参考,大幅提升业主和养护单位的运维养护工作品质,这对业主来说具有很大的吸引力。

基于同济路高架桥目前的运营现状,并充分调研和了解同济路高架以往使用的运维平台的各项情况,依照前述平台研发思路和工作方式,在此基础上升级研发了高效便捷且适用于城市高架快速路运营的 BIM 三维运维管理平台(即三维运维数据库),其数据继承延续了前期设计及施工阶段的相关数据。同时,通过采用 GIS 技术整合三维地理空间数据,将其与现有 BIM 模型数据进行重组集成,最终实现 GIS 和 BIM 数据的三维空间可视化展示(图 5-186),其展示内容包含:2.3 km 主线桥梁道路结构及标志标线、108 座桥梁桥墩分布、主线沿线上下匝道分布情况以及主线桥梁沿线周边 1 km 范围内地理环境情况等多项资料。该数据库可使各级对象实现属性查询编辑及存储功能(图 5-187),为道路桥梁设施的养护运营提供综合性的数据,并为道路桥梁设施管理的量化监测、科学评价、快速修复、提前预警等多方面提供依据。同济路高架 BIM 三维运营数据库的组成架构含设施基础数据库、设施部件数据库与设施事件数据库,可为各职能管理部门提供信息共享、交换和服务(图 5-188)。该数据库可实现通过 BIM 模型数据完成设施事件管理的全过程,包括病害发现记录、任务下发、监督执行和验收备案等,并同步生成病害跟踪记录,提供给监控中心、市管署、各个业务部门进行信息跟踪查询;同时还会在 BIM 三维数据库上同步进行病害备案,提供方便查询事件可视化的基本信息、处理结果信息。

对于“BIM 数据在三维运维平台上数据对接和移植应用(数据交换)”而言,其技术难点在于三点:第一,需要确定不同平台数据交换的模式。第二,交换数据间共享兼容性问题的

图 5-186　同济路高架三维运维管理平台界面(含 BIM 和 GIS 模型信息)

图 5-187　在三维运维管理平台上可任意查询 BIM 模型的设计、施工和运维信息

解决(即数据统一标准和数据库的选定)。第三,平台数据共享对接接口的开发(界面)、组成、机理、功能的确定。

针对第一个难点,目前较常见的 BIM 数据交换共享主要在 BIM 模型、计算分析软件、应用平台三者之间进行,要实现 BIM 数据在不同平台上的数据交换及共享有以下几种模式:

(1) 利用软件插件进行数据交互。

(2) 利用标准格式进行数据交互。

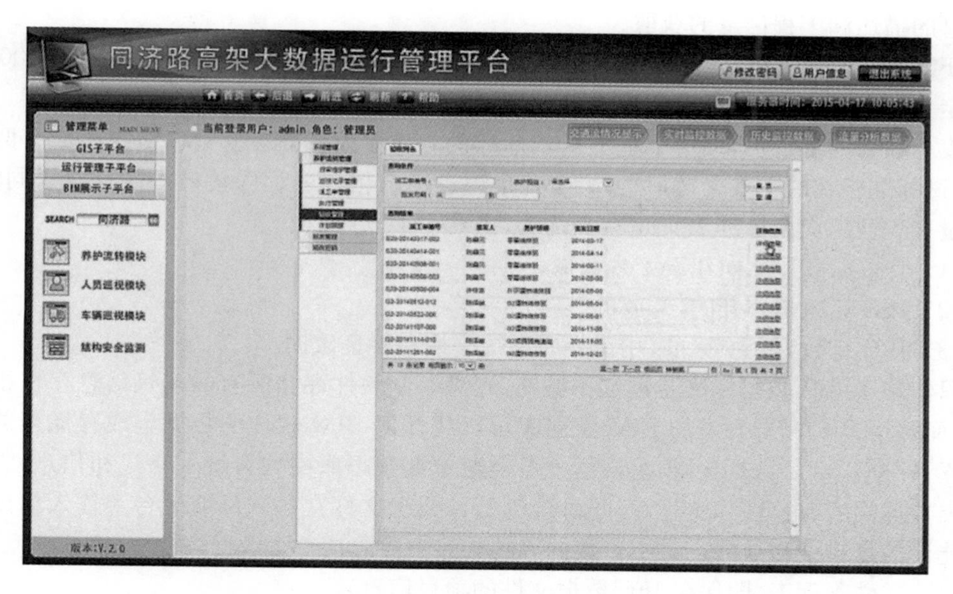

图 5-188 同济路高架三维运维管理平台还可提供信息共享、交换和其他服务

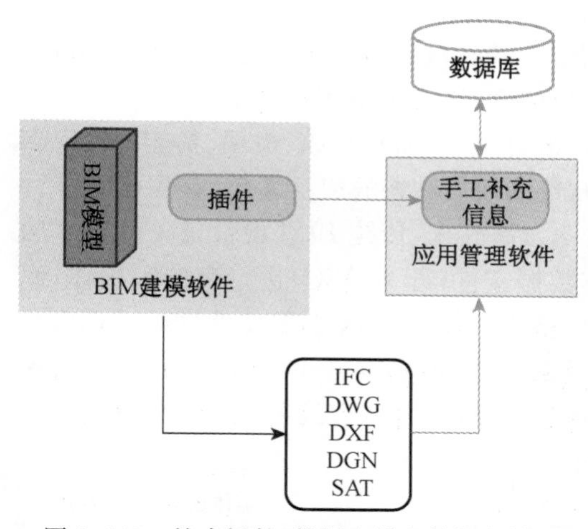

图 5-189 综合插件、数据文件和数据库等多种形式进行数据交互和共享模式

(3) 利用纯三维模型数据进行交互。

(4) 利用数据文件和数据库等多种形式进行数据交互。

(5) 综合插件、数据文件和数据库等多种形式进行数据交互。其中稳定可靠且最常用的是第 6 种数据交换及共享的模式，所以本项“平台数据对接共享(数据交换)”的研究将采用该种数据交换及共享模式(图 5-189)作为研究的起点和基础。

针对第二个难点，要实现 BIM 数据在项目全寿命周期上的流通、运用的关键在于数据的兼容性。换言之，就是数据的可移植性或遵守相同的数据格式标准或标准数据接口。目前，对于解决数据兼容性问题要克服多方面的难点，其中包括：

(1) 要建立不同软件数据间的共有数据库支持系统，从而兼容异类数据。

(2) 对通用文件格式(例如，DWG、XLS 等)的支持和兼容。

(3) 与外部数据建立兼容(例如，ERP、造价软件等)。

(4) 与统一的数据标准接口实现兼容(例如，API 和 IFC)。

(5) 新旧数据转换后能兼容(软件升级前后数据兼容性)。然而，现在为实现以上五种数据兼容情况，诸多学者已经对其展开了各项研究，并有所突破。根据较多成功的数据交换和共享应用案例来看，要解决繁杂软件间数据兼容性的最好方案就是制定建设工程数据交换标准，也就是 IFC(Industry Foundation Classes)标准，该标准的核心技术分为两部分：工程信息的描述和工程信息的获取。

IFC 标准采用 EXPRESS 语言描述建设工程信息，其包含 600 多个实体定义，300 多个类型定义，IFC 标准整体的信息描述分为 4 个层次：资源层、核心层、共享层和领域层。由于建设工程项目的复杂性，决定了基于 IFC 标准的软件开发的难度。IFC 信息获取有两种手段：通过标准格式的文件交换信息，另一种是通过标准格式的程序接口访问信息。同时，制定建设工程数据交换标准 IFC 也有其优势，主要在于三点：

(1) IFC 标准是面向建设工程领域。

(2) IFC 标准是公开的，开放的。

(3) IFC 是数据交换标准，用于异质系统交换和共享数据。

只依赖于 IFC 数据标准是远远不够的，光靠专业软件存储所有的建筑信息存在很大的难度，而基于 IFC 标准开发的 BIM 数据库可以将任何 BIM 软件的数据集成存储至共同的数据库，并进行 IFC 数据标准化处理，使各类数据在数据库中均有统一格式和信息，大幅提升各类数据间的兼容性和交互性，同时避免 IFC 数据文件在各软件或平台上输入输出所造成的建设信息错误和缺失。对于该数据库的构建主要包括 4 张数据表：

(1) 文件管理表(即保存 IFC 数据文件的项目信息)。

(2) 语句管理表(即保存 IFC 数据文件的语句信息)。

(3) 属性管理表(即保存每条语句的属性信息)。

(4) 映射管理表(即保存每条语句的映射信息)。并且该数据库的开发一般基于 SQL. Server 2005 上，利用 Visual Studio 2008 进行接口的开发，开发语言环境为 C#。

针对第三个难点而言，平台数据共享对接接口的开发(界面)、组成、机理、功能的确定需要一步步解决。通过借鉴 BIM 模型与其他分析软件的数据转换的成功案例，首先确定平台数据共享对接接口的开发(界面)环境工具为 C# 语言。其次，传统 BIM 设计施工软件生成的 BIM 数据一般均可转化为常用 IFC 2X3 版本数据文件(即 *. IFC)进行存储和操作，而养护管理类软件(尤其是 3DMIS 养护系统)的文件格式一般为 FBX 数据文件(即 *. FBX)。可以通过对两种数据文件的文件语句、实体定义及数据格式(图 5-190 和图 5-191)进行深入研究和解析后，通过采用面向对象的方法来描述建设模型，并结合编程语言 C# 开发 IFC 与 FBX 数据文件的解析转换器。最后整合先前确定的数据对接共享的模式、数据兼容性解决方案、数据文件解析转换器、各类数据库及数据文件(BIM 和其他)等功能模块来组建数据对接和共享平台(图 5-192)，真正做到 BIM 设计施工数据与养护管理数据的统一整合、共享和利用，从而实现 BIM 数据在项目全寿命周期内的应用。

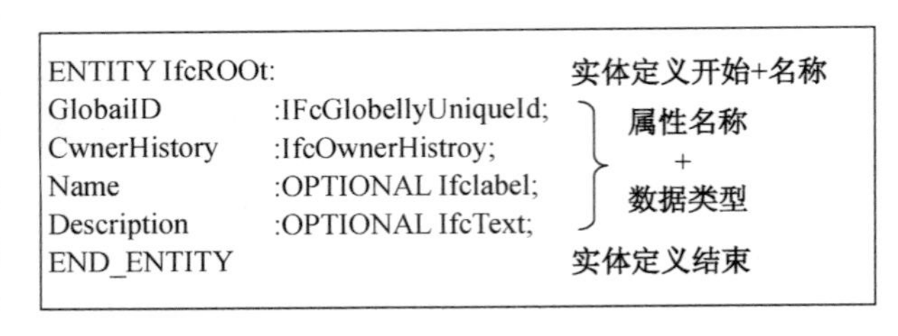

图 5-190 IFC 标准实体定义举例

该平台运作机理主要是利用 Autodesk 公司的 Revit-BIM 软件进行设计和施工模拟，在此过程中创建 BIM 数据库，并利用该平台的 IFC 转化功能自动生成 BIM 模型的 IFC 数据交换文件。然后通过文件解析器创建 FBX 文件，供 3DMIS 养护管理系统进行 BIM 数据二次利用和指导养护管理。在这个信息流动过程中，IFC 数据文件本身并不包含 FBX 文件所需的养护数据，为了解决这个问题，可以再解析转换器中嵌入一个养护参数数据库，建立BIM模型及构件名称与养护参数对应关系，在转换过程中根据BIM模型及构件名称查找对应养护参数。

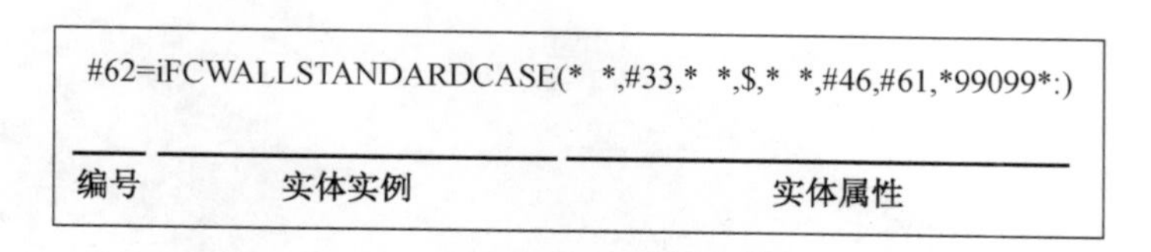

图 5-191 IFC文件语句举例

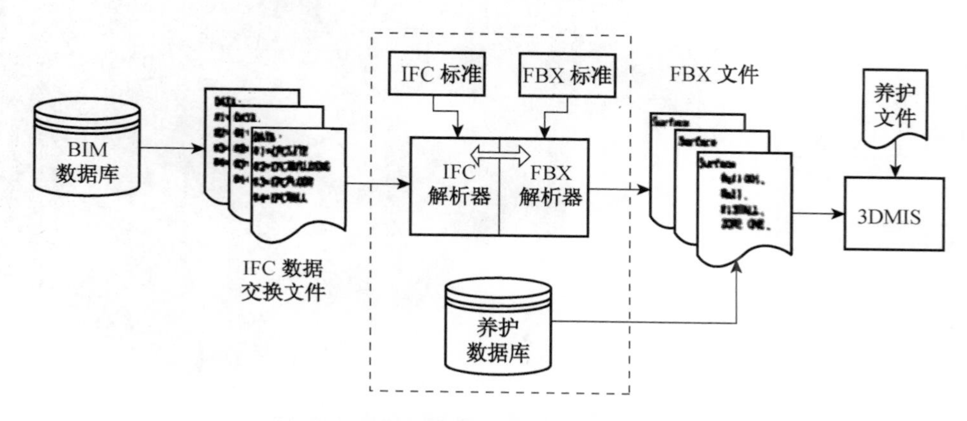

图 5-192 数据对接和共享平台组成及运作机理

在上述平台数据交换及共享的模式确定采用综合插件、数据文件和数据库等多种形式进行数据交互，且平台数据共享对接接口的开发（界面）、组成、机理和功能已借由上述图5-190—图5-192所表达相关内容及配套文字说明来解决，仅需对第二个难点按前述工作思路和方式开展相关工作即可实现“BIM数据在三维运维平台上数据对接和移植应用（数据交换）”，首先是针对第二个难点开展的数据和模型标准化研究。

市政设施的构（部）件，尤其是隧道内的设备构部件种类非常多。比如外滩通道，3 km的主体结构，其下立交通道内就有近2万个机电设备类构部件，尤其是泵站内部，结构设备非常复杂（图5-193）。这些信息在运营初期就有大量的信息数据：比如出厂信息、产品型号、体积、重量、使用寿命等。在长期的运营管理中，设施设备信息更加层出不穷：比如维护信息、保养记录、大修记录、零部件更换信息等。

信息或数据在BIM全生命周期各个阶段的传输流通应该是畅通无阻的。如果各个阶段的数据是封闭的、隔绝的、静止不能相互交换的，就不会给使用者带来价值，或者说带来的价值有限。

数据标准的制定首先对建设管理中的时间纵向数据流结构进行分析，如上游数据：设计施工类企业中的各类数据；下游数据：养护单位主要养护数据类型。通过调研探讨数据纵向流动并保存的关键数据是哪些，也就是哪些数据才是真正需要共享的，哪些数据是冗余数据。表5-21和表5-22中罗列了同济路高架施工和养护阶段的数据标准的研究分项和详细内容，且每一类研究数据的格式均依照前述IFC标准进行。

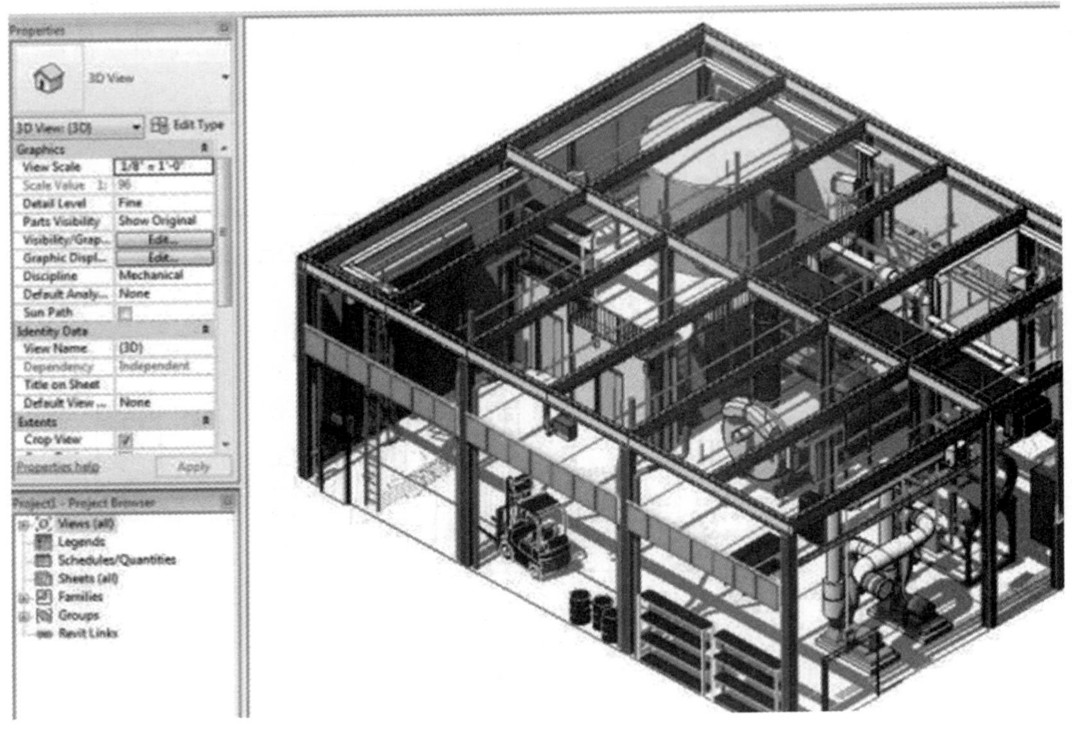

图 5-193　隧道内泵站内部结构及设备情况

表 5-21　　施工中的标准数据研究

<table>
<tr><th>序　号</th><th>部件名称</th><th>材料生产厂家</th><th>材料规格</th><th>部件完工日期</th><th>各类表单</th></tr>
<tr><td>1</td><td>桥面沥青</td><td rowspan="10">依据实施施工选用材料供应商相关信息</td><td rowspan="10">部件相关参数信息</td><td rowspan="10">按实际施工完成时间确定</td><td rowspan="10">报验申请表；
更换质量检验评定表；
工程材料/构配件/设备报审表</td></tr>
<tr><td>2</td><td>桥面混凝土铺装</td></tr>
<tr><td>3</td><td>桥面铺装层带肋钢筋</td></tr>
<tr><td>4</td><td>桥面铺装层防水涂料</td></tr>
<tr><td>5</td><td>桥面铰缝结构</td></tr>
<tr><td>6</td><td>桥面连续缝</td></tr>
<tr><td>7</td><td>桥下支座</td></tr>
<tr><td>8</td><td>板梁</td></tr>
<tr><td>9</td><td>桥下钢-混凝土叠合梁</td></tr>
<tr><td>10</td><td>桥下倒 T 盖梁</td></tr>
<tr><td>11</td><td>桥墩</td><td rowspan="9">依据实施施工选用材料供应商相关信息</td><td rowspan="9">部件相关参数信息</td><td rowspan="9">按实际施工完成时间确定</td><td rowspan="9">质保单、复试资料对照汇总表；
产品质量证明书；
检测报告</td></tr>
<tr><td>12</td><td>承台</td></tr>
<tr><td>13</td><td>桩基</td></tr>
<tr><td>14</td><td>伸缩缝</td></tr>
<tr><td>15</td><td>护栏</td></tr>
<tr><td>16</td><td>路灯</td></tr>
<tr><td>17</td><td>防撞墙</td></tr>
<tr><td>18</td><td>隔离墩</td></tr>
<tr><td>19</td><td>声屏障</td></tr>
</table>

表 5-22　　养护中的标准数据研究

<table>
<tr><th>名　称</th><th>分　类</th><th>养护内容</th><th>数量</th><th>时间</th><th>表单</th></tr>
<tr><td rowspan="20">桥梁</td><td rowspan="3">桥面修补</td><td>裂缝修补</td><td rowspan="20">按实际施工的数量</td><td rowspan="20">按实际施工完成的时间</td><td rowspan="20">派工单；
验收单；
桥式卡；
材料汇总表</td></tr>
<tr><td>桥面沥青铺装层</td></tr>
<tr><td>水泥混凝土</td></tr>
<tr><td rowspan="3">伸缩缝</td><td>混凝土修复</td></tr>
<tr><td>伸缩装置</td></tr>
<tr><td>GD 弹性混凝土伸缩缝</td></tr>
<tr><td rowspan="4">栏杆、防撞墙、支座</td><td>钢管栏杆</td></tr>
<tr><td>水泥混凝土结构层</td></tr>
<tr><td>电力井盖</td></tr>
<tr><td>橡胶支座</td></tr>
<tr><td rowspan="2">钢结构涂装</td><td>钢梁、立柱</td></tr>
<tr><td>防护设施</td></tr>
<tr><td rowspan="2">桥名牌、墩号牌</td><td>桥名牌</td></tr>
<tr><td>墩号牌</td></tr>
<tr><td rowspan="2">加固</td><td>梁底单层粘钢</td></tr>
<tr><td>碳纤维片材补强加固</td></tr>
<tr><td rowspan="4">定期检查</td><td>梁底裂缝注浆</td></tr>
<tr><td>特大桥</td></tr>
<tr><td>大桥</td></tr>
<tr><td>中小桥</td></tr>
</table>

完成上述数据标准化研究工作后，紧接着开展模型标准化研究工作。其首先要确定管理阶段的模型精度，而管理阶段的模型数据精度以设计施工提供的模型数据精度为主。模型主要分为三大类：桥面系，上部结构，下部结构(图 5-194)。其中桥面系主要包括桥面铺装，防撞护栏，伸缩缝，连续缝，人行道，护栏，排水系统，照明、标志等。上部结构主要包括支座，板梁，绞缝等。下部结构主要包括桥台，桥墩，墩台基础等。

图 5-194　桥梁单跨模型组成(桥面系、上下部结构)

在完成上述三项工作(平台数据交换模式的确定、交换数据间共享兼容性问题的解决(即数据统一标准和数据库的选定)、平台数据共享对接接口的开发(界面)、组成、机理、功能的确定),便顺利的实现"BIM 数据在三维运维平台上数据对接和移植应用(数据交换)",同时配以研发的 BIM 三维运维管理平台,更好地在运维阶段借助 BIM 技术为业主或投资方提供高效便捷的运维工作思路、工作方式和增值服务,更好的指导和助推业主或投资方做出更优的运维决策和运维方案。

5.3.7 BIM 技术应用价值及总结

根据前述章节内容,通过在本项目全寿命周期各个阶段引入 BIM 技术并开展相关应用,其成果斐然,可圈可点。细细品味和回顾 BIM 技术在本项目各个阶段的应用理念、应用范围及条件、应用过程、应用成效以及核心成果,可从中总结出 BIM 技术应用价值:

(1) 通过在建设工程行业引入、推广和普及 BIM 先进理念知识和配套工作软件,有助于革新现有落后的工作方式,以团队协作代替个人单干,并开拓新的工作思路(即团队意识+群策群力),直接益于提升工作效率和质量,同时可有效管理和减少社会资源的浪费和成本支出,最终保障工作成果和成品的品质。

(2) 无论是项目级、企业级或行业级的 BIM 技术应用,都可以在传统纸质文档资料之外运用 BIM 承载的现代数字技术和虚拟现实技术对特定项目、特定企业、特定行业内重要信息数据(含工程项目信息、设计施工运维信息、企业信息、行业资讯等)进行有效保存和二次利用,且在项目全生命周期内各个阶段、在企业发展历程各个阶段以及行业变迁过程的各个阶段中可以实时有效对现有历史数据和新创建录入的数据进行无缝对接,便于对数据全过程管理和延续数据保存和使用的寿命,最终利于项目、企业和行业开展长期持续的相关工作和活动。

(3) BIM 技术不仅在建设行业得以普及应用,且在医疗、地产、交通等多个领域也开始逐步推动 BIM 技术的投入和应用,BIM 技术应用不仅体现了现代工程智能化设计技术水平,更是将梦想实体化的一种手段。3D 打印模型、3D 打印民房和 3D 打印心脏等耳熟能详的 BIM 技术应用成果正在从梦想变为现实且逐步融入和改变我们日常生活和工作,成为不可或缺的一部分。同时,伴随着 BIM 技术的发展,与其相关联的一些新兴衍生功能和应用也随之而来(例如,基于 BIM 的紧急情况人员疏散模拟、基于 BIM 的道路和管片参数化快速建模等),也可为我们生活和工作中遇到的各类问题和需求排忧解难,从而改善和提升生活和工作品质。

(4) 从本项目全生命周期 BIM 技术应用来看,其间开展 BIM 技术应用所需掌握的 BIM 类软件和理念是繁杂多样的,且有些软件是跨领域和跨专业的,这就要求从事 BIM 技术应用工作的人需要具备综合素质和技能,这也是变相的培养综合性人才的有效途径,同时 BIM 技术应用和发展也能带动其相关产业、市场和企业一同发展,推动 BIM 技术创新和创业,最终让高水平、高效益的 BIM 科学技术来服务于相关企业,带动企业生产力和竞争力的提升,并有力塑造企业品牌和形象,为社会及行业更好的发展做出贡献。

第 6 章　展　　望

引言

市政工程往往直接影响着人们的生活，因而其重要性是不言而喻的。近些年以来，随着人们生活水平的持续提高，人们对市政工程设计也提出了更高的要求。推广 BIM 技术的应用，将有效地推动市政工程设计的全面发展。

6.1　基于大数据的 BIM 发展概要浅析

自住建部 2010 年推出《关于印发 2011—2015 年建筑业信息化发展纲要的通知》(建质〔2011〕67 号)已经过去了整整 5 年，在这 5 年内，BIM 发展的渐入佳境，同时也经历着各种质疑的声音。2015 年 6 月住建部下发《关于推进建筑信息模型应用的指导意见》，BIM 再次在引发了行业的关注。这 5 年 BIM 到底经历了怎样的发展历程？结合“指导意见”，通过大数据分析，进行以下简单阐释：

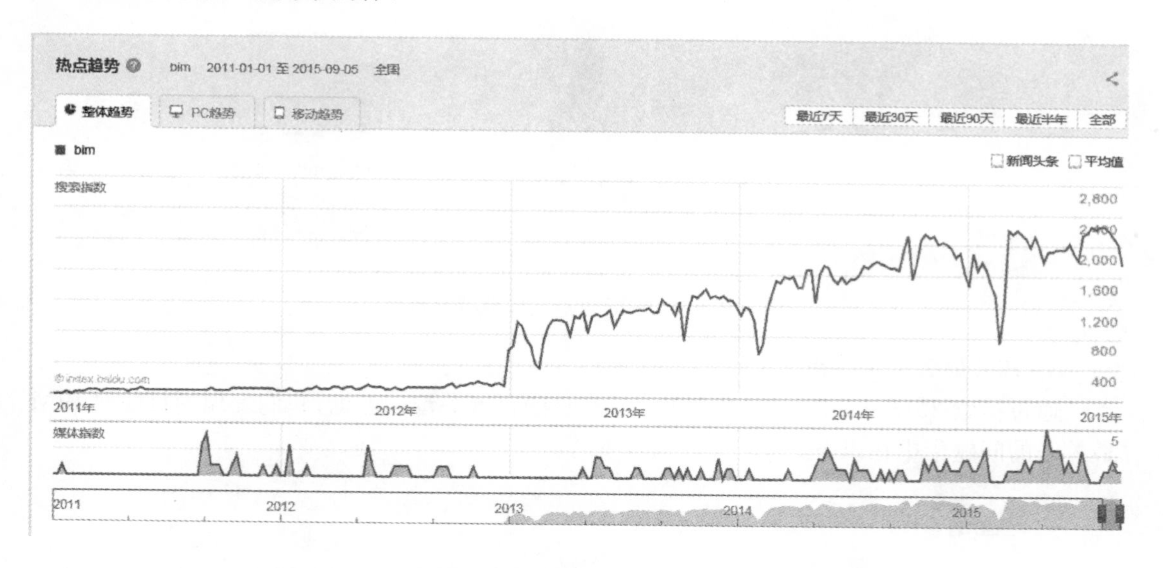

图 6-1　以上数字来源于百度指数 2015 年 9 月 5 日的搜索

1) BIM 在过去 5 年内的整体发展趋势

(1) 从图 6-1 中数字可以明显地看出，在 2011 年之前，国内对 BIM 的关注较少，数字上的表现趋向为零。

(2) 但自 2011 年开始，对 BIM 搜索数据呈现了持久的但是微弱的一个上扬的趋势，表明 BIM 关注度上涨，因而可以大致推断 BIM 在国内已经被部分数者、从业者所关注，他们想了解 BIM。

(3) 到了 2013 年，BIM 的关注度大量增加，呈现了一个突飞猛进的速度，我们可以看到这个数据是在一直上升状态。

通过图 6-1 的数据，结合 BIM 近年来的表现，可以明显地发现，随着中国整体经济的增长的放缓，建筑业生产的下滑，BIM 作为信息化技术，对于建筑业起到了关键性的技术。因而自 2013 年以来迎来了一个良好的发展趋势。此次住建部的发文，不仅能让业界更多的人们认识 BIM，也让对 BIM 有所了解的从业者们对 BIM 坚定了信心。

2）BIM 重点发展的地域

通过图 6-2 显示，可以明显地发现，北京、广东、上海、浙江、江苏、山东、湖北、四川、河南、福建十大省市区域占据了 BIM 搜索的前十排行榜。这其中，北上广深苏作为经济发达区域，对于新技术的了解和应用一直都处于中国领先，对 BIM 技术的推进也较为有力。其余的山东、湖北、四川、河南、福建几大省，均属于人口数量多，建筑规模较大的省份。BIM 关注度较高，应该和当地建筑企业急于提高生产力水平，渴望接受 BIM 技术知识有直接关系。

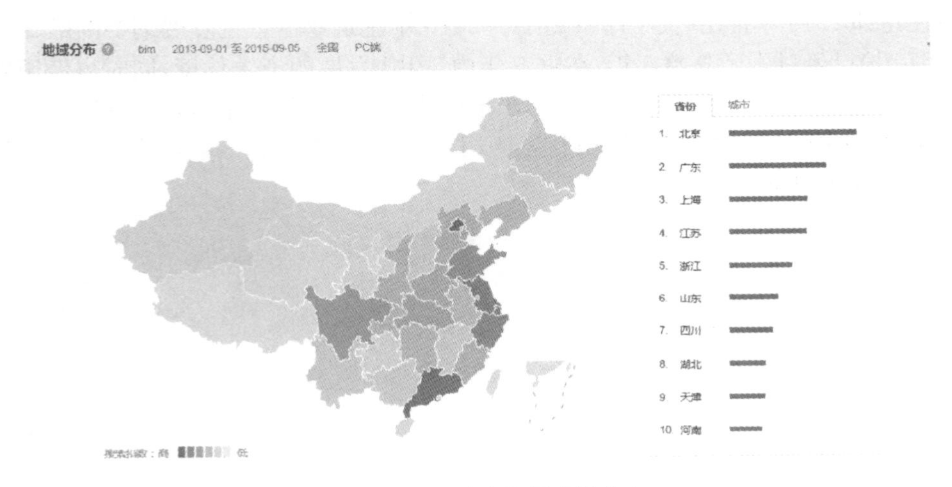

图 6-2　BIM 重点发展地域分布

3）BIM 最大的关注点

通过搜索 2013 年 11 月到 2015 年 9 月 5 日的百度关键词数据，我们发现到目前对 BIM 最关心的问题集中在以下三个：

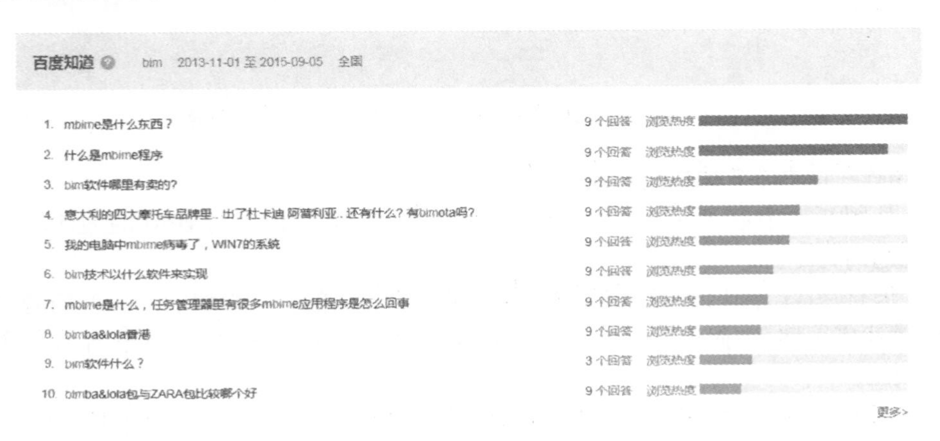

图 6-3　BIM 关注点——百度指数

（1）BIM软件怎么购买？

（2）BIM软件是什么？

（3）BIM技术以什么软件来实现？

通过以上三个问题，可以发现行业内对BIM的了解非常缺乏深度，大多数从业者都不了解BIM的真正含义，而只是将BIM当作一款软件来使用。如此浅显的理解，很容易将BIM＝软件，极大减少BIM的行业使用力量，增大BIM的发展阻力。

4）BIM的媒体关注趋势

图6-4为BIM在PC端的被搜索数据，2011—2012年为数据空白期，自2013年开始，BIM在百度的被搜索量数据基本维持在1 000的平均值，而进入2014年9月起，平均值迅猛的提升到了1 500，这个时间段恰好与上海市政府发文时间段一致。

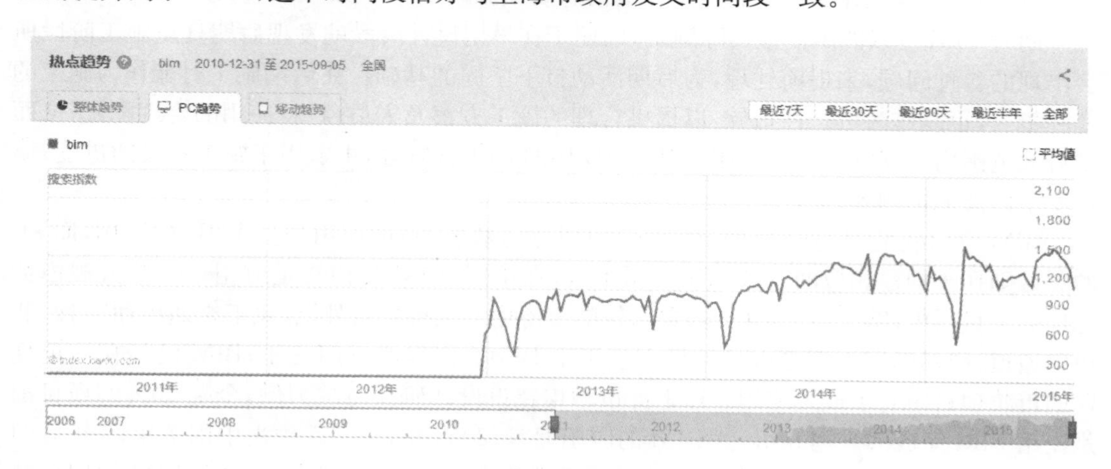

图6-4 BIM的媒体关注趋势

通过大数据分析，帮助我们有效的了解BIM发展的现状，能够帮助我们更深入的了解《关于推进建筑信息模型应用的指导意见》。

（1）BIM的发展将成为未来建筑业的发展趋势。通过对BIM过去5年发展进行的统计，可以惊喜地发现BIM发展已经取得了长足进步，在此基础上，住建部此次发布《关于推进建筑信息模型应用的指导意见》，正是顺应了建筑行业未来发展的大趋势，BIM的普遍落地指日可待。

（2）政府对BIM的推进作用非常重要。2014年9月上海市政府发布了《关于本市推进建筑信息模型技术应用的指导意见》，该文以市政府的名义发布BIM政策，意味着BIM对建设行业的价值，受到政府的完全认可，BIM技术作为产业转型升级的重要抓手，不是该不该用的问题，而是如何加大力度、如何用好的问题。此次住建部在此发文，表明了政府推进BIM技术的决心。

（3）BIM将逐渐贯穿整个建筑全生命周期。大众对于BIM的认识尚停留在BIM作为三维设计软件帮助提高设计效率这一点上，然而此次政府发文，已经明确表示BIM将贯穿规划、设计、施工、运维多个阶段。如果仅将BIM认识为一个软件，能够起到的专业效果非常低。未来的阶段，一定会首先建立起BIM各个专业软件的统一接口，统一标准，然后打通各软件之间的鸿沟。软件＝BIM的时代将一去不复返。

通过大数据分析，我们还将发现此次政府文件的下发，必将推进经济发展优先区域对于BIM的重视，增加企业管理层对于BIM的关注，加强计算机、软件行业与BIM的密切联系。

6.2 从3D到*n*D的变化

近几年来，基于3D-BIM的工程管理主要用于规划、设计阶段的方案评审、火灾模拟、应急疏散能耗分析以及运营阶段的设施管理。

与传统模式相比，3D-BIM的优势明显，因为建筑模型的数据在建筑信息模型中的存在是以多种数字技术为依托，从而以这个数字信息模型作为各个建筑项目的基础，可以进行各个相关工作。建筑工程与之相关的工作都可以从这个建筑信息模型中拿出各自需要的信息，既可指导相应工作又能将相应工作的信息反馈到模型中。

同时BIM可以四维模拟实际施工，以便于在早期设计阶段就发现后期真正施工阶段所会出现的各种问题，来提前处理，为后期活动打下坚固的基础。在后期施工时能作为施工的实际指导，也能作为可行性指导，以提供合理的施工方案及人员，材料使用的合理配置，从而来最大范围内实现资源合理运用。基于4D-BIM的工程管理，主要用于施工阶段的进度、质量安全以及成本测算。

BIM应用就是3D到*n*D的过程，*n*D可以分为基于3D的应用和基于4D的应用，而*n*D的关键则在于构建相应的管理模型。据了解，在中国，BIM最初只是应用于一些大规模标志性的项目当中，除了堪称BIM经典之作的上海中心大厦项目外，徐家汇交通枢纽工程、北横大通道、南昌朝阳大桥等市政项目也应用了BIM。仅仅经过两三年，BIM已经在一定规模的市政项目中有了成熟应用。以上海市城市建设设计研究总院为例，全院40%的项目都是使用BIM完成的。据介绍，就BIM的应用而言，2009年，美国就领先中国7年；3年后的今天，中国已将这一差距缩小到了3年。需要强调的是，这一差距针对的是BIM的用户数量，而在应用程度上，中国企业与世界领先公司基本上处于同等水平。

而住建部编制的建筑业“十二五”规划明确提出要推进BIM协同工作等技术应用，普及可视化、参数化、三维模型设计，以提高设计水平，降低工程投资，实现从设计、采购、建造、投产到运行的全过程集成运用。

“*n*D应用中的下一个*n*又是什么?”相信，随着BIM的发展完善以及中国BIM应用在深度广度方面的挖掘，下一个*n*终会出现。

6.3 “互联网+”BIM 实现智能化管理

随着互联网和移动智能终端的普及，人们现在可以在任何地点和任何时间来获取信息。而在建筑设计领域，将会看到很多承包商，为自己的工作人员都配备这些移动设备，在工作现场就可以进行设计。

在传统的管理模式中，项目专业主管对现场技术交底与检查时，需带齐各专业图纸，有时候甚至要带上项目综合图，既累赘、影响工作效率，也容易造成沟通的不顺畅。而BIM技术的应用需要电脑，往往也是在办公室进行，即便是手提电脑，进入施工现场也极为不便。而iPad与BIM的结合，则轻松地解决了BIM应用、管理与现场脱节的问题。项目管理人员将BIM模型导入iPad中，利用模型动态漫游，与现场实时动态对比，而且通过分专业将模型导入iPad中，组织参建方在现场通过开启各专业图层，进行方案讨论或会诊，实现了任意视角、多专业的信息可视化，提高了方案的针对性和交底的效率。

市政项目施工阶段，经常由于现场专业协调、工程进度变化等原因需要设计变更。现场参建单位众多，如何快速、便捷地将最新的设计要求传达到每一位技术人员那里，以便及时调整施工方案并交底、确保施工不出现偏差？在施工阶段引入了分布式云平台技术，建立了云平台工作组，由管理员根据设计变更情况进行数据更新，工作组成员在 Wi-Fi 环境下打开 iPad，即可收到模型更新信息，信息无障碍沟通提高了工作效率，确保了施工质量。云平台工作组成员在进行现场检查时，应用 iPad 实时记录问题并保存，在 Wi-Fi 环境下将检查信息上传至云平台工作组，或定向发送给工作组相关成员，还可就施工难点、技术疑难实时沟通，实现了实时动态校验和多个用户之间的多方监控、快捷沟通。

同时，还能将二维码与 BIM 模型的信息化功能结合进行物业管理。通常的方式是在所有设备上张贴二维码，通过扫描获取构件的 ID 号后，再通过 BIM 模型的 ID 号获取构件信息。而二维码数量庞大，制作张贴难度大，容易损坏，超高和隐蔽构件的二维码的获取难度尤其大。BIM 人员通过云平台技术，建立了多个物业管理的分区巡更视角管理系统。云平台成员打开相应空间的视角，利用 iPad 的陀螺仪和操纵杆能快捷地找到相应的构件并获取信息，工作效率大幅提高，并从根本上解决了超高、隐蔽构件的信息管理问题。

6.4 BIM 与设计、运维的有效对接

BIM 的出现，真正将项目的全生命周期进行串联，但目前设计、施工、运维在产业上被割裂，各个阶段的数据未能实现有效流通，对 BIM 的应用发展有着较大的阻碍作用。建筑业软件厂商需要提升上下游合作，加快实现数据接口的打通，实现 BIM 在项目生命周期全过程的有效利用。

与 BIM 在设计和施工阶段的应用比较，BIM 运维应用无论是项目数量和类型、技术应用深度和广度、还是从事的团队和人员数量都还存在相当大的差距，因此其成熟度也自然远远不如设计和施工阶段的 BIM 应用。从上述为数不多的案例可以发现，不同的团队正在尝试不同的方法进行 BIM 运维管理方面的探索。那么，基于 BIM 的运维管理目前都有哪些可能的实现方法呢？

首先可以把基于 BIM 的市政运维管理项目划分为两大类，第一类是市政养护类项目。利用或改造升级现有运维管理软件，把 BIM 模型数据转换给运维系统使用，减少运维系统数据准备的工作量以及由此带来的可能错误，以及提升现有运维软件的 BIM 模型应用能力。该类项目在运维管理中，将 BIM 与 GIS 信息相结合，自动化进行结构监测，并采用大数据技术结合 BIM、三维 GIS、结构监测、交通流、养护等数据，实现监测数据实时预警，提升项目运营养护精细化、现代化。

以同济路高架大修工程为例，在运维阶段，基于过往已有的项目运维平台和技术基础上，共同开放符合本项目特点且适用的基于 BIM 技术的三维项目运维平台 3DMIS 和运维技术，通过对 BIM 软件及其常用数据格式 IFC 以及 3DMIS 养护平台及其常用数据格式 FBX 的研究解析，成功研发出 IFC 数据与 FBX 数据的对接转换应用接口，并结合 3DMIS 项目三维养护运营平台对 BIM 模型文件架构、文件命名规则、建模文件整合方式等应用规则，实现了设计施工阶段 BIM 模型成功导入 3DMIS 项目三维养护运营平台的“移植”应用，并给经历了设计施工两阶段优化的 BIM 模型赋予详细必要的各专业运维信息（包括构件建

造年限、使用周期等信息)，有利于业主和运维方在第一时间掌握市政设施(同济路高架桥)的运维情况(安全性能、设施构造、维修记录等)，同时对于业主和运维方有关市政设施(同济路高架桥)采取进一步运维决策和拟定运维方案提供了有力的数据(依据)支撑，最终完成对BIM 模型全生命周期最后阶段(运维阶段)的 BIM 创新应用，挖掘其在全生命周期各个阶段的潜在价值和效益。同时，在以上对接的基础上，各参与单位将依托我院大数据课题，在同济路高架工程中投入了 BIM、道路、桥梁、测绘、智能交通、施工等多个专业的顶尖人才，提出“BIM+GIS+大数据”的解决方案。为经过设计与施工阶段优化的 BIM 模型注入了包括构建建造年限、使用周期、维修记录等详细必要的各专业运维信息和交通流量信息，并计划在关键部位埋设桥梁健康监测元件对桥梁进行实时监控，使业主和运维单位完整掌握同济路高架的设施构造、维修记录和各项性能，实时把脉桥梁健康，为运维决策提供了有力的数据支撑。BIM 技术在桥梁工程全生命周期阶段的创新应用，将开创了 BIM 数据二次利用的广阔市场前景。

第二大类是设备维护类项目。在运维阶段，给 BIM 模型赋予详细的运维信息并与 OA 管理软件平台、泵站运维监视、监控系统结合，开发符合泵站项目特点的基于 BIM 的建运一体化管理平台。本套管理平台系统与 OA 管理软件平台结合，针对项目个体，建成涵盖项目建设期、运行期的办公系统，能够在网上进行建设中的安全、质量、进度、报表等管理。对项目设计、建设各阶段的内容实现信息可追溯。这种集约化的管理方式减少了日常流程管理的中间环节，提高了工作效率，保证了数据的及时性；同时发挥了各主管部门的监管作用，保证了数据质量。将管理平台系统与监视、监控系统相结合，开发用于读取泵站自动化运行系统监控数据的数据库软件平台，将各种设备的工作状态信息及时反馈到项目管理系统中，实现对泵站项目的各种配套设施和设备的智能化监控。通过 BIM 技术对泵站类项目从项目立项开始一直到拆除的“全寿期”管理，可以使泵站项目管理中，设计、施工、运维各阶段的数据实时联通，方便项目的信息查询与综合管理。将泵站项目的日常管理通过 BIM 技术与地理信息技术相结合，可以对全市的泵站项目都进行信息汇聚、办公协作管理。项目管理人员可以通过“基于 BIM 的泵站建运一体化平台”随时随地查询、分析泵站的运行状态，进行运维管理。通过该套平台积累的大量的设计、施工和运维数据，柑橘管理需要，结合行业规律，可以从多维度对数据进行挖掘和分析，掌握居民用水季节性变化规律，了解不同规模、不同工艺的差异，成为泵站的“大数据资源库”，为行业决策提供翔实的数据支持，助力行业发挥大数据的价值。

6.5 大数据下的 BIM 云平台技术

随着 BIM 技术在国内建筑业的日益普及，如何将其更好地应用于现场施工管理、实现高科技与传统管理的有机结合、使 BIM 技术真正服务于项目生产，已经成为 BIM 应用的一道新课题。

大数据下的 BIM 云平台技术，引入了分布式云平台技术，建立了云平台工作组，通过“云”技术和 ipad，将 BIM 应用从台式电脑的束缚中解脱出来，将 BIM 技术从“可见可得”提升到了“身临其境”的高度，建立云平台工作组，模型更新同步控制，通过云计算数据传输，实现信息高效沟通，建立视角巡更系统，突破物业管理瓶颈、企业级云平台 BIM，创新回访及售后模式。

6.6 BIM数据安全备受关注

今年7月1日,《国家安全法》出台。其中第二十五条规定,国家建设网络与信息安全保障体系……实现网络和信息核心技术、关键基础设施和重要领域信息系统及数据的安全可控。即日起,若将BIM模型存放于国外服务器的行为,均可能涉嫌违反《国家安全法》。

今年7月8日,全国人大常委会公开《网络安全法(草案)》并征求意见。该草案第三十条规定:关键信息基础设施的运营者采购网络产品或者服务,可能影响国家安全的,应当通过国家网信部门会同国务院有关部门组织的安全审查。根据该草案,境外BIM技术公司将可能被纳入国家安全审查,BIM数据如存放在境外或者向境外的组织者提供,可能先得经过安全评估的关卡。因此,从行业角度看,建筑企业需要开始重视BIM数据的安全性,再也不能为一个简单的BIM应用,就将整个工程BIM数据传到国外服务器上。考虑到安全的因素,无疑给国内的BIM企业提供了更好的发展机会和发展平台。

6.7 BIM发展前景广阔

BIM能够应用于工程项目规划、勘察、设计、施工、运营维护等各阶段,实现建筑全生命期各参与方在同一多维建筑信息模型基础上的数据共享,为产业链贯通、工业化建造和繁荣建筑创作提供技术保障;支持对工程环境、能耗、经济、质量、安全等方面的分析、检查和模拟,为项目全过程的方案优化和科学决策提供依据;支持各专业协同工作、项目的虚拟建造和精细化管理,为建筑业的提质增效、节能环保创造条件。

目前,BIM在建筑领域的推广应用还存在着政策法规和标准不完善、发展不平衡、本土应用软件不成熟、技术人才不足等问题,有必要采取切实可行的措施,推进BIM在建筑领域的应用。

BIM技术自2002年诞生以来,经过十多年的发展,以其可视化、多元化、信息化的特点,已在全球范围内得到广泛认可。在我国,BIM已成为建筑业实现可持续发展的重要工具和手段,近年来在建筑业迅速生根发芽,涌现出了大量先进成熟有效的BIM技术应用的成果和案例,BIM技术人才也在快速成长。

"虽然BIM技术在国外应用已经有十余年历史,但最终将在中国取得突破性进展。"业内专家表示,中国目前每年开工面积和单栋建筑体量均领先世界水平,通过应用BIM技术不仅可以极大提升项目管理水平,BIM管理系统也将在反复应用中不断完善。

6.8 市政BIM大事记

随着国家对BIM技术推广力度的加大,各级市政府、市政行业协会、各市政建设单位也纷纷开始注重BIM技术应用的推广,纷纷开展BIM讨论与研究,探索市政BIM的发展之路。

1) 2013年9月

中国勘察设计协会主办的"创新杯"全国BIM大赛颁奖典礼上,上海城建院徐敏生副院长发表《上海城建BIM应用之路》的压轴演讲,首次提出"市政BIM"的概念。

2）2014 年 4 月 3 日

中国勘察设计协会市政工程设计分会信息管理工作年会在天津召开，由中国市政工程华北设计研究总院承办。中国勘察设计协会市副理事长王树平、中国勘察设计协会市政设计分会秘书长栗元珍、天津勘察设计协会理事长刘凤岐、中国市政工程华北设计研究总院副院长李建勋等领导出席，全国各理事单位近 120 名代表参加了本次会议。

此次会议的主题是“关注和促进 BIM 技术发展”。与会嘉宾对中国勘察设计市政工程信息化工作的现状与发展前景提出了很多有用、有创新性的建议，并围绕 BIM 这个主题，进行了广泛而深入的研讨、主题演讲，并将共同研究推进 BIM 技术的应用，促进成果共享及 BIM 中国标准建设方面，作为今后的努力方向和目标。

3）2014 年 4 月 9 日

市政工程行业 BIM 技术专题研讨会(图 6-5)在上海召开，研讨会邀请了 BIM 行业的专家李云贵、清华大学教授马智亮做了 BIM 介绍，其他一些软件公司以及 BIM 咨询、设计单位也介绍了相关的产品及实践情况。市政行业的相关人员聚会一堂，共同探讨市政 BIM 的发展之路。

图 6-5　市政工程行业 BIM 技术专题研讨会

4）2014 年 10 月 29 日

上海市人民政府办公厅发布的《关于在本市推进建筑信息模型技术应用指导意见的通知》(沪府办发〔2014〕58 号)。

重点提出：通过分阶段、分步骤推进 BIM 技术试点和推广应用，到 2016 年底，基本形成满足 BIM 技术应用的配套政策、标准和市场环境，本市主要设计、施工、咨询服务和物业管理等单位普遍具备 BIM 技术应用能力。到 2017 年，本市规模以上政府投资工程全部应用 BIM 技术，规模以上社会投资工程普遍应用 BIM 技术，应用和管理水平走在全国前列。

2015 年起，选择一定规模的医院、学校、保障性住房、轨道交通、桥梁(隧道)等政府投资工程和部分社会投资项目进行 BIM 技术应用试点，形成一批在提升设计施工质量、协同管理、减少浪费、降低成本、缩短工期等方面成效明显的示范工程。2017 年起，本市投资额 1 亿元以上或单体建筑面积 2 万平方米以上的政府投资工程、大型公共建筑、市重大工程，申报绿色建筑、市级和国家级优秀勘察设计、施工等奖项的工程，实现设计、施工阶段 BIM 技术应用；世博园区、虹桥商务区、国际旅游度假区、临港地区、前滩地区、黄浦江两岸等六大重点功能区域内的此类工程，全面应用 BIM 技术。

到 2016 年底，基本形成满足本市 BIM 技术应用的配套标准规范体系。

转变政府监管方式，到 2016 年底，建立基于应用 BIM 技术的项目立项、设计方案、招投标、工程验收、审计和档案等环节的审批和监管模式，探索实现模型化一站式并联审批，简化审批流程，探索数字化监管，提高行政审批和监管效率。

5）2015 年 6 月 16 日

中华人民共和国住房和城乡建设部发布了《关于推进建筑信息模型应用的指导意见》（建质函〔2015〕159 号）。

重点提出：到 2020 年末，建筑行业甲级勘察、设计单位以及特级、一级房屋建筑工程施工企业应掌握并实现 BIM 与企业管理系统和其他信息技术的一体化集成应用。

到 2020 年末，以下新立项项目勘察设计、施工、运营维护中，集成应用 BIM 的项目比率达到 90%：以国有资金投资为主的大中型建筑；申报绿色建筑的绿色生态示范小区。

6）2015 年 7 月 1 日

上海市建筑信息模型技术应用推广联席会议办公室发布了《上海市推进建筑信息模型技术应用三年行动计划（2015－2017）》（沪建应联办 2015〔1〕号）。

重点提出：成立上海市建筑信息模型技术应用推广联席会议。联席会议总召集人由分管副市长担任，召集人由市政府分管副秘书长、市建设管理委主任担任，成员单位由市建设管理委、市发展改革委、市经济信息化委、市财政局、市审计局、市交通委、市教委、市卫生计生委、市科委、市规划国土资源局、市住房保障房屋管理局、市水务局、市消防局、市民防办等部门组成。联席会议下设办公室，办公室设在市建设管理委，负责联席会议日常工作。建立区县政府和特定区域管委会推广 BIM 技术应用的组织和推进机制。建立上海市建筑信息模型技术应用推广中心。建立基于 BIM 技术的建设工程并联审批平台。

开展 BIM 技术应用试点。落实 BIM 技术应用试点资金配套机制。制定 BIM 技术应用能力企业投标鼓励措施。修订本市相关建设工程评奖管理办法。研究制定 BIM 技术咨询和软件服务等企业的扶持政策。引导建立 BIM 技术应用服务价格信息发布机制。开展 BIM 技术与绿色建筑、建筑产业化融合研究。评选 BIM 技术示范单位等。

按照工作目标，三年行动分为"试点培育、推广应用和全面应用"三个阶段，实施步骤如下：2015 年主要完成：建立推广 BIM 技术应用的政府和社会组织体系。2016 年主要完成：继续开展 BIM 技术应用试点示范，评选出 10 至 20 个示范项目，开展示范引领工作。2017 年主要完成：建立满足本市 BIM 技术全面应用的学历教育、职业培训、继续教育等多层次的教育培训体系。完善 BIM 技术应用推进的政策、标准和配套环境，形成较为成熟的 BIM 技术应用市场环境。编制 BIM 技术应用推进分析报告，评价 BIM 技术推进工作。力争在 2017 年下半年，在本市一定规模的政府投资工程中全面应用 BIM 技术。

7）2015 年 9 月 8 日

上海市交通建设工程管理中心发布了《关于推进本市交通建设工程领域建筑信息模型技术应用的通知（初稿）》。

重点提出：第一阶段（2015 年），选择具有一定规模的道路、隧道、轨交等重大交通建设工程项目，作为首批"BIM 技术科技创新"工程示范点。应在项目设计、施工等阶段试点应用。第二阶段(2016 年)，本市投资额 5 亿元以上的市属新开工交通建设工程项目，100%实现 BIM 技术在设计、施工阶段的应用；区属新开工额 5 亿元以上项目按照不低于 50%的比例实现 BIM 技术在设计、施工阶段的应用。同时探索 BIM 技术在交通建设工程项目设计施工总承包模式下的运用。

第三阶段(2017 年)，本市投资额 1 亿元以上的市属及区属新开工交通建设工程项目，100%实现工程设计、施工、运维阶段全部应用 BIM 技术，实现工程项目全生命周期内 BIM 技术应用；鼓励投资额 1 亿元以下的交通建设工程项目实现工程项目全生命周期内 BIM 技术应用。申报市级和国家级优秀勘察设计、施工及市级金奖等奖项的工程，必须 100%实现工程项目全生命周期内 BIM 技术应用。

8) 上海市市政行业的 BIM 标准制定

《上海市市政道路桥梁信息模型应用标准》

2014 年 9 月启动标准制定工作，由上海市城市建设设计研究总院主编。

《上海市市政给排水信息模型应用标准》

2014 年 9 月启动标准制定工作，由上海市城市建设设计研究总院主编。

《城市轨道交通建筑信息模型交付标准》

《城市轨道交通建筑信息模型技术标准》

2014 年 9 月上海申通地铁集团牵头成立了上海城市轨道交通 BIM 技术创新联盟，推动制定完成城市轨道交通 BIM 应用系列标准，由申通地铁集团、上海市隧道工程轨道交通设计研究院牵头申报。

《中国市政设计行业 BIM 实施指南》

2014 年 10 月上海市政工程设计研究院牵头国内主要市政设计院启动了编制工作，是国内第一部全国性质的市政行业 BIM 技术标准。

9) 工程项目的 BIM 应用

在一些大型项目的招标以及设计过程中，BIM 技术也作为一个亮点加在了项目招标书及设计中。比如上海的北横通道改造项目(图 6-6)、宁波中山路改造项目等等，建设单位均明确提出在项目中要求使用 BIM 技术。

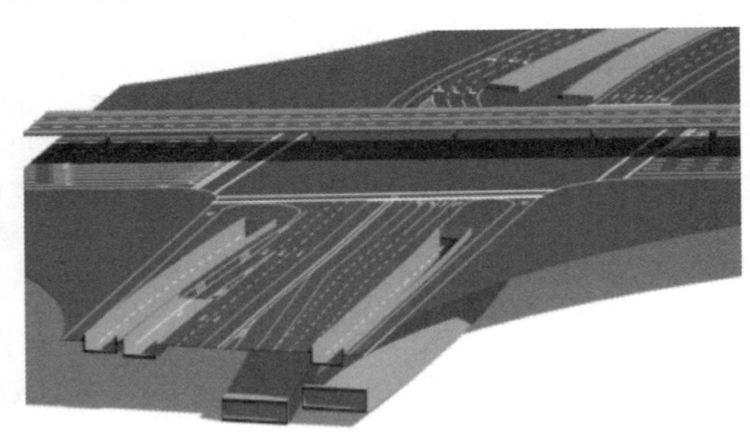

图 6-6　北横通道